电气控制系统设计

基础知识与基本技能分册

主　编　戴　琨　王震生
副主编　曾　艳　田　超

北京理工大学出版社
BEIJING INSTITUTE OF TECHNOLOGY PRESS

内 容 简 介

本书内容丰富、全面系统、思路清晰、涉及范围广，具有较强的实用性和先进性。本书可作为高等职业院校动车组技术、机电一体化技术、电气自动化技术等专业相关课程的教材或参考书，也可作为从事电气控制系统设计的工程技术人员的学习和参考用书，同时对电气控制系统方面的实践性课程的开设也具有应用指导意义。

图书在版编目（CIP）数据

电气控制系统设计 / 戴琨，王震生主编. －－北京：北京理工大学出版社，2022.12

ISBN 978－7－5763－1993－4

Ⅰ.①电…　Ⅱ.①戴…②王…　Ⅲ.①电气控制系统－系统设计－教材　Ⅳ.①TM921.5

中国版本图书馆 CIP 数据核字（2023）第 001791 号

出版发行 / 北京理工大学出版社有限责任公司
社　　址 / 北京市海淀区中关村南大街 5 号
邮　　编 / 100081
电　　话 /（010）68914775（总编室）
（010）82562903（教材售后服务热线）
（010）68944723（其他图书服务热线）
网　　址 / http：//www.bitpress.com.cn
经　　销 / 全国各地新华书店
印　　刷 / 河北盛世彩捷印刷有限公司
开　　本 / 787 毫米×1092 毫米　1/16
印　　张 / 18.75
字　　数 / 454 千字
版　　次 / 2022 年 12 月第 1 版　2022 年 12 月第 1 次印刷
定　　价 / 95.00 元

责任编辑 / 张鑫星
文案编辑 / 张鑫星
责任校对 / 周瑞红
责任印制 / 施胜娟

图书出现印装质量问题，请拨打售后服务热线，本社负责调换

前　言

本教材共有 2 个分册，分别为基础知识与基本技能分册和技术应用与能力提升分册，本册为第一分册，该分册主要分为两个模块，模块 1 从继电器系统的基础设计知识入手，之后以继电器系统典型线路应用为重点，结合实例使读者逐步掌握继电器系统的设计经验。模块 2 为 PLC 控制系统设计，主要内容有：PLC 基础知识、基本指令及应用、编程方法、PLC 控制系统开发，整体设计遵循读者认知规律，从基本知识开始学习，掌握 PLC 系统基本指令及技能，到抽象编程方法学习，最后完成整套 PLC 系统开发，该设计可使读者从一个基础学习者慢慢成长为复杂 PLC 系统的开发者。

教材内容有机渗透综合学习能力、创新能力的培养，以实践活动为主线，编排模块化教材内容。本书从设计电气控制系统的角度出发，以企业典型实例为载体，从介绍各种电器的性能、选用原则与方法的基础上，分析讨论了传统的继电器－接触器电气控制设计方法，讲述了现代电气控制技术典型 PLC 的结构、原理、编程方法等基本知识及应用技术，展现了电气控制技术与计算机技术互相融合、综合化和开放性的发展趋势，体现了实用性与先进性。

本书由戴琨、王震生主编，曾艳、田超为副主编，裴文良、周林、张雨新、常燕臣、崔景宙、部伟利、张会华、刘博、孙占跃参编。戴琨、张雨新、裴文良、崔景宙主要负责第一分册模块 1 的编写，王震生、常燕臣、张会华、刘博、周林负责第一分册模块 2 的编写。曾艳、孙占跃负责第二分册模块 1 和模块 3 的编写。田超、部伟利负责第二分册模块 2 的编写。在编写过程中参考了有关专业书籍和资料，在此向原作者表示最诚挚的谢意！

由于编者水平有限，书中难免出现不妥之处，敬请读者批评指正。

编　者

前言

目 录

模块1　典型继电器 – 接触器控制系统的设计

知识点1.1　继电器 – 接触器电气控制系统设计的基础知识

1.1.1　电气控制系统设计的基础知识

知识提示

1.1.1.1　电气控制系统设计的主要内容

电气控制系统设计的基本任务是根据控制要求设计和编制出设备制造和使用过程中必需的图纸、资料，包括电气原理图、电气系统的组件划分与元器件布置图、安装接线图、电气箱图、控制面板及电气元件安装底板、非标准紧固件加工图等，编制外购成件目录、单台材料消耗清单、设备说明书等资料。

任何生产机械电气控制装置的设计都包含两个基本方面：一个是满足生产机械和工艺的各种控制要求；另一个是满足电气控制装置本身的制造、使用及维修的需要。因此，电气控制装置设计包括原理与工艺设计两个方面。

1. 原理设计内容

（1）拟订电气设计任务书。

（2）选择电力拖动方案与控制方式。

（3）确定电动机的类型、容量、转速，并选择具体型号。

（4）设计电气控制原理框图，确定各部分之间的关系，拟订各部分技术要求。

（5）设计并绘制电气原理图，计算主要技术参数。

（6）选择电气元件，制订元器件目录清单。

（7）编写设计说明书。

2. 工艺设计内容

工艺设计的主要目的是便于组织电气控制装置的制造，实现原理设计要求的各项技术指标，为设备的调试、维护、使用提供必要的图纸资料。它包括以下几个方面：

（1）根据设计的原理图及选定的电气元件，设计电气设备的总体配置，绘制电气控制系统的总装配图及总接线图。

（2）按照原理框图或划分的组件，对总原理图进行编号，绘制各组件原理图，列出各部分的元件目录表，并根据总图编号设计各组件的进、出线号。

（3）根据组件原理电路及选定的元件目录表，设计组件装配图、接线图，图中应反映各电气元件的安装方式与接线方式。

（4）根据组件装配要求，绘制电器安装板和非标准安装零件图纸，标明技术要求。

（5）设计电气箱。

（6）根据总原理图、总装配图及各组件原理图等资料进行汇总，分别列出外购清单、标准件清单及主要材料消耗定额。

（7）编写使用说明书。

1.1.1.2 电气控制系统设计的一般程序

1. 拟订设计任务书

简要说明所设计设备的型号、用途、工艺过程、动作要求、传动参数、工作条件，另外还应说明以下主要技术指标及要求：

（1）控制精度、生产效率要求。

（2）电气传动基本特性，如运动部件数量、用途，动作顺序，负载特性，调速指标，启动、制动要求等。

（3）自动化程度要求。

（4）稳定性及抗干扰要求。

（5）联锁条件及保护要求。

（6）电源种类、电压等级、频率及容量要求。

（7）目标成本与经费限额。

（8）验收标准与验收方式。

（9）其他要求，如设备布局、安装要求、操作台布置、照明、指示、报警方式等。

2. 选择拖动方案与控制方式

电力拖动方案是指根据零件加工精度、加工效率要求、生产机械的结构、运动部件的数量、运动要求、负载性质、调速要求以及投资额等条件去确定电动机的类型、数量、传动方式以及拟订电动机启动、运行、调速、转向、制动等控制要求，作为电气控制原理图设计及电气元件选择的依据。

1）拖动方式的选择

电力拖动方式有单独拖动与分立拖动两种。单独拖动就是一台设备只由一台电动机拖动，分立拖动是通过机械传动链将动力传送到每个工作机构，一台设备由多台电动机分别驱动各个工作机构。电气传动发展的方向是电动机逐步接近工作结构，形成多电动机的拖动方式。如有些机床，除必需的内在联系外，主轴、刀架、工作台及其他辅助运动结构都分别用单独电动机拖动。这样，不仅能缩短机械传动链，提高传动效率，便于自动化，而且也能使总体结构简化。因而在选择时应根据生产工艺及机械结构的具体情况决定电动机的数量。

2）调速方案的选择

一般金属切削的主运动和进给运动，以及要求具有快速平稳的动态性能和准确定位的设备，如龙门刨床、镗床等，都要求具有一定的调速范围，为此，可采用齿轮变速箱、液压调速装置、双速或多速电动机以及电气的无级调速传动方案。在选择调速方案时，可参考以下几点：

（1）重型或大型设备主运动及进给运动，应尽可能采用无级调速。这有利于简化机械结构，缩小设备体积，降低设备制造成本。

（2）精密机械设备如坐标镗床、精密磨床、数控机床及某些精密机械手，为了保证加工精度和动作的准确性，便于自动控制，也应采用电气无级调速方案。

（3）一般中、小型设备如普通机床没有特殊要求时，可选用经济、简单、可靠的三相笼型异步电动机，配以适当级数的齿轮变速箱。为了简化结构，扩大调速范围，也可采用双速或多速的笼型异步电动机。在选用三相笼型异步电动机的额定转速时，应满足工艺条件的要求。

3）启动、制动方案的确定

机械设备主运动传动系统的启动转矩一般都比较小，原则上可采用任何一种启动方式。对于它的辅助运动，在启动时往往要克服较大的静转矩，必要时也可选用高启动转矩的电动机或采用提高启动转矩的措施。另外，还要考虑电网容量。

对电网容量不大而启动电流较大的电动机，一定要采用限制启动电流的措施，如串联电阻降压启动等，以免电网电压波动较大而造成事故。

传动电动机是否需要制动，应视机电设备工作循环的长短而定。对于某些高速高效金属切削机床，宜采用电动机制动。如果对于制动的性能无特殊要求而电动机又需要反转时，则采用反接制动可使线路简化。在要求制动平稳、准确，即在制动过程中不允许有反转可能性时，则宜采用能耗制动方式。

电动机的频繁启动、反向或制动会使过渡过程中的损耗增加，导致电动机过载。因此必须限制电动机的启动、制动电流，或者在选择电动机的类型上加以考虑。

3. 选择电动机

电动机的选择包括电动机的种类、结构形式、额定转速和额定功率。

（1）根据生产机械的调速要求选择电动机的种类。

感应电动机结构简单、价格便宜、维护工作量小，因此在感应电动机能满足生产需要的场合都宜采用感应电动机，仅在启动、制动和调速不满足要求时才选用直流电动机。近年来，随着电力电子及控制技术的发展，交流调速装置的性能和成本已能与直流调速装置相媲美，越来越多的直流调速应用领域被交流调速占领。在需要补偿电网功率因数及稳定工作时，应优先考虑采用同步电动机；在要求大的启动转矩和恒功率调速时，常选用直流串级电动机；对于要求调速范围大的场合，常采用机械与电气联合调速。

（2）根据工作环境选择电动机的结构模式。

在正常环境条件下，一般采用防护式电动机；在人员及设备安全有保证的前提下，也可采用开启式电动机；在空气中存在较多粉尘的场所，宜采用封闭式电动机；在比较潮湿的场所，选用湿热带型电动机；在露天场所，宜选用户外型电动机；在高温车间，可以根据周围环境温度，选用相应绝缘等级的电动机；在有爆炸危险及有腐蚀性气体的场所，应选用隔爆型及防腐型电动机。

（3）根据生产机械的功率负载和转矩负载选择电动机的额定功率。

首先根据生产机械的功率负载图和转矩负载图预选一台电动机，然后根据负载进行发热校验，用检验的结果修正预选的电动机，直到电动机容量得到充分利用（电动机的稳定温升接近其额定温升），最后再校验其过载能力与启动转矩是否满足拖动要求。

4. 选择控制方式

电气控制方案的选择对机械结构和总体方案非常重要，因此，必须使电气控制方案设计既能满足生产技术指标和可靠性、安全性的要求，又能提高经济效益。选择控制方案时应遵循的原则如下：

（1）控制方式应与设备通用化和专用化的程度相适应。一般的简单生产设备需要的控制元器件数很少，其工作程序往往是固定的，使用中一般不需经常改变原有程序，因此，可采用有触点的继电器－接触器控制系统。虽然该控制系统在电路结构上是呈“固定式”，但它能控制较大的功率，而且控制方法简单、价格便宜，目前仍使用很广。对于要求较复杂的控制对象或者要求经常变换工作流程和加工对象的机械设备，可以采用可编程序控制器控制系统。

（2）控制方式随控制过程的复杂程度而变化。在自动生产线中，可根据控制要求和联锁条件的复杂程度不同，采用分散控制或集中控制的方案。但各台单机的控制方案和基本控制环节应尽量一致，以简化设计及制造过程。

（3）控制系统的工作方式，应在经济、安全的前提下，最大限度地满足工艺要求。此外，在电气控制方案中还应考虑以下问题：采用自动循环或半自动循环、手动调整、工序变更、系统的检测、各个运动之间的联锁、各种安全保护、故障诊断、信号指标、照明及人机关系等。

5. 编制元器件目录清单

设计电气控制原理图并合理选用元器件，编制元器件目录清单。

6. 编制材料定额清单

设计电气设备制造、安装、调试所必需的各种施工图纸并以此为根据编制各种材料定额清单。

7. 编写说明书

注：其中，电气原理图是整个设计的中心环节，因为电气原理图是工艺设计和制定其他技术资料的依据。

1.1.1.3 电气控制系统设计的基本原则

一般来说，当生产机械的电力拖动方案和控制方案已经确定以后，就可以进行电气控制线路的具体设计工作了。电气控制线路的设计没有固定的方法和模式，作为设计人员，必须不断扩展自己的知识面，总结经验，丰富自己的知识，设计出合理的、性价比高的电气线路。下面介绍在设计中应遵循的一般原则。

1. 最大限度地实现生产机械和工艺对电气控制系统的要求

电气控制系统是为整个生产机械设备及其工艺过程服务的。因此，设计之前，首先要弄清楚生产机械设备需满足的生产工艺要求，对生产机械设备的整个工作情况做一全面、细致的了解，妥善处理机械与电气的关系，要从工艺要求、制造成本、机械电气结构的复杂性和使用维护等方面综合考虑。同时深入现场调查研究，收集资料，结合技术人员及现场操作人员的经验，以此作为设计电气控制线路的基础。

2. 不盲目追求自动化和高指标

（1）尽量选用标准电气元件，尽量减少电气元件的数量，尽量选用相同型号的电气元件以减少备用品的数量。

（2）尽量选用标准的、常用的或经过实践检验的典型环节或基本电气控制线路。

（3）尽量缩短连接导线的数量和长度。设计控制线路时，应考虑到各元器件之间的实际接线。特别要注意电气柜、操作台和限位开关之间的连接线。图1-1-1（a）所示为不合理的连线方法，图1-1-1（b）所示为合理的连线方法。因为按钮在操作台上，而接触器在电气柜内，一般都将启动按钮和停止按钮直接连接，这样就可以减少一次引出线。

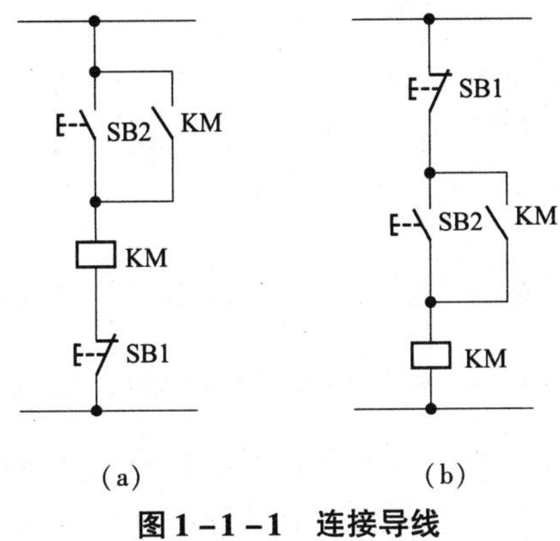

图1-1-1　连接导线

（a）不合理；（b）合理

（4）减少不必要的触点，从而简化电气控制线路。在满足工艺要求的前提下，使用的电气元件越少，电气控制线路中所涉及的触点数量也越少，因此控制线路越简单，同时还可以提高控制线路的工作可靠性，降低故障率。

①合并同类触点。

图1-1-2所示为一些触点简化与合并的例子。

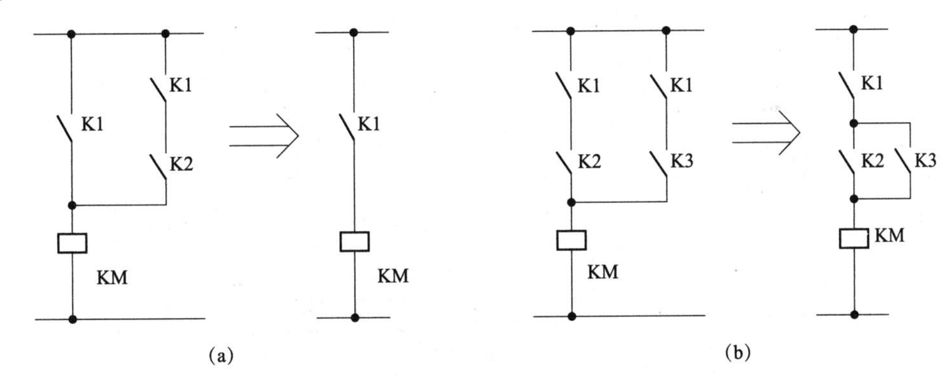

图1-1-2　触点简化与合并

②利用转换触点的方式。

利用具有转换触点的中间继电器将两对触点合并成一对转换触点，如图1-1-3所示。

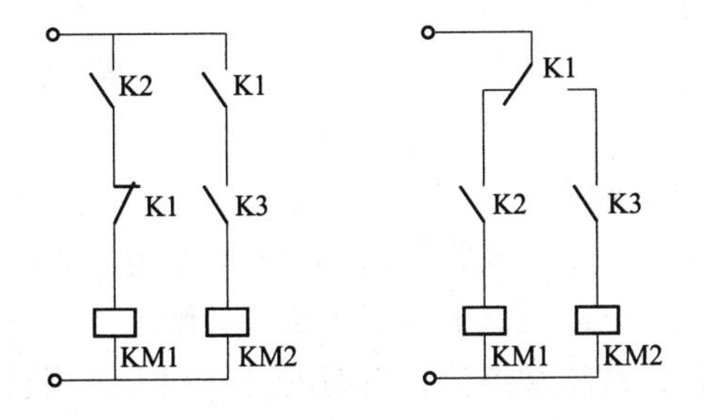

图1-1-3　转换触点

③利用半导体二极管减少触点的数目。

如图 1-1-4 所示，利用半导体二极管的单向导电性可以减少一个触点。这种方法适用于控制电路中所用电源为直流电源的场合。

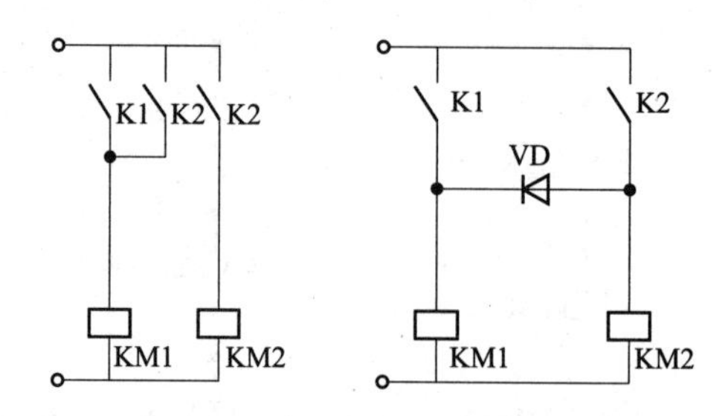

图 1-1-4 利用半导体二极管减少触点的数目

（5）控制线路在工作时，除必要的电器必须通电外，其余的电器尽量不通电以节约电能。以异步电动机按时间原则控制定子绕组串电阻降压启动控制线路为例，如图 1-1-5 所示。在电动机额定运行后，接触器 KM1 和时间继电器 KT 就失去了作用，可以在启动后利用 KM2 的常闭触点切除 KM1 和 KT 线圈的电源。

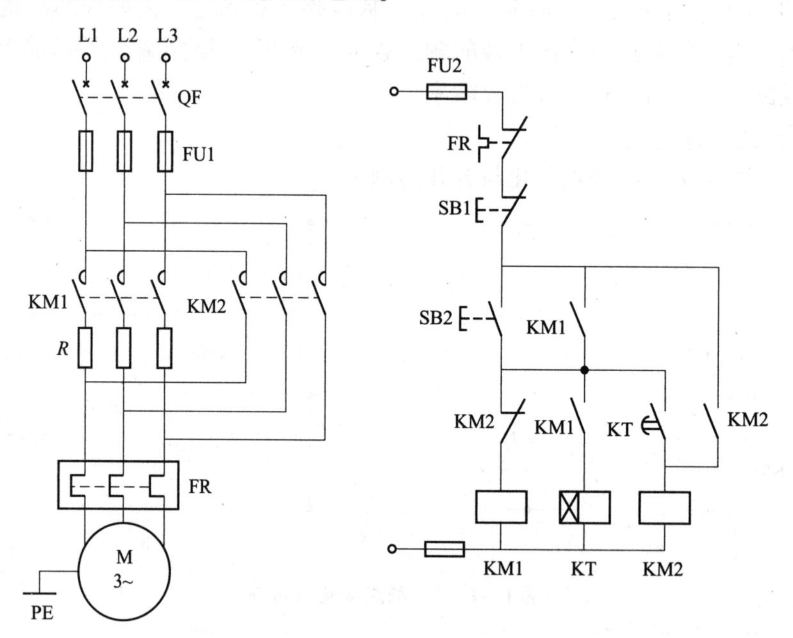

图 1-1-5 按时间原则控制定子绕组串电阻降压启动控制线路的电气原理图

3. 保证电气控制线路工作的可靠性

保证电气控制线路工作的可靠性，最主要的是选择可靠的电气元件，同时在具体线路设计中应注意以下几点：

（1）正确连接电气元件的触点。

在设计控制线路时，应使分布在线路不同位置的同一电气元件触点尽量接到同一个或尽量共接同一等位点，以避免在电器触点上引起短路。如图 1-1-6（a）所示，限位开关 SQ 的常开触点接在电源的一相，常闭触点接在电源的另一相上，当触点断开产生电弧时，可能在两触点间形成飞弧造成短路。如改成图 1-1-6（b）所示的形式，由于两触点间的电位相同，就不会造成电源短路。

（2）正确连接电器的线圈。

电压型电磁式电器的线圈不能串联使用，如图1－1－7所示。即使外加电压是两个线圈的额定电压之和，也是不允许的。因为两个电器动作总是有先有后，有一个电器吸合动作，它线圈上的电压降也相应增大，从而使另一个电器达不到所需要的动作电压。因此，若需要两个电气元件同时工作，其线圈应并联连接。

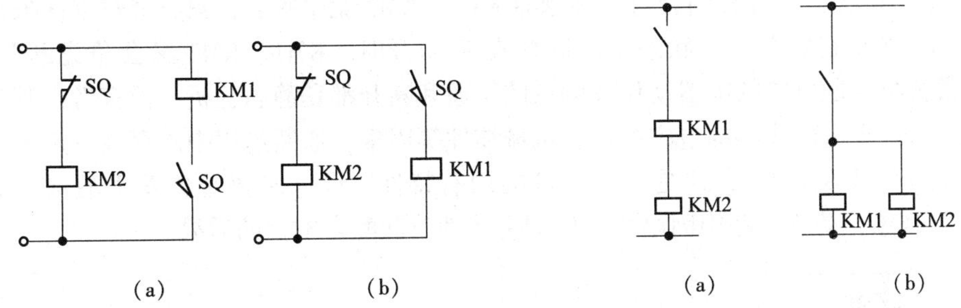

图1－1－6　触点的正确连接　　**图1－1－7　电压型电磁式电器的线圈不能够串联连接**

（3）应尽量避免电器依次动作的现象。

在电气控制线路中，应尽量避免许多电气元件依次动作才能接通另一个电气元件的控制线路。如图1－1－8（a）所示，接通线圈KM3要经过KM、KM1和KM2这3对常开触点方可得电。若改为图1－1－8（b）所示接线，则每个线圈通电只需经过一对触点，这样可靠性更高。

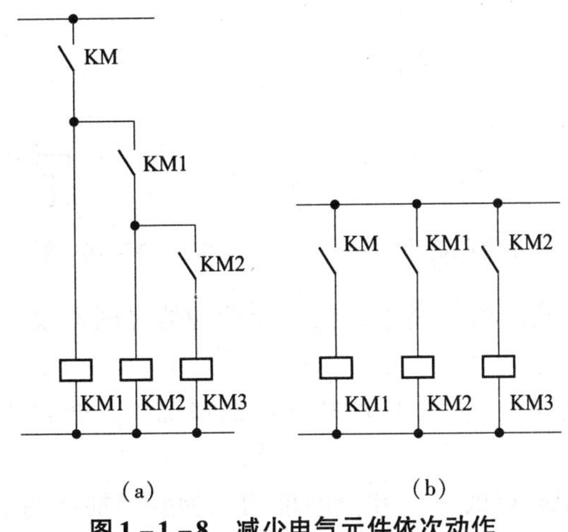

图1－1－8　减少电气元件依次动作

（a）不合理接线；（b）合理接线

（4）避免出现寄生电路。

在电气控制线路的动作过程中，发生意外接通的电路称为寄生电路。寄生电路将破坏电气元件和控制线路的工作顺序或造成误动作。在正常工作时，线路能完成正反转启动、停止和信号指示，但当电动机过载、热继电器FR动作时，线路就出现了寄生电路，如图1－1－9虚线所示，这样使正向接触器KM1不能释放，起不到保护作用。

(5) 避免发生触点“竞争”与“冒险”现象。

由于任何一种电气元件从一种状态到另一种状态都有一定的动作时间，对一个控制电路来说，改变某一控制信号后，由于触点和线圈动作时间之间的配合不当，可能会出现与控制预定结果相反的结果，这时控制电路就存在着潜在的危险——“竞争”。另外，由于电气元件的固有释放延时作用，因此也会出现开关电器不按要求的逻辑功能转换状态的可能性，这种现象称为“冒险”。“竞争”与“冒险”现象都造成控制回路不能按要求动作，引起控制失灵，如图 1－1－10 所示。当 K 闭合时，接触器 KM1、KM2 竞争吸合，只有经过多次振荡吸合“竞争”后，才能稳定在一个状态上。同样在 K 断开时，KM1、KM2 又会争先断开，产生振荡。通常分析控制电路的电器动作及触点的接通和断开都是静态分析，没有考虑其动作时间。实际上，由于电磁线圈的电磁惯性、机械惯性等因素，通断过程中总存在一定的固有时间（几十毫秒到几百毫秒），这是电气元件的固有特性。设计时要避免发生触点“竞争”与“冒险”现象，防止电路中因电气元件固有特性引起配合不良的后果。

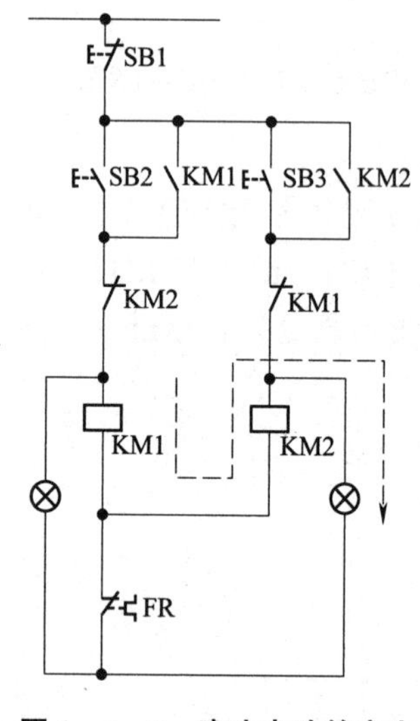

图 1－1－9　寄生电路的产生

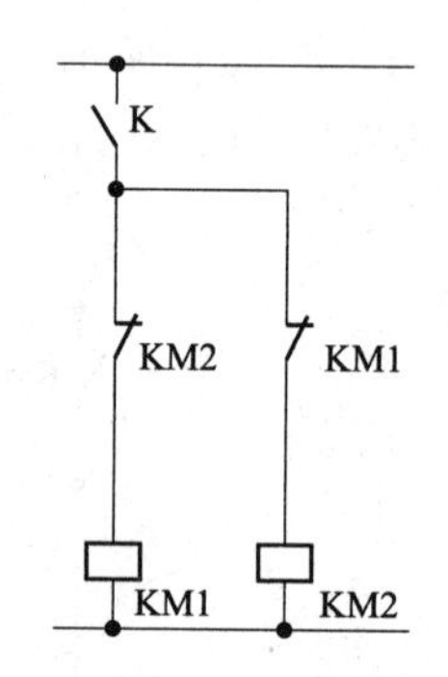

图 1－1－10　触点的“竞争”与“冒险”

(6) 在频繁操作的可逆运行线路中，正反向接触器之间不仅要有电气联锁，而且要有机械联锁。

(7) 设计的电气控制线路应能适应所在电网的情况，并据此来决定电动机是采用直接启动还是其他启动方式。

(8) 充分考虑继电器触点的接通和分断能力。如要增加接通能力，可以多并联触点；如要增加分断能力，则可以多串联触点。

4. 保证电气控制线路工作的安全性

电气控制线路应具有完善的保护环节，保证整个生产机械的安全运行，消除在其工作不正常或误操作时所带来的不利影响，避免事故的发生。

电气控制系统中常用的保护环节有短路保护、过流保护、过载保护、零电压和欠电压保护、弱磁保护、限位保护等。

1) 短路保护

常用的短路保护元器件有熔断器和断路器。熔断器的熔体串联在被保护的电路中，当电路发生短路或严重过载时，熔断器的熔丝自动熔断、切断电路，达到保护的目的。断路器又称自动空气开关，在线路发生短路、过载和欠压故障时快速地自动切断电源，它是低压配电重要的保护元件之一，常作低压配电盘的总电源开关及电动机变压器的合闸开关。

当电动机容量较小时，控制线路不需另外设置熔断器作短路保护，主电路的熔断器也可作控制线路的短路保护。当电动机容量较大时，控制电路要单独设置熔断器作短路保护，也可以采用自动空气开关作短路保护，它既可以作为短路保护，又可以作为过载保护。当线路出现故障时，空气开关动作，事故处理完重新合上开关，线路重新运行工作。

2）过流保护

如果在直流电动机和交流绕线转子异步电动机启动或制动时，限流电阻被短接，将会造成很大的启动或制动电流，另外，负载的加大也会导致电流增加。过大的电流将会使电动机或机械设备损坏。因此，对直流电动机或绕线转子异步电动机常采用过流保护。

3）过载保护

电动机的负载突然增加、断相运行或电网电压降低都会引起电动机过载。电动机长期过载运行，绕组温升超过其允许值，电动机的绝缘材料就要变脆，寿命就会减少，严重时将损害电动机。过载电流越大，达到允许温升的时间就越短。

常用的过载保护器件是热继电器，热继电器可以满足这样的要求：当电动机为额定电流时，电动机为额定温升，热继电器不动作；在过载电流较小时，热继电器要经过较长时间才动作；过载电流较大时，热继电器则经过较短时间就会动作。由于热惯性的原因，热继电器不会受电动机短时过载冲击电流或短路电流的影响而瞬时动作，所以在使用热继电器作过载保护的同时，还必须设有短路保护。

短路、过流、过载保护虽然都是电流保护，但由于故障电流、动作值及保护特性、保护要求和使用元器件的不同，它们之间是不能相互取代的。

4）零电压与欠电压保护

电动机正常工作时，由于电源电压消失而使电动机停转，当电源电压恢复后，电动机可能会自行启动，从而造成人身伤亡和设备毁坏的事故。为了防止电压恢复时电动机自行启动的保护称为零电压保护。另外，电源电压过分地降低将引起一些电器释放，造成控制线路不正常工作，可能发生事故，同时也会引起电动机转速下降甚至停转，因此需要在电源电压降到一定值以下时就将电源切断，这就是欠电压保护。

一般常用零电压保护继电器和欠电压保护继电器实现零电压保护和欠电压保护。

由于接触器属于电压型电磁式继电器，所以当电源电压过低或断电时，接触器释放，此时接触器的主触点和辅助触点同时打开，使电动机电源切断并失去自锁。当电源电压恢复正常时，操作人员必须重新按下启动按钮才能使电动机启动，故此可以实现零电压保护和欠电压保护。

5）弱磁保护

对于直流电动机而言，必须有足够强度的磁场才能确保正常启动运行。在启动时，如果直流电动机的励磁电流太小，产生的磁场也会减弱，将会使直流电动机的启动电流很大。正常运行时，如果直流电动机的磁场突然减弱或消失，会引起电动机转速迅速升高、换向失败、损坏机械，甚至发生“飞车”事故，因此，必须设置弱磁保护及时切断电源。

弱磁保护是在直流电动机的励磁回路中串入起弱磁保护的欠电流继电器来实现的。电动机启动过程中，当励磁电流值达到弱磁继电器（欠电流继电器）的动作值时，继电器就吸合，使串在控制回路中的常开触点闭合，接通电源，电动机启动正常运行；当励磁回路电流太小时，继电器释放，其触点复位，切断控制回路电源，电动机停转。

6）限位保护

对于做直线运动的生产机械常设有极限保护环节，如上下极限、前后极限保护等。一般用行程开关的动断触点来实现。

7）超速保护

生产机械设备在运行中，如果速度超过了预定许可的速度时，将会造成设备损坏。例如，在高炉卷扬机和矿井提升机设备中，必须设置超速保护装置来控制速度或切断电源起到及时保护的作用。超速保护一般是用离心开关完成，也可以用测速发电机来实现。

8）其他保护

除了以上几种保护外，可按生产机械在其运行过程中的不同工艺要求和可能出现的现象，根据实际情况来设置，如温度、水位等保护环节。

1.1.1.4 电气控制系统图的绘制

1. 电气控制系统图

为了表达各种设备的电气控制系统的结构和原理，便于电气控制系统的安装、调试、使用和维护，需要将电气控制系统中各电气元件及它们之间的连接线路用一定的图形表达出来，这就是电气控制系统图。电气控制系统图一般包括电气原理图、电器布置图和电器安装接线图三种，各种图有其不同的用途和规定画法，都要按照统一的图形和文字符号及标准的画法来绘制。为此，国家制定了一系列标准，用来规范电气控制系统的各种技术资料。

2. 电气控制系统图的绘制

1）电气原理图

电气原理图是指用国家标准规定的图形符号和文字符号代表各种元件，依据控制要求和各电器的动作原理，用线条代表导线连接起来。它包括所有电气元件的导电部件和接线端子，但不按电气元件的实际位置来画，也不反映电气元件的尺寸及安装方式。

绘制电气原理图必须遵循最新的国家标准。

绘制电气原理图应遵循以下原则：

（1）电气控制电路一般分为主电路和辅助电路。辅助电路又可分为控制电路、信号电路、照明电路和保护电路等。

主电路是指从电源到电动机的大电流通过的电路，其中电源电路用水平线绘制，电动力设备及其保护电气支路应垂直于电源电路画出。

控制电路、照明电路、信号电路及保护电路等应垂直地绘于两条水平电源线之间。耗能元件的一端应直接连接在电位低的一端，控制触点连接在上方水平线和耗能元件之间。

不论主电路还是辅助电路，各元件一般应按动作顺序从上到下、从左到右依次排列，电路可以水平布置，也可以垂直布置。

（2）在电气原理图中，所有电气元件的图形、文字符号、接线端子标记必须采用国家规定的统一标准。

（3）采用电气元件展开图的画法。同一电气元件的各部分可以不画在一起，但需用同一文字符号标出。若有多个同一种类的电气元件，可在文字符号后加上数字序号，例如KM1、KM2。

（4）在电气原理图中，所有电器按自然状态画出。所有按钮和触点均按电器没有通电或没有外力操作、触点没有动作的原始状态画出。

（5）在电气原理图中，有直接电联系的交叉导线连接点要用黑圆点表示。无直接电联系的交叉导线连接点不画黑圆点。

（6）在电气原理图上将图分成若干个图区，并标明该区电路的用途和作用。在继电器、接触器线圈下方列出触点表，说明线圈和触点的从属关系。

2）电器布置图

电器布置图是表示电气设备上所有电气元件的实际安装位置，为电气控制设备的安装、维修提供必要的技术资料。电气元件均用粗实线绘制出简单的外形轮廓，而不必按其外形形状画出。在图中一般留有10%以上的备用面积及导线槽（管）的位置，以供布线和改进设计时用，在图中还需要标注出必要的尺寸。

3）电器安装接线图

电器安装接线图反映电气设备各控制单元内部元件之间的接线关系。电器安装接线图主要用于安装接线、线路检查、线路维修和故障处理。绘制安装接线图的原则如下：

（1）应将各电气元件的组成部分画在一起，布置尽量符合电器的实际情况。

（2）各电器的图形符号、文字符号及接线端子标记均与电气原理图一致。

（3）同一控制柜上的电气元件可直接相连，控制柜与外部器件相连，必须经过接线端子板且互连线应注明规格，一般不表示实际走线。

基本技能

实例分析：砂轮机电气控制线路的设计

砂轮机是一种机械加工磨具，在多个行业都有应用，是用来刃磨各种刀具、工具的常用设备，也用作普通小零件进行磨削、去毛刺及清理等工作。其电气控制系统主要由电源、控制开关、砂轮电动机（三相交流异步电动机）组成。

1. 电气控制要求

砂轮机工作时，合上电源开关，砂轮电动机转动；结束工作时，断开电源开关，砂轮电动机停转；砂轮电动机要有短路、过载、失压、欠压等保护措施。砂轮机如图1－1－11所示。

图1－1－11　砂轮机

2. 工作任务

根据砂轮机的电气控制要求，设计出砂轮机电气控制线路的电气原理图如图 1－1－12 所示。

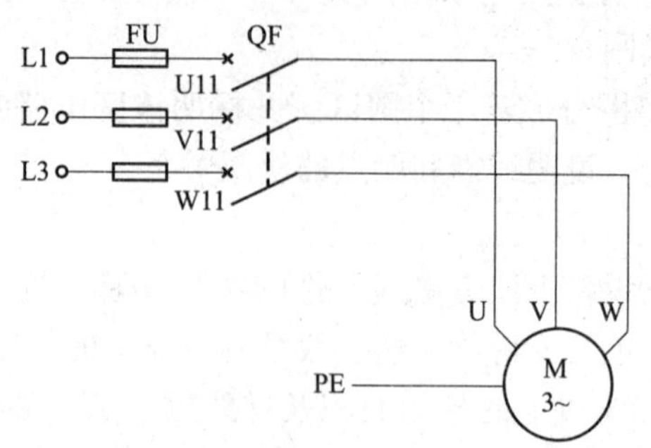

图 1－1－12　砂轮机电气控制线路的电气原理图

能力拓展

实例设计：水泵电动机电气控制线路设计

水泵电动机电气控制要求：按下启动按钮，水泵电动机启动运转；按下停止按钮，水泵电动机停转；若出现短路、过载、失压、欠压等任何情况，水泵电动机均停转。水泵电动机工作现场图如图 1－1－13 所示。

图 1－1－13　水泵电动机工作现场图

1.1.2　常用低压电器的选型

知识提示

1.1.2.1　低压电器选型的一般原则

（1）低压电器的额定电压应不小于回路的工作电压。

（2）低压电器的额定电流应不小于回路的计算工作电流。

（3）设备的遮断电流应不小于短路电流。

（4）热稳定保证值应不小于计算值。

（5）按回路启动情况选择低压电器，如熔断器和自动空气开关就需按启动情况进行选择。

1.1.2.2　常用低压电气元件的选用原则

1. 组合开关的选用

（1）用于一般照明、电热电路时，其额定电流应大于或等于被控电路的负载电流总和。

（2）用作设备电源引入开关时，其额定电流稍大于或等于被控制电路的负载电流的总和。

（3）用于直接控制电动机时，其额定电流一般可取电动机额定电流的2～3倍。

2. 低压断路器的选用

（1）低压断路器的额定电压应高于线路的额定电压。

（2）用于控制照明电路时，低压断路器的电磁脱扣器瞬时脱扣整定电流一般取负载的6倍。用于电动机保护时，装置式低压断路器电磁脱扣器的瞬时脱扣整定电流应为电动机启动电流的1.7倍；万能式低压断路器的上述电流应为电动机启动电流的1.35倍。

（3）用于分断或接通电路时，低压断路器的额定电流和热脱扣器整定电流均应等于或大于电路中负载额定电流的2倍。

（4）选用低压断路器作为多台电动机短路保护时，电磁脱扣器整定电流为容量最大的一台电动机启动电流的1.3倍加上其余电动机额定电流的2倍。

（5）选用低压断路器时，在类型、等级、规格等方面要配合上、下级开关的保护特性，不允许因本级保护失灵导致越级跳闸，扩大停电范围。

3. 按钮的选用

（1）根据使用场合选择按钮的种类，如开启式、保护式、防水式和防腐式等。

（2）根据用途选用合适的形式，如手把旋钮式、紧急式和带灯式等。

（3）按控制回路的需要确定不同按钮数，如单钮、双钮、三钮和多钮等。

（4）按工作状态指示和工作情况要求，选择按钮和指示灯的颜色（参照国家有关标准）。

（5）核对按钮额定电压、电流等指标是否满足要求。使用前，应检查按钮帽弹性是否正常，动作是否自如，触点接触是否良好可靠，触点及导电部分应清洁无油污。

4. 低压熔断器的选用

选择熔断器主要应考虑熔断器的种类、额定电压、额定电流等级和熔体的额定电流。

（1）熔断器的额定电压 U_N 应大于或等于线路的工作电压 U_L，即 $U_N \geqslant U_L$。

（2）熔断器的额定电流 I_N 必须大于或等于所装熔体的额定电流 I_{FU}，即 $I_N \geqslant I_{FU}$。

（3）熔体额定电流 I_{FU} 的选择。

①当熔断器保护电阻性负载时，熔体的额定电流等于或稍大于电路的工作电流即可，即 $I_{FU} \geqslant I_L$。

②当熔断器保护一台电动机时，熔体的额定电流可按下式计算，即

$$I_{FU} \geqslant (1.5 \sim 2.5) I_N$$

式中，I_N 为电动机的额定电流。轻载启动或启动时间短时，系数可取得小些，如1.5；重载启动或启动时间长时，系数可取得大一些，如2.5。

③当熔断器保护多台电动机时，熔体的额定电流可按下式计算，即

$$I_{FU} \geqslant (1.5 \sim 2.5) I_{N(max)} + \sum I_N$$

式中，$I_{N(max)}$ 为容量最大的电动机额定电流；$\sum I_N$ 为其余电动机额定电流之和。轻载启动或

启动时间短时，系数可取得小些，如1.5；若重载启动或启动时间长时，系数可取得大一些，如2.5。

5. 交流接触器的选用

交流接触器在选用时，其工作电压不低于被控制电路的最高电压，交流接触器主触点额定电流应大于被控制电路的最大工作电流。用交流接触器控制电动机时，电动机最大电流不应超过交流接触器额定电流允许值。用于控制可逆运转或频繁启动的电动机时，交流接触器要增大一至二级使用。

交流接触器电磁线圈的额定电压应与被控制辅助电路电压一致。对于简单电路，多用380 V或220 V；在线路较复杂或有低压电源的场合或工作环境有特殊要求时，也可选用36 V或127 V等。

接触器触点的数量、种类等应满足控制线路的要求。

6. 热继电器的选用

应根据保护对象、使用环境等条件选择相应的热继电器类型。

（1）对于一般轻载启动、长期工作或长期间断工作的电动机，可选择两相保护式热继电器；当电源平衡性较差、工作环境恶劣或很少有人看守时，可选择三相保护式热继电器；对于三角形接线的电动机应选择带断相保护的热继电器。

（2）额定电流或发热元件整定电流均应大于电动机或被保护电路的额定电流。当电动机启动时间不超过5 s时，发热元件整定电流可以与电动机的额定电流相等。在电动机频繁启动、正反转、启动时间较长或带有冲击性负载等情况下，发热元件的整定电流值应为电动机额定电流的1.1～1.5倍。

注意：由于热继电器是利用电流热效应工作保护电器，具有延时特性，所以热继电器可以做过载保护但不能做短路保护。对于点动、重载启动、频繁正反转及带反接制动等运行的电动机，一般不宜采用热继电器做过载保护。

7. 行程开关的选用

行程开关触点允许通过的电流较小，一般不超过5 A。选用行程开关时，应根据被控制电路的特点、要求及使用环境和所需触点数量等因素综合考虑。

8. 时间继电器的选用

（1）应根据被控制线路的实际要求选择不同延时方式及延时时间、精度的时间继电器。

（2）应根据被控制电路的电压等级选择电磁线圈的电压，使两者电压相符。

9. 中间继电器的选用

选用中间继电器的主要依据是控制电路的电压等级，同时还要考虑所需触点数量、种类及容量是否满足控制线路的要求。

基本技能

实例分析：常用低压电气元件的选用

根据给定的三相交流异步电动机容量及相关控制要求，正确选择控制线路中所用的低压电气元件的规格型号与数量。

工作任务：请为三相交流异步电动机（型号为：Y132S－4；规格为：功率5.5 kW；△接；额定电压380 V；额定电流11.6 A；转速1 460 r/min）的单向启动连续运行控制线路

选择所用的低压电气元件，填写电气元件明细表，如表1－1－1所示。

表1－1－1　电气元件明细表

序号	符号	名称	型号	规格	数量	备注
1	M	三相交流异步电动机	Y132S－4	功率：5.5 kW；额定电压：380 V；△接；额定电流：11.6 A；转速：1 460 r/min	1	
2	QF	自动空气开关	DZ47－63	3P；20 A	1	
3	KM	交流接触器	CJX1－32	线圈工作电压 AC 380 V	1	
4	FR	热继电器	JR36－20/3	额定电流20 A，整定电流12 A	1	
5	FU1	熔断器	RT18－32	1P，配熔体25 A	3	
6	FU2	熔断器	RT18－32	1P，配熔体5 A	2	
7	SB1	控制按钮	LA38－11	红色	1	
8	SB2	控制按钮	LA38－11	绿色	1	
9	XT	接线端子排	TD－3015		1	

能力拓展

请为三相交流异步电动机（型号为：Y160M－4；规格为：功率11 kW；额定电压380 V；△接；额定电流22.6 A；转速1 460 r/min）的单向启动连续运行控制线路选择所用的低压电气元件，填写电气元件明细表，如表1－1－2所示。

表1－1－2　电气元件明细表

序号	符号	名称	型号	规格	数量	备注
1	M	三相交流异步电动机	Y160M－4	功率：11 kW；额定电压：380 V；△接；额定电流：22.6 A；转速：1 460 r/min	1	
2						
3						
4						
5						
6						
7						
8						
9						

1.1.3 电气控制线路的绘制

知识提示

1.1.3.1 EPLAN 专业绘图软件介绍

EPLAN 是专业的电气设计绘图软件，其特点和优势为：

（1）EPLAN 支持不同的电气标准，如 IEC、JIC、DIN 等，并有标准的符号库。

（2）电气元件之间自动连线，设备自动编号，节省时间。

（3）EPLAN 提供了标准模板，各种图表可以自动生成，如设备清单、端子连接图等。每条记录的详细属性都可以反映在图表中，一旦在原理图中做了修改，只需刷新表格即可更新最新数据，无须手动修改，保证了数据的准确性。

（4）主设备与其分散元件自动产生交互参考。例如，接触器线圈和触点在线圈的下方可以自动显示触点映像，表示触点的位置和数量，避免了相同触点的重复使用，同时在元件选型时方便选择和物理上存在的相一致接触器，以免漏选接触器触点。

（5）快速选型功能，只需一次在 MSEXCEL 中列出所需元件清单，完成数据库的关联，然后在原理图就可以逐一选型，并通过 EPLAN 的标准模板生成清单，其中包括器件的各类电气参数、外形尺寸、品牌等信息，并且可以根据不同的要求进行自动排序。

（6）完成了器件选型之后，即可进行面板布置，由于元件清单中已包括了元件的外形尺寸，所以根据所选的元件，EPLAN 自动生成 1:1 的元件外形图，缩短了控制屏的布置时间。

（7）对于相类似的项目，只要修改一些相关的项目数据，如项目名称、项目编号、用户名称等，就可成为新项目的图纸，可以避免项目的重复修改。

1.1.3.2 EPLAN 电气绘图技术规范（表 1-1-3）

表 1-1-3 EPLAN 电气绘图技术规范

序号	描述	合格	不合格
1	控制电路继电器编号正确	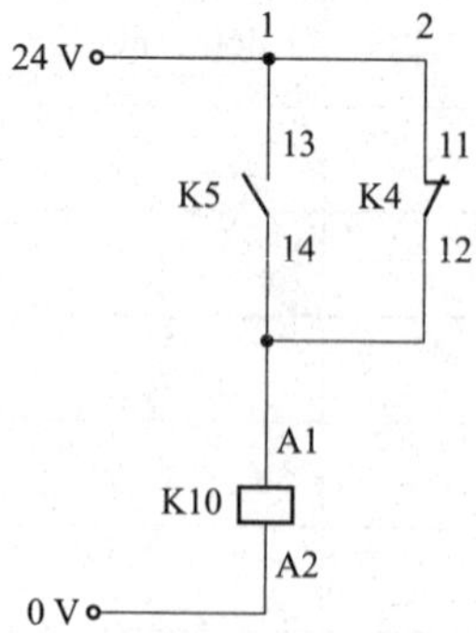 24 V 1 2 13 11 K5 K4 14 12 A1 K10 A2 0 V	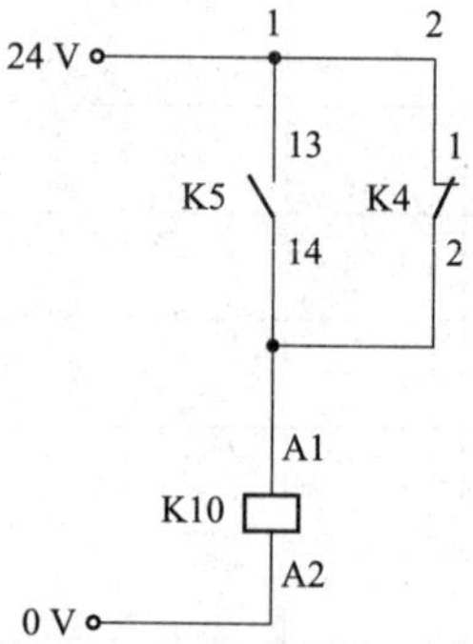 24 V 1 2 13 1 K5 K4 14 2 A1 K10 A2 0 V

续表

序号	描述	合格	不合格
2	主电路接触器编号正确		
3	电路垂直方向没有曲折		
4	电路水平方向没有曲折		
5	触点水平高度一致		

续表

序号	描述	合格	不合格
6	垂直方向元器件间隔相等，无重叠	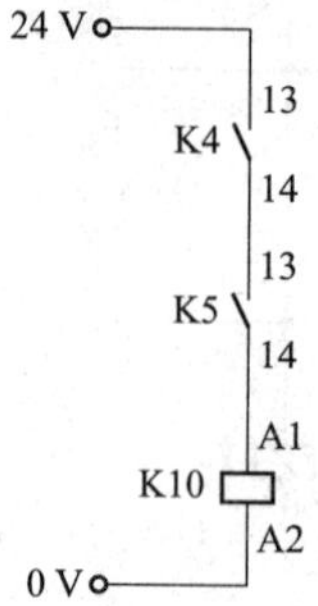 24 V 13 K4 14 13 K5 14 A1 K10 A2 0 V	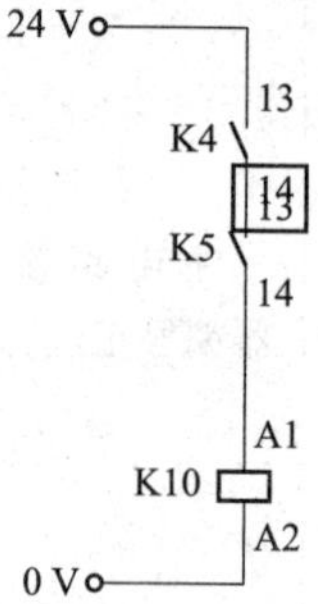 24 V 13 K4 14 13 K5 14 A1 K10 A2 0 V
7	水平方向元器件间隔相等，无重叠	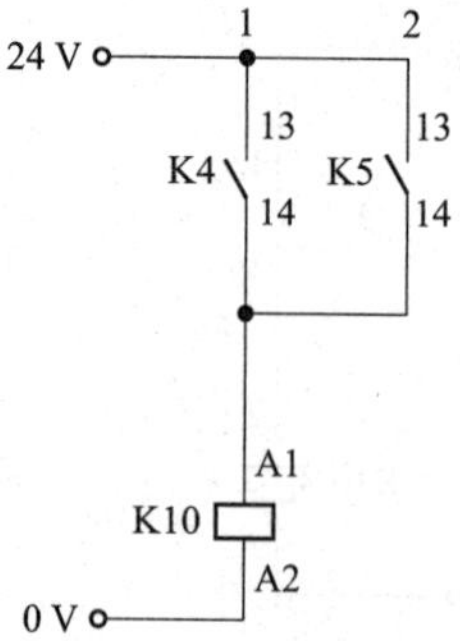 1 2 24 V 13 K4 14 13 K5 14 A1 K10 A2 0 V	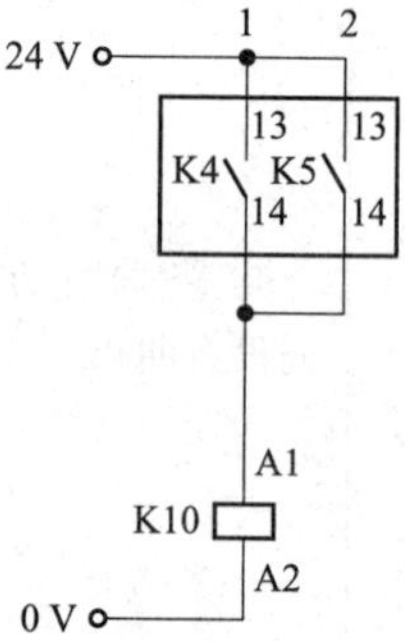 1 2 24 V 13 K4 14 13 K5 14 A1 K10 A2 0 V
8	控制电路中元器件标记无缺失、错误现象	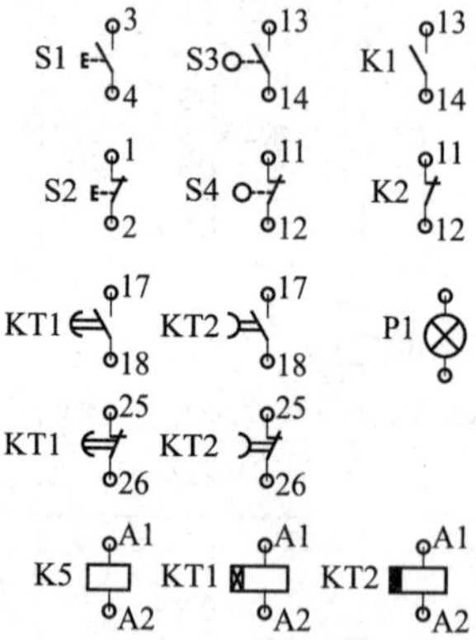 S1 3 4 S3 13 14 K1 13 14 S2 1 2 S4 11 12 K2 11 12 KT1 17 18 KT2 17 18 P1 KT1 25 26 KT2 25 26 K5 A1 A2 KT1 A1 A2 KT2 A1 A2	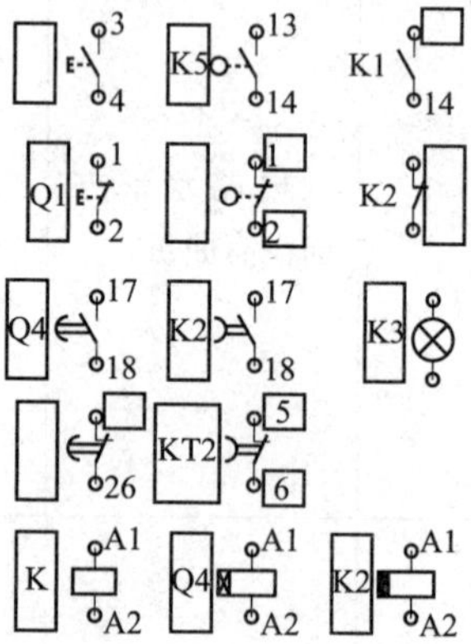 3 4 K5 13 14 K1 14 Q1 1 2 1 2 K2 Q4 17 18 K2 17 18 K3 26 KT2 5 6 K A1 A2 Q4 A1 A2 K2 A1 A2
9	主电路中元器件标记无缺失、错误现象	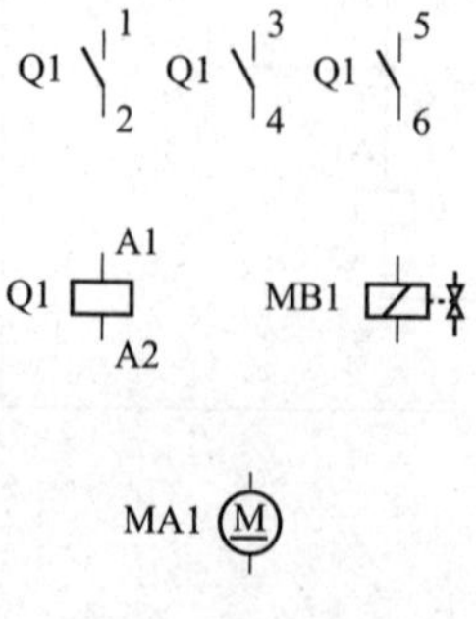 Q1 1 2 Q1 3 4 Q1 5 6 Q1 A1 A2 MB1 MA1 M	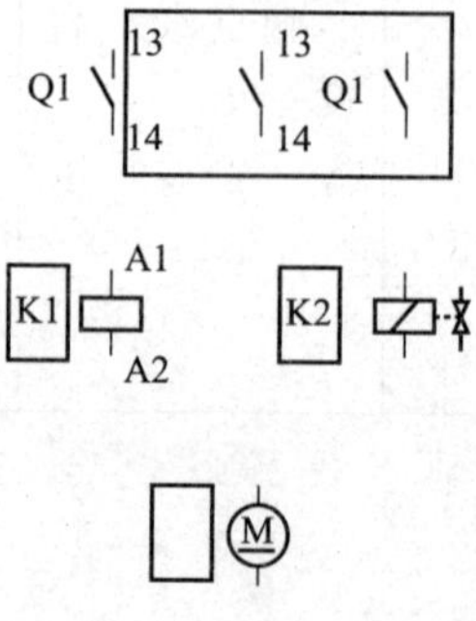 Q1 13 14 13 14 Q1 K1 A1 A2 K2 M

续表

序号	描述	合格	不合格
10	电路中显示触点索引，触点不超限（触点组和触点数量）	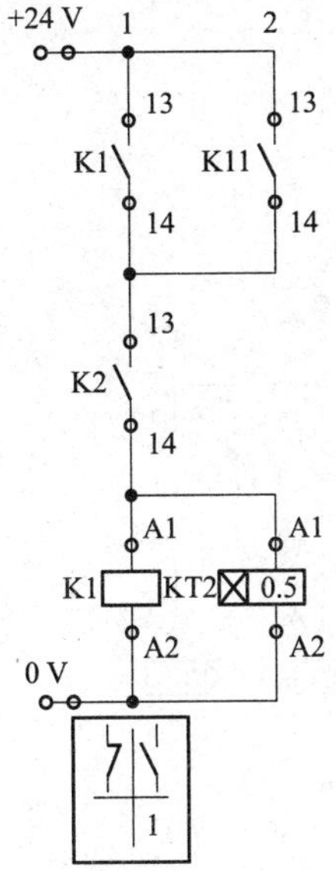	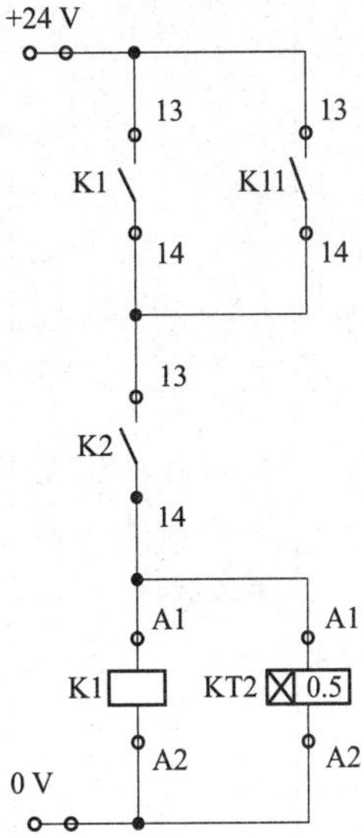
11	每一个电路支路都有功能描述	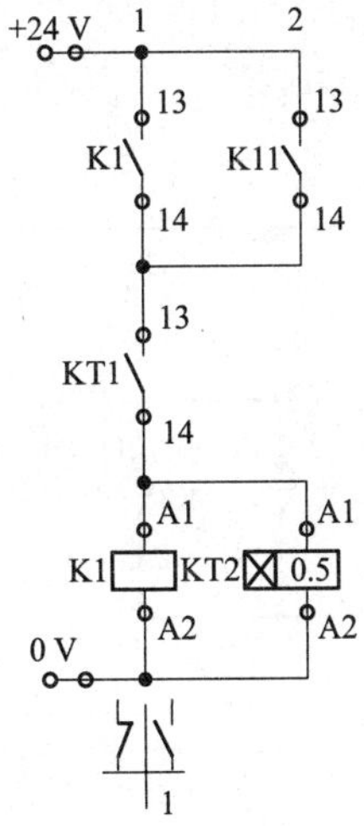 机械手抓取物品	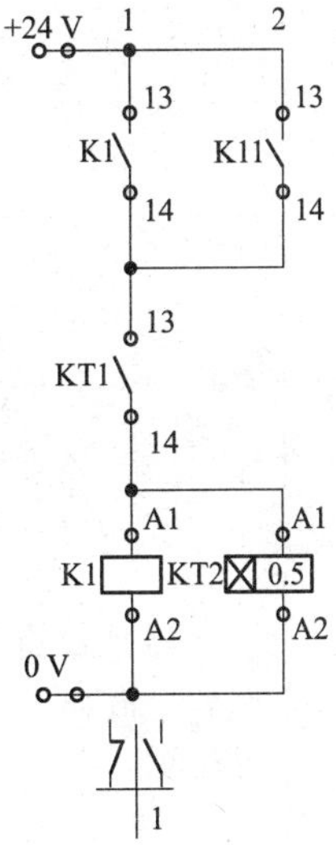
12	电路支路均向右分支	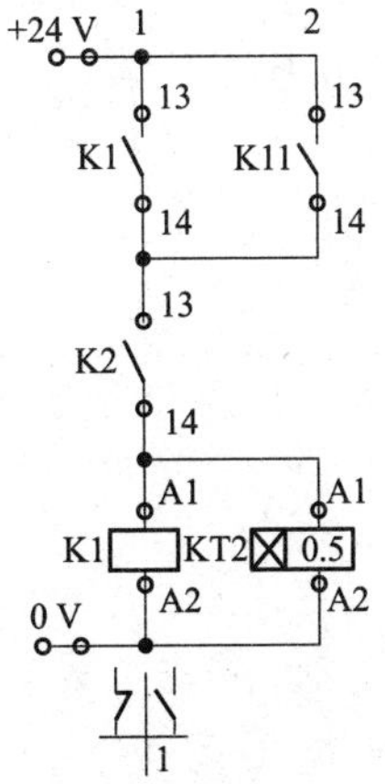	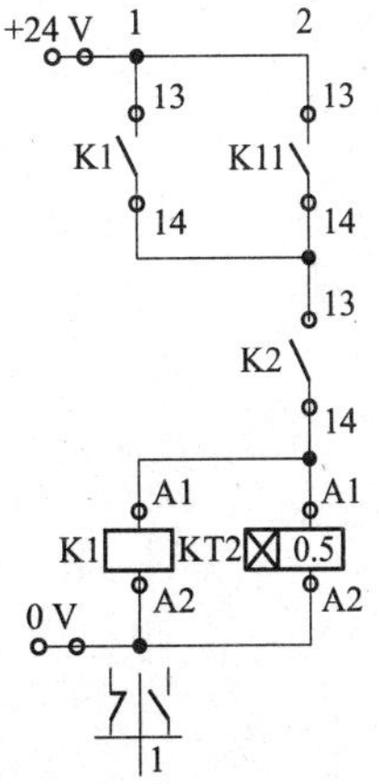

续表

序号	描述	合格	不合格
13	功能描述在支路下方，无重叠现象	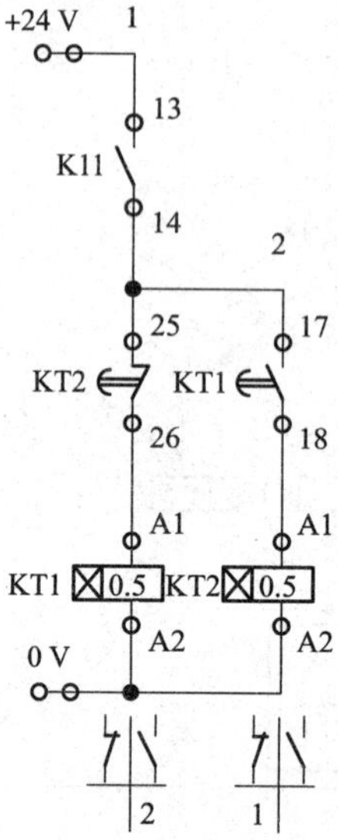 1 Hz闪烁	1 Hz闪烁 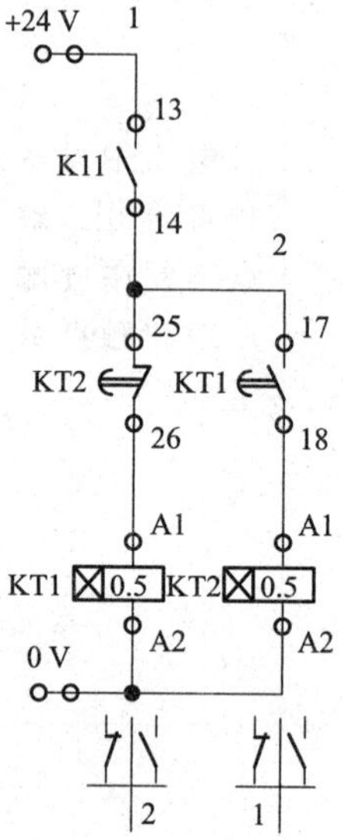
14	元器件没有倒置、横向放置现象	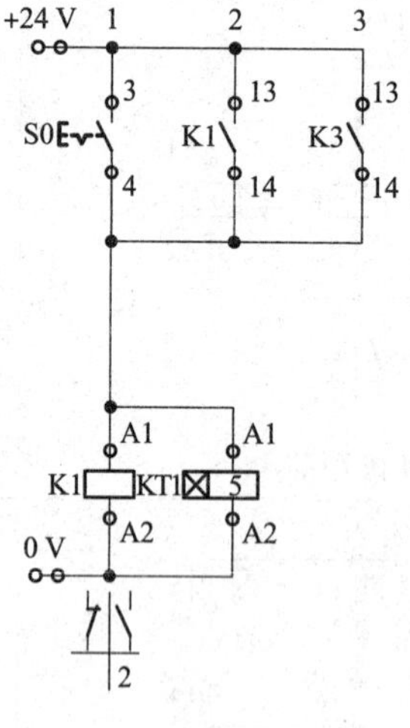	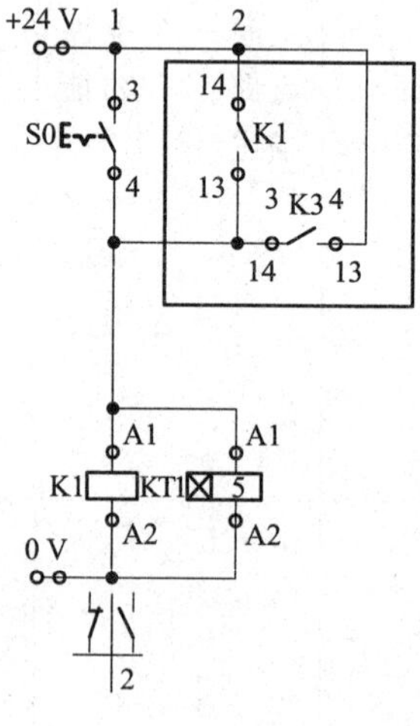

续表

序号	描述	合格	不合格
15	电气连接点标注正确	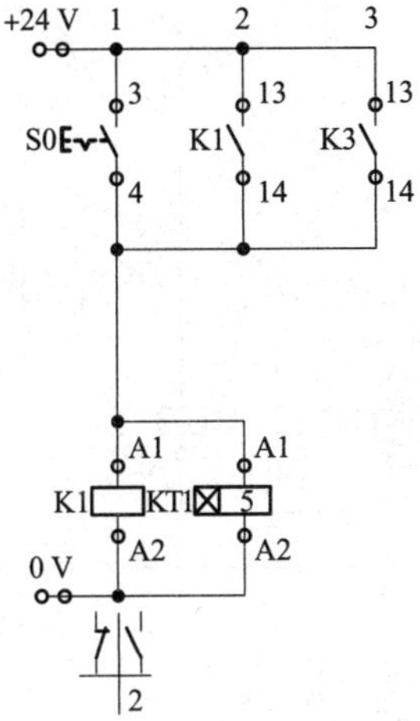	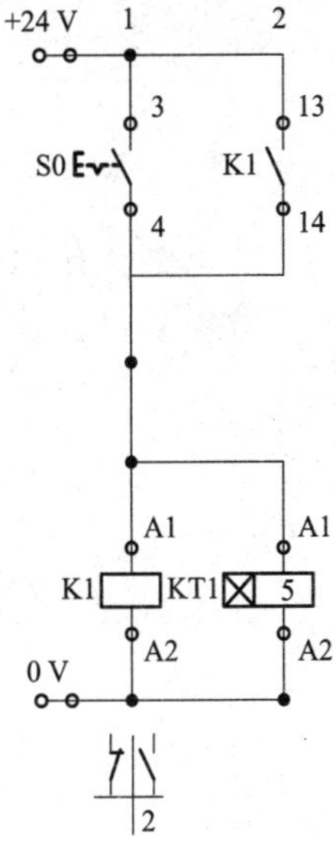
16	继电器、接触器、电磁阀线圈没有混合并联现象	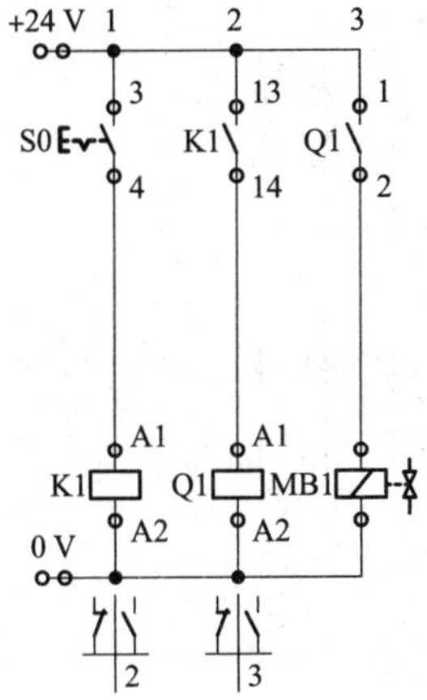	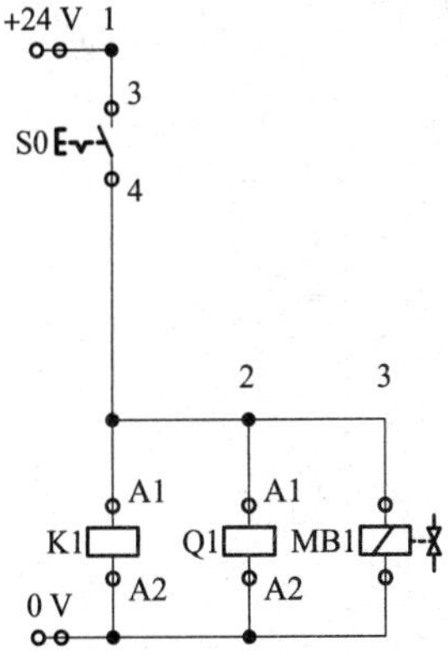
17	继电器、接触器、电磁阀线圈没有串联现象	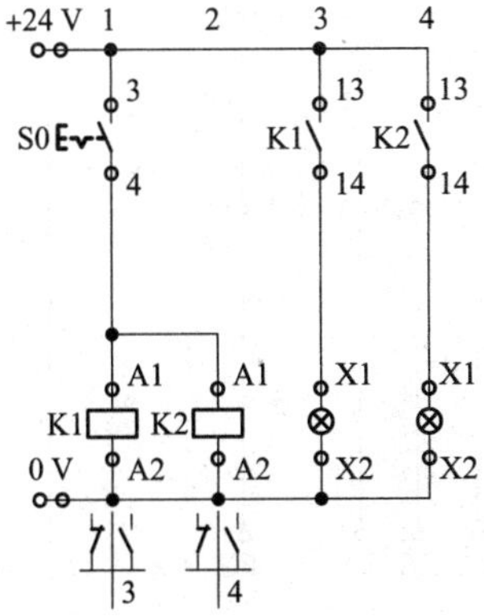	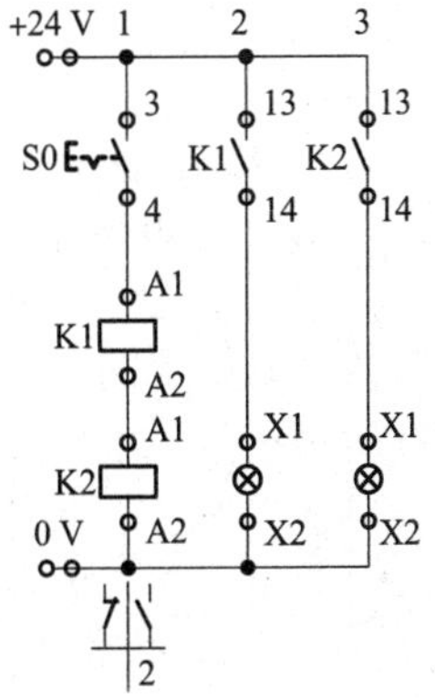

续表

序号	描述	合格	不合格
18	电路没有混合交叉	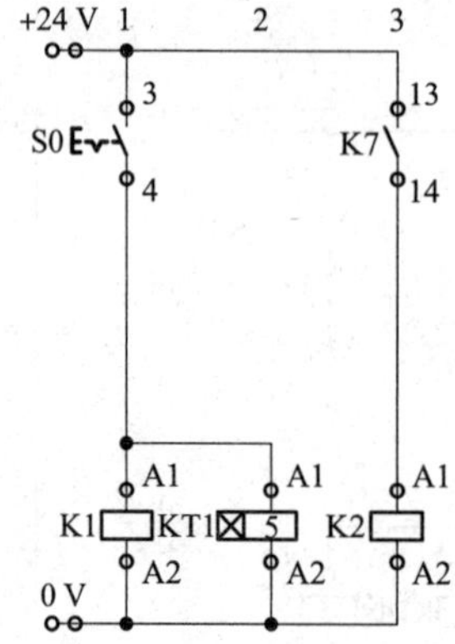	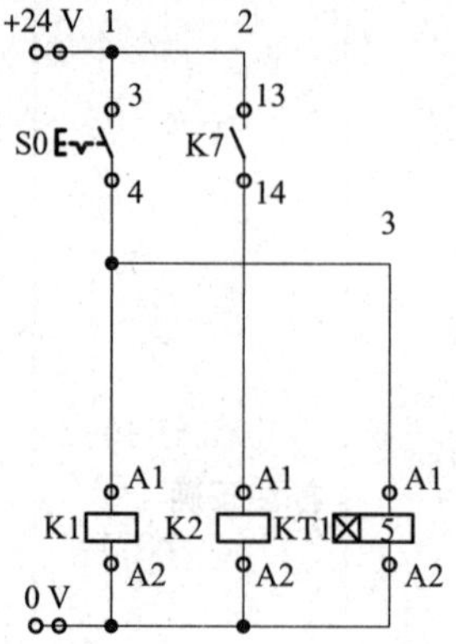
19	主电路中断路器元器件应在接触器前面（上方）	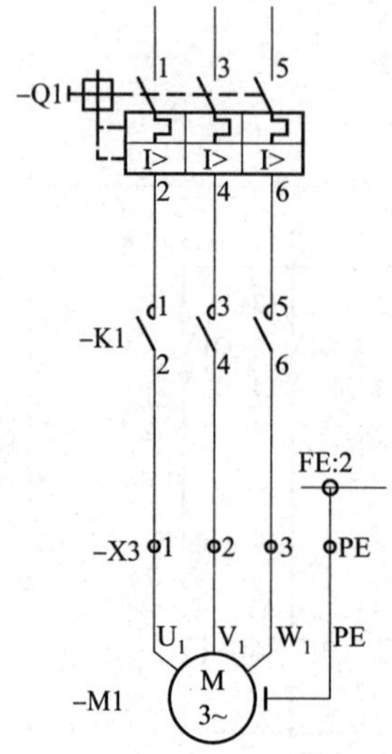	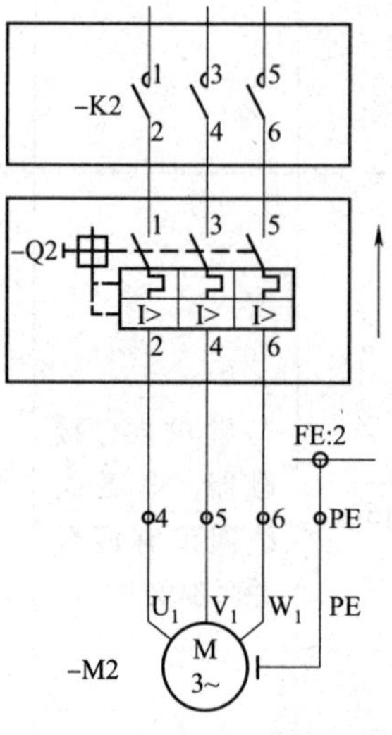
20	接线端子、线号在电路中标注样式，没有线直接穿过端子	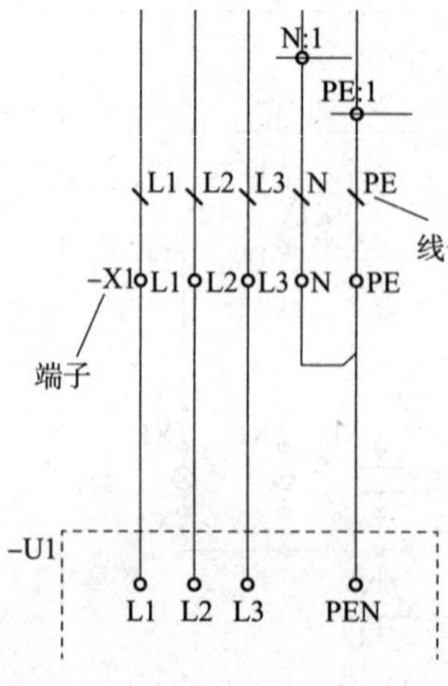	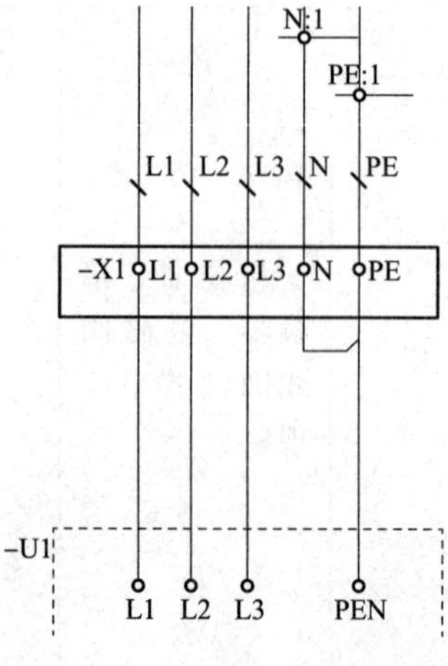

续表

序号	描述	合格	不合格
21	电路线径规格标注正确	-Q1 1 3 5 2 4 6 16 mm²	-Q1 1 3 5 2 4 6 16 mm²

基本技能

实例分析：使用EPLAN绘图软件绘制电气控制线路原理图

工作任务1：使用EPLAN绘图软件，绘制砂轮机电气控制线路的电气原理图，如图1－1－14所示。

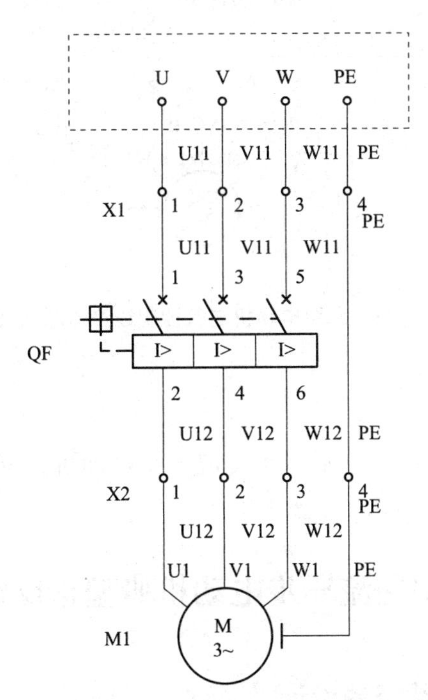

图1－1－14　砂轮机电气控制线路的电气原理图

工作任务2：使用EPLAN绘图软件，绘制水泵电动机电气控制线路的电气原理图，如图1－1－15所示。

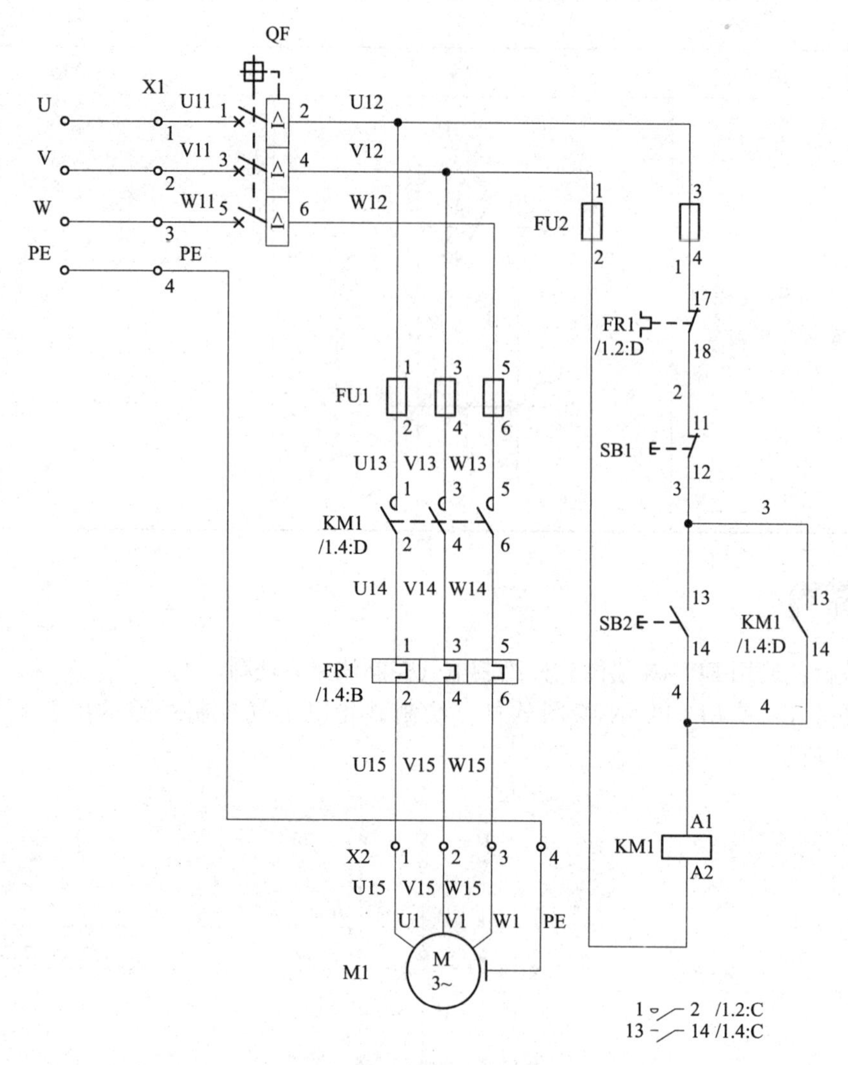

图 1－1－15　水泵电动机电气控制线路的电气原理图

能力拓展

练习使用 EPLAN 绘图软件，绘制三相交流异步电动机正反转电气控制线路的电气原理图。

知识点 1.2　三相交流异步电动机典型正反转控制线路设计

1.2.1　典型正反转控制线路的设计

知识提示

许多生产机械的运动部件往往要求实现正、反两个方向的运动，如机床主轴正转和反转、起重机吊钩的上升与下降、机床工作台的前进与后退、机械装置的夹紧与放松等，这就要求拖动电动机实现正、反转来控制。

根据三相交流异步电动机工作原理可知，只要将电动机主电路三相电源线的任意两根对调，改变电源相序，改变旋转磁场方向，就可以实现电动机的正反转。

根据单向连续控制线路的控制原理，要实现正反转运行可用两只接触器来改变电动机电源的相序，但是它们不能同时得电动作，否则将造成电源相间短路事故。常用的电动机正反转控制线路有以下几种。

1.2.1.1 按钮联锁的正反向控制线路

三相交流异步电动机按钮联锁的正反转控制线路原理图如图1－2－1所示。

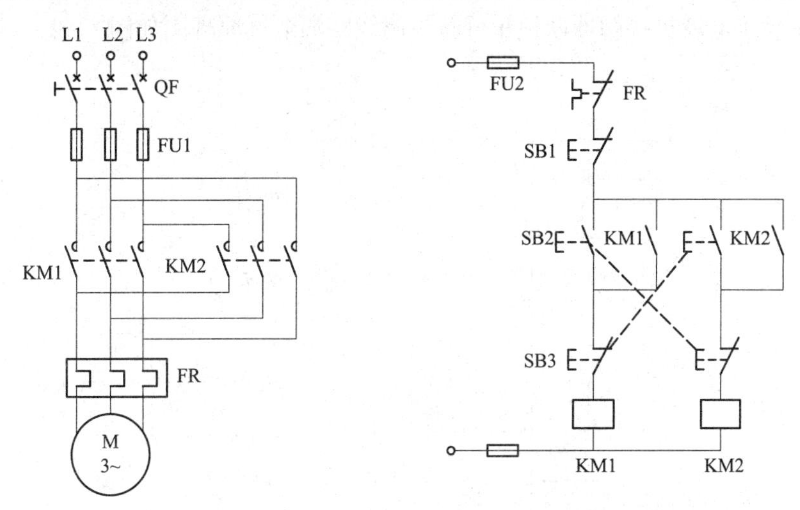

图1－2－1 三相交流异步电动机按钮联锁的正反转控制线路原理图

图1－2－1中SB2与SB3分别为正、反向启动按钮，每只按钮的常闭触点都与另一只按钮的常开触点串联，此种接法称为按钮联锁或按钮互锁。这种由按钮的常闭触点构成的联锁也称为机械联锁。每只按钮上起联锁作用的常闭触点称为“联锁触点”。当操作任意一只按钮时，其常闭触点先分断，使相反转向的接触器断电释放，可防止两只接触器同时得电造成电源短路。

线路工作原理：

电动机正向启动时，合上电源开关QF，按下按钮SB2，其常闭触点先分断，使KM2线圈不得电，实现联锁。同时SB2的常开触点闭合，KM1线圈得电并自锁，KM1主触点闭合，电动机M得电正向启动运转。

电动机反向启动时，如果此时电动机处于正转运行，可以直接按下SB3，其常闭触点先分断，KM1线圈失电，解除自保，KM1主触点断开，电动机正转停转；同时SB3常开触点闭合，KM2线圈得电并自保，KM2主触点闭合，电动机反转。

电动机需停转时，只需按下停止按钮SB1即可，电动机M失电停止运行。

按钮联锁正、反转控制线路的优点是，电动机可以直接从一个转向过渡到另一个转向而不需要按停止按钮SB1，但存在的主要问题是容易产生短路事故。例如，电动机正转接触器KM1的主触点因弹簧老化或剩磁的原因而延迟释放、因触点熔焊或者被卡住而不能释放时，如此时按下SB3反转按钮，会造成KM1因故不释放或释放缓慢而没有完全将触点断开，KM2接触器线圈又通电使其主触点闭合，电源会在主电路出现相间短路。可见，按钮联锁正、反转控制电路的特点是方便但不安全，运行状态转换是“正转→反转→停止”。

1.2.1.2　接触器联锁的正、反向控制线路

为防止出现两个接触器同时得电引起主电路电源相间短路，要求在主电路中任意一个接触器主触点闭合时，另一个接触器的主触点就不能够闭合，即任何时候在控制电路中，KM1、KM2 只能有其中一个接触器的线圈通电。将 KM1、KM2 正、反转接触器的常闭辅助触点分别串接到对方线圈电路中，形成相互制约的控制，这种相互制约的控制关系也称为联锁或互锁，这两对起联锁作用的常闭触点称为联锁触点。由接触器或继电器常闭触点构成的联锁也称为电气联锁。

三相交流异步电动机接触器联锁正反转控制线路的电气原理图如图 1－2－2 所示。

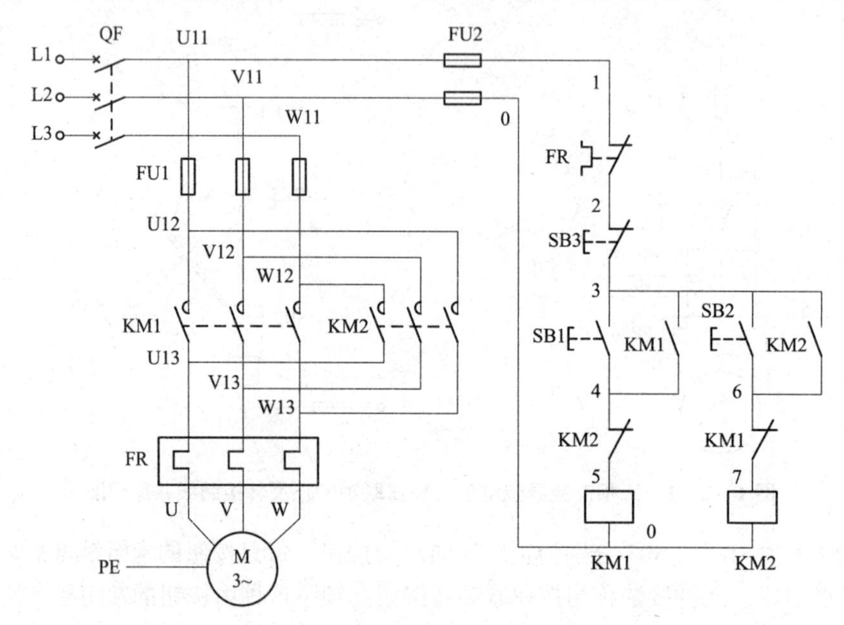

图 1－2－2　三相交流异步电动机接触器联锁正反转控制线路的电气原理图

线路工作原理：

电动机正向启动时，合上电源开关 QF，按下正转启动按钮 SB1，正转接触器 KM1 线圈通电，一方面主电路中 KM1 的主触点和控制电路中 KM1 的自锁触点闭合，使电动机连续正转；另一方面 KM1 的常闭联锁触点断开，切断反转接触器 KM2 线圈回路，使得它无法通电，实现联锁。此时即使按下反转启动按钮 SB2，反转接触器 KM2 线圈因 KM1 联锁触点断开也不会通电。要实现反转控制，必须先按下停止按钮 SB3，切断正转接触器 KM1 线圈回路，主电路中 KM1 的主触点和控制电路中 KM1 的自锁触点恢复断开，KM1 的联锁触点恢复闭合，解除对 KM2 的联锁，然后按下反转启动按钮 SB2，才能使电动机反向启动运转。

电动机反向启动时，按下反转启动按钮 SB2，反转接触器 KM2 线圈通电，一方面主电路中 KM2 的主触点闭合，控制电路中 KM2 的自锁触点闭合，实现反转；另一方面 KM2 的反转互锁触点断开，使正转接触器 KM1 线圈回路无法接通，进行联锁。

电动机需停转时，只需按下停止按钮 SB3 即可，电动机 M 失电停止运行。

接触器联锁正、反转控制电路的优点是可以避免由于误操作以及因接触器故障引起的电源短路事故发生，但存在的主要问题是，从一个转向过渡到另一个转向时要先按停止按钮

SB3，不能直接过渡，显然这是十分不方便的。可见接触器互锁正、反转控制电路的特点是安全但不方便，运行状态转换是“正转→停止→反转”。

1.2.1.3　双重联锁的正、反向控制线路

采用复式按钮和接触器复合联锁的正反转控制电路如图1－2－3所示。

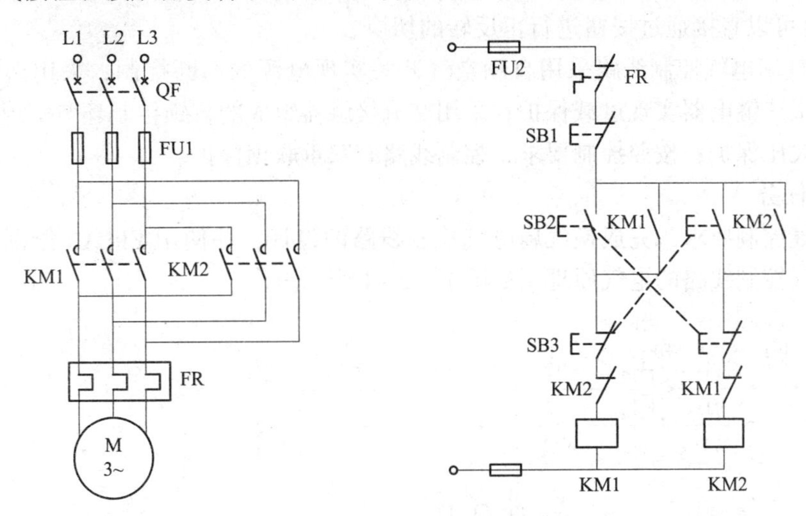

图1－2－3　采用复式按钮和接触器复合联锁的正反转控制电路

双重联锁的正、反向控制线路可以克服上述两种正、反转控制线路的缺点，图1－2－3中SB2与SB3是两只复合按钮，它们各具有一对常开触点和一对常闭触点，该电路具有按钮和接触双重联锁作用。

线路工作原理：

电动机正向启动时，合上电源开关QF，按正转按钮SB2，正转接触器KM1线圈通电，KM1主触点闭合，电动正转启动运转。与此同时，SB2的联锁常闭触点和KM1的联锁常闭触点都断开，双双保证反转接触器KM2线圈不会同时获电。

欲要反转，只要直接按下反转复合按钮SB3，其动断触点先断开，使正转接触器KM1线圈断电，KM1的主、辅触点复位，电动机停止正转。与此同时，SB3动合触点闭合，使反转接触器KM2线圈通电，KM2主触点闭合，电动机反转启动运转，串接在正转接触器KM1线圈电路中的KM2常闭辅助触点断开，起到联锁作用。

电动机需停转时，只需按下停止按钮SB1即可，电动机M失电停止运行。

基本技能

实例分析：换气扇电气控制线路的设计

1. 电气控制要求

某企业车间需要安装一台换气扇，实现车间送风与排风功能，具体控制要求如下：需要送风时，按下送风启动按钮，换气扇正转启动运转，将车间内的空气向外排出；需要换气时，按下换气启动按钮，换气扇反转，向车间送入新鲜空气；换气扇的正反转运行可以通过按钮直接进行切换；控制线路要有完善的保护措施。

2. 设计思路

（1）换气扇由一台三相交流异步电动机实现控制；送风时，电动机正转；换气时，电动机反转。

（2）电路设有电动机正转启动按钮（送风启动按钮）与反转启动按钮（换气启动按钮）；电动机可以直接通过按钮进行正反转的切换。

（3）换气扇电气控制线路采用自动空气开关实现电源的通断控制；采用熔断器实现短路保护；采用热继电器实现过载保护；采用交流接触器组成的自锁控制环节实现电气控制系统的失压、欠压保护；按照控制要求，控制线路有双重联锁保护。

3. 工作任务

根据电气控制要求，完成换气扇电气控制线路的设计，并使用 EPLAN 绘图软件，绘制出换气扇电气控制线路的电气原理图如图 1－2－4 所示。

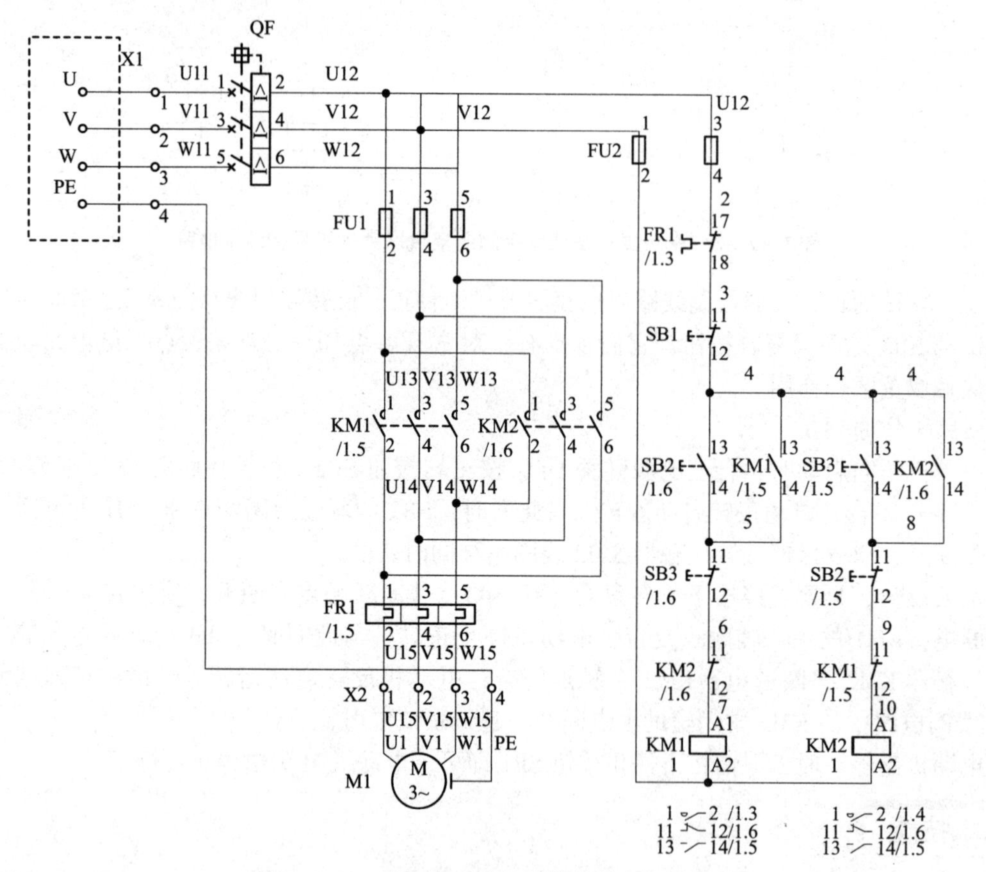

图 1－2－4　换气扇电气控制线路的电气原理图

1.2.2　典型行程控制线路的设计

知识提示

1.2.2.1　三相交流异步电动机的行程控制

在实际应用中，有一些电气设备要根据可移动部件的行程位置控制其运行状态，如电梯行驶到一定位置要停下来，起重机将重物提升到一定高度要停止上升，停的位置必须在一定范围内，否则可能造成危险事故；还有些生产机械，如高炉的加料设备、龙门刨床等需自动往返运行。电动机的停可以通过控制电路中的停止按钮 SB1 实现，这属于手动控制，也可用行程开关控制电动机在规定位置停则属于按照行程原则实现的自动控制。

实现行程位置控制的电器主要是行程开关，即用行程开关对机械设备运动部件的位置或机件的位置变化来进行控制，称为按行程原则的自动控制，也称为行程控制。行程控制是机械设备中应用较广泛的控制方式之一。

行程控制根据其控制特点，可以分为限位保护控制与自动循环控制。

1.2.2.2　三相交流异步电动机的限位保护控制

如图 1－2－5 所示，某小车在规定的轨道上运行时，可用行程开关实现终端限位保护，控制小车在规定的轨道上安全运行。小车在轨道上的向前、向后运动可利用电动机的正、反转实现。若需要限位保护时，则在小车行程的两个终端位置各安装一个行程开关，将行程开关的触点接于线路中，当小车碰撞行程开关后，使拖动小车的电动机停转就可达到限位保护的目的。用来实现终端限位保护的行程开关通常称为限位开关。

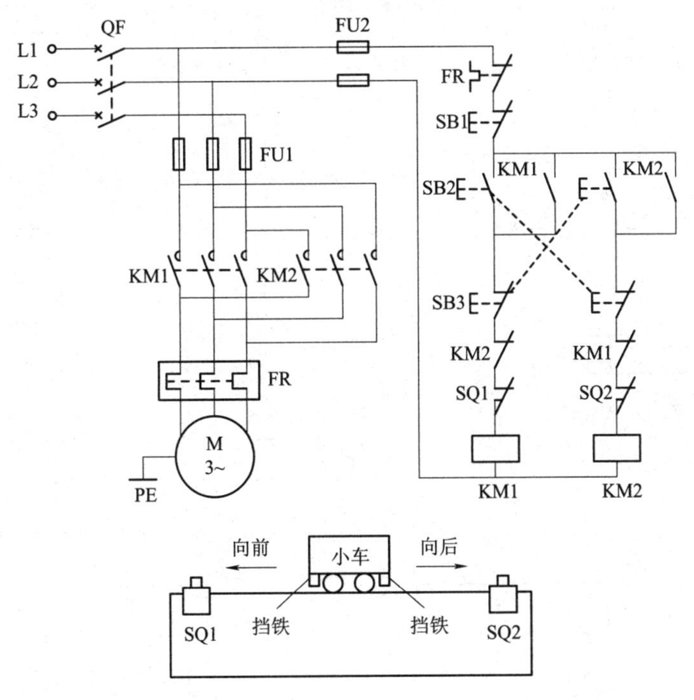

图 1－2－5　三相交流异步电动机正反转限位控制线路的电气原理图

线路工作原理：

小车向前运行控制，合上电源开关 QF，按下正转启动按钮 SB2 后，KM1 线圈通电并自锁，联锁触点断开对 KM2 线圈进行联锁，使其不能得电，同时 KM1 主触点吸合，电动机正转，小车向前运动。运动一段距离后，小车挡铁碰撞到行程开关 SQ1，SQ1 常闭触点断开，KM1 线圈失电，KM1 主触点断开，电动机断电停转，同时 KM1 自锁触点断开，KM1 联锁触点恢复闭合。

小车向后运行控制，按下反转启动按钮 SB3 后，KM2 线圈通电并自锁，联锁触点断开对 KM1 线圈进行联锁，使其不能得电，同时 KM2 主触点吸合，电动机反转，小车向后运动。运动一段距离后，小车挡铁碰撞到行程开关 SQ2，SQ2 常闭触点断开，KM2 线圈失电，KM2 主触点断开，电动机断电停转，同时 KM2 自锁触点断开，KM2 联锁触点恢复闭合。

停止控制，无论小车是在向前还是在向后的运行过程中，如果需要小车停在当前位置，按下停止按钮 SB1 即可。

1.2.2.3 三相交流异步电动机的自动循环控制

在许多生产机械的运动部件往往要求在规定的区域内实现正、反两个方向的循环运动，例如，生产车间的行车运行到终点位置时需要及时停车，并能按控制要求回到起点位置；铣床要求工作台在一定距离内能做自由往复循环运动，以便对工件进行连续加工，这种特殊要求的行程控制，称为自动循环控制。

如图 1-2-6 所示，行程开关 SQ1、SQ2 为实现自动往复循环控制的行程开关，工作台向右运行由接触器 KM1 控制电动机正转实现，工作台向左运行由接触器 KM2 控制电动机反转实现。行程开关 SQ3、SQ4 分别为正反向限位保护用行程开关。

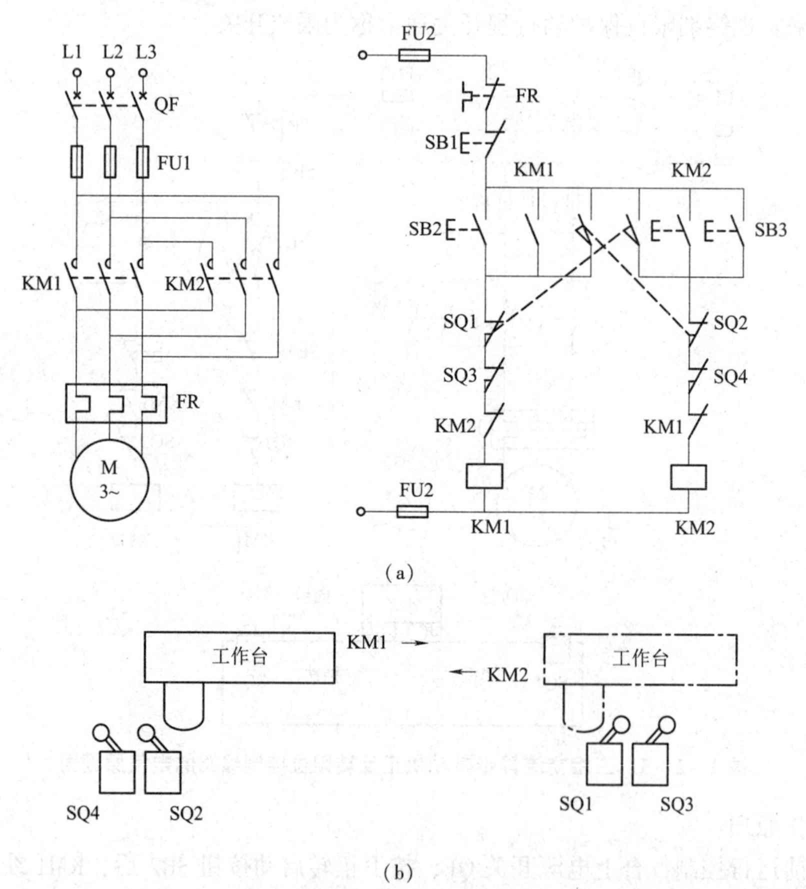

图 1-2-6 三相交流异步电动机自动往复循环控制线路

(a) 电气原理图；(b) 位置示意图

线路工作原理：

需要工作台电动机启动运行时，合上电源开关 QF，按下正转启动按钮 SB2，接触器 KM1 线圈通电，其自锁触点闭合实现自锁，联锁触点断开实现对接触器 KM2 线圈的联锁，主电路中的 KM1 主触点闭合，电动机通电正转，拖动工作台向右运动。到达右终点位置后，安装在工作台上限定位置的撞块碰撞行程开关SQ1，使其常闭触点先断开，切断接触器KM1线圈回路，KM1线圈断电，主电路中KM1主触点分断，电动机断电停止正转，工作台停止向右运动。控制电路中，KM1自锁触点分断解除自锁，KM1的常闭触点恢复闭合，解除对接触器KM2线圈的联锁。SQ1的常开触点后闭合，接通KM2线圈回路，KM2线圈得电，KM2自锁触点闭合实现自锁，KM2的常闭触点断开，实现对接触器KM1线圈的联锁，主电路中的KM2主触点闭合，电动机通电，改变相序反转，拖动工作台向左运动。到达左终点位置后，安装在工作台上限定位置的撞块碰撞行程开关SQ2，其常闭和常开触点按先后动作，常闭先断开，使电动机停止向左运行；常开后闭合，让电动机开始向右运行，开始重复上述过程，即工作台在SQ1和SQ2之间做周而复始的往复循环运动，直到按下停止按钮SB1为止，整个控制电路失电，接触器KM1（或KM2）主触点分断，电动机断电停转，工作台停止运动。

工作台运行过程中，如果控制自动往复循环的行程开关SQ1或SQ2失灵，则由限位保护行程开关SQ3、SQ4动作，实现终端位置的限位保护。此电路采用接触器的常闭触点实现电气联锁，所以电动机在运行过程中，不可以利用按钮实现直接反向。如果需要此项控制内容，线路则应该在接触器联锁正反转控制的基础上增加按钮联锁，就可以通过按钮实现直接反向运行。

由以上分析可以看出，行程开关在电气控制电路中，若起行程限位控制作用时，总是用其常闭触点串接于被控制的接触器线圈的电路中；若起自动循环控制作用时，总是以复合触点形式接于电路中，其常闭触点串接于将被切除的电路中，其常开触点并接于将待启动的换向按钮两端。

基本技能

实例分析：锅炉上煤机电气控制线路的设计

1. 电气控制要求

工业锅炉一般通过燃烧煤加热，锅炉上煤机是专门将煤运送到锅炉加热器中的设备，也可以设计成为锅炉设备的一部分。工作过程如下：下煤时，空煤斗下降，到达下煤预定位置时，煤斗压迫行程开关而停止运行。由人工或装煤机械往煤斗中装煤，装煤完成后等待上煤。上煤时，煤斗上升，到达预定位置时，煤斗自动翻斗卸料，将煤卸入锅炉加热器中，随后通过行程开关控制自动反向下降。其工作示意图如图1－2－7所示。

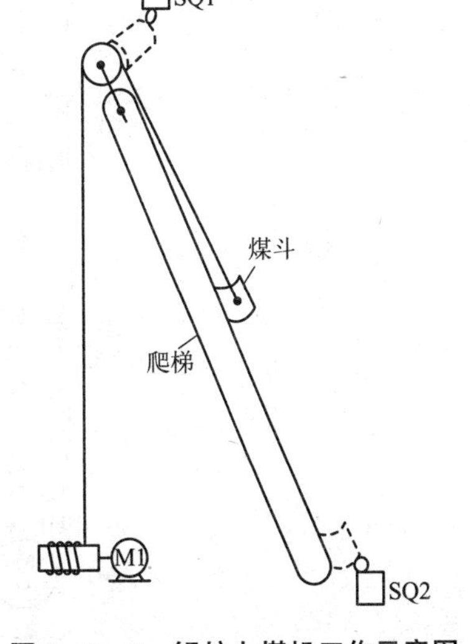

图1－2－7　锅炉上煤机工作示意图

锅炉上煤机由一台功率4 kW的三相交流异步电动机实现对煤斗爬升与下降的控制；煤斗可以停在任意位置，启动时可以使煤斗随意从上升或下降开始运行，到达预定位置自动停止；要具有短路、过载、失压、欠压、电气联锁等必要的电气保护措施。

2. 设计思路

（1）根据电气控制要求，使用继电器－接触器控制环节完成对锅炉上煤机电气控制线路的设计。

（2）工作流程：煤斗由电动机 M1 拖动，按下启动按钮，电动机 M1 将装满煤的煤斗提升到上限后，由行程开关 SQ1 控制自动翻斗卸料，随后反向下降，到达下限 SQ2 位置，煤斗压迫行程开关而停止运行，由人工或装煤机械往煤斗中装煤，装煤完成后，需要按下启动按钮，才可以进行下一次的上煤。

（3）煤斗上升与下降的控制由三相交流异步电动机 M1 实现，分别由接触器 KM1、KM2 控制电动机 M1 的正、反转。

（4）行程开关 SQ1 为煤斗上限位的限位开关；行程开关 SQ2 为煤斗下限位的限位开关；煤斗的上升与下降分别由上升启动按钮与下降启动按钮控制。

（5）锅炉上煤机电气控制线路采用自动空气开关实现电源的通断控制；采用熔断器实现短路保护；采用热继电器实现过载保护；采用交流接触器组成的自锁控制环节实现电气控制系统的失压、欠压保护。

3. 工作任务

根据电气控制要求，完成锅炉上煤机电气控制线路的设计，正确选用电气元件，要求使用 EPLAN 绘图软件，绘制出锅炉上煤机控制线路的电气原理图，如图 1-2-8 所示。

（1）锅炉上煤机电气控制线路的电气原理图设计。

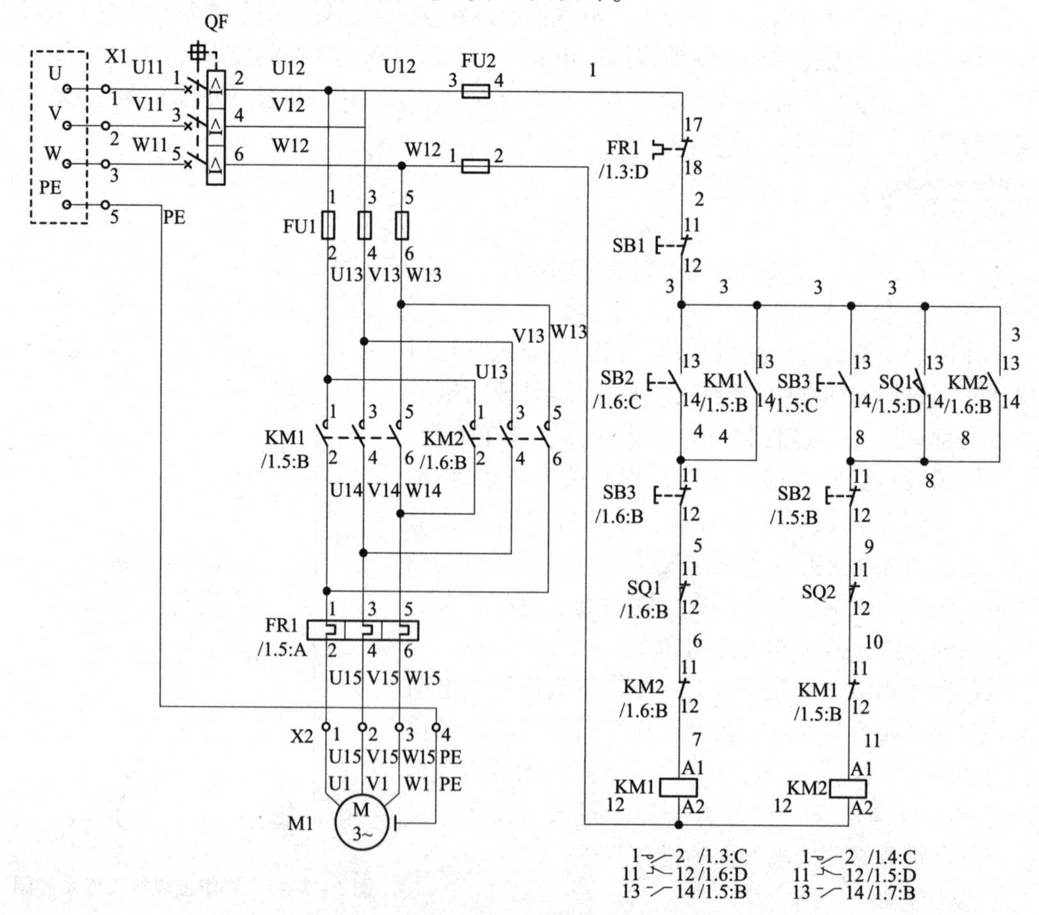

图 1-2-8　锅炉上煤机电气控制线路的电气原理图（参考图）

（2）元器件的选择。

根据给定的三相交流异步电动机型号与规格、电气原理图，列出锅炉上煤机电气控制系统元器件明细表，如表1－2－1所示。

表1－2－1 锅炉上煤机电气控制系统元器件明细表

序号	符号	名称	型号	规格	数量	备注
1	M	三相交流异步电动机	Y132S－4	功率：5.5 kW；额定电压：380 V；额定电流：11.6 A；转速：1 460 r/min	1	
2	QF	自动空气开关	DZ47－63	3P；20 A	1	
3	KM	交流接触器	CJX1－32	线圈工作电压AC 380 V	2	
4	FR	热继电器	JR36－20/3	额定电流20 A，整定电流12 A	1	
5	FU1	熔断器	RT18－32	1P，配熔体25 A	3	
6	FU2	熔断器	RT18－32	1P，配熔体5 A	2	
7	SB1	控制按钮	LA38－11	红色	1	
8	SB2、SB3	控制按钮	LA38－11	绿色	2	
9	SQ1、SQ2	行程开关	LX19－121	单轮、自复位	2	
10	XT	接线端子排	TD－3015		1	

能力拓展

试设计符合技术要求的电气控制原理图，并按图进行安装与调试。

工艺要求：有一台电动机，根据所拖动负载的电气控制要求，有以下控制特点：

（1）电动机要求直接启动，能够实现正反转运行。

（2）该电动机拖动的工作台需实现自动运行，具体要求如下：电动机只能正转启动，由按钮操作电动机正转启动后，运行10 s，自动转为反转运行；反转运行到达指定位置后，由行程开关控制其停车。

（3）电动机设有急停按钮，在任何运行阶段都可以控制电动机停车。

（4）电动机应具有短路保护、过载保护、失压和欠压保护。

知识点1.3 三相交流异步电动机典型降压启动控制线路设计

知识提示

1.3.1 三相交流异步电动机降压启动控制

三相交流异步电动机有两种启动方法，即直接启动和降压启动。直接启动又称为全压启动，即启动时电源电压全部施加在电动机定子绕组上。一般容量小于10 kW的电动机常采用直接启动。前面学习的控制线路都是三相交流异步电动机的直接启动控制线路。

当电动机容量超过 10 kW 时，因直接启动电流为电动机额定电流的 4～7 倍，启动电流较大，所以一般都采用降压方式来启动。启动时降低加在电动机定子绕组上的电压，启动后再将电压恢复到额定值，使之在正常电压下运行。由于电枢电流与电压成正比，所以降低电压可以达到减小启动电流的目的，同时不至于在电路中产生过大的电压降，减少对线路电压的影响。降压启动的启动电流一般为额定电流的 2～4 倍。有时为了减小和限制启动时对机械设备的冲击，即使能进行直接启动的电动机，也改用降低电压的启动方法。

对于三相笼型异步电动机常用的降压启动方法有定子绕组串电阻降压启动、星－三角降压启动、定子绕组串自耦变压器降压启动、延边三角形降压启动。由于星－三角降压启动方法简便、经济，适用范围广泛，所以这里主要介绍星－三角降压启动控制方法。

1.3.2　三相交流异步电动机星－三角（Y－△）降压启动控制

凡是正常运行时定子绕组为三角形接法的三相笼型异步电动机，均可采用星－三角（Y－△）降压启动。启动时，定子绕组先接成星形（Y形），由于每相绕组的电压下降为正常工作电压的$\frac{1}{\sqrt{3}}$，故启动电流下降为直接启动的$\frac{1}{3}$。当转速接近一定值时，电动机定子绕组改接成三角形（△形），进入正常运行，故称这种启动方式为星－三角（Y－△）降压启动。此种降压启动能起限制启动电流的作用，启动方法简便、经济，但因其启动转矩只有直接启动时的$\frac{1}{3}$，故可用于轻载、空载或操作较频繁的场合。

图 1－3－1 所示为按时间原则控制星－三角降压启动控制线路的电气原理图。线路中使用三个接触器和一个时间继电器，KM1 为电源接触器，KM2 为定子绕组三角形连接接触器，KM3 为定子绕组星形连接接触器。

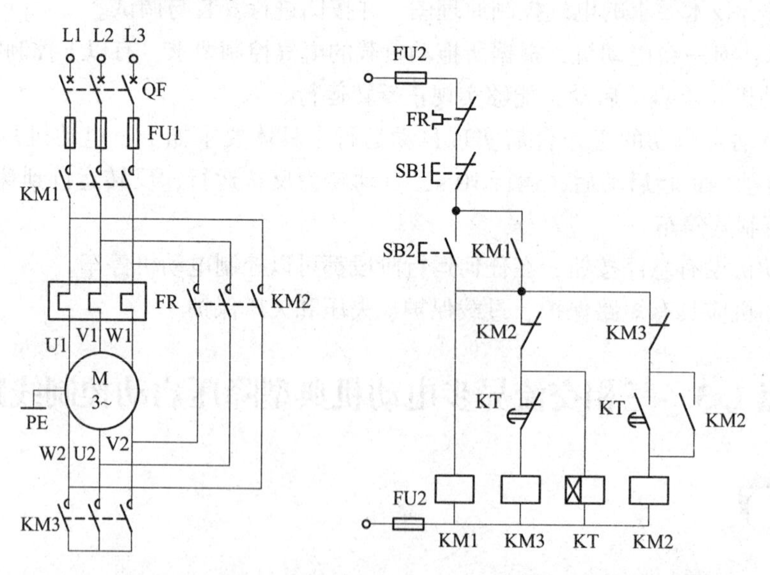

图 1－3－1　按时间原则控制星－三角降压启动控制线路的电气原理图

线路工作原理：

电动机启动时，合上电源开关 QF，按下启动按钮 SB2，接触器 KM1、KM3、时间继电器 KT 线圈同时通电，KM1 辅助常开触点闭合自锁，KM1 主触点闭合接通三相交流电源；

KM3 主触点闭合将电动机三相定子绕组尾端短接，电动机星形启动；KM3 的常闭辅助触点（联锁触点）断开对 KM2 线圈联锁，使 KM2 线圈不能通电；时间继电器 KT 按设定的Y形降压启动时间工作。当电动机转速上升至一定值（接近额定转速）时，时间继电器 KT 的延时时间结束，KT 延时断开的常闭触点断开，KM3 断电，KM3 主触点恢复断开，电动机绕组断开星形接法；KM3 常闭辅助触点（联锁触点）恢复闭合，为 KM2 通电做好准备；KT 延时闭合的常开触点闭合，KM2 线圈通电自锁，KM2 主触点将电动机三相定子绕组首尾顺次连接成三角形，电动机接成三角形全压运行。同时 KM2 的常闭辅助触点（联锁触点）断开，使 KM3 和 KT 线圈都断电。

电动机停转时，按下停止按钮 SB1，KM1、KM2 线圈断电，KM1 主触点断开，切断电动机的三相交流电源，KM1 自锁触点恢复断开，解除自锁，电动机断电停转；KM2 常开主触点恢复断开，解除电动机三相定子绕组的三角形接法，KM2 自锁触点恢复断开，解除自锁，KM2 常闭辅助触点（联锁触点）恢复闭合，为下次星形启动 KM3、KT 线圈通电做准备。

在电路中，时间继电器的延时时间可根据电动机启动时间的长短进行调整，解决了切换时间不易把握的问题，且此降压启动控制电路投资少，接线简单。但由于启动时间的长短与负载大小有关，负载越大，启动时间越长。对负载经常变化的电动机，若对启动时间控制要求较高时，需要经常调整时间继电器的整定值。

该电路适合于控制功率为 10 kW 以上的大容量异步电动机。

基本技能

实例分析：离心风机电气控制线路的设计

1. 电气控制要求

高压离心风机一般用于锻冶炉及高压强制通风系统，并可广泛用于输送物料，输送空气及无腐蚀性、不自燃、不含黏性物质的气体，具有风压高、效率高、高效区宽、结构紧凑、运行可靠等优点。

一般的高压离心风机，其主要的动力设备是电动机，此外还包括用来控制风机风阀位置的电动或手动执行器、风机阀门限位开关等部件。风机动力设备的传统控制方法是通过手动或继电器控制，存在可靠性和灵活性较差的问题。同时，由于电动机的容量大，存在启动时间长、启动电流大、运行安全可靠性差等问题。为了解决这些问题，需要在启动离心风机时减少启动负荷，故采用星-三角降压启动的方法来降低启动电流，并且要有安全互锁控制等措施。

风机电动机（功率：11 kW；额定电压：380 V；△接；额定电流：22.6 A；转速：1 460 r/min）的电气控制要求如下：

（1）电动机启动时绕组采用星形接法，待电动机达到正常的速度后切换为三角形接法，以达到限制降低启动电流的目的。

（2）线路设计有紧急停车按钮，防止启动或运行时意外事故的发生。

（3）电动机星形启动切换为三角形运转时相关接触器要有联锁保护，防止出现短路事故。

（4）要有必要的保护措施：短路保护、过载保护、失压欠压保护。

2. 设计思路

（1）根据电气控制要求，使用继电器－接触器控制环节完成对高压离心风机电气控制线路的设计。

（2）高压离心风机的控制由一台三相交流异步电动机 M 实现。

（3）电动机 M 采用星－三角降压启动控制系统，分别由接触器 KM、KM_{Y}、$KM_{\triangle}$ 控制电动机 M 的运行，KM_{Y} 与 $KM_{\triangle}$ 要有联锁保护环节。

（4）高压离心风机电气控制线路采用自动空气开关实现电源的通断控制；采用熔断器实现短路保护；采用热继电器实现过载保护；采用交流接触器组成的自锁控制环节实现电气控制系统的失压、欠压保护。

3. 工作任务

根据电气控制要求及设计思路，完成高压离心风机电气控制线路的设计，正确选用电气元件；要求使用 EPLAN 绘图软件，绘制出高压离心风机电气控制线路的电气原理图。

（1）高压离心风机电气控制线路的电气原理图设计。

根据电气控制要求及设计方案，设计高压离心风机电气控制线路的电气原理图。电气原理图如图 1－3－2 所示。

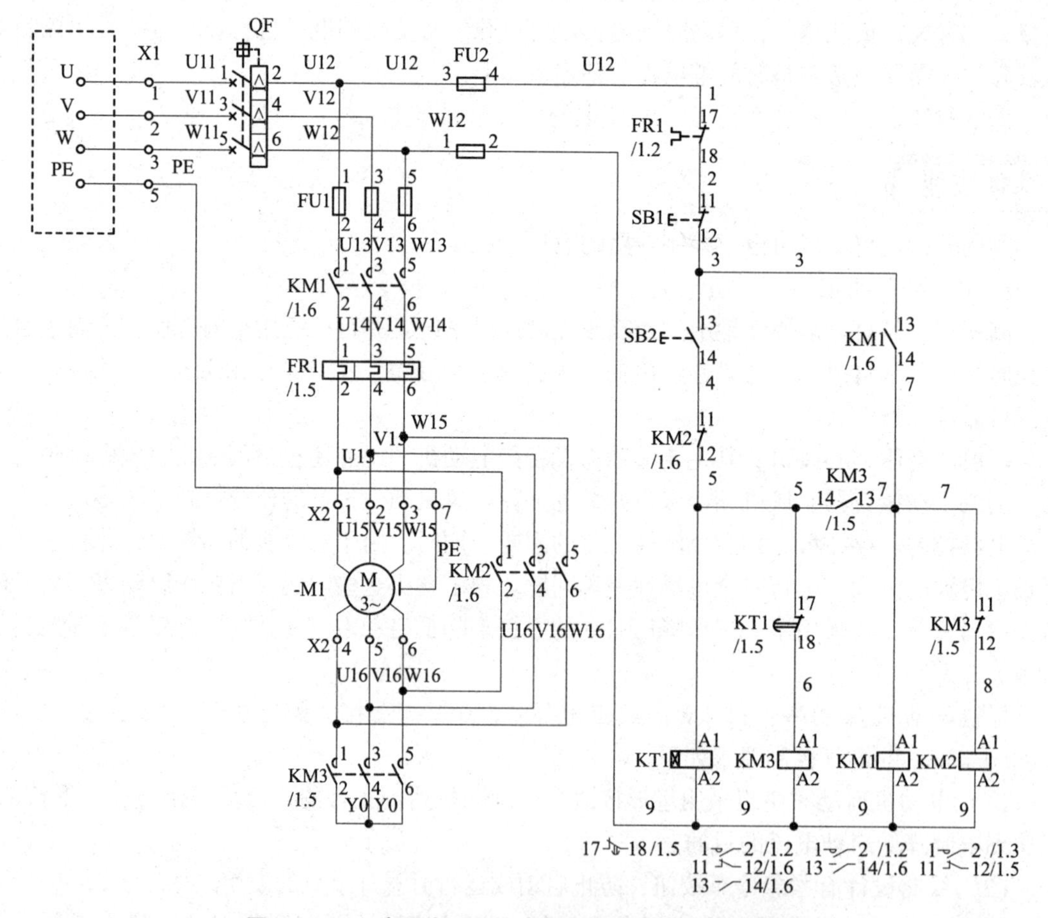

图 1－3－2　高压离心风机电气控制线路的电气原理图

（2）元器件的选择。

根据给定的三相交流异步电动机型号与规格、电气原理图，列出高压离心风机电气控制系统元器件明细表，如表1－3－1所示。

表1－3－1　高压离心风机电气控制系统元器件明细表

序号	符号	名称	型号	规格	数量	备注
1	M	三相交流异步电动机	Y160M－4	功率：11 kW；额定电压：380 V；△接；额定电流：22.6 A；转速：1 460 r/min	1	
2	QF	自动空气开关	DZ47－63	3P；25 A	1	
3	KM	交流接触器	CJX1－32	线圈工作电压 AC 380 V	3	
4	FR	热继电器	JR16－60/3	额定电流 32 A，整定电流 23 A	1	
5	FU1	熔断器	RT18－63	1P，配熔体 50 A	3	
6	FU2	熔断器	RT18－32	1P，配熔体 10 A	2	
7	KT	时间继电器	JS14P	99S；线圈电压 AC 380 V	1	
8	SB1	控制按钮	LA38－11	绿色	1	
9	SB2	控制按钮	LA38－11	红色	1	
10	XT	接线端子排	TD－3015		1	

能力拓展

试设计符合技术要求的电气控制原理图，并按图进行安装与调试。

工艺要求：有一台电动机，根据所拖动负载的电气控制要求，有以下控制特点：

（1）电动机启动要求采用按照时间原则实现控制的星－三角降压启动（采用断电延时型时间继电器实现）。

（2）电动机停车为惯性停车。

（3）电动机应具有短路保护、过载保护、失压和欠压保护。

知识点1.4　三相交流异步电动机典型顺序控制线路设计

1.4.1　典型手动顺序控制线路的设计

知识提示

实际生产中，在装有多台电动机的生产机械上，由于各电动机所起的作用不同，根据实际需要，有时需按一定的先后顺序启动或停止，才能符合生产工艺规程的要求，保证操作过程的合理和工作的安全可靠。例如：空调设备中，要求压缩机必须在风机之后启动；铣床上启动主电动机后才能启动进给电动机；多级物料传送带工作时，为了防止物料堆积在传送带上，要求按照末端到首端的顺序启动电动机，首端到末端的顺序停止电动机。像这种要求几台电动机的启动或停止必须按一定的先后顺序来完成的控制方式，叫作电动机的顺序控制。

顺序控制的实现可以通过主电路实现，也可以通过控制电路实现。在生产实践中，为了更能够充分满足顺序控制要求，常常通过控制电路来实现多台电动机之间的启动顺序和停止顺序。

常见的手动顺序控制电路举例如下。

（1）有两台电动机 M1、M2，要求：M1 启动后，M2 才能启动；M1、M2 同时停止；当有任何一台电动机发生过载时，M1 与 M2 均停止运行。三相交流异步电动机手动顺序控制线路电气原理图如图 1 - 4 - 1 所示。

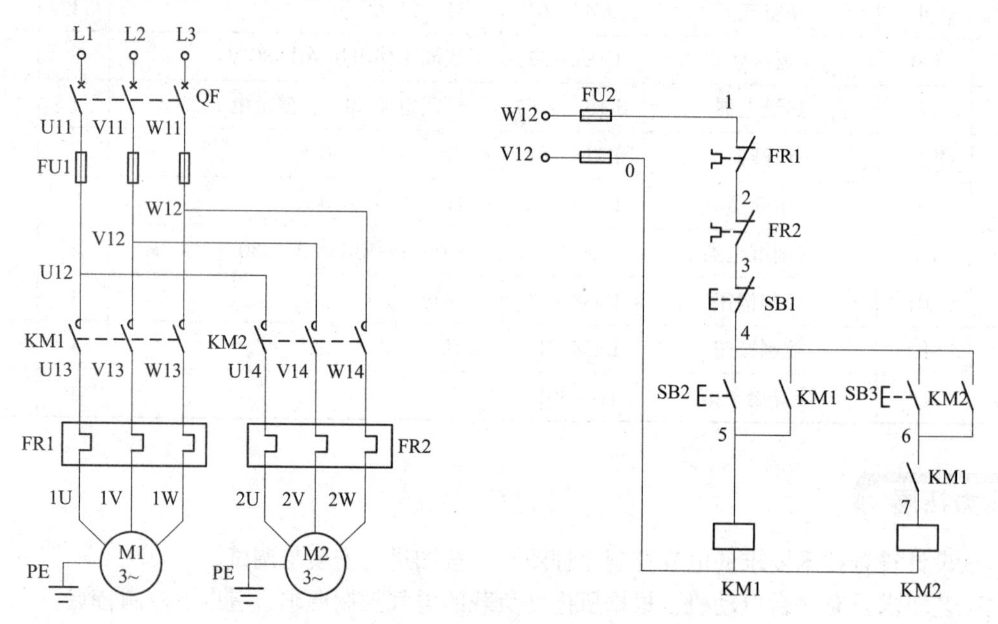

图 1 - 4 - 1　三相交流异步电动机手动顺序控制线路电气原理图（1）

图 1 - 4 - 1 的线路说明：

①接触器 KM1 控制电动机 M1，接触器 KM2 控制电动机 M2。KM1 的常开辅助触点 KM1（6 - 7）串联接入 KM2 的线圈回路，保证了在启动时，只有在电动机 M1 启动后，即 KM1 吸合，其常开辅助触点 KM1(7 - 8) 闭合后，按下 SB3 才能使 KM2 的线圈通电动作，其主触点才能启动电动机 M2，实现了电动机 M1 启动后，M2 才能启动。

②停止时，按下停止按钮 SB1，KM1 与 KM2 的线圈同时断电，各触点复位，电动机 M1 与 M2 同时停止。

③热继电器 FR1 对电动机 M1 实现过载保护，FR2 对电动机 M2 实现过载保护。由于 FR1 与 FR2 的常闭触头串联接在控制线路中，所以，当有任何一台电动机过载时，其常闭触头断开，切断控制电路电源，整个电路断电，两台电动机同时停止运行。

（2）有两台电动机 M1、M2，要求：M1 启动后，M2 才能启动；M1 停止后，M2 立即停止；M1 运行时，M2 可以单独停止；当电动机 M2 发生过载时，只有 M2 停止运行；当电动机 M1 发生过载时，M1 与 M2 同时停止运行。其控制线路电气原理图如图 1 - 4 - 2 所示。

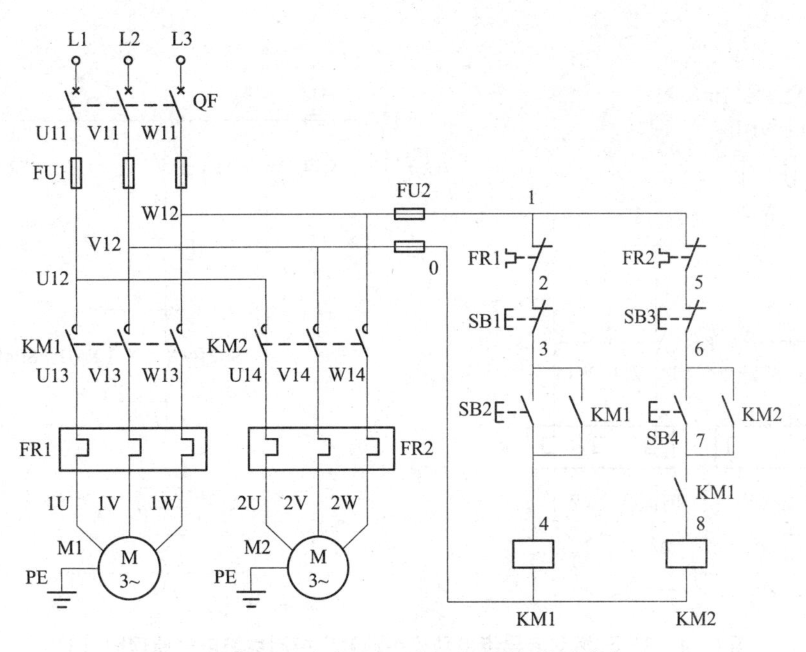

图1－4－2　三相交流异步电动机手动顺序控制线路电气原理图（2）

图1－4－2的线路说明：

①接触器KM1控制电动机M1，接触器KM2控制电动机M2。KM1的常开辅助触点KM1（7－8）串联接入KM2的线圈回路，保证了在启动时，只有在电动机M1启动后，即KM1吸合，其常开辅助触点KM1(7－8）闭合后，按下SB3才能使KM2的线圈通电动作，其主触点才能启动电动机M2，实现了电动机M1启动后，M2才能启动。

②停止时，按下电动机M1的停止按钮SB1，KM1线圈断电，其主触点断开，电动机M1停止，同时KM1的常开辅助触点KM1(3－4）断开，切断自锁回路，KM1的常开辅助触点KM1(7－8）断开，使KM2线圈断电释放，其主触点断开，电动机M2断电，实现了当电动机M1停止时，电动机M2立即停止。

③当电动机M1运行时，按下电动机M2的停止按钮SB3，KM2线圈断电，各触头复位，电动机M2单独停止。

④热继电器FR1对电动机M1实现过载保护，FR2对电动机M2实现过载保护。FR1的常闭触头串接在KM1的线圈回路；FR2的常闭触头串接在KM2的线圈回路。当电动机M1过载时，FR1常闭触头断开，切断KM1线圈的通电回路，KM1与KM2同时断电，电动机M1与M2同时停止运转。当电动机M2发生过载时，FR2的常闭触头断开，切断KM2线圈的通电回路，电动机M2停车，电动机M1则继续运转工作。

（3）有两台电动机M1、M2，要求：M1启动后，M2才能启动；M1、M2可以分别单独停止；当电动机M1发生过载时，只有M1停止运行；当电动机M2发生过载时，只有M2停止运行。其控制电路的电气原理图如图1－4－3所示。

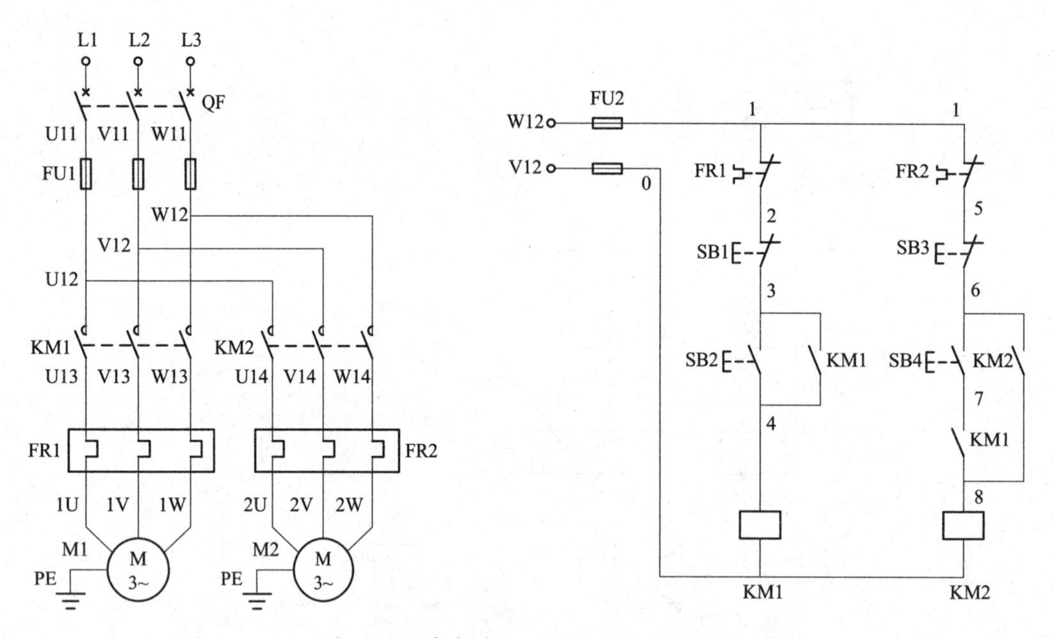

图 1 -4 -3　三相交流异步电动机手动顺序控制线路电气原理图（3）

图 1 -4 -3 线路说明：

①接触器 KM1 控制电动机 M1，接触器 KM2 控制电动机 M2。KM1 的常开辅助触点 KM1（7 -8）串联接入 KM2 的线圈回路，保证了在启动时，只有在电动机 M1 启动后，即 KM1 吸合，其常开辅助触点 KM1(7 -8）闭合后，按下 KM2 的启动按钮 SB4 才能使 KM2 的线圈通电动作，其主触点才能启动电动机 M2，实现了电动机 M1 启动后，M2 才能启动。当 KM2 线圈得电后，KM2 自锁的回路将 KM1 的常开辅助触点 KM1(7 -8）与按钮 SB4 一并短接，这样当 KM2 通电后，其自锁触点 KM2(6 -8）闭合，KM1(7 -8）则失去了作用。

②停止时，按下电动机 M1 的停止按钮 SB1，KM1 线圈断电，其主触点断开，电动机 M1 停止，同时 KM1 的常开辅助触点 KM1(3 -4）断开，切断自锁回路，KM1 的常开辅助触点 KM1(7 -8）断开，但是 KM2 线圈在其自身的自锁触头 KM2(6 -8）的作用下，继续保持通电。只有按下停止按钮 SB3，才能使 KM2 线圈断电，其主触点断开，电动机 M2 停止运行。即停止按钮 SB1 与 SB2 分别单独控制电动机 M1 与 M2 的停车。

③热继电器 FR1 对电动机 M1 实现过载保护，FR2 对电动机 M2 实现过载保护。FR1 的常闭触头串接在 KM1 的线圈回路；FR2 的常闭触头串接在 KM2 的线圈回路。当电动机 M1 过载时，FR1 常闭触头断开，切断 KM1 线圈的通电回路，KM1 断电，电动机 M1 停止运转，电动机 M2 则继续运转工作。当电动机 M2 发生过载时，FR2 的常闭触头断开，切断 KM2 线圈的通电回路，电动机 M2 停车，电动机 M1 则继续运转工作。

（4）有两台电动机 M1、M2，要求：M1 启动后，M2 才能启动；M2 停止后，M1 才能停止；过载时两台电动机同时停止。其控制电路的电气原理图如图 1 -4 -4 所示。

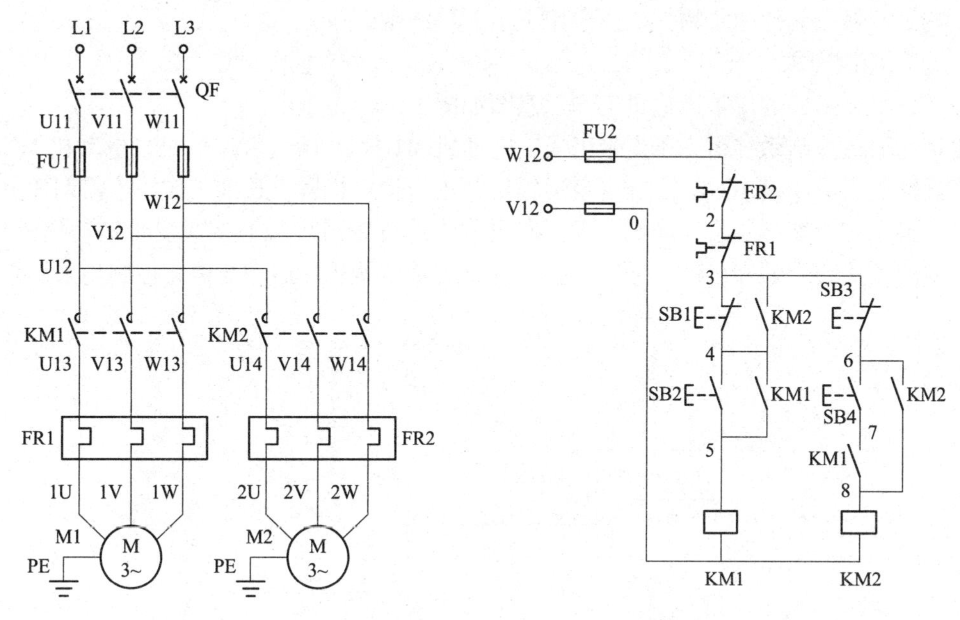

图1－4－4　三相交流异步电动机手动顺序控制线路电气原理图（4）

图1－4－4的线路说明：

①接触器KM1控制电动机M1，接触器KM2控制电动机M2。KM1的常开辅助触点KM1(7－8）串入KM2的线圈回路，保证了在启动时，只有在电动机M1启动后，即KM1吸合，其常开辅助触点KM1(7－8）闭合后，按下KM2的启动按钮SB4才能使KM2的线圈通电动作，其主触点才能启动电动机M2，实现了电动机M1启动后，M2才能启动。当KM2线圈得电后，KM2自锁的回路将KM1的常开辅助触点KM1(7－8）与按钮SB4一并短接，这样当KM2通电后，其自锁触点KM2(6－8）闭合，KM1(7－8）则失去了作用。

②停止时，如果直接按下停止按钮SB1，则KM1无法断电，这是因为在KM2线圈得电之后，与电动机M1的停止按钮SB1并联的辅助常开触头KM2(3－4）闭合，保证了当KM2线圈通电时，停止按钮SB1不能够让KM1的线圈断电。只有按下停止按钮SB3，使KM2线圈断电，电动机M2停止运转后，再按下停止按钮SB1，电动机M1才能够停车，实现了M2停止后，M1才能停止的控制要求。

③热继电器FR1对电动机M1实现过载保护，FR2对电动机M2实现过载保护。由于FR1与FR2的常闭触头串联接在控制线路中，所以，当有任何一台电动机过载时，其常闭触头断开，切断控制电路电源，整个电路断电，两台电动机同时停止运行。

这种控制线路通常称为顺启逆停控制电路，即电动机顺序启动，逆序停止。

基本技能

实例分析：手动控制三条皮带运输机电气控制线路的设计

皮带运输机是一种有牵引件的连续运输设备，主要用在煤炭、冶金、有色金属和水泥等矿山中，车辆的运输成本快速增高，皮带运输机越来越显示出它的集约化、自动化、连续化、高速化、简单化、清洁化、环保化、安全化等突出的综合优势，主要用来运送块状、粒状和散状等物料和成件的货物，广泛应用于工业生产中。

1. 电气控制要求

由三条皮带组成的皮带运输机工作示意图如图 1－4－5 所示。

皮带运输机控制系统由三条皮带组成，电动机 M1 控制 1#皮带运输机、电动机 M2 控制 2#皮带运输机、电动机 M3 控制 3#皮带运输机；皮带运输机属于长期工作，不需调速，不需反转，故采用三相笼型异步电动机；为了避免货物在皮带上堆积而造成皮带运输机的过载，三条皮带运输机要求顺序启动、逆序停止；三条皮带运输机的启动与停止控制均采用手动按钮操作。

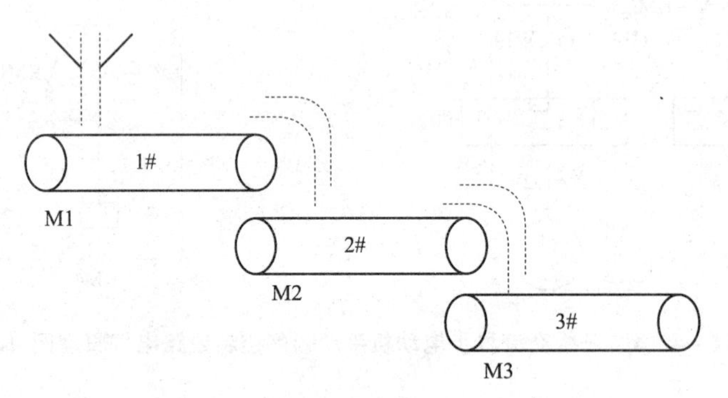

图 1－4－5　三条皮带运输机工作示意图

三条皮带运输机的电气控制要求如下：

（1）启动时，顺序为 3#→2#→1#。即：按下 3#皮带运输机启动按钮，3#皮带运输机启动运行；3#皮带运输机启动后，再按下 2#皮带运输机启动按钮，2#皮带运输机方可启动运行；2#皮带运输机启动运行后，再按下 1#皮带运输机启动按钮，1#皮带运输机方可启动运行。

注意：3#皮带运输机未启动运行时，2#皮带运输机与 1#皮带运输机均不能够启动运行；2#皮带运输机未启动运行时，1#皮带运输机不能够启动运行，以免货物在皮带上堆积，造成后面皮带重载启动。

（2）停车时，顺序为 1#→2#→3#。即：按下 1#皮带运输机停止按钮，1#皮带运输机停止运行；1#皮带运输机停止运行后，再按下 2#皮带运输机停止按钮，2#皮带运输机方可停止运行；2#皮带运输机停止运行后，再按下 3#皮带运输机停止按钮，3#皮带运输机方可停止运行。

注意：1#皮带运输机未停止运行时，2#皮带运输机与 3#皮带运输机均不能够停止运行；2#皮带运输机未停止运行时，3#皮带运输机不能够停止运行，以保证停车后，皮带上不残存货物。

（3）不论 2#皮带运输机或 3#皮带运输机出故障，1#皮带运输机必须停车，以免继续进料，造成货物堆积。

（4）要有必要的联锁及保护措施：短路保护、过载保护、失压欠压保护。

2. 设计思路

（1）根据所给的控制要求，三条皮带均采用三相笼型交流异步电动机拖动，直接启动，自由停车即可。

（2）电动机 M1 由接触器 KM1 实现控制；电动机 M2 由接触器 KM2 实现控制；电动机

M3 由接触器 KM3 实现控制。

（3）SB1、SB2、SB3 分别为电动机 M3、M2、M1 的启动按钮，实现电动机 M3、M2、M1 顺序启动控制；SB4、SB5、SB6 分别为电动机 M1、M2、M3 的停止按钮，实现电动机 M1、M2、M3 逆序停止控制。

（4）三条皮带运输机电气控制线路采用自动空气开关实现电源的通断控制；采用熔断器实现短路保护；采用热继电器实现过载保护；采用交流接触器组成的自锁控制环节实现电气控制系统的失压、欠压保护。

3. 工作任务

根据电气控制要求及设计思路，完成手动控制的三条皮带运输机电气控制线路的设计；要求使用 EPLAN 绘图软件，绘制出手动控制三条皮带运输机电气控制线路的电气原理图。

根据电气控制要求及设计方案，设计手动控制三条皮带运输机电气控制线路的电气原理图，如图 1－4－6 所示。

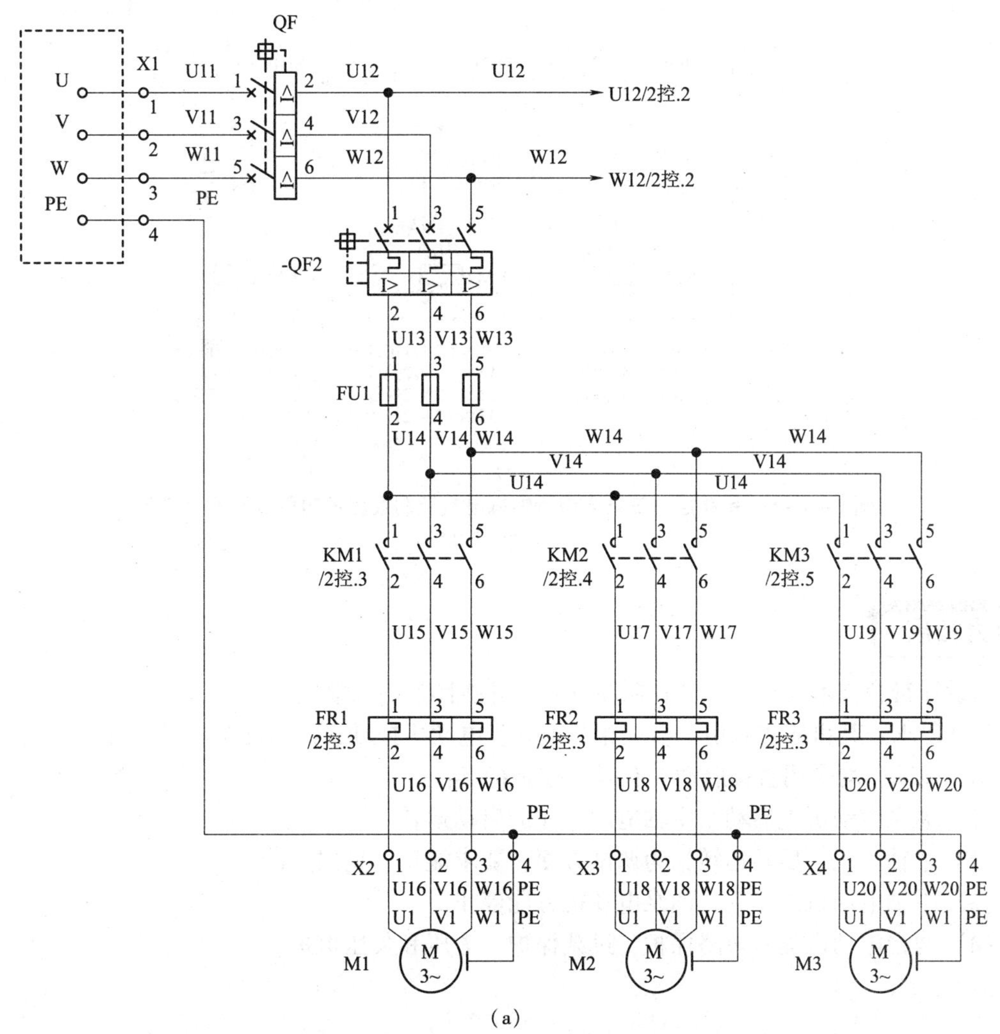

（a）

图 1－4－6　手动控制三条皮带运输机电气控制线路的电气原理图

（a）主电路

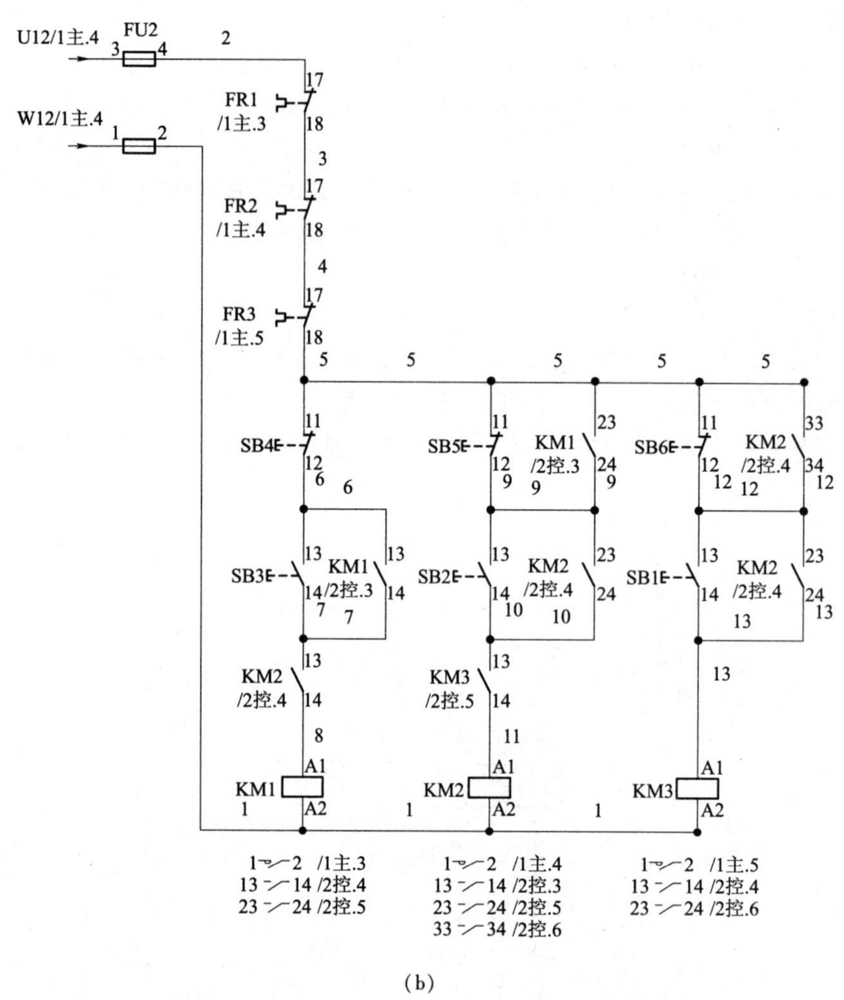

(b)

图 1-4-6 手动控制三条皮带运输机电气控制线路的电气原理图（续）

(b) 控制电路

能力拓展

试设计符合技术要求的电气控制原理图，并按图进行安装与调试。

工艺要求：某机床主轴由一台三相笼型异步电动机拖动，润滑油泵由另一台三相笼型异步电动机拖动，均采用直接启动，有以下控制特点：

(1) 油泵电动机先启动，主轴电动机才能启动运转。

(2) 主轴为正、反转运转，为调试方便，要求能正、反向点动。

(3) 主轴电动机停车后，油泵电动机方能停止。

(4) 两台电动机具有短路保护、过载保护、失压和欠压保护。

1.4.2　典型自动顺序控制线路的设计

知识提示

按时间顺序控制电动机的顺序启动。

有两台电动机 M1、M2，要求：M1 启动后，等待 5 s，M2 自行启动；M1、M2 同时停止；过载时两台电动机分别停止。其控制线路的电气原理图如图 1－4－7 所示。

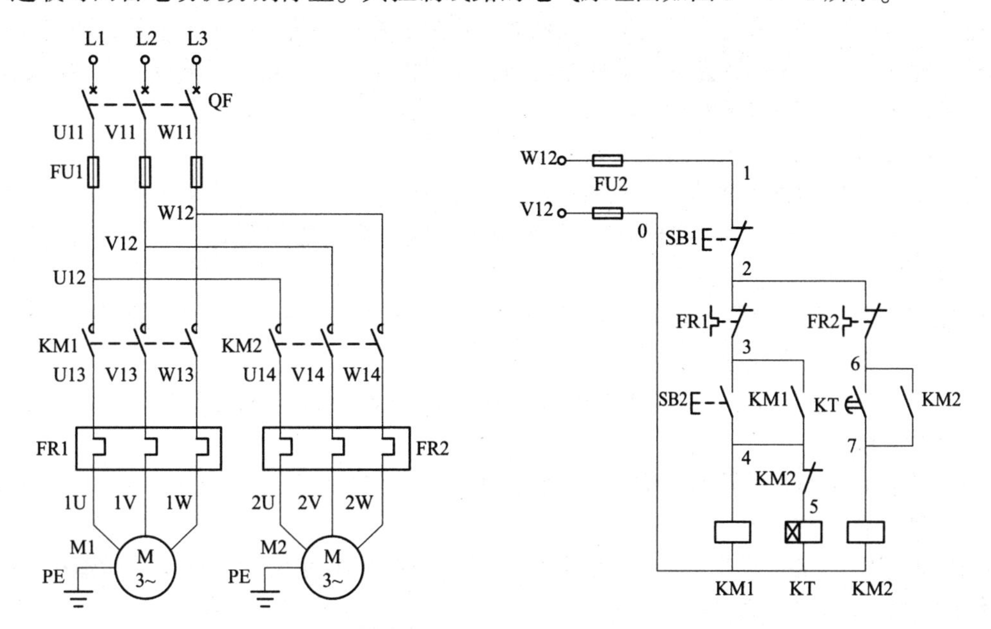

图 1－4－7　三相交流异步电动机自动顺序控制线路电气原理图

图 1－4－7 的线路说明：

（1）接触器 KM1 控制电动机 M1，接触器 KM2 控制电动机 M2，通电延时型时间继电器 KT 控制 KM2 启动的延时时间，其延时时间设置为 5 s。

（2）启动时，按下 M1 的启动按钮 SB2，接触器 KM1 的线圈通电并自锁，其主触点闭合，电动机 M1 启动，同时时间继电器 KT 线圈通电，开始延时。经过 5 s 的延时时间后，时间继电器 KT 的延时闭合常开触点 KT(6－7）闭合，使接触器 KM2 的线圈通电，其主触点闭合，电动机 M2 启动，其常开辅助触点 KM2(6－7）闭合自锁，同时其常闭辅助触点 KM2(4－5）断开，时间继电器的线圈断电，退出运行。

（3）停止时，按下停止按钮 SB1，KM1 与 KM2 的线圈同时断电，各触点复位，电动机 M1 与 M2 同时停止。

（4）热继电器 FR1 对电动机 M1 实现过载保护，FR2 对电动机 M2 实现过载保护。FR1 的常闭触头串接在 KM1 的线圈回路；FR2 的常闭触头串接在 KM2 的线圈回路。当电动机 M1 过载时，FR1 常闭触头断开，切断 KM1 线圈的通电回路，KM1 断电，电动机 M1 停止运转，电动机 M2 则继续运转工作。当电动机 M2 发生过载时，FR2 的常闭触头断开，切断 KM2 线圈的通电回路，电动机 M2 停车，电动机 M1 则继续运转工作。

基本技能

实例分析：自动控制三条皮带运输机电气控制线路的设计

1. 电气控制要求

本任务要求完成由三条皮带组成的皮带运输机电气控制系统设计，工作示意图如图1－4－5所示。皮带运输机控制系统由三条皮带组成，电动机M1控制1#皮带运输机、电动机M2控制2#皮带运输机、电动机M3控制3#皮带运输机；皮带运输机属于长期工作，不需调速，不需反转，故采用三相笼型异步电动机；为了避免货物在皮带上堆积，而造成皮带运输机的过载，三条皮带运输机要求顺序启动、逆序停止；三条皮带运输机的启动与停止控制均采用按照时间原则实现的自动控制。

三条皮带运输机的电气控制要求如下：

（1）有延时启动预警功能：蜂鸣器HZ发出警报信号，之后方允许主机启动。

（2）启动时，顺序为3#→2#→1#，每个皮带运输机启动之间要有一定的时间间隔，以免货物在皮带上堆积，造成后面皮带运输机过载启动。

（3）停车时，顺序为1#→2#→3#，每个皮带运输机停机之间要有一定的时间间隔，以保证停车后，皮带上不残存货物。

（4）不论2#皮带运输机或3#皮带运输机出故障，1#皮带运输机必须停车，以免继续进料造成货物堆积。

（5）要有必要的联锁及保护措施：短路保护、过载保护、失压欠压保护。

2. 设计思路

（1）根据电气控制要求，使用继电器－接触器控制环节完成对三条皮带运输机电气控制系统的设计。

（2）三条皮带均采用三相笼型交流异步电动机拖动，直接启动，自由停车。

（3）电动机M1由接触器KM1实现控制；电动机M2由接触器KM2实现控制；电动机M3由接触器KM3实现控制。

（4）电路按照时间控制原则实现自动控制。

①时间继电器数量的选择：预警KT1；启动KT2、KT3；停车KT4、KT5。

②延时时间的确定：时间继电器KT1、KT2、KT4的延时整定值为工艺所定的延时值；KT3的延时整定值为KT2的延时值＋KT3的工艺所定的延时值；KT5的延时整定值为KT4的延时值＋KT5的工艺所定的延时值。

③时间继电器的延时类型选择（通电延时与断电延时的选择）：KT1、KT2、KT3为通电延时时间继电器；KT4、KT5为断电延时时间继电器。

（5）三条皮带运输机电气控制线路采用自动空气开关实现电源的通断控制；采用熔断器作为短路保护电器；采用热继电器作为过载保护电器；采用交流接触器自锁控制作为失压与欠压的保护环节。

3. 工作任务

根据电气控制要求及设计思路，完成自动控制的三条皮带运输机电气控制线路的设计；要求使用EPLAN绘图软件，绘制出自动控制三条皮带运输机电气控制线路的电气原理图。

根据电气控制要求及设计方案，设计自动控制三条皮带运输机电气控制线路的电气原理图，如图1－4－8所示。

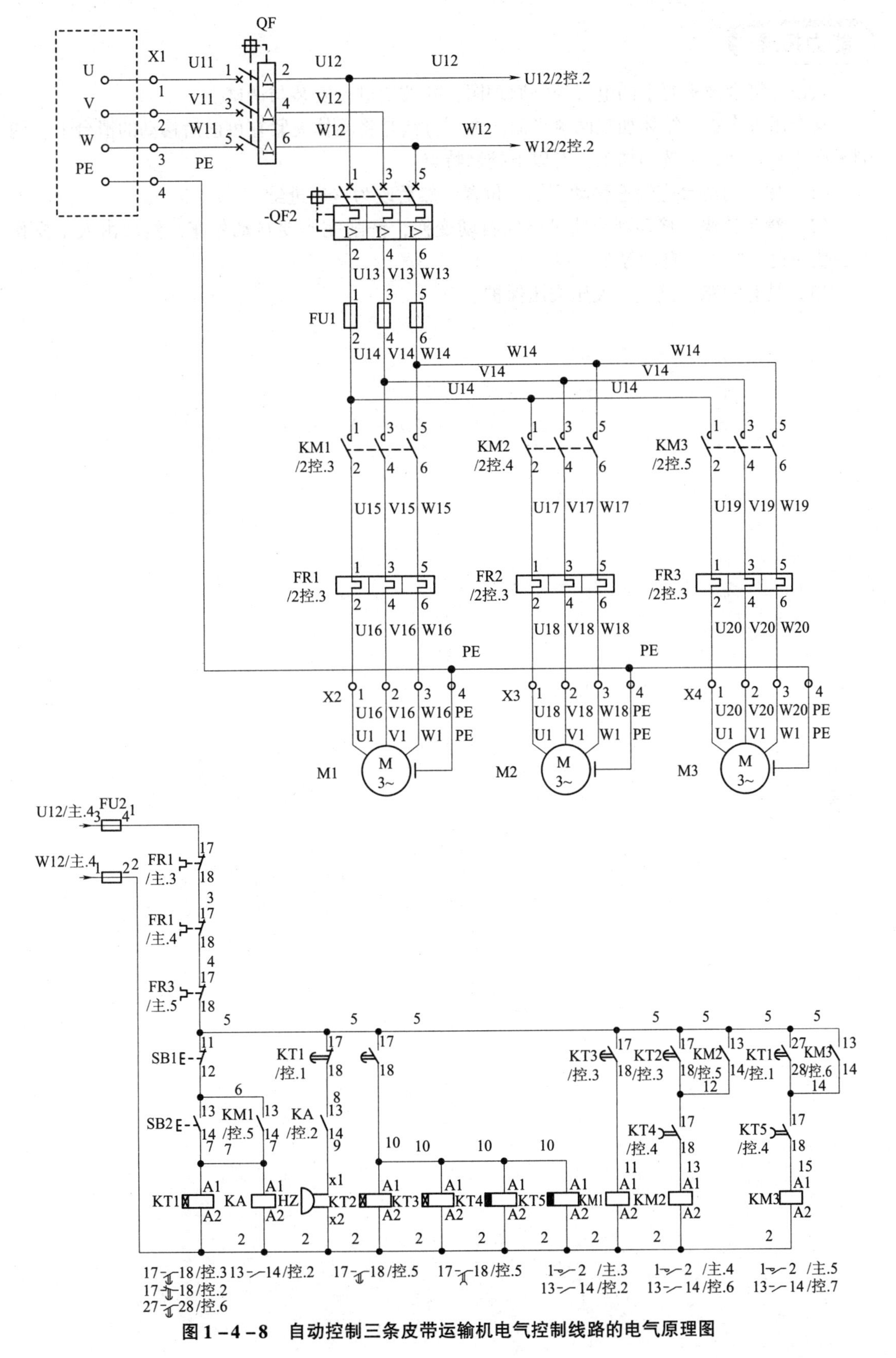

图1-4-8　自动控制三条皮带运输机电气控制线路的电气原理图

能力拓展

试设计符合技术要求的电气控制原理图，并按图进行安装与调试。

某专用机床给一箱体加工两侧平面。加工方法是将箱体夹紧在可前后移动的滑台上，两侧平面用左右动力头铣削加工，有以下控制特点：

（1）加工前滑台应快速移动到加工位置，然后改为慢速进给。

（2）滑台从快速移动到慢速进给应自动变换，铣削完毕要自动停车，然后由人工操作滑台快速退回原位后自动停车。

（3）具有短路、过载、欠压失压保护。

模块2　典型PLC控制系统设计

知识点2.1　PLC基础知识

2.1.1　概述

知识提示

随着计算机和数字通信技术的不断迭代发展，计算机控制已经广泛应用在几乎所有的工业领域。现代社会要求制造业要对市场需求做出迅速反应，满足终端用户对产品在定制化、个性化、多产品、多规格、低成本、高质量等方面的需求。为了实现这一目标，生产设备和自动产线的控制系统必须具有极高的灵活性和可靠性。可编程控制器（Programmable Logic Controller，PLC），具有通用灵活的控制性能、简单方便的使用性能，可以适用于各种工业环境，在工业自动化领域得到广泛应用。有人将它与数控技术、CAD/CAM技术、工业机器人技术并称为现代工业自动化技术的四大支柱。

2.1.1.1　PLC控制与继电器控制的比较

制造业中使用的生产设备主要使用电力拖动装置（即应用各种类型电动机进行拖动），在生产过程中需要应用电气控制技术进行控制。最初的电气控制技术只是使用一些简单的手动电器（如刀开关、正反转控制开关等）进行控制，主要应用于电动机容量小、控制简单、操作单一的场合。随着技术的进步，生产机械对电气控制的需要日益提高，电气控制技术逐步发展成了各种类型的电气自动控制系统。其中把以继电器、接触器、按钮、开关等为主要器件组成的控制系统，称为“继电器-接触器控制系统”。

1. 继电器-接触器控制系统

“继电器-接触器控制系统”的基本特点是结构简单、生产成本低、抗干扰能力强、故障检修直观、适用范围广。它不仅可以实现生产设备、生产过程的自动控制，还可以满足大容量、远距离、集中控制的要求。当前“继电器-接触器”控制仍然是工业自动化控制各领域最基本的控制形式之一。

“继电器-接触器控制系统”的不足：

（1）控制系统通用性、灵活性差。当生产工艺或生产流程发生变化，需要更改控制要求时，必须通过更改电器接线或者增加、减少控制器件才能实现，有时甚至需要重新设计控制系统，难以适应多品种、小批量的控制要求。

（2）控制系统体积大，材料消耗多。“继电器-接触器控制系统”的逻辑控制需要通过不同电器间的接线实现，安装这些电器需要大量的空间，连接电器需要大量的导线，造成了控制系统的体积过大与材料消耗过多。

（3）运行费用高，噪声大。由于继电器、接触器均为电磁控制器件，在控制系统工作时需要消耗较多的电能，多个继电器、接触器的同时通断会产生较大的噪声，对工作环境造成不利的影响。

（4）控制系统的功能局限性大。由于继电器、接触器控制系统在精确定时、计数等方面的功能欠缺，影响了系统的整体性能，因此只能用于定时要求不高、计数简单的场合。

（5）不具备现代工业控制所需要的数据通信、网络控制等方面的功能。

2. PLC 控制系统

针对“继电器－接触器控制系统”的不足，20 世纪 60 年代，美国最大的汽车制造商——通用汽车公司，为了适应汽车市场多品种、小批量的生产需求，需要解决汽车生产线“继电器－接触器控制系统”中存在的通用性、灵活性差的问题，提出了一种新型控制器的十大技术要求，简称“通用十条”。这十大技术要求具体如下：

（1）编程方便，且可以在现场方便地编程、修改控制程序。

（2）价格便宜，性能价格比要高于继电器系统。

（3）可靠性高于继电器控制系统。

（4）体积小于继电器控制装置。

（5）数据可直接送入管理计算机。

（6）成本可与继电器控制系统竞争。

（7）可直接用 115 V 交流电压输入。

（8）输出量为 115 V、2 A 以上，能直接驱动电磁阀、接触器等。

（9）通用性强，易于扩展。

（10）用户程序存储器容量至少 4 KB。

自从第一台 PLC 出现以后，日本、德国、法国等也相继开始研制 PLC，并得到了迅速的发展。

目前，世界上有 200 多家 PLC 厂商，400 多品种的 PLC 产品，按地域可分成美国、欧洲和日本等三个流派产品，各流派 PLC 产品都各具特色，如日本主要发展中小型 PLC，其小型 PLC 性能先进、结构紧凑、价格便宜，在世界市场上占用重要地位。

著名的 PLC 生产厂家主要有美国的 A－B（Allen－Bradley）公司、GE（General Electric）公司，日本的三菱电机（Mitsubishi Electric）公司、欧姆龙（OMRON）公司，德国的 AEG 公司、西门子（Siemens）公司，法国的 TE（Telemecanique）公司等。

我国的 PLC 研制、生产和应用也发展很快，尤其在应用方面更为突出。在 20 世纪 70 年代末和 80 年代初，我国随国外成套设备、专用设备引进了不少国外的 PLC。此后，在传统设备改造和新设备设计中，PLC 的应用逐年增多，并取得显著的经济效益，PLC 在我国的应用越来越广泛，对提高我国工业自动化水平起到了巨大的作用。

目前，我国不少科研单位和工厂在研制和生产 PLC，如辽宁无线电二厂、无锡华光电子公司、上海香岛电机制造公司、厦门 A－B 公司、北京和利时与杭州和利时、浙大中控等。

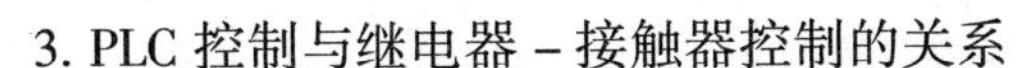

3. PLC控制与继电器－接触器控制的关系

1）继电器－接触器电路的控制逻辑

如图2－1－1所示，继电器－接触器线圈通电，触头在铁芯的带动下动作，常闭触头闭合、常开触头打开，即通过电路的吸合、释放，从而达到了在电路中的导通、切断的目的。

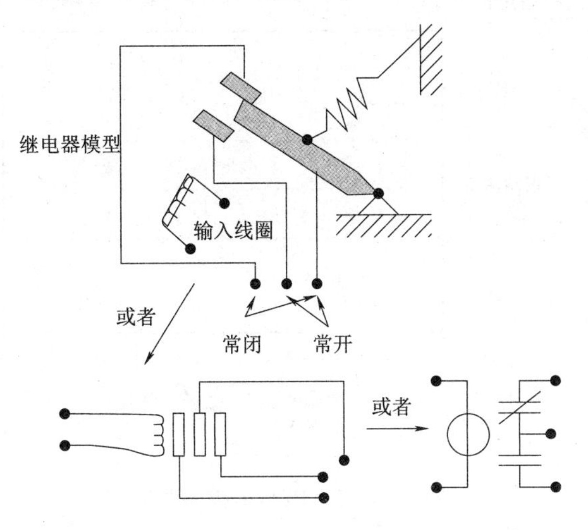

图2－1－1　继电器－接触器电路的控制逻辑

2）PLC的控制逻辑

PLC的控制逻辑通常用梯形图表示，如图2－1－2所示，图中输入触点A、B和线圈C，常开、常闭触点与线圈的逻辑关系可以很方便地用梯形图逻辑来表示，即输入A非与输入B相与（串联），其结果就是输出C。

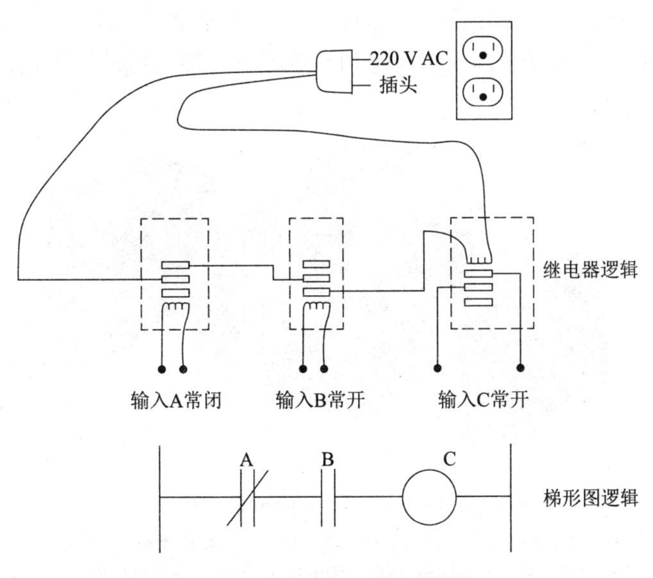

图2－1－2　PLC的控制逻辑

3）典型的PLC梯形图

在梯形图回路中，当所有串联的触点全部都处于“ON”状态时，回路就处于导通状态，回路末端的输出执行元件线圈被接通，如图2－1－3所示。

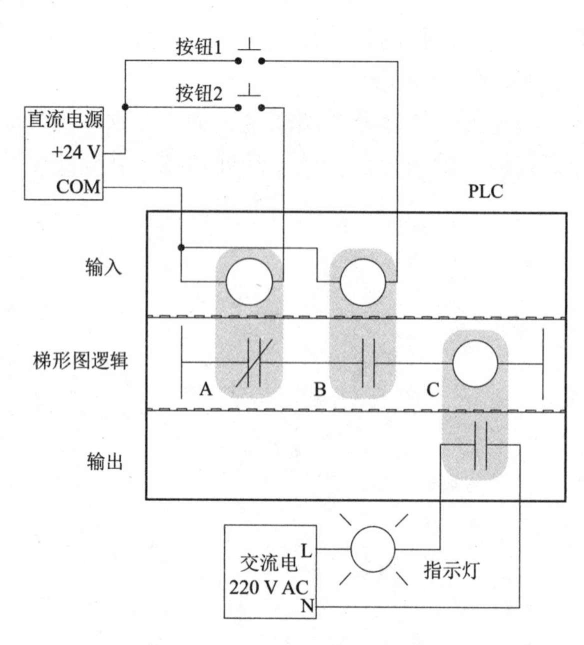

图 2-1-3　PLC 的控制逻辑

2.1.1.2　PLC 的内部结构

S7-1200 是西门子公司新一代产品，它的结构紧凑、功能丰富、扩展方便、CPU 基本单元集成有工业以太网通信接口和多种工艺功能，可以作为控制组件集成于综合自动化系统中。

S7-1200 主要由 CPU 基本单元、信号板、信号模块、通信模块等单元组成，如图 2-1-4 所示，各种模块可以安装在标准导轨上。通过 CPU 模块或通信模块上的通信接口，可以方便地连接到通信网络中，实现与计算机、其他 PLC 或其他智能设备的数据通信。

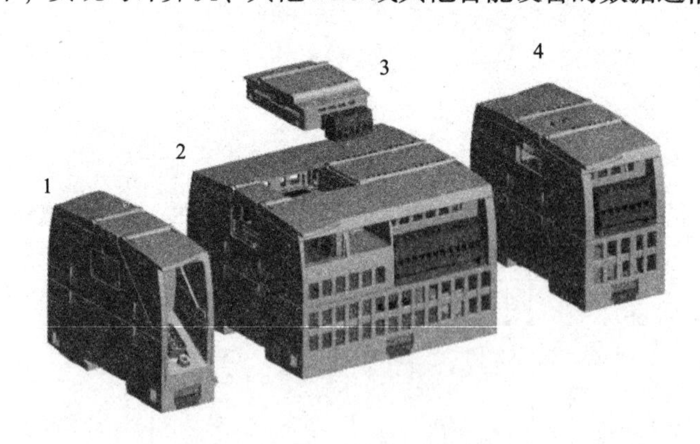

图 2-1-4　S7-1200 的组成

1—通信模块（CM）、通信处理器（CP）或 TS 适配器；2—CPU；
3—信号板（SB）、通信板（CB）或电池板（BB）；4—信号模块（SM）

1. CPU 基本单元

CPU 基本单元主要由中央处理单元（CPU）、存储器、输入单元、输出单元、电源单元、扩展接口、存储器接口、编程器接口和编程器组成，其结构框图如图 2-1-5 所示。

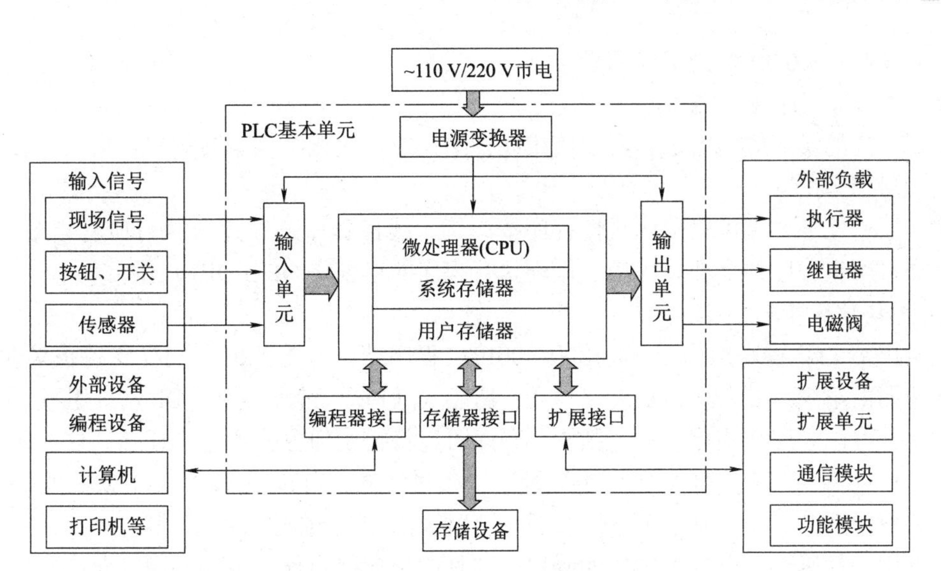

图 2-1-5 PLC 的结构框图

1）中央处理单元

中央处理单元是整个 PLC 的运算和控制中心，在系统程序的控制下，通过运行用户程序完成各种控制、处理、通信以及其他功能，控制整个系统并协调系统内部各部分的工作。

2）存储器

存储器用于存放程序和数据。PLC 配有系统存储器和用户存储器，前者用于存放系统的各种管理、监控程序，后者用于存放用户编制的程序。

3）I/O 单元

I/O 单元是 PLC 与外部设备连接的接口。CPU 所能处理的信号只能是标准电平，因此现场的输入信号，如按钮、行程开关、限位开关以及传感器输出的开关信号，需要通过输入单元的转换和处理才可以传送给 CPU。CPU 的输出信号，也只有通过输出单元的转换和处理，才能够驱动电磁阀、接触器、继电器等执行机构。

4）电源单元

PLC 的供电电源一般是市电，有的也用 DC 24 V 电源供电。PLC 对电源稳定性要求不高，一般允许电源电压在 -15% ~ +10% 波动。PLC 内部含有一个稳压电源，用于对 CPU 和 I/O 单元供电。有些 PLC 还有 DC 24 V 输出，用于对外部传感器供电，但输出电流往往只是毫安级。

5）扩展接口

扩展接口实际上为总线形式，可以连接输入/输出扩展单元或模块（使 PLC 的点数规模配置更为灵活），也可连接模拟量处理模块、位置控制模块以及通信模块等。

6）存储器接口

为了存储用户程序以及扩展用户程序存储区和数据参数存储区，PLC 设有存储器扩展口，可以根据使用的需要扩展存储器，其内部接到总线上。

7）编程器接口

PLC 基本单元通常不带编程器，为了能对 PLC 进行现场编程及监控，PLC 基本单元专门设置有编程器接口，通过这个接口可以接各种类型的编程装置，还可以利用此接口做一些监控工作。

2.1.1.3　S7－1200 PLC 的工作原理

1. S7－1200 用户程序结构

根据用户的实际应用需求，可以使用线性结构或模块化结构编写用户程序。

1）线性程序

对于简单任务要求可以采用线性程序按结构、线性程序顺序逐条执行所有指令。通常，线性程序将所有程序指令都放入用于循环执行程序的组织块 OB（OB1）中。

2）模块化编程

S7－1200 PLC 程序结构与 S7－300/400PLC 程序结构基本相同，同样支持模块化结构。各模块单元由组织块（OB）、功能（FC）、功能块（FB）和数据块（DB）等组成，对于复杂控制任务可以采用结构化编程。结构化程序可以将控制任务分解为小任务，这些任务用相应的程序块（FB 或 FC）来实现。这些程序块相对独立，可以被 OB1 调用或别的程序块调用（条件满足时）。OB、FB、FC 可以统称为代码块，它们都包含特定程序。

被调用的代码块可以调用别的代码块，这种调用被称为程序嵌套调用，允许嵌套调用层数称为嵌套深度。嵌套深度：是指可从 OB 调用功能（FC）或功能块（FB）等程序代码块的深度。S7－1200 PLC 程序调用关系如图 2－1－6 所示，即程序循环 OB1 调用 FB2、FB2 调用 FB1、FB1 调用 FC21、FC1 使用全局数据块 DB1 中数据。从程序循环 OB 或启动 OB 开始调用 FC 和 FB 等程序代码块，嵌套深度为 16 层；从其他中断 OB 开始调用 FC 和 FB 等程序代码块，嵌套深度为 6 层。

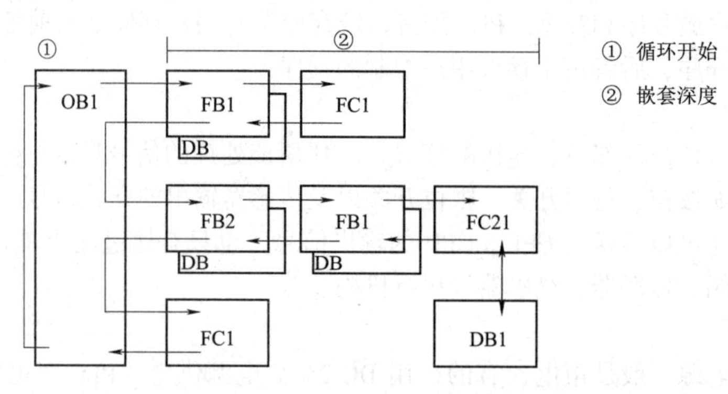

图 2－1－6　S7－1200 PLC 程序调用关系

3）组织块（OB）

组织块（OB）是 PLC 操作系统与用户程序的接口，由操作系统调用，用于控制扫描循环和中断程序的执行。OB 内部调用 FB、FC，并且这些 FB、FC 还可以继续向下嵌套调用 FB、FC。除主程序和启动 OB 以外，其他 OB 的执行是根据各种中断条件（错误、时间、硬件等）来触发的，OB 无法被 FB、FC 调用。组织块 OB 的程序由用户编写，用户可以创建多个程序循环 OB。

（1）程序循环 OB。

程序循环 OB 在 PLC 处于 RUN 模式时，周期性地循环执行。可以在程序循环 OB 中放置控制程序的指令或调用其他功能块（FC 或 FB）。主程序（Main）为程序循环 OB，要启动程序执行，项目中至少有一个程序循环 OB。操作系统每个周期调用该程序循环 OB 一次，从而启动用户程序的执行。

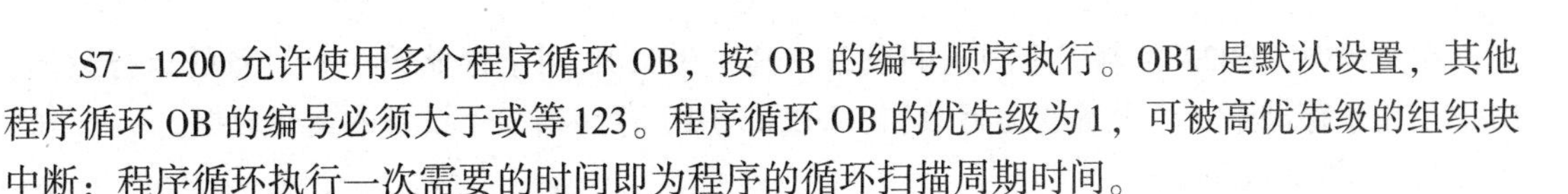

S7-1200 允许使用多个程序循环 OB，按 OB 的编号顺序执行。OB1 是默认设置，其他程序循环 OB 的编号必须大于或等123。程序循环 OB 的优先级为1，可被高优先级的组织块中断；程序循环执行一次需要的时间即为程序的循环扫描周期时间。

（2）启动 OB。

如果 CPU 的操作模式从 STOP 切换到 RUN 时，包括启动模式处于 RUN 模式时 CPU 断电再上电和执行 STOP 到 RUN 命令切换时，启动组织块 OB 将被执行一次。启动组织块执行完毕后才开始执行主“程序循环”OB。

S7-1200 CPU 中支持多个启动 OB，按照编号顺序（由小到大）依次执行，OB100 是默认设置。其他启动 OB 的编号必须大于、等于 123。

（3）中断处理 OB。

PLC 的运行受事件控制。事件会触发要执行的中断处理 OB。可以在块的创建期间、设备配置期间或使用 ATTACH 或 DETACH 指令指定事件的中断 OB。

有些事件定期发生时，例如：程序循环或循环事件；当其他事件只发生一次时，例如：启动事件和延时事件；还有一些事件则在硬件触发事件时发生，例如：输入点上的沿事件或高速计数器事件。

诊断错误和时间错误等事件只在出现错误时发生。

事件优先级和队列用于确定事件中断 OB 的处理顺序。每个组织块都有各自的优先级，在低优先级 OB 运行过程中，高优先级 OB 到来会打断低优先级执行。以主循环程序为例，在没有其他 OB 执行时，程序循环中的程序，即主程序在周而复始的执行，当有高优先级中断（例如循环中断）出现时，立即停止主程序执行，转而执行高优先级中断 OB 的程序，当高优先级中断 OB 的程序执行完，则继续从中断处的主程序执行。两个不同优先级 OB 的程序之间的打断也是同样道理。

4）功能块（FB）

功能块（FB）是使用背景数据块保存其参数和静态数据的代码块。FB 具有位于数据块（DB）或“背景”DB 中的变量存储器。背景 DB 提供与 FB 的实例（或调用）关联的一块存储区并在 FB 完成后存储数据。可将不同的背景 DB 与 FB 的不同调用进行关联，通过背景 DB 可使用一个通用 FB 控制多个设备。如图 2-1-7 所示，三次调用同一个 FB 的 OB，针对不同泵或阀，调用不同的数据块，这样使用通用 FB 可以控制多个相似的设备（如泵或阀），方法是在每次调用时为各设备分配不同的背景数据块。每个背景 DB 存储单个设备的数据（如速度、加速时间和总运行时间）等参数。

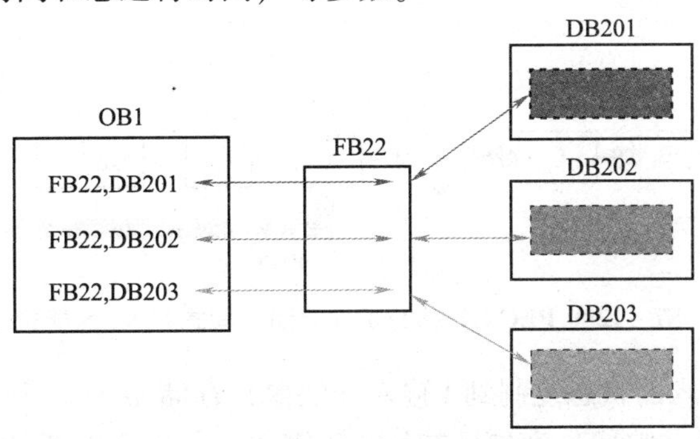

图 2-1-7 使用有多个数据块 DB 的功能块 FB

在实例中，FB22 控制三个独立的设备，其中 DB201 用于存储第一个设备的运行数据，DB202 用于存储第二个设备的运行数据，DB203 用于存储第三个设备的运行数据。

5）功能（FC）

功能（FC）是通常用于对一组输入值执行特定运算的代码块。FC 将此运算结果存储在存储器位置。例如，可使用 FC 实现标准运算和可重复使用的运算（如数学计算）或者执行特定工艺功能（如使用位逻辑运算执行独立的控制）。FC 也可以在程序中的不同位置多次调用，这样可以简化对经常重复发生的任务的编程。

FC 没有相关的背景数据块（DB）。对于用于计算该运算的临时数据，FC 采用局部数据堆栈，不保存临时数据。如果需要长期存储数据，需要将输出值赋值给全局存储器位置，如 M 存储器或全局 DB。

6）数据块 DB

在用户程序可以创建数据块（DB）用于存储代码块的数据。用户程序中的所有程序块都可访问全局 DB 中的数据，而背景 DB 仅存储特定功能块（FB）的数据。相关代码块执行完成后，DB 中存储的数据不会被删除。

有两种类型的 DB：

（1）全局 DB 存储程序中代码块的数据。任何 OB、FB 或 FC 都可访问全局 DB 中的数据。

（2）背景 DB 存储特定 FB 的数据。背景 DB 中数据的结构反映了 FB 的参数（Input、Output 和 InOut）和静态数据。

2. S7－1200 PLC 工作原理

1）S7－1200 PLC 的操作模式

S7－1200 PLC 有以下三种工作模式：STOP 模式、STARTUP 模式和 RUN 模式。CPU 前面板的状态 LED 可以指示当前工作模式。

（1）STOP 模式。

在 STOP 模式下，PLC 处理所有通信请求并执行自诊断。CPU 不执行用户程序，但可以下载项目。PLC 过程映像寄存器的状态不会自动更新。

（2）STARTUP（启动）模式。

在 STARTUP 模式下，执行一次启动 OB（如果存在）。在启动模式下，CPU 不会处理中断事件。PLC 的操作模式从 STOP 切换到 RUN 时，进入启动模式，如图 2－1－8 所示，PLC 完成以下操作：

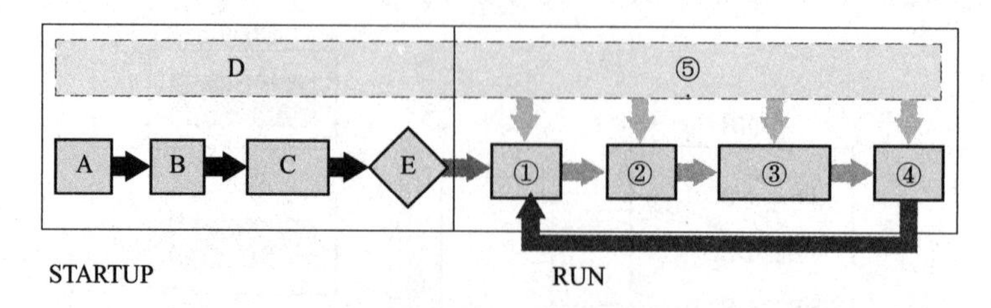

图 2－1－8 S7－1200 PLC STARTUP（启动）模式和 RUN 模式工作示意图

阶段 A：将物理输入的状态复制到 I 输入（映像）存储器。

阶段 B：将 Q 输出（映像）存储区初始化为零、上一个值或组态的替换值。

阶段 C：将非保持性 M 存储器和数据块初始化为初始值，并启用组态的循环中断事件和时钟事件，执行启动 OB。

阶段 D：将所有中断事件存储到要在进入 RUN 模式后处理的事件队列中。

阶段 E：将 Q 输出（映像）存储器的状态写入物理输出。

（3）RUN 模式。

在 RUN 模式，程序循环 OB 重复执行。RUN 模式中的任意点处都可能发生中断事件，这会导致相应的中断事件 OB 执行，如图 2-1-8 所示，PLC 完成以下操作：

阶段①：将 Q 输出（映像）存储器的状态写入物理输出。

阶段②：将物理输入的状态复制到 I 输入（映像）存储器。

阶段③：执行程序循环 OB。

阶段④：执行自检诊断。

阶段⑤：在扫描周期的任何阶段处理中断和通信。

2）RUN 模式一个扫描周期内 PLC 完成的具体工作

执行完启动 OB 后，PLC 进入 RUN 模式并在连续的扫描周期内处理控制任务，具体完成工作如下：

在每个扫描周期内，PLC 都会完成写入输出、读取输入、执行用户程序、更新通信模块以及响应用户中断事件和通信请求等工作，并且在扫描期间会定期处理通信请求。以上这些操作（用户中断事件除外）按先后顺序定期进行处理。对于已启用的用户中断事件，将根据优先级按其发生顺序进行处理。对于中断事件，如果适用的话，CPU 将读取输入、执行 OB，然后使用关联的 Q 输出映像存储分区写入输出。

（1）写入 PLC 输出。

在每个扫描周期的开始，从输出过程映像存储区获取数字量及模拟量输出的当前值，然后将其写入 PLC 的物理输出。通过 PLC 指令访问物理输出时，输出过程映像和物理输出本身都将被更新。

（2）读取 PLC 输入。

随后在该扫描周期中，将读取 PLC 物理输入端口数字量及模拟量输入的当前值，然后将这些值写入输入过程映像存储区。通过指令访问物理输入时，指令将访问物理输入的值，但输入过程映像不会更新。

（3）执行用户程序。

读取输入后，系统将从第一条指令开始执行用户程序，一直执行到最后一条指令。其中包括所有的程序循环 OB 及其所有关联的 FC 和 FB。程序循环 OB 根据 OB 编号依次执行，OB 编号最小的先执行。

（4）通信处理与自诊断。

在扫描周期的通信处理与自诊断阶段，会处理通信请求，这可能会中断用户程序的执行，并执行自诊断检查，周期性地定期检查系统和检查 I/O 模块的状态。

（5）中断处理。

中断处理由事件驱动，可能发生在扫描周期的任何阶段。当特定事件发生时，CPU 将中断扫描循环，并调用被组态用于处理该事件的 OB。OB 处理完该事件后，CPU 从中断点继续执行用户程序。

2.1.1.4 PLC 的编程语言

PLC 是一种工业计算机，不光要有硬件，软件也必不可少。PLC 的软件包括监控程序和用户程序两大部分。监控程序由 PLC 厂家编制，用于控制 PLC 本身的运行。监控程序包含系统管理程序、用户指令解释程序、标准程序模块和系统调用 3 大部分，其功能的强弱直接决定一台 PLC 的性能。用户程序是 PLC 的使用者通过 PLC 的编程语言来编制的，用于实现对具体生产过程的控制。因此，编程语言是我们学习 PLC 程序设计的前提。S7－1200 系列 PLC 支持的编程语言有：LAD（梯形图逻辑）是一种基于电路图的表示法，属于图形编程语言；FBD（功能块图）是基于布尔代数中使用的图形逻辑符号的编程语言；S7－SCL（结构化控制语言）是一种基于文本的高级编程语言。

1. 梯形图（LAD）

梯形图（LAD）是一种以图形符号及其在图中的相互关系来表示控制关系的编程语言，是从继电控制电路图演变过来的，是使用最多的 PLC 图形编程语言，如图 2－1－9 所示。梯形图由触点、线圈或功能指令等组成，触点代表逻辑输入条件，如外部的开关、逻辑输出结果，用来控制外部的负载（如指示灯、按钮和内部条件等；线圈和功能指令通常代表交流接触器、电磁阀等）或内部的中间结果。

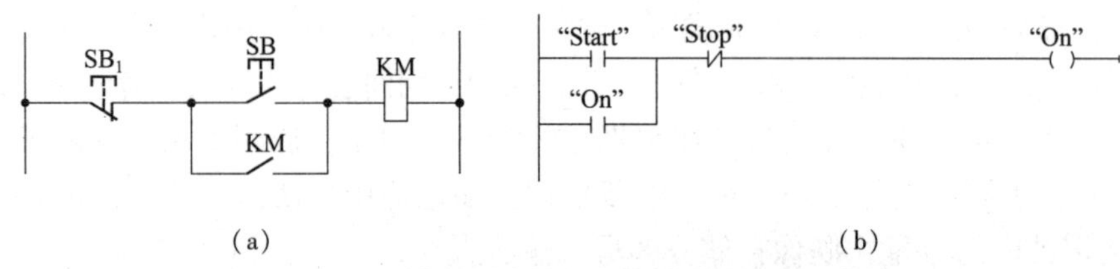

(a)　　　　　　　　(b)

图 2－1－9　继电控制电路图与相应梯形图的比较示例

(a) 继电器控制电路图；(b) 梯形图

从图 2－1－9 可以看出，梯形图与继电控制电路图很相似，都是用图形符号连接而成的，这些符号与继电控制电路图中的常开触点、常闭触点、并联连接、串联连接、继电器线圈等是对应的，每一个触点和线圈都对应一个软元件。梯形图具有形象、直观、易懂的特点，很容易被熟悉继电器－接触器控制的电气人员所掌握。

2. FBD（功能块图）

功能块图（FBD）使用类似于布尔代数的图形逻辑符号来表示控制逻辑，一些复杂的功能用指令框表示，功能框图类似于与门、或门的方框，表示逻辑关系。如图 2－1－10 所示，一般用一个指令框表示一种功能，框图内的符号表达了该框图的运算功能，框的左侧为逻辑运算的输入变量，右侧为输出变量，框左侧的小圆圈表示对输入变量取反（“非”运算），框右侧的小圆圈表示对运算结果再进行“非”运算。方框被“导线”连接在一起，信号自左向右流动。FBD 比较适合于有数字电路基础的编程人员使用。

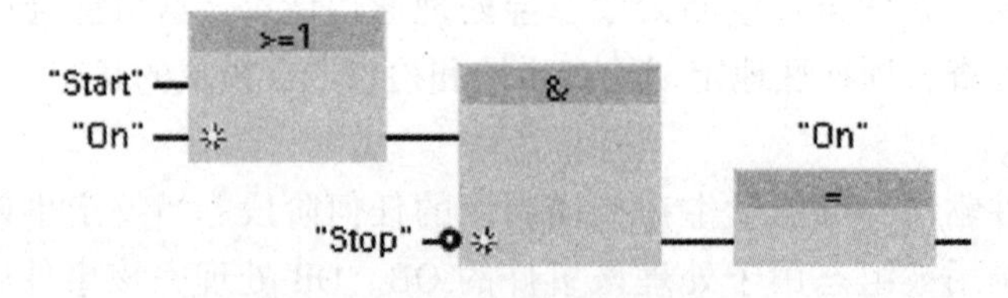

图 2－1－10　功能块图程序示例

3. S7－SCL（结构化控制语言）

S7－SCL（结构化控制语言）是一种结构化文本，类似于计算机高级语言的编程方式，基于计算机的 PASCAL 语言。S7－SCL 与 IEC 61131－3 标准中定义的文本高级语言 ST（结构化文本）相对应，并且可以满足 PLCopen 规定的基本等级和复用性等级的要求。S7－SCL 针对 PLC 编程应用进行了优化扩充处理，具有 PLC 典型的元素（如输入/输出、定时器、计数器、符号表)，而且具有高级语言的特性，例如：循环、选择、分支、数组、高级函数。SCL 语言非常适合以下工作任务：复杂运算功能、复杂数学函数、数据管理、过程优化。典型的 S7－SCL 程序如图 2－1－11 所示。

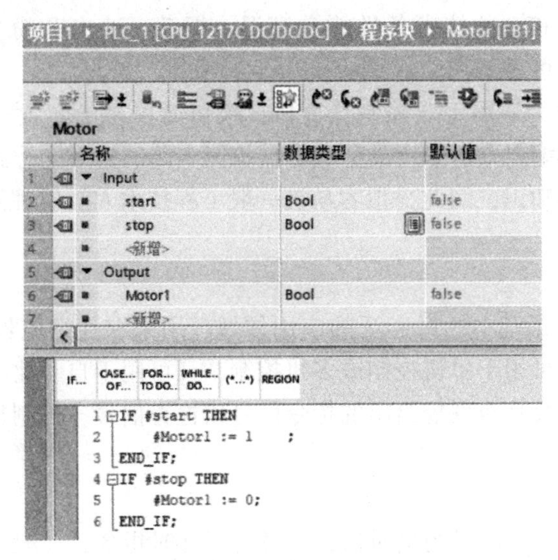

图 2－1－11 典型的 S7－SCL（结构化控制语言）程序

知识链接 1：PLC 定义与特点

自 20 世纪 60 年代美国推出可编程逻辑控制器 PLC 取代传统继电器控制装置以来，PLC 得到了快速发展，在世界各地得到了广泛应用。

1. PLC 定义

PLC 是一种专门为在工业环境下应用而设计的数字运算操作的电子装置。它采用可以编制程序的存储器，用来在其内部存储执行逻辑运算、顺序运算、计时、计数和算术运算等操作的指令，并能通过数字式或模拟式的输入和输出，控制各种类型的机械或生产过程。PLC 及其有关的外围设备都应该按易于与工业控制系统形成一个整体，易于扩展其功能的原则而设计。

2. PLC 特点

（1）功能完善，组合灵活，扩展方便，实用性强。现代 PLC 所具有的功能及其各种扩展单元、智能单元和特殊功能模块，可以方便、灵活地组成不同规模和需求的控制系统，以适应各种工业控制的需要。以开关量控制为其特长，也能进行连续过程的 PID 回路控制，并能与上位机构成复杂的控制系统，如 DDC 和 DCS 等，实现生产过程的综合自动化。

（2）使用方便，编程简单，采用简明的梯形图、逻辑图或语句表等编程语言，而无须计算机知识，因此系统开发周期短，现场调试容易。PLC 的运用能够做到在线修改程序，改变控制方案而无须拆开机器设备。它能在不同环境下运行，可靠性十分强。

（3）安装简单，容易维修。PLC 可以在各种工业环境下直接运行，只需将现场的各种设备与 PLC 相应的 I/O 端相连接，写入程序即可运行。各种模块上均有运行和故障指示装置，便于用户了解运行情况和查找故障。PLC 还有强大的自检功能，这为它的维修提供了方便。

（4）抗干扰能力和可靠性能力都强。工业生产一般是在恶劣环境中进行的高强度作业，这就要求其设备具有较高的可靠性和抗干扰能力。PLC 的 I/O 接口电路均采用光电隔离，使工业现场的外电路与 PLC 内部电路之间电气上隔离，各输入端均采用 R－C 滤波器，各模块均采用屏蔽措施，并具有良好的自诊断功能，大型 PLC 还可以采用由双 CPU 构成冗余系统或由三 CPU 构成表决系统使可靠性更进一步提高。

（5）环境要求低。PLC 的技术条件能在高温、振动、冲击和粉尘等恶劣环境下工作，能在强电磁干扰环境下可靠工作。

（6）易学易用。作为通用工业控制计算机，接口简单易于配置，编程语言也易于工程技术人员所接受。PLC 编程大多采用类似继电器控制电路的梯形图形式，对使用者来说，不需要具备计算机的专门知识，因此，很容易被一般工程技术人员所理解和掌握。

3. PLC 功能

1）开关量控制

开关量控制是 PLC 最基本、最广泛的应用领域，用来取代继电器控制系统，实现逻辑控制和顺序控制。它既可用于单机控制或多机控制，又可用于自动化生产线的控制。PLC 根据操作按钮、限位开关及其他现场给出的指令信号或检查信号，控制机械运动部件进行相应的动作。

2）限时控制

PLC 为用户提供了一定数量的定时器，并设置了计时指令，一般可实现 0.1～999.9 s 及 0.01～99.99 s 的定时控制，也可按一定方式进行定时时间的扩展。PLC 的限时控制精度高、定时时间设定方便、灵活。同时，PLC 还提供了高精度的时钟脉冲，用于准确的实时控制。

3）计数控制

PLC 为用户提供的计数器分为普通计数器、可逆计算器、高速计数器等，以完成不同用途的计数控制。当计数器的当前计数值变为 0（或设定值）或在某一数值范围时，发出控制命令。计数器的计数值可以在运行中被读出，也可以在运行中进行修改。

4）步进控制

PLC 能通过移位寄存器方便地完成步进控制功能。有些 PLC 专门设有步进控制指令，使得编程更为方便。此功能在进行顺序控制时非常有效。

5）数据处理

大部分 PLC 都具有不同程度的数据处理能力，数据运算：加、减、乘、除、乘方、开方等；逻辑运算如与、或、异或等；以及数据的移位、比较、传递和数值的转换等操作。

6）模拟量处理

目前，很多 PLC 甚至小型机都具有模拟量处理功能，而且编程和使用都很方便。用 PLC 进行模拟量控制的优点是，在进行模拟量控制的同时，开关量也可以控制。这个优点是别的控制器所不具备的，或实现起来不如 PLC 方便。

7）通信及联网

PLC 联网、通信能力很强，不断有新的联网结构推出。PLC 可与个人计算机相连接进行通信，可用计算机参与编程及对 PLC 进行控制的管理，使 PLC 用起来更方便。为了充分发挥计算机的作用，可用一台计算机控制与管理多台 PLC，多的可达 32 台；也可一台 PLC 与两台或更多的计算机通信、交换信息，以实现多地对 PLC 控制系统的监控。

PLC 与 PLC 也可通信：可一对一 PLC 通信；也可多个 PLC 通信，可多达几十、几百。PLC 与智能仪表、智能执行装置（如变频器），也可联网通信、交换数据、相互操作。可连接成远程控制系统，系统范围面可大到 10 km 或更大。可组成局部网，不仅 PLC，而且高档计算机、各种智能装置也都可进网，可用总线网，也可用环形网；网还可套网；网与网还可桥接。联网可把成千上万的 PLC、计算机、智能装置组织在一个网中。网间的结点可直接或间接地通信、交换信息。联网、通信正适应了当今计算机集成制造系统（CIMS）及智能化工厂发展的需要。它可使工业控制从点（Point）到线（Line），再到面（Area），使设备级的控制、生产线的控制、工厂管理层的控制连成一个整体，进而创造更高的效益。

知识链接 2：LAD 梯形图程序的特点

（1）梯形图两侧的竖线称为母线（有的时候只画左母线），两母线之间是内部继电器常开、常闭触点以及继电器线圈或功能指令组成的一条条平行的逻辑行（或称梯级），每个逻辑行必须以触点与左母线连接开始，以线圈或功能指令与右母线连接结束。

（2）继电控制电路图中的左、右母线为电源线，中间各支路都加有电压，当支路接通时，有电流流过支路上的触点与线圈。而梯形图的左、右母线并未加电压，梯形图中的支路接通时，并没有真正的电流流过，只是为分析方便的一种假想“电流”。

（3）梯形图中使用的各种器件（即软元件），是按照继电控制电路图中相应的名称称呼的，并不是真实的物理器件（即硬件继电器）。梯形图中的每个触点和线圈均与 PLC 存储区中元件映象寄存器的一个存储单元相对应。若该存储单元为“1”，则表示常开触点闭合（即常闭触点断开）和线圈通电；若为“0”，则相反。

（4）梯形图中输入继电器的状态唯一取决于对应输入信号的通断状态，与程序的执行无关。因此，在梯形图中输入继电器不能被程序驱动，即不能出现输入继电器的线圈。

（5）梯形图中辅助继电器相当于继电控制电路图中的中间继电器，用来保存运算的中间结果，不能驱动外部负载，外部负载只能由输出继电器来驱动。

（6）梯形图中各软元件的触点既有常开，又有常闭，其常开、常闭触点的数量是无限的（也不会损坏），梯形图程序设计时需要多少就使用多少，但输入、输出继电器的硬触点是有限的，需要合理分配使用。

（7）根据梯形图中各触点的状态和逻辑关系，求出图中各线圈对应的软元件的 ON/OFF 状态，称为梯形图的逻辑运算。梯形图的逻辑运算是按照从上到下、从左至右的顺序进行的，运算的结果可以马上被后面的逻辑运算所利用。逻辑运算是根据元件映象寄存器中的状态，而不是根据运算瞬间外部输入信号的状态来进行的。

2.1.2　西门子 1200 PLC 介绍

2.1.2.1　S7 系列 PLC 简介

西门子 S7 系列 PLC 的主要产品分支包括 S7－200 PLC、S7－300 PLC、S7－400 PLC。西门子 PLC 在我国工业自动化控制应用非常广泛，在冶金、化工、印刷生产线等领域都有应用。西门子公司的 PLC 产品包括 S7－200、S7－300、S7－400、S7－1200、S7－1500 等。

（1）S7－200 PLC 是超小型化的西门子 PLC，适合于单机控制或小型系统的控制，适用于各行各业，各种场合中的自动检测、监测及控制等。

（2）S7－300 PLC 是模块化小型 PLC 系统，可用于对设备进行直接控制，可以对多个下一级的可编程序控制器进行监控，还适合中型或大型控制系统的控制，能满足中等性能要求的应用。

（3）S7－400 PLC 采取模块化设计，牢靠耐用，同时可以选用多种级别的 CPU，并配有多种通用功能模板，S7－400 PLC 是应用于中、高档性能范围的可编程序控制器，能进行较复杂的算术运算和复杂的矩阵运算，还可用于对设备进行直接控制，也可以对多个下一级的可编程序控制器进行监控。

（4）S7－1200 是紧凑型 PLC，是 S7－200 的升级版，具有模块化、结构紧凑、功能全面等特点，适用于多种应用，能够保障现有投资的长期安全。它采用更快的处理芯片，布尔运算执行速度从 S7－200 的 0.22 μs 提升到 0.08 μs，提升幅度达 275%，非常接近 S7－300 的水平，经过测试 S7－1200 与 S7－300 计算速度基本一致，大幅领先 S7－200。它采用的 CPU 工作存储器远超 S7－200 的存储器，支持存储卡的容量甚至超过了 S7－300 所支持的存储卡容量，标配 PROFINET 以太网接口，以及全面的集成工艺功能，可以作为一个组件集成在完整的综合自动化解决方案中。

（5）S7－1500 是新一代大中型 PLC，比 S7－300/400 的各项指标有很大的提高，专为中高端设备和工厂自动化设计，可供用户使用的充足的资源和超高速的运算处理速度，拥有卓越的系统性能，并集成一系列功能，包括运动控制、工业信息安全，以及可实现便捷安全应用的故障安全功能。其创新的设计使调试和安全操作简单便捷，而集成于 TIA 博途的诊断功能通过简单配置即可实现对设备运行状态的诊断，简化工程组态并降低项目成本。

2.1.2.2 S7－1200 PLC 输入/输出端子内部电路及接线

1. 输入电路

S7－1200 PLC 输入电源采用直流电源输入。外部输入元件可以是无源触点或有源传感器。输入电路包括光电隔离和 *RC* 滤波器，用于消除输入触点抖动和外部噪声干扰。图 2－1－12 所示为直流输入方式的电路图，其中 LED 为相应输入端在面板上的指示灯，用于表示外部输入信号的 ON/OFF 状态（LED 亮表示 ON）。

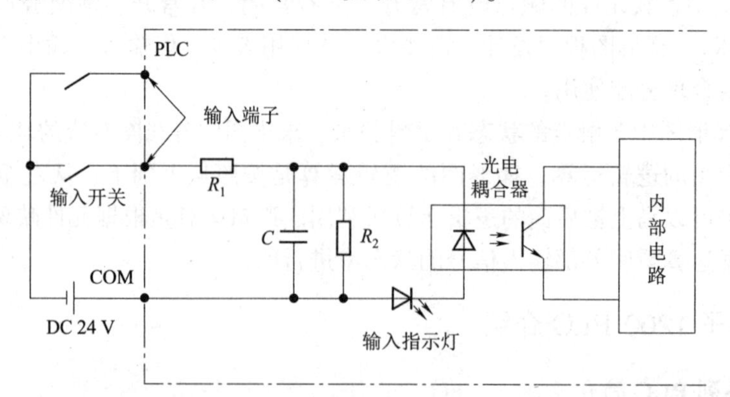

图 2－1－12　直流输入方式的电路图

从图 2－1－12 可知，输入信号接于输入端子（如 I0.0、I0.1）和输入公共端 1M 之间，当有输入信号（即传感器接通或开关闭合）时，则输入信号通过光电耦合电路耦合到 PLC

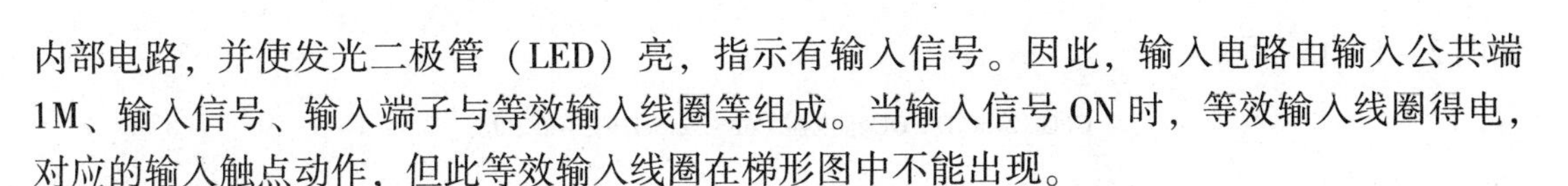

内部电路，并使发光二极管（LED）亮，指示有输入信号。因此，输入电路由输入公共端 1M、输入信号、输入端子与等效输入线圈等组成。当输入信号 ON 时，等效输入线圈得电，对应的输入触点动作，但此等效输入线圈在梯形图中不能出现。

2. 输出电路

S7－1200 PLC 的输出电路有 2 种形式：继电器输出、晶体管输出，如图 2－1－13 所示。图 2－1－13（a）所示为继电器输出型，CPU 控制继电器线圈的通电和失电，其触点相应闭合和断开，再利用触点去控制外部负载电路的通断。继电器输出型 PLC 是利用继电器线圈和触点之间的电气隔离将内部电路与外部电路进行隔离。图 2－1－13（b）所示为晶体管输出型，通过使晶体管截止和饱和导通来控制外部负载电路。晶体管输出型是在 PLC 的内部电路与输出晶体管之间用光电耦合器进行隔离。

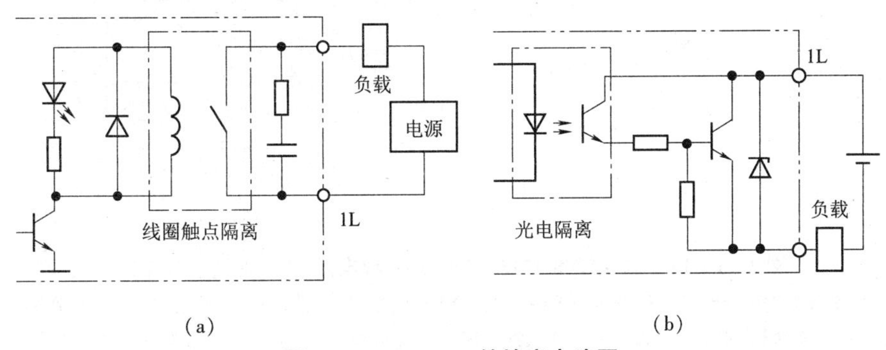

图 2－1－13　PLC 的输出电路图

（a）继电器输出型；（b）晶体管输出型

2.1.2.3　S7－1200 PLC 的实际接线

S7－1200 系列 PLC 的外部特征基本相似，包括电源接口、存储卡插槽、板载 I/O 状态指示 LED、PROFINET 连接器等。S7－1200 系列 PLC 的外观如图 2－1－14 所示。

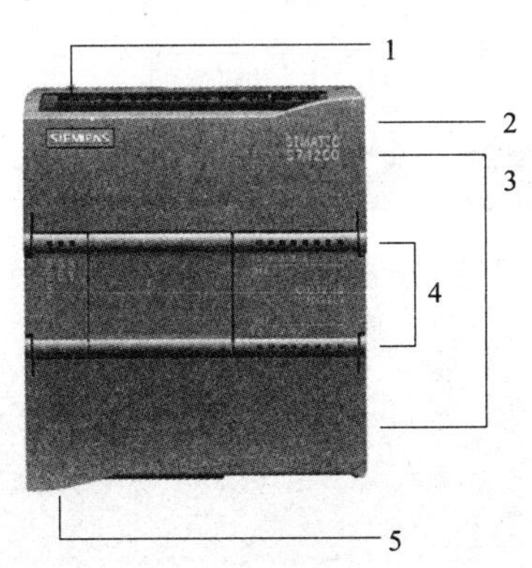

图 2－1－14　S7－1200 系列 PLC 的外观

1—电源接口；2—存储卡插槽（上部保护盖下面）；3—可拆卸用户接线连接器（保护盖下面）；4—板载 I/O 的状态 LED；5—PROFINET 连接器（CPU 的底部）

1. S7－1200 外部接线端子示例

外部端子包括 PLC 电源端子（L＋、M、⏚），供外部传感器用的 DC 24 V 电源端子（L＋、M），输入端子（I），输出端子（Q）和模拟量输入（AI），模拟量输出（AQ）等，如图 2－1－15 所示。

CPU 1215C DC/DC/继电器（6ES7 215-1HG31-0XB0）

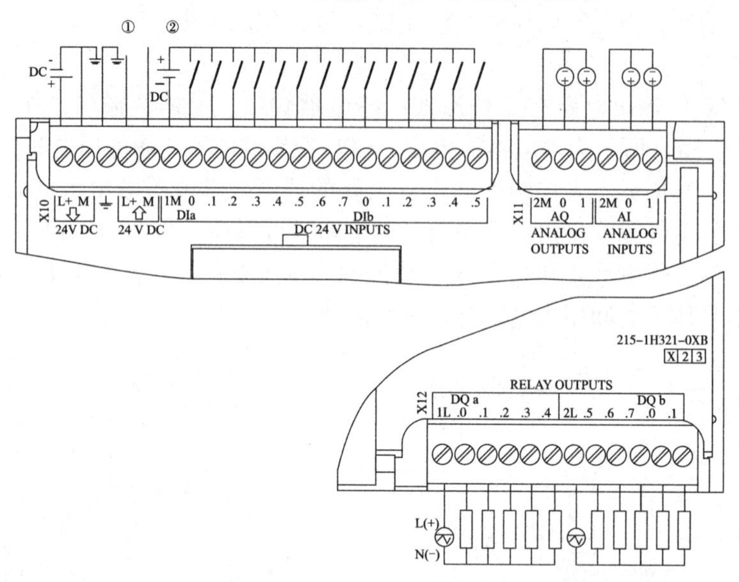

图 2－1－15　S7－1200 1215C DC/DC/继电器 PLC 的端子分布图

①24 V DC 传感器电源输出要获得更好的抗噪声效果，即使未使用传感器电源，也可将“M”连接到机壳接地；
②对于漏型输入，将“－”连接到“M”；对于源型输入，将“＋”连接到“M”

2. S7－1200 外部接线端子与外围电气元件的连接

S7－1200 外部接线端子主要完成输入/输出（即 I/O）信号的连接，是 PLC 与外部设备（输入设备、输出设备）连接的桥梁。其连接元件示意图如图 2－1－16 所示，接线图如图 2－1－17 所示。

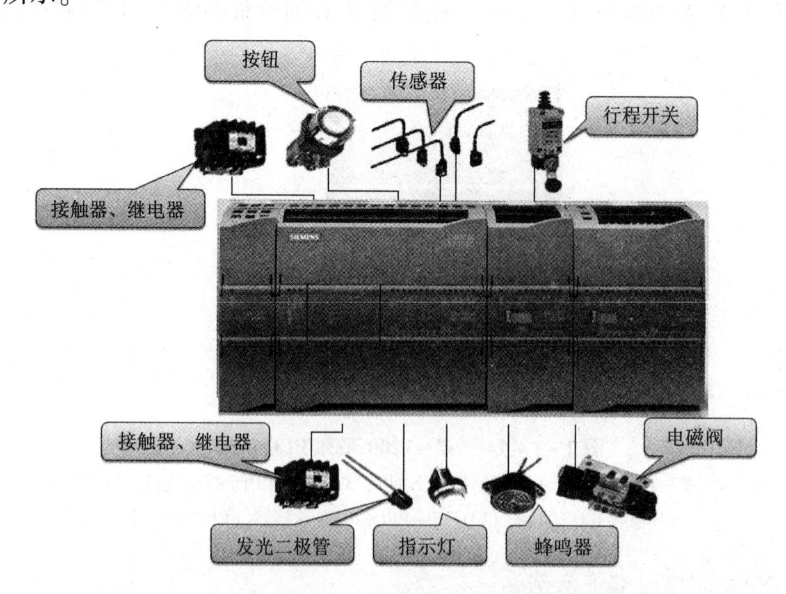

图 2－1－16　S7－1200 的连接元件示意图

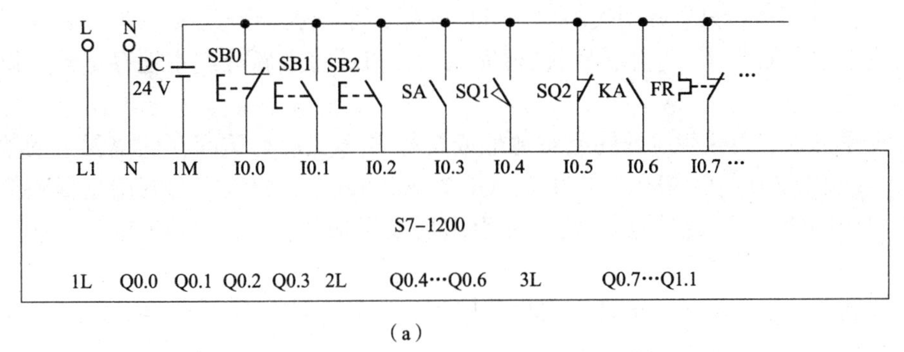

（a）

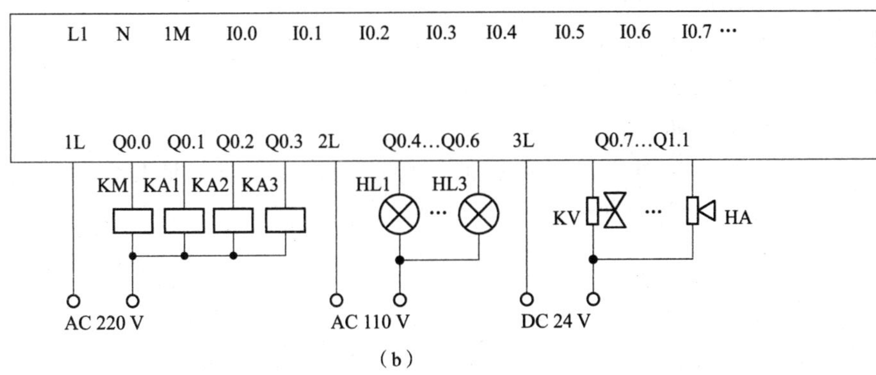

（b）

图2-1-17 S7-1200的端子接线示意图

（a）输入信号连接示意图；（b）输出信号连接示意图

输入端子与输入信号相连，PLC的输入电路通过其输入端子可随时检测PLC的输入信息，即通过输入元件（如按钮、转换开关、行程开关、继电器的触点、传感器等）连接到对应的输入端子上，通过输入电路将信息送到PLC内部进行处理，一旦某个输入元件的状态发生变化，则对应输入点（软元件）的状态也随之变化。

输出电路是PLC的负载驱动回路，通过输出点将负载和负载电源连接成一个回路，这样，负载就由PLC的输出点进行控制。负载电源的规格应根据负载的需要和输出点的技术规格来选择。

2.1.2.4 S7-1200 PLC的系统内部存储区

1. S7-1200 PLC的数据访问

S7-1200 PLC采用符号编程。用户需要为数据地址创建符号名称，即“变量”，用户编写程序时，如果需要访问存储器地址或I/O点，可以使用相关的PLC变量（或在代码块中使用局部变量）进行访问。在用户程序中使用这些变量，只需输入指令参数的变量名称。

用户编写程序时可以访问以下系统内部存储区，用户程序数据存储。

（1）全局存储器：S7-1200 PLC提供了各种专用存储区，其中包括输入（I）、输出（Q）和位存储器（M），所有代码块可以无限制地访问该储存器。

（2）PLC变量表：在S7-1200 PLC变量表中，可以输入特定存储单元的符号名称。这些变量在STEP 7程序属于全局变量，允许用户使用应用程序中有具体含义的名称进行命名。

（3）数据块（DB）：用户程序中可以使用DB数据块存储代码块的数据。从相关代码块开始执行一直到结束，存储的数据始终存在。“全局”DB数据块存储的数据，可以被所有代码块访问。背景DB数据块存储特定FB功能块的数据，只能由FB的参数生成。

（4）临时存储器：只要调用代码块，PLC 的操作系统就会分配要在执行块代码期间使用的临时或本地存储器（L）。代码块执行完成后，PLC 将重新分配本地存储器，以用于执行其他代码块。

用户程序可以使用这些地址的绝对地址或符号名（变量）访问存储单元中的数据。对输入（I）或输出（Q）存储区（如 I0.3、Q1.7 或“Stop”）的访问会调用过程映像中的数据。要立即访问物理输入或输出，需要在引用后面添加“：P”，如 I0.3：P、Q1.7：P 或“Stop：P”。

每个存储单元都有唯一的地址。用户程序可以利用这些地址（即绝对地址）访问存储单元中的数据。绝对地址由以下元素组成：

①存储区标识符（如 I、Q 或 M）；

②要访问的数据的大小（“B”表示 Byte、“W”表示 Word 和“D”表示 DWord）；

③数据的起始地址（如字节 3 或字 3）。

例如：访问位地址时，可以输入数据的存储区名称、字节地址和位地址（如 I0.0、Q0.1 或 M3.4），位地址的访问示例如图 2-1-18 所示。

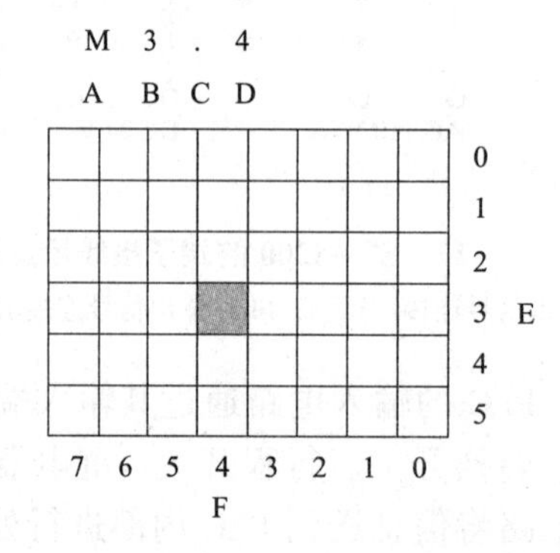

图 2-1-18　S7-1200 PLC 绝对地址访问示例

A—存储区标识符；B—字节地址：字节 3；C—分隔符（“字节．位”）；
D—位在字节中的位置（位 4，共 8 位）；E—存储区的字节；F—选定字节的位

2. S7-1200 PLC 的系统内部存储区（表 2-1-1）

表 2-1-1　S7-1200 PLC 的系统内部存储区

存储区	说明	强制	保持性
I 过程映像输入	在扫描周期开始时从物理输入复制	无	无
I_：P（物理输入）	立即读取 CPU、SB 和 SM 上的物理输入点	支持	无
Q 过程映像输出	在扫描周期开始时复制到物理输出	无	无
Q_：P（物理输出）	立即写入 PLC、信号板 SB、信号模块 SM 上的物理输出点	支持	无
M 位存储器	控制和数据存储器	无	支持（可选）
L 临时存储器	存储代码块的临时数据，这些数据只在该代码块的范围内有效	无	无
DB 数据块	数据存储器或 FB 的参数存储器	无	是（可选）

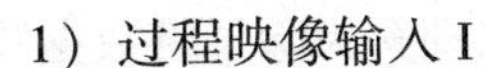

1）过程映像输入 I

PLC 在每个扫描周期的循环开始时，对 PLC 的外围（物理）输入点进行采样，并将这些输入点的状态值写入输入过程映像，可以按位、字节、字或双字访问输入过程映像。

过程映像输入 I 的数据访问，可以使用 I 存储器的绝对地址或绝对地址（立即）两种方式实现，具体格式如表 2－1－2 所示。

表 2－1－2　S7－1200 PLC 的过程映像输入 I 的数据访问

数据长度	绝对地址访问		绝对地址（立即）访问	
	访问格式	样例	访问格式	样例
位	I［字节地址］.［位地址］	I0.1	I［字节地址］.［位地址］：P	I0.1：P
字节、字或双字	I［大小］［起始字节地址］	IB1、IW5 或 ID12	I［大小］［起始字节地址］：P	IB1：P、IW5：P 或 ID12：P

说明：

（1）I0.1 或 IB1 绝对地址 I 访问，是从被访问点相应地址的输入过程映像存储区获取数据。允许对过程映像输入进行读写访问，但过程映像输入通常为只读访问。

（2）I0.1：P 或 IB1：P 绝对地址（立即）I_ ：P 访问，也可以理解为直接访问物理输入，不需要访问输入过程映像存储区。因为物理输入点直接从与其连接的现场设备接收数据状态，所以不允许对这些点进行写访问，即与可读或可写的 I 访问不同的是 I_ ：P 访问为只读访问。

2）过程映像输出 Q

PLC 在每个扫描周期的开始将存储在输出过程映像中的状态值复制到物理输出点，可以按位、字节、字或双字访问输出过程映像。过程映像输出允许读访问和写访问。

过程映像输出 Q 的数据访问，可以使用 Q 存储器的绝对地址或绝对地址（立即）两种方式实现，具体格式如表 2－1－3 所示。

表 2－1－3　S7－1200 PLC 的过程映像输出 Q 的数据访问

数据长度	绝对地址访问		绝对地址（立即）访问	
	访问格式	样例	访问格式	样例
位	Q［字节地址］.［位地址］	Q4.1	Q［字节地址］.［位地址］：P	Q4.1：P
字节、字或双字	Q［大小］［起始字节地址］	QB6、QW16 或 QD40	Q［大小］［起始字节地址］：P	QB6：P、QW16：P 或 QD40：P

说明：

（1）Q4.1 或 QB6 绝对地址 I 访问，输出过程映像存储区中各存储位的数据状态，由程序处理结果决定状态为 1 还是 0，但只在 PLC 每个扫描周期的开始，将输出过程映像中的状态值写入物理输出（即 PLC 输出状态的刷新）。

（2）Q4.1：P 或 QIB6：P 绝对地址（立即）Q_ ：P 访问，可以理解为除了将数据写入输出过程映像外，还直接将数据写入被访问物理输出点（即写入两个位置）。因为物理输出点直接控制与其连接的现场设备，所以不允许对这些点进行读访问，即与可读或可写的 Q 访问不同的是 Q_ ：P 访问为只写访问。

3）M（位存储区）

M 位存储区用于存储操作的中间状态或其他控制信息，可以按位、字节、字或双字访问位存储区。M 存储器允许读访问和写访问。

M 位存储区的数据访问，可以使用 M 存储器的绝对地址实现，具体格式如表 2-1-4 所示。

表 2-1-4　S7-1200 PLC M 位存储区的数据访问

数据长度	访问格式	样例
位	M［字节地址］.［位地址］	M3.4
字节、字或双字	M［大小］［起始字节地址］	MB5、MW12 或 MD34

4）DB 数据存储区

DB 数据存储区用于存储各种类型的数据，其中包括操作的中间状态或 FB 的其他控制信息参数，以及许多指令（如定时器和计数器）所需的数据结构，可以按位、字节、字或双字访问数据块存储器。读/写数据块允许读访问和写访问，只读数据块只允许读访问。数据块关闭后或相关的代码块执行开始与结束后，数据块中存储的数据状态不会丢失。

DB 数据存储区的数据访问，可以使用 DB 数据存储器的绝对地址实现，具体格式如表 2-1-5所示。

表 2-1-5　S7-1200 PLC DB 数据存储区的数据访问

数据长度	访问格式	样例
位	DB［数据块编号］.DBX［字节地址］.［位地址］	DB1.DBX2.3
字节、字或双字	DB［数据块编号］.DB［大小］［起始地址］	DB1.DBB4、DB10.DBW2、DB20.DBD8

5）临时存储器 L

临时存储 OB、FB、FC 等程序块被处理时使用的临时数据。临时存储器与 M 存储器类似，但有一个主要的区别：M 存储器在“全局”范围内有效，而临时存储器在“局部”范围内有效，即只有创建或声明了临时存储单元的 OB、FC 或 FB 才能访问临时存储器中的数据，其他代码块不能访问临时存储器，即使在代码块调用其他代码块时也是如此。例如：当 OB 调用 FC 时，FC 无法访问对其进行调用的 OB 的临时存储器。

2.1.2.5　S7-1200 PLC 数据类型

数据类型用于指定数据元素的大小以及如何解释数据。每个指令参数至少支持一种数据类型，而有些参数支持多种数据类型。在博途 PLC 编程软件中，当鼠标光标停留在指令的参数域上方时，可以看到给定参数所支持的数据类型。

形参指的是指令上标记该指令要使用的数据位置的标识符（如ADD指令的IN1输入）。实参指的是包含指令要使用的数据的存储单元（含“%”字符前缀）或常量（如%MD400）。用户指定的实参的数据类型必须与指令指定的形参所支持的数据类型之一匹配。

指定实参时，必须指定变量（符号）或者绝对（直接）存储器地址。变量将符号名（变量名）与数据类型、存储区、存储器偏移量和注释关联在一起，并且可以在PLC变量编辑器或块（OB、FC、FB和DB）的接口编辑器中进行创建。如果输入一个没有关联变量的绝对地址，使用的地址大小必须与所支持的数据类型相匹配，而默认变量将在输入时创建。

S7－1200 PLC基本数据类型包括：位、位序列、整数、浮点数、日期时间，以及Char、String、Wstring等字符型数据类型，此外还包括数组、数据结构、PLC数据类型、指针等复杂数据类型。

1. 位和位序列数据类型（表2－1－6）

表2－1－6　位和序列数据类型

数据类型	位大小	数值类型	数值范围	常数示例	地址示例
Bool	1	布尔运算	FALSE或TRUE	TURE	I1.0 Q0.1 M50.7 DB1.DBX2.3 Tag_name
		二进制	2#0或2#1	2#1	
		无符号整数	0或1	0	
		八进制	8#0或8#	8#0	
		十六进制	16#0或16#1	16#0	
Byte	8	二进制	2#0或2#1111_1111	2#1010_1100	IB2 MB10 DB1.DBB4 Tag_name
		无符号整数	0～255	123	
		有符号整数	－128～127	－112	
		八进制	8#0～8#377	8#234	
		十六进制	16#0～16#FF,B#16#0～B#16#FF	B#11、B#16#11	
Word	16	二进制	2#0或 2#1111_1111_1111_1111	2#1010_1100_0000_ 1111	MW10 DB1.DBW2 Tag_name
		无符号整数	0～65 535	61 255	
		有符号整数	－32 768～32 767	3 261	
		八进制	8#0～8#177_777	8#12_127	
		十六进制	16#0～16#FFFF, B#16#0～B#16#FFFF	16#FC12 W#16#FC12	

续表

数据类型	位大小	数值类型	数值范围	常数示例	地址示例
DWord	32	二进制	2#0 或 2#1111_1111_1111_1111_111_1111_1111_1111	2#1101_0100_1111_1110_1000_1100	MD10 DB1. DBD8 Tag_name
		无符号整数	0～4_294_967_295	15_793_935	
		有符号整数	-2_147_483_648～2_147_483_647	-400 000	
		八进制	8#0～8#37_777_777_777	8#74_177_417	
		十六进制	16#0～16#FFFF_FFFF，DW#16#0～DW#16#FFF_FFF	DW#16#20_F30A、16#B_01F6	

备注：表中 Tag_name 为变量名。

2. 整型数据类型（表 2-1-7）

表 2-1-7　整型数据类型

数据类型	位大小	数值范围	常数示例	地址示例
USInt	8	0～255	78，2#01011100	MB0、DB1. DBB4、Tag_name
SInt	8	-128～127	+68，16#68	
UInt	16	0～65 535	62 345，0	MW2、DB1. DBW2、Tag_name
Int	16	-32 768～32 767	27 123，-27 123	
UDInt	32	0～4 294 967 295	4 042 322 160	MD5、DB1. DBD5、Tag_name
DInt	32	-2 147 483 648～2 147 483 647	-2 131 754 992	

备注：表中 U 为无符号；S 为短，D 为双。

3. 实（或浮点）数型实数数据类型

实（或浮点）数以 32 位单精度数（Real）或 64 位双精度数（LReal）表示，如表 2-1-8 所示。单精度浮点数的精度最高为 6 位有效数字，而双精度浮点数的精度最高为 15 位有效数字。在输入浮点常数时，最多可以指定 6 位（Real）或 15 位（LReal）有效数字来保持精度。

表 2-1-8　浮点型实数数据类型

数据类型	位大小	数值范围	常数示例	地址示例
Real	32	0～255	123.456，-3.4，1.0e-5	MD100、DB1. DBD8、Tag_name
LReal	64	-1.7976931348623158e+308～-2.2250738585072014e-308、±0、+2.2250738585072014e-308～+1.7976931348623158e+308	12345.123456789e40、1.2E+40	DB_name. var_name 规则： 不支持直接寻址 可在 OB、FB 或 FC 块接口数组中进行分配

4. 时间和日期数据类型（表 2－1－9）

表 2－1－9 时间和日期数据类型

数据类型	大小	范围	常量输入示例
Time	32 位	T#－24d_20h_31m_23s_648 ms～T#24d_20h_31m_23s_647 ms 存储形式：－2 147 483 648 ms～+2 147 483 647 ms	T#5m_30s T#1d_2h_15m_30s_45 ms TIME#10 d20 h30 m20 s630 ms 500 h10000 ms 10 d20 h30 m20 s630 ms
日期	16 位	D#1990－1－1～D#2168－12－31	D#2009－12－31 DATE#2009－12－31 2009－12－31
Time_of_Day	32 位	TOD # 0：0：0.0 ～ TOD # 23：59：59.999	TOD#10：20：30.400 TIME_OF_DAY#10：20：30.400 23：10：1
DTL（长格式日期和时间）	12 个字节	最小：DTL＃1970－01－01－00：00：00.0 最大：DTL#2262－04－11：23：47：16.854 775807	DTL#2008－12－16－20：30：20.250

1）Time 数据类型

Time 数据作为有符号双整数存储，最小单位为 ms。应用 Time 类型时，可以使用日期（d）、小时（h）、分钟（m）、秒（s）和毫秒（ms）信息，不需要指定全部时间单位。例如，T#5 h10 s 和 500 h 都是正确表示方法。

所有指定单位值的组合值不能超过以毫秒表示的时间日期类型的上限或下限（－2 147 483 648～+2 147 483 647 ms）。

2）日期数据类型

DATE 数据作为无符号整数值存储，用来获取指定日期，应用格式必须指定年、月和日。

3）TOD

TOD（TIME_OF_DAY）数据作为无符号双整数值存储，为自指定日期的凌晨算起的毫秒数（凌晨＝0 ms），应用格式必须指定小时（24 小时/天）、分钟和秒，可以选择指定小数秒格式。

4）DTL 数据类型

DTL（日期和时间长型）数据类型使用 12 个字节的结构保存日期和时间信息，可以在块的临时存储器或者 DB 中定义 DTL 数据。必须在 DB 编辑器的“起始值”（Start value）列为所有组件输入一个值。

知识链接：S7－1200 PLC 的主要特点和技术规范

1. S7－1200 PLC 的主要特点

（1）S7－1200 PLC 全系列集成的以太网接口，可以很方便地与其他设备共同组建工业网络控制系统。

（2）S7－1200 PLC 集成宽幅 AC 或 DC 电源，电源等级为 85～264 V AC 或 24 V DC，适用于工业环境应用。

（3）S7－1200 PLC 按输出类型不同为数字量输出 24 V DC（晶体管输出）或继电器输出两种。

（4）S7－1200 PLC 数字量输入使用 24 V DC 电源。

（5）S7－1200 PLC 集成了 0～10 V 模拟量输入。

（6）S7－1200 PLC 集成了高速脉冲输出功能，支持最高频率高达 1 MHz 的脉冲序列输出（PTO）或频率高达 1 MHz 的脉宽调制（PWM）输出。

（7）S7－1200 PLC 集成了高速计数器，可支持频率高达 1 MHz 的高速计数器（HSC）。

（8）S7－1200 PLC 集成了带自整定功能的 PID 控制器，可以用于过程中控制自动化系统。

（9）S7－1200 PLC 提供了用于功能扩展的扩展模块与信号板。扩展模块或扩展信号板有以下几种通信扩展、模拟量输入/输出扩展、数字量输入/输出扩展。

2. S7－1200 PLC 的技术规范

S7－1200 PLC 系列产品现有 1211C、1212C、1214C、1215C、1217C 五个规格，有 DC/DC/DC、AC/DC/RLY、DC/DC/RLY 等三种类型的产品。其主要技术参数如表 2－1－10 所示。

表 2－1－10　S7－1200 PLC 的技术规范

CPU 参数	CPU 1211C	CPU 1212C	CPU 1214C	CPU 1215C	CPU 1217C
CPU 类型	DC/DC/DC、AC/DC/RLY、DC/DC/RLY				DC/DC/DC
工作内存（集成）	30 KB	50 KB	75 KB	100 KB	125 KB
装载内存（集成）	1 MB	1 MB	4 MB	4 MB	4 MB
保持内存（集成）	10 KB	10 KB	10 KB	10 KB	10 KB
存储卡	SIMATIC 存储卡（可选）				
集成数字量 I/O	6 输入/4 输出	8 输入/6 输出	14 输入/10 输出	14 输入/10 输出	14 输入/10 输出
集成模拟量 I/O	2 输入			2 输入/2 输出	2 输入/2 输出
过程映像区	1 024 字节输入/1 024 字节输出				
信号板扩展	最多 1 个				
信号模块扩展	无	最多 2 个	最多 8 个		
最大本地数字量 I/O	14	82	284		
最大本地模拟量 I/O	3	19	67	69	69
高速计数器	3（全部）	4（全部）	6（全部）	6（全部）	6（全部）

续表

CPU 参数	CPU 1211C	CPU 1212C	CPU 1214C	CPU 1215C	CPU 1217C
单相	3 点 100 kHz	3 点 100 kHz 和 1 点 30 kHz	3 点 100 kHz 和 3 点 30 kHz		3 点 100 kHz、2 点 30 kHz 和 1 点 1 MHz（差分）
双相	3 点 80 kHz	3 点 80 kHz 和 1 点 30 kHz	3 点 80 kHz 和 3 点 30 kHz	3 点 80 kHz 和 3 点 20 kHz	3 点 80 kHz、2 点20 kHz 和点 1 MHz（差分）
高速脉冲输出	板载 1217c：2 Hz ~ 1 MHz，其他：2 Hz ~ 100 kHz； 标准 SB　2 Hz ~ 20 kHz； 高速 SB　2 Hz ~ 200 kHz				
输入脉冲捕捉	6	8	14		
延时/循环中断	总共 4 个（1 ms 精度）				
沿中断	6 上升沿 & 6 下降沿	8 上升沿 & 8 下降沿	12 上升沿 & 12 下降沿		
实时时钟精度	±60 秒/月				
实时时钟/保存时间	20 天典型值/12 天最小在 40 ℃靠超级电容保持				
PROFINET	1			2	
实数数学运算执行速度	实数数学运算执行速度 2. 3 μs/指令				
布尔运算执行速度	布尔运算执行速度 0. 08 μs/指令				

S7 - 1200 PLC CPU 模块高速脉冲输入端口最大频率如表 2 - 1 - 11 所示。

表 2 - 1 - 11　S7 - 1200 PLC CPU 模块高速脉冲输入端口最大频率

CPU	CPU 输出通道	脉冲和方向输出	A/B，正交，上/下和脉冲/方向
1211C	Qa. 0 ~ Qa. 3	100 kHz	100 kHz
1212C	Qa. 0 ~ Qa. 3	100 kHz	100 kHz
	Qa. 4、Qa. 5	20 kHz	20 kHz
1214C 和 1215C	Qa. 0 ~ Qa. 3	100 kHz	100 kHz
	Qa. 4 ~ Qb. 1	20 kHz	20 kHz
1217C	DQa. 0 ~ DQa. 3	1 MHz	1 MHz

S7－1200 PLC 信号板高速脉冲输入端口最大频率如表 2－1－12 所示。

表 2－1－12　S7－1200 PLC 信号板高速脉冲输入端口最大频率

SB 信号板	SB 输出通道	脉冲和方向输出	A/B，正交，上/下和脉冲/方向
SB 1222，200 kHz	DQe. 0 ~ DQe. 3	200 kHz	200 kHz
SB 1223，200 kHz	DQe. 0，DQe. 1	200 kHz	200 kHz
SB 1223	DQe. 0，DQe. 1	20 kHz	20 kHz

2. 1. 3　S7－1200 PLC 编程与仿真软件的使用

S7－1200 PLC 的编程软件是 SIMATIC STEP7，自 V11 版本出现已经发展到 V17 版本。SIMATIC STEP7 是西门子博途（TIA Portal）软件包的一员。西门子博途（TIA Portal）软件包是新一代全新的全集成自动化软件包，中文名称是博途。博途（TIA Portal）软件包集成了 SIMATIC STEP7 PLC 编程软件、SIMATIC WinCC 组态软件、SIMATIC PLC SIM 仿真器等软件。这个软件提供了一个新的平台，是所有自动化工程、编程组态、调试设备及驱动产品的基础。我们以 SIMATIC STEP7 V16 为例讲解 S7－1200 PLC 的编程软件的具体安装要求与方法。

2. 1. 3. 1　S7－1200 PLC 博途编程软件的安装

1. 硬件安装要求

安装 STEP 7 Basic/Professional V16 的计算机为了保证软件的可靠运行应满足以下硬件需求：

（1）处理器：Core i5－6440EQ 3. 4 GHz 或者相当及以上。

（2）内存：16 GB 或者更大（对于大型项目，建议为 32 GB）。

（3）硬盘：建议使用固态硬盘 SSD，存储空间至少需要 50 GB。

（4）图形分辨率：最小 1 920 ×1 080。

（5）显示器：15. 6″宽屏显示（1 920 ×1 080）。

2. 软件安装要求

STEP 7 Basic/Professional V16 软件要求计算机安装有 Windows 7（64 位）、Windows 10（64 位）、Windows Server Standard（64 位）等操作系统。不同版本的博途软件对计算机操作系统的要求不同，对 Windows 软件版本详细要求可以参考 S7－1200 系统手册。安装软件时必须具有该计算机的管理员权限。

3. 安装方法与步骤

1）TIA 博途 V16 Pro 对操作系统软件的要求

下面以 TIA Protal V16 STEP 7 Pro & STEP 7 Safety WinCC Professional（以下简称 TIA 博途 V16 Pro）为例说明博途软件的具体安装方法与步骤。TIA 博途 V16 Pro 软件已经不再支持 Windows 7 操作系统，需要安装在 Windows 10（64 位）和 Windows Server Standard（64 位）操作系统上，如图 2－1－19 所示。

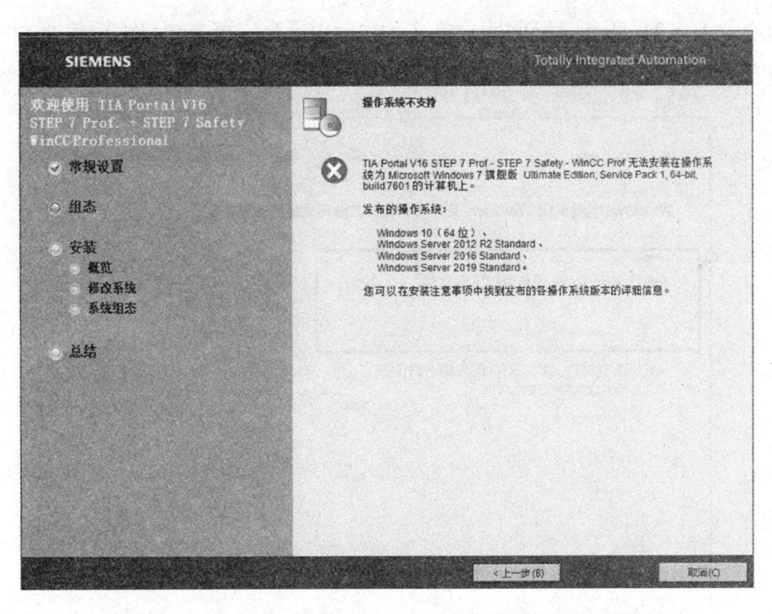

图 2-1-19 TIA 博途 V16 Pro 对计算机操作系统要求

2）安装 NET Framework 3.5

运行 TIA 博途 V16 Pro 软件的计算机需要安装 NET Framework 3.5，具体方法如图 2-1-20 所示，安装过程中计算机需要连接网络，用于安装文件的下载。首先打开控制面板里面的“程序和功能”，单击“打开或关闭 Windows 功能”，然后勾选“.NET Framework 3.5（包括 .NET 2.0 和 3.0）”即可，再单击“确定”按钮。

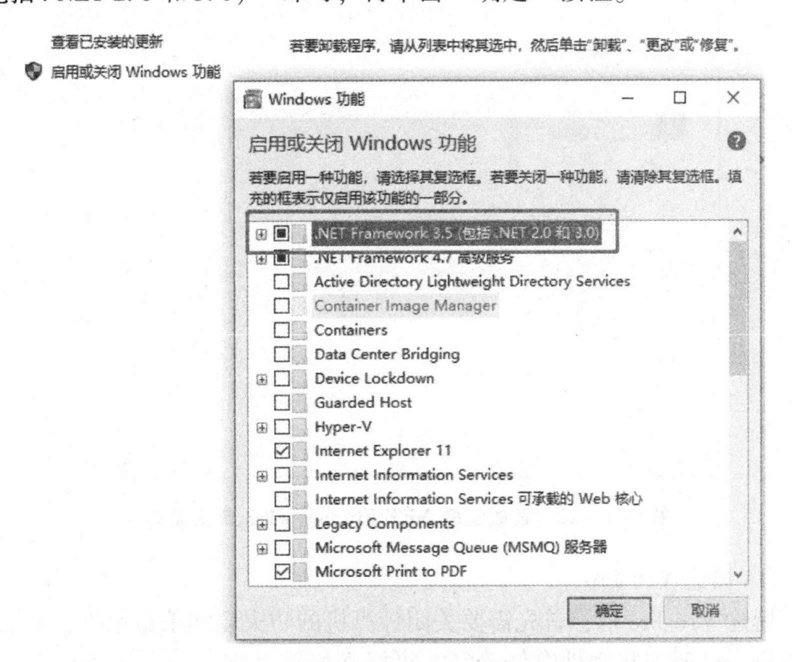

图 2-1-20 为计算机安装 Net Framework 3.5

弹出如图 2 - 1 - 21 所示对话框，单击“让 Window 更新为你下载文件”，下载 NET Framework 3. 5 安装文件。

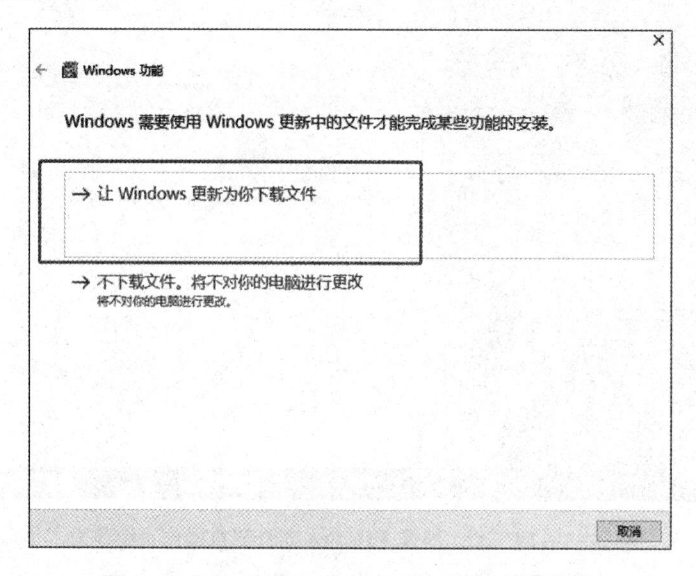

图 2 - 1 - 21　下载 Net Framework 3. 5 安装文件

Windows 开始自动在线安装 NET Framework 3. 5，如图 2 - 1 - 22 所示。安装完成后需要重启计算机。

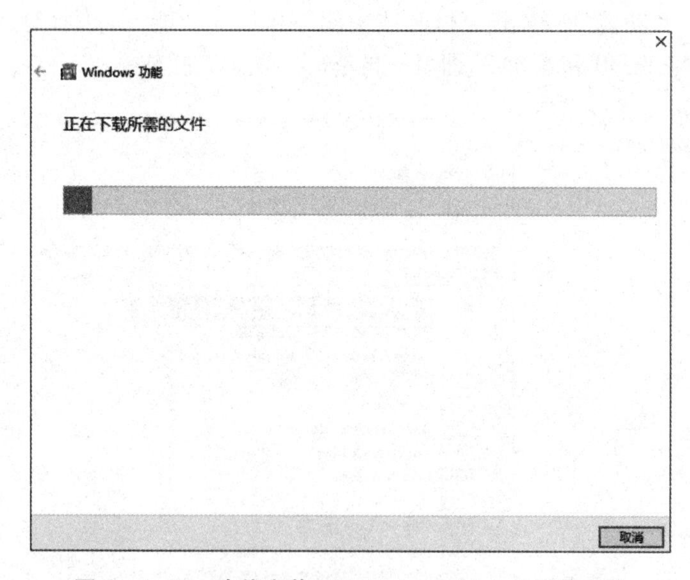

图 2 - 1 - 22　在线安装 NET Framework 3. 5 安装文件

3）安装 TIA 博途 V16 Pro

安装 TIA 博途 V16 Pro 前，首先需要关闭计算机的防火墙和杀毒软件，然后再开始软件的安装。第一步，打开安装文件存储路径，鼠标光标移动到 Start. exe 文件上，右键以管理员身份运行安装文件，如图 2 - 1 - 23 所示。

对安装计算机进行检查，查看计算机系统是否满足 TIA 博途 V16 Pro 软件安装的要求，如图 2 - 1 - 24 所示。

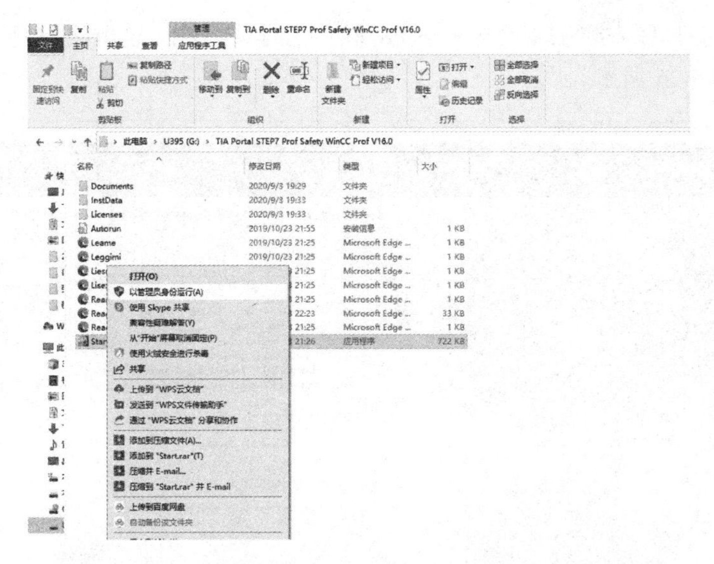

图 2-1-23　以管理员身份运行 TIA 博途 V16 Pro 安装文件

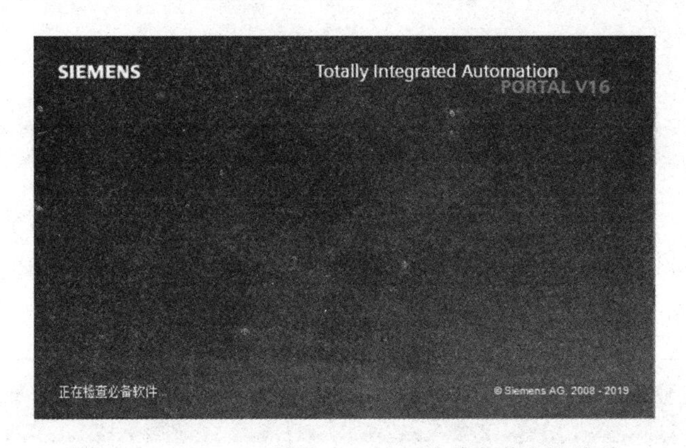

图 2-1-24　TIA 博途 V16 Pro 软件安装环境检查

第二步，选择 TIA 博途 V16 Pro 软件的安装语言，如图 2-1-25 所示。

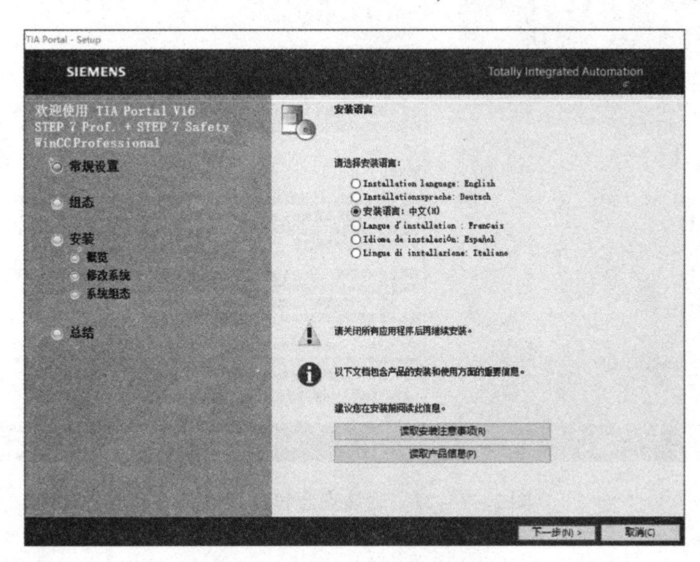

图 2-1-25　选择安装语言

第三步，选择具体安装 TIA 博途 V16 Pro 软件的哪些组件，这里我们使用默认状态进行安装，如图 2－1－26 所示。

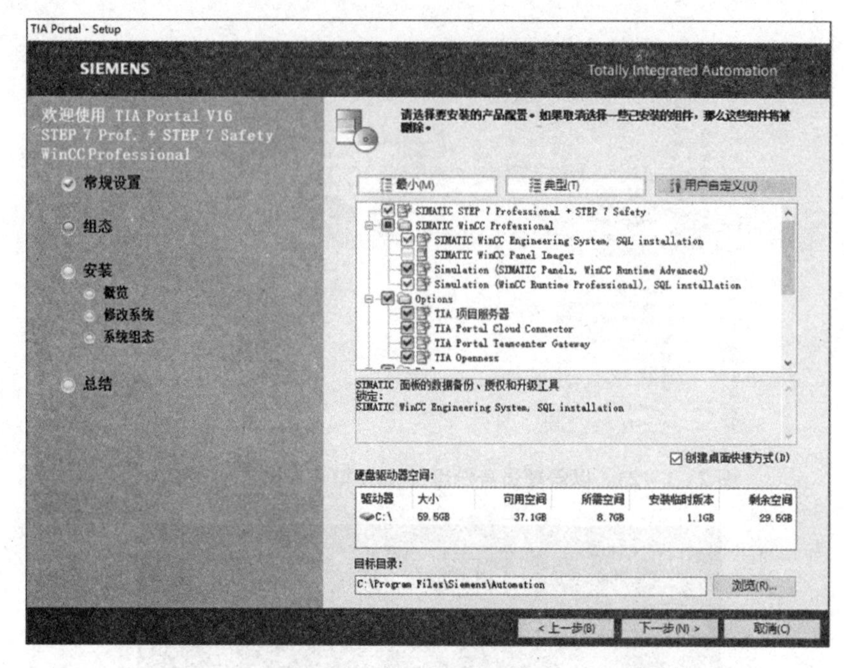

图 2－1－26　选择安装的组件

第四步，在软件版权保护声明对话框中，授权勾选“本人接受所列出的许可协议中所有条款”和“确认安全信息”，如图 2－1－27 所示。

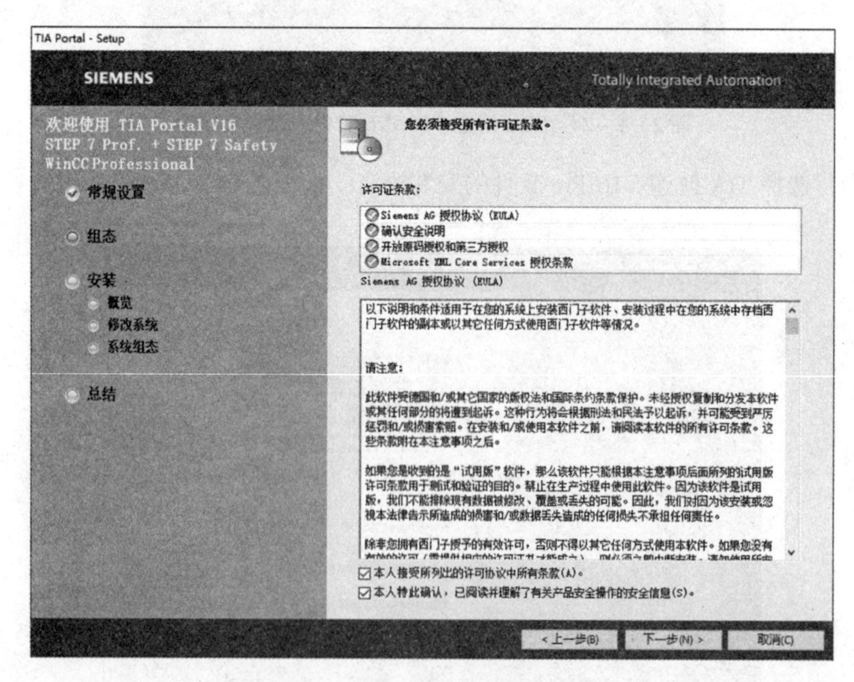

图 2－1－27　确认安全和版权信息

第五步，在安全控制对话框中，同意安全和权限修改设置，如图 2-1-28 所示。

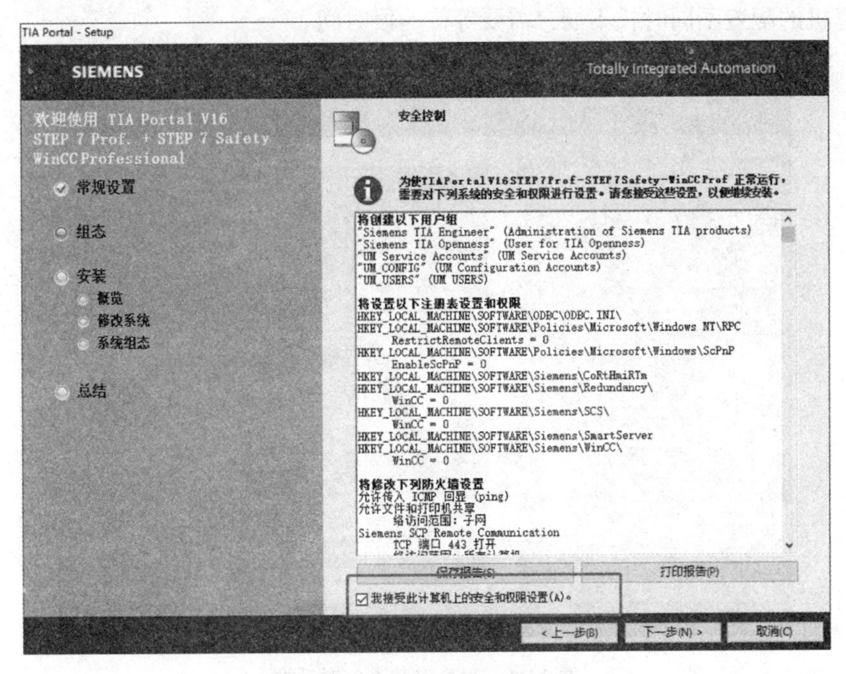

图 2-1-28　允许安全和权限修改

第六步，开始安装 TIA 博途 V16 Pro 软件，单击“安装”按钮，如图 2-1-29 所示。

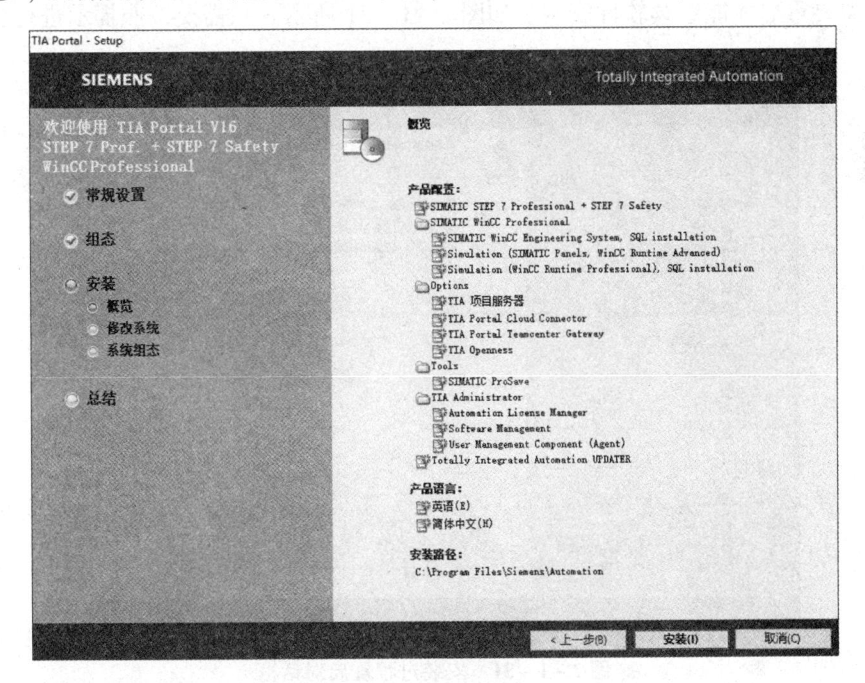

图 2-1-29　确认安装对话框

然后开始软件的安装，此时会弹出安装进度对话框，如图 2－1－30 所示，软件安装时间依据计算机的配置不同时长不同，需要等待一段时间。

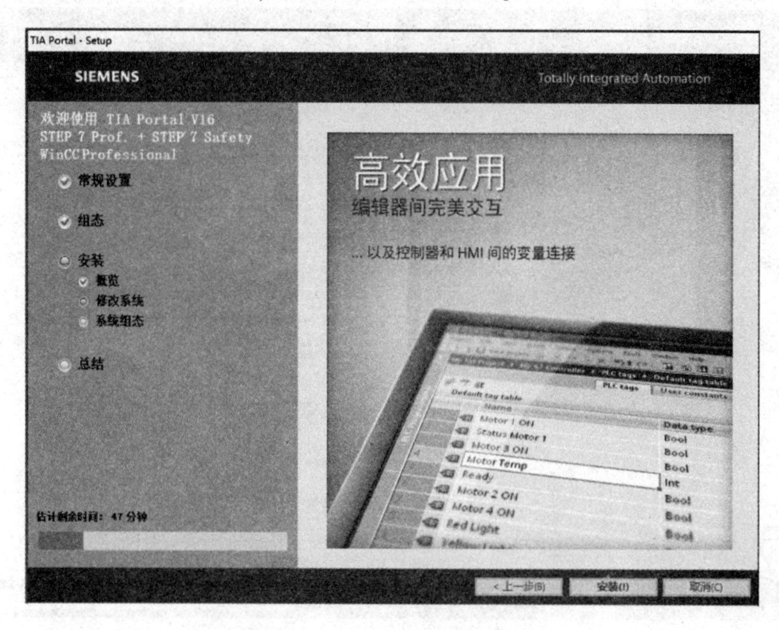

图 2－1－30　安装进度对话框

特别说明，在软件安装过程中不要自行重启计算机、计算机不要断电。在软件安装过程中会依据需要重启才能继续软件安装，如图 2－1－31 所示。只需要按照提示进行操作。

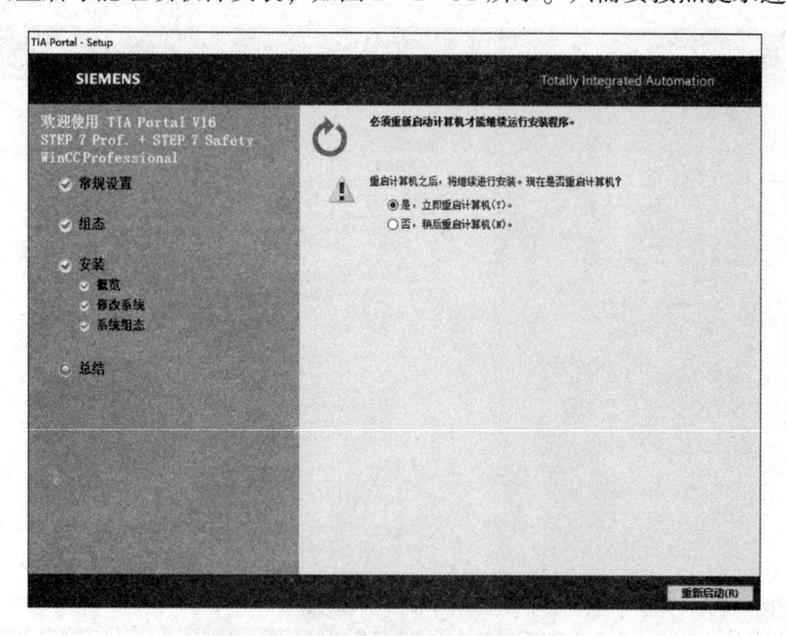

图 2－1－31　安装过程重启对话框

软件安装完成后，需要重启计算机完成软件的设置，也可以稍后重启计算机，如图 2－1－32 所示。软件在使用前需要安装软件使用授权文件。

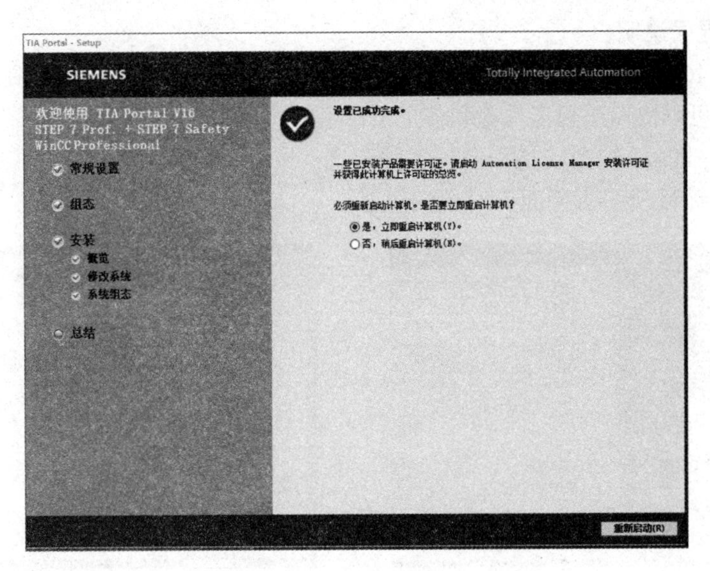

图 2-1-32　安装结束确认对话框

2.1.3.2　软件的启动和退出

1. 启动 TIA Portal 软件

TIA Portal 软件可以双击桌面图标 TIA Portal V16，如图 2-1-33 所示，启动运行软件。也可以在 Windows 开始菜单中，选择“Siemens Automation” -Tia Protal V16，如图 2-1-34 所示。

图 2-1-33　桌面图标运行 TIA Portal 文件

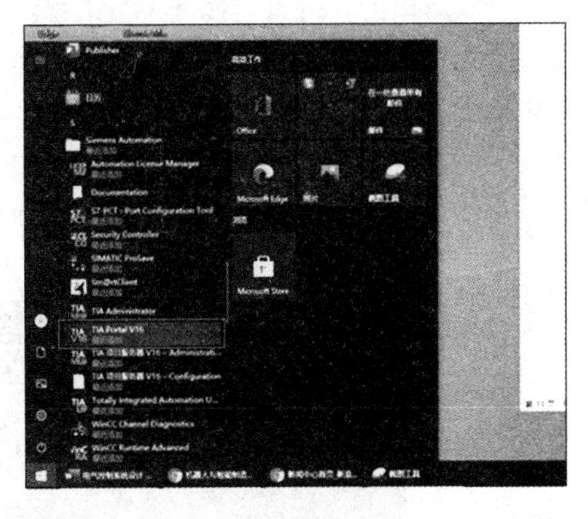

图 2-1-34　开始菜单运行 TIA Portal 文件

2. 退出 TIA Portal 软件

要退出 TIA Portal 软件，可以按以下步骤操作：

(1) 在“项目”(Project) 菜单中，选择“退出”(Exit) 命令。

(2) 该项目包含任何尚未保存的更改，则系统会询问是否保存这些更改。

①选择“是”(Yes) 保存当前项目中的更改，然后关闭 TIA Portal。

②选择“否”(No)，仅关闭 TIA Portal 而不保存项目中最近的更改。

③选择“取消” (Cancel)，取消关闭过程。如果选择此选项，则 TIA Portal 仍将保持打开。

2.1.3.3 软件界面说明

TIA Portal V16 软件提供了两种不同的工作视图：Portal 视图和项目视图，如图 2-1-35 所示，通过它们可以快速访问工具箱和各个项目组件。

Portal 视图：Portal 视图支持面向任务的组态。

项目视图：项目视图支持面向对象的组态。

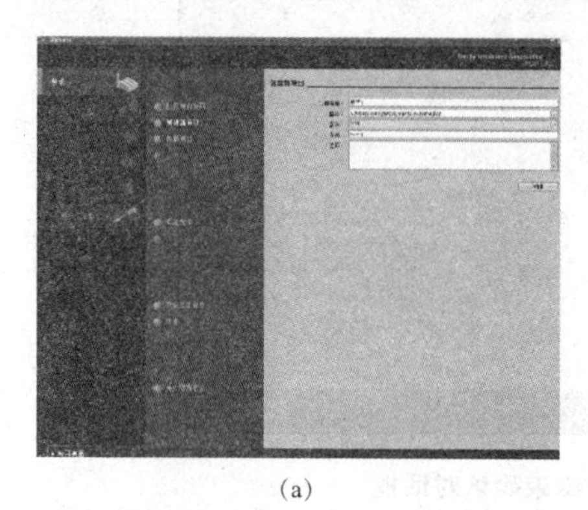

(a)

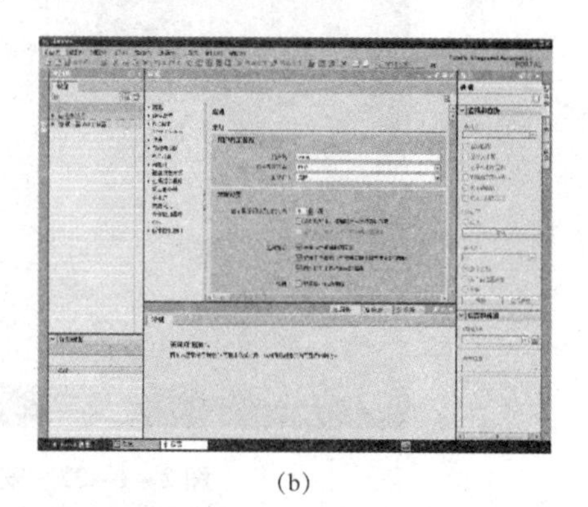

(b)

图 2-1-35 Portal 视图和项目视图

(a) Portal 视图；(b) 项目视图

用户在软件使用过程中，可以随时通过用户界面左下角的链接在 Portal 视图和项目视图之间切换。在组态期间，视图也会根据正在执行的任务类型自动切换。

如果要编辑 Portal 视图中列出的对象，应用程序会自动切换到项目视图中的相应编辑器。编辑完对象后，可以切换回 Portal 视图并继续操作下一个对象或进行下一项活动。保存项目时，无论打开了哪个视图或编辑器，始终会保存整个项目。

1. Portal 视图

Portal 视图提供面向任务的工具箱视图。使用 Porta 视图可以用图形化操作方式来浏览项目任务和数据，可通过各个 Portal 来访问处理关键任务所需的应用程序功能。Portal 视图的画面结构如图 2-1-36 所示。

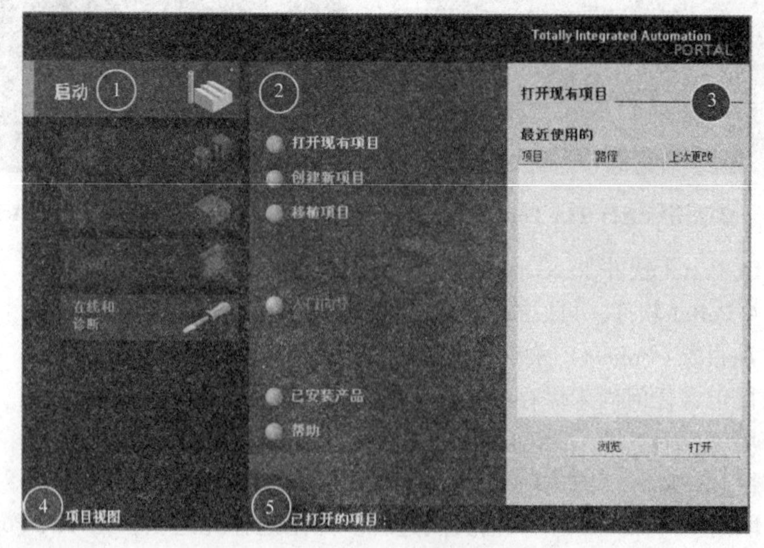

图 2-1-36 Portal 视图的画面结构

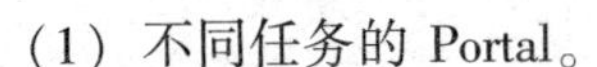

（1）不同任务的 Portal。

TIA Portal V16 软件的 Protal 视图为各个任务区提供了基本功能。在 Portal 视图中提供的 Portal 取决于所安装的产品。

（2）所选 Portal 对应的操作。

此处提供了在所选 Portal 中可使用的操作，可在每个 Portal 中调用上下文相关的帮助功能。

（3）为所选操作选择窗口。

所有 Portal 都有选择窗口，该窗口的内容取决于用户当前的选择。

（4）切换到项目视图。

可以使用“项目视图”（Project view）链接切换到项目视图。

（5）当前打开的项目的显示区域。

在此处显示了当前打开的是哪个项目。

2. 项目视图

项目视图是项目所有组件的结构化视图。项目视图中提供了各种编辑器，可以用来创建和编辑相应的项目组件。项目视图的画面结构如图 2-1-37 所示。

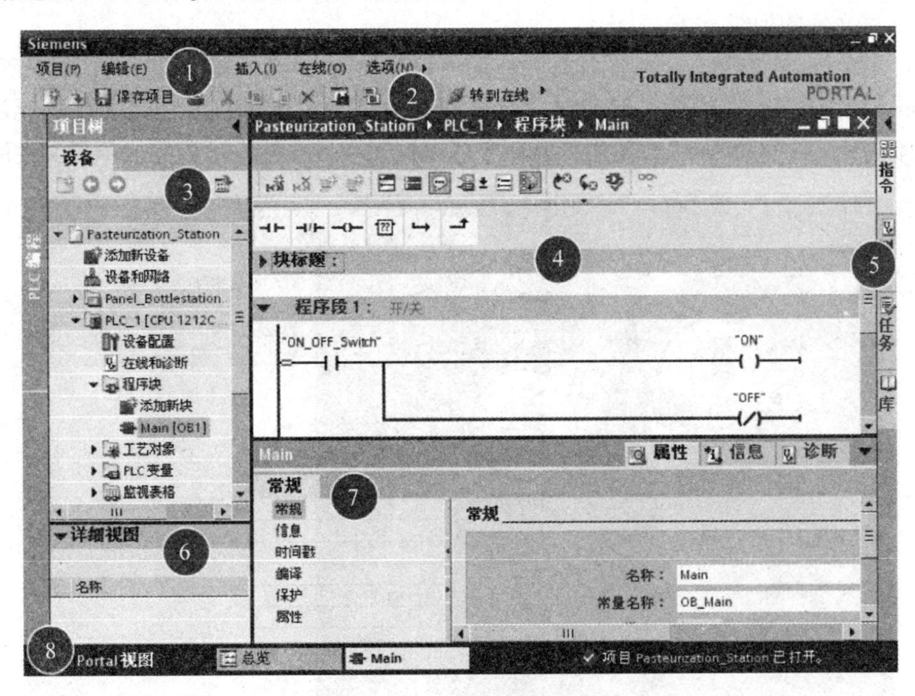

图 2-1-37　项目视图的画面结构

①菜单栏。

菜单栏包含用户编程所需的全部命令。

②工具栏。

工具栏提供了常用命令的按钮，可以通过工具栏中的常用命令实现快速访问。

③项目树。

通过项目树可以访问所有组件和项目数据。例如，可在项目树中执行以下任务：添加新组件、编辑现有组件、扫描和修改现有组件的属性等。

④工作区。

工作区内显示当前正在编辑的对象。

⑤任务卡。

可以使用的任务卡取决于所编辑或所选择的对象。在屏幕右侧的条形栏中可以找到可用的任务卡，以随时折叠和重新打开这些任务卡。

⑥详细视图。

在详细视图中显示所选对象的某些内容，其中可能包含文本列表或变量。

⑦巡视窗口。

在巡视窗口中显示有关所选对象或所执行动作的附加信息。

⑧Portal 视图。

可以使用“Portal 视图”链接切换到 Portal 视图。

备注：

可以使用组合键“<Ctrl> +1 ~5”打开和关闭项目视图的各个窗口。在 TIA Portal 的帮助文件中，可以找到关于所有组合键的详细说明。

2.1.3.4 项目文件的加载和中文语言环境设置

1. 项目文件的加载

使用 TIA Portal 的 Portal 视图加载相应的项目，如图 2-1-38 ~ 图 2-1-40 所示。首先在 Portal 视图单击“浏览”，然后在“打开现有项目”对话框打开项目文件的存储路径，最后选择项目文件“练习 1”，使用打开命令可以打开项目文件，可以完成项目文件的加载。

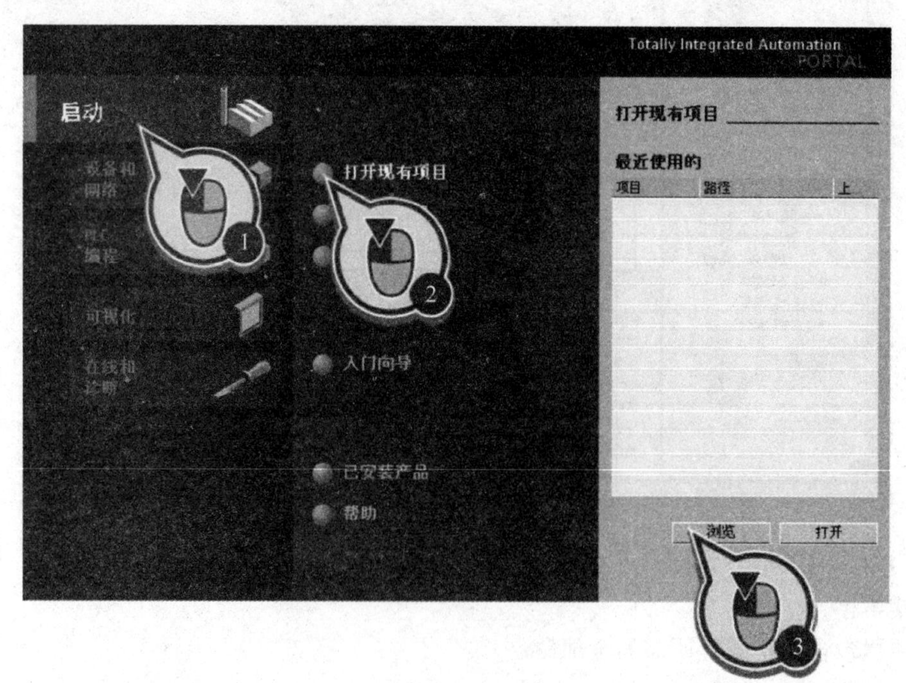

图 2-1-38　打开现有项目视图

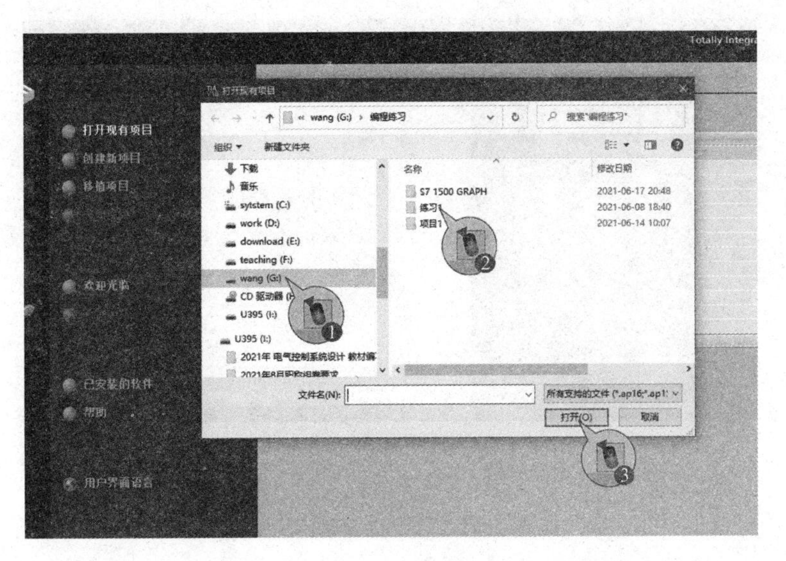

图 2-1-39　打开项目文件（1）

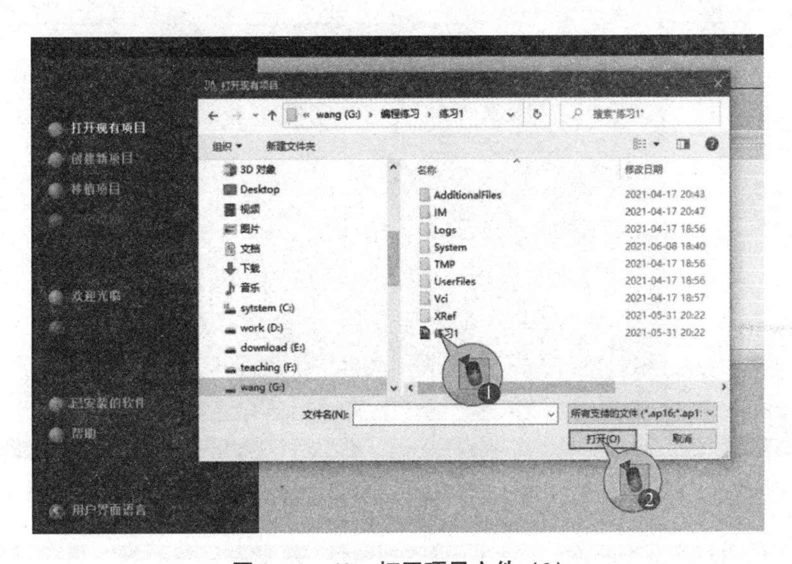

图 2-1-40　打开项目文件（2）

2. 中文语言环境的设置

TIA Portal 软件的中文语言环境设置分为软件界面语言、项目文本语言设置两类，下面分别介绍两种情况语言设置的方法。

1）软件界面语言设备

TIA Portal 软件安装后可以依据需要设置软件界面的语言环境，具体方法如下：

第一步，运行 TIA Portal 软件，在 Portal 视图按前述方法打开项目文件后，再打开项目视图，如图 2-1-41 所示。

第二步，在打开的项目视图中，首先打开“选项”菜单，然后打开“设置”窗口，如图 2-1-42 所示。

第三步，在设置窗口，首先选中“常规”设置项，然后在用户语言设置项可以按照需要设置软件界面的语言环境，如图 2-1-43 所示。

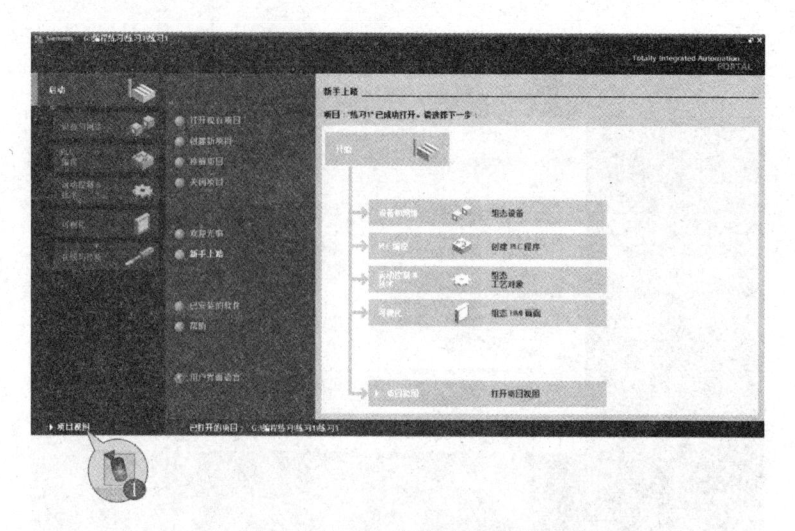

图 2-1-41　打开项目视图

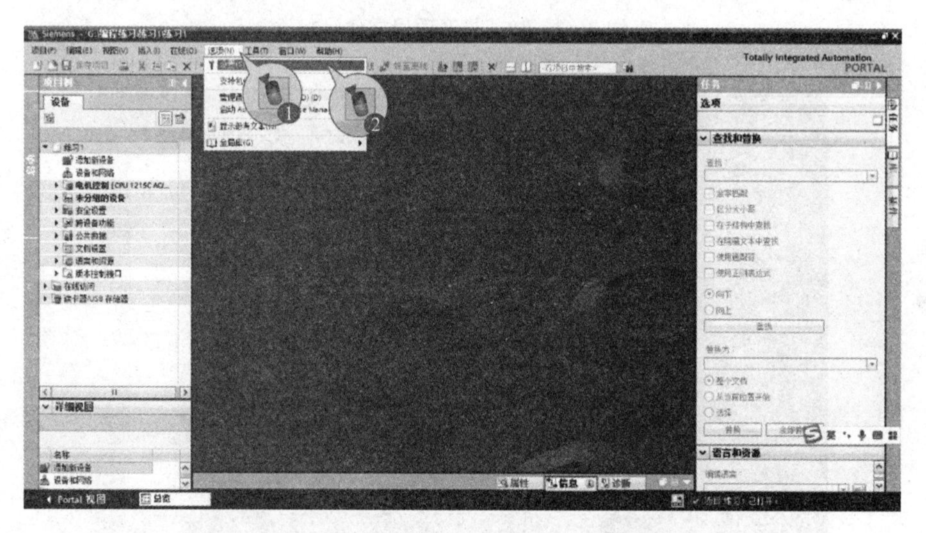

图 2-1-42　打开设置窗口

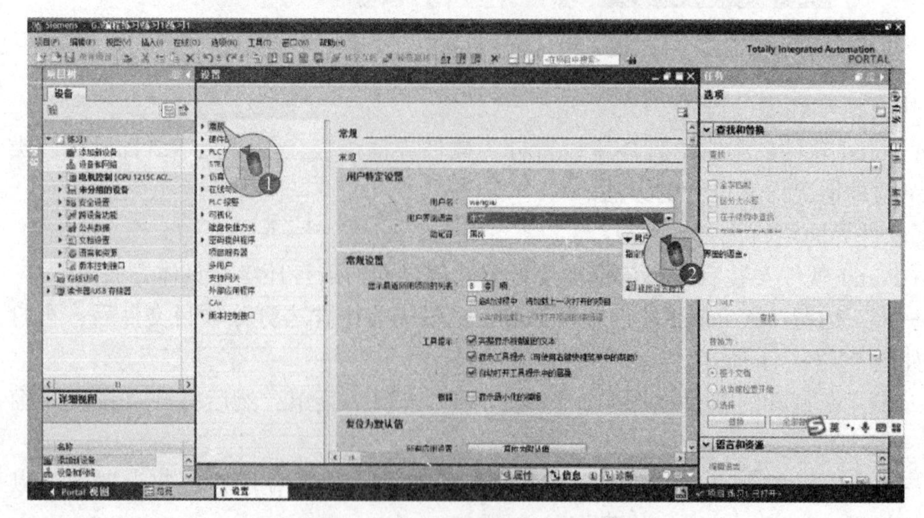

图 2-1-43　设置软件界面语言

2）项目文本语言设置

第一步，在打开的项目视图中，首先单击“工具”菜单，然后打开项目语言设置窗口，如图 2-1-44 所示。

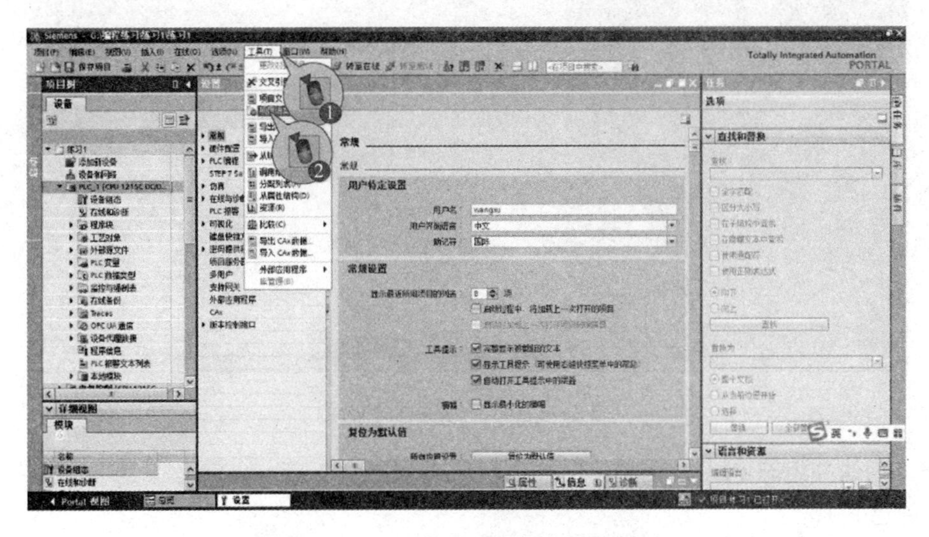

图 2-1-44 打开项目语言设置窗口

第二步，在打开的项目语言设置窗口可以选择所需要的项目文本语言，如图 2-1-45 所示。

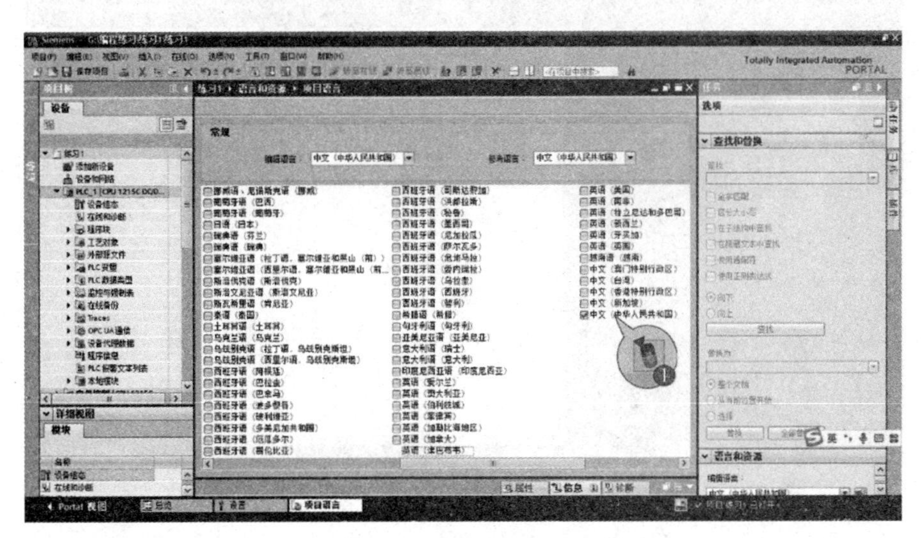

图 2-1-45 项目文本语言设置

2.1.3.5 创建项目文件

启动 TIA Portal 软件后，创建项目文件如图 2-1-46 所示。

第一步，在 Portal 视图单击创建新项目，打开创建新项目窗口。

第二步，在创建新项目窗口，选择项目存储路径。

第三步，在项目名称处输入新的项目名称“测试程序”。

第四步，最后单击“创建”完成项目文件建立。

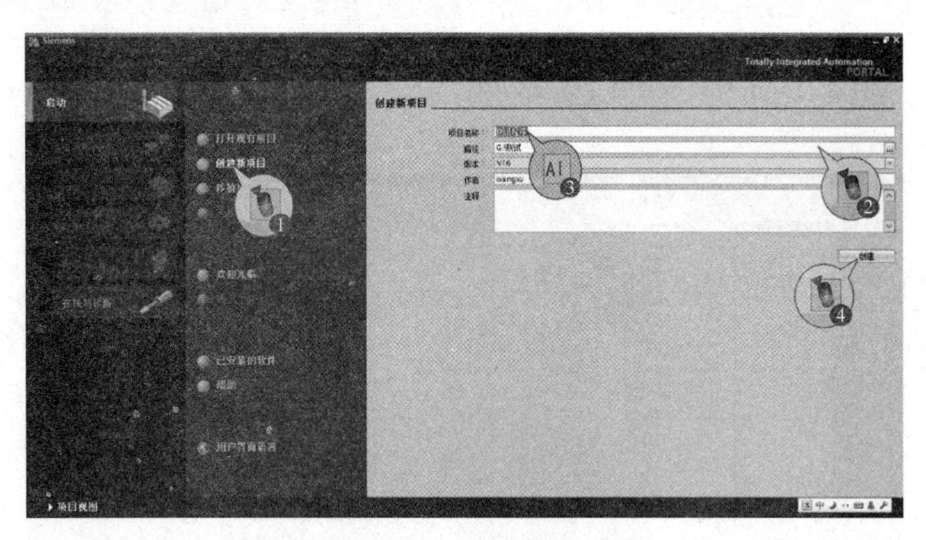

图 2-1-46　创建项目文件

2.1.3.6　创建并组态 PLC

1. 创建 PLC

第一步，创建完成项目文件后，在 Portal 视图单击“设备与网络”，然后单击添加新设备，打开添加新设备窗口，如图 2-1-47 所示。

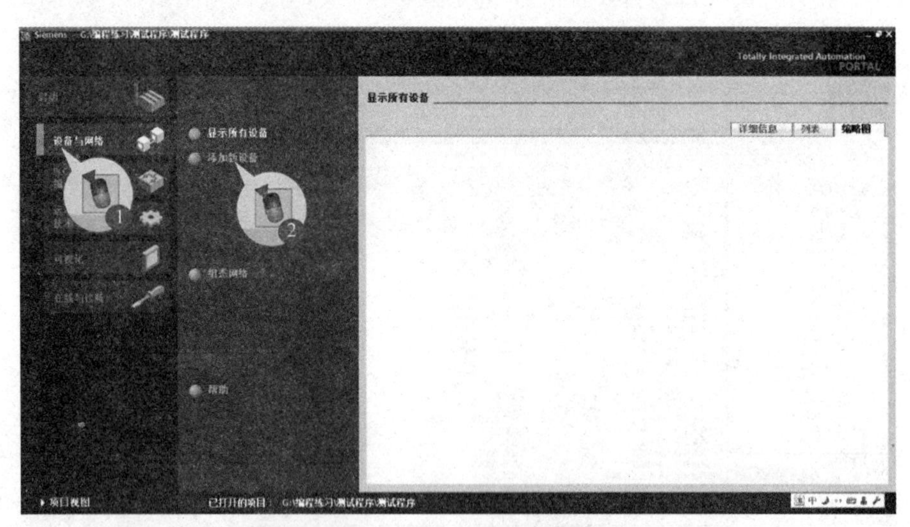

图 2-1-47　打开添加新设备窗口

第二步，在打开的添加新设备窗口，以添加 S7-1200 PLC 为例，在添加新设备窗口单击“控制器”，在右侧的控制器选择窗口选中“S7-1200 PLC”，然后按照实际需要选中 PLC，如图 2-1-48 所示。

注意：在项目中创建的 PLC 类型必须与实际使用的硬件模块的型号与规格相一致。

第三步，如图 2-1-49 所示，单击“添加”按钮，完成 PLC 设备的添加。此时打开如图 2-1-50 所示“显示所有设备”窗口，此时在窗口中会显示所有添加的设备。可以单击 Portal 视图左下角“项目视图”或双击“显示所有设备窗口”中的“PLC_1”可以在“设备和网络”视图中“设备视图”选项窗口中打开该 PLC，如图 2-1-51 所示。

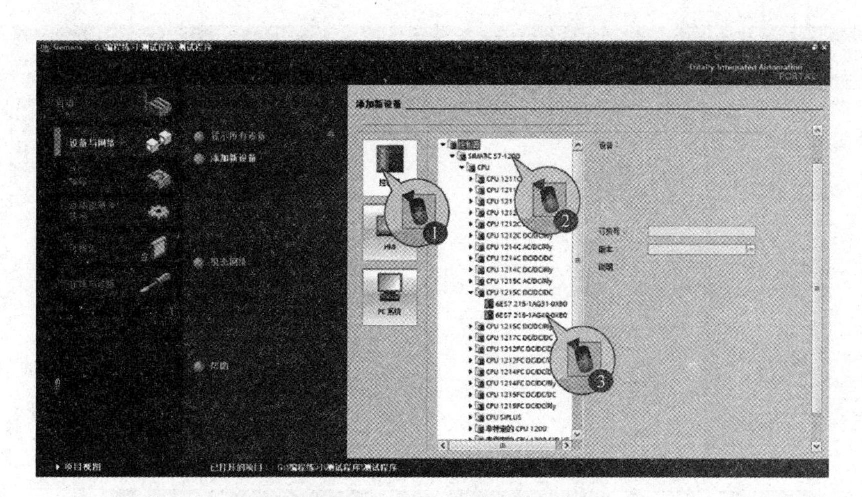

图 2-1-48　打开添加新设备窗口

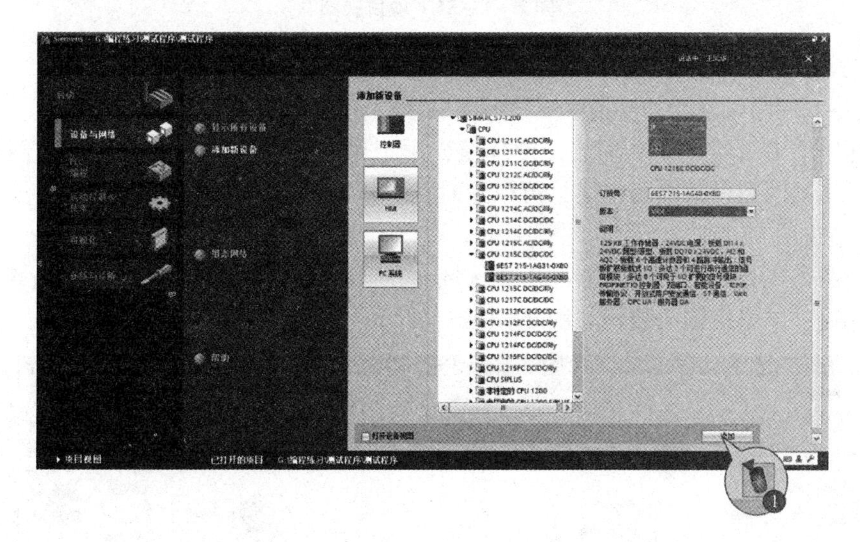

图 2-1-49　确认完成 PLC 设备添加

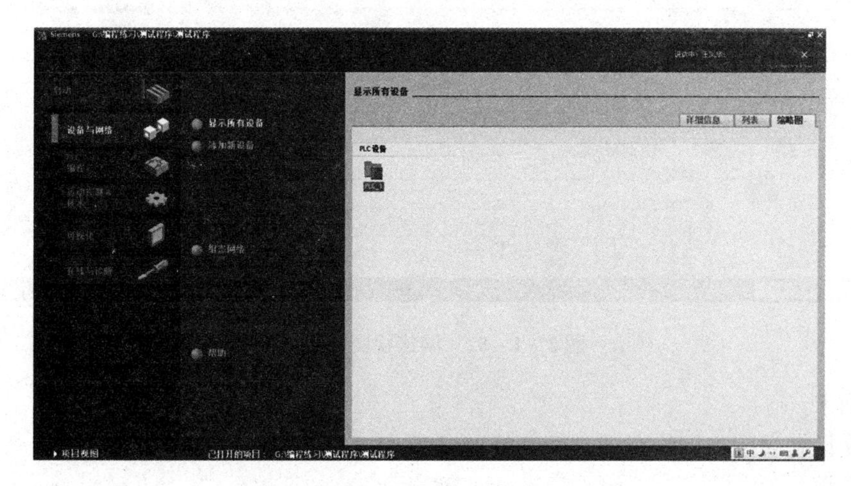

图 2-1-50　“显示所有设备”窗口

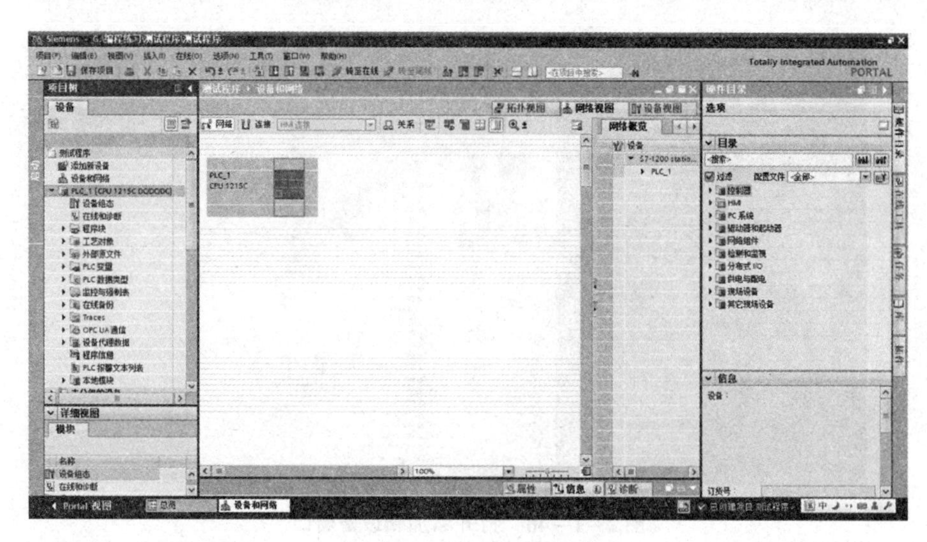

图 2-1-51　项目视图

2. 设备和网络编辑器说明

1）设备和网络编辑器的功能

设备和网络编辑器是一个集成开发环境，用于对设备和模块进行配置、联网和参数分配。它由网络视图和设备视图组成，可以随时在这两个编辑器之间进行切换。

2）网络视图

网络视图是设备和网络编辑器的工作区域，在该区域内可以配置和分配设备参数或实现设备相互连接。网络视图的结构如图 2-1-52 所示。

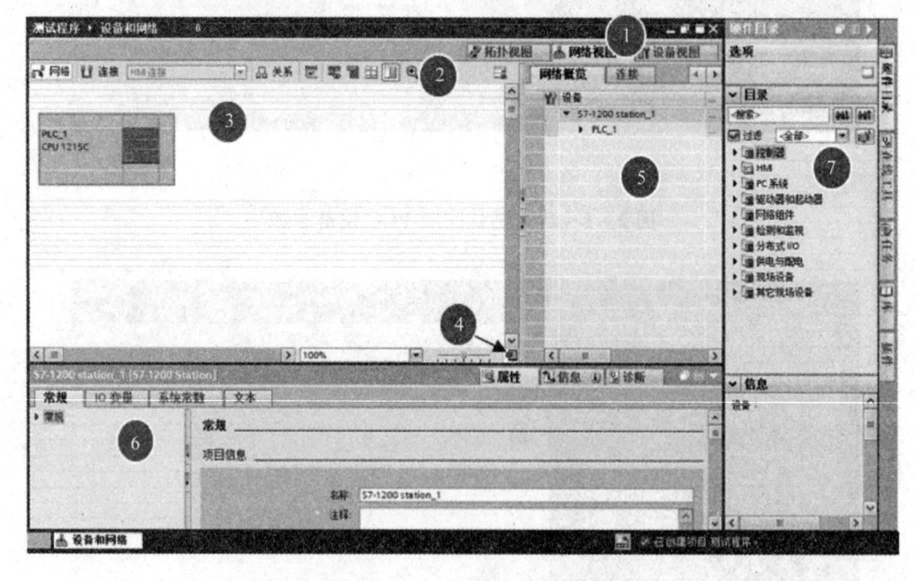

图 2-1-52　网络视图的结构

①选项卡。

用于在设备视图与网络视图之间切换的选项卡。

②工具栏。

工具栏中包括用于图形化设备联网、组态连接以及显示地址信息的工具。使用缩放功能可以更改图形区域中的显示。

③图形区域。

图形区域显示与网络相关的设备、网络、连接和关系。在图形区域中，可以插入硬件目录中的设备，并可通过可用接口将这些设备互连。

④总览导航。

总览导航提供图形区域中所创建对象的概览。按住鼠标按钮，可以快速导航到所需的对象并在图形区域中显示它们。

⑤表格区域。

表格区域概要说明正在使用的设备、连接以及通信连接。

⑥巡视窗口。

巡视窗口显示当前所选对象的信息，可以在巡视窗口的“属性”选项卡中编辑所选对象的设置。

⑦“硬件目录”任务卡。

使用“硬件目录”任务卡可以轻松访问各种硬件组件。将自动化任务所需的设备和模块从硬件目录拖到网络视图的图形区域。

3）设备视图

设备视图是设备和网络编辑器的工作区域，在该区域内可以配置和分配设备参数或配置和分配模块参数。设备视图的结构如图 2－1－53 所示。

图 2－1－53　设备视图的结构

①选项卡。

用于在设备视图与网络视图之间切换的选项卡。

②工具栏。

可以使用工具栏在各种设备之间切换以及显示和隐藏某些信息。使用缩放功能可以更改图形区域中的显示。

③图形区域。

设备视图的图形区域显示设备与相关模块，它们彼此间通过一个或多个机架来分配给对方。在图形区域中，可以将其他硬件对象从硬件目录拖到机架的插槽中并对它们进行配置。

④总览导航。

总览导航提供图形区域中所创建对象的概览。按住鼠标按钮，可以快速导航到所需的对象并在图形区域中显示它们。

⑤表格区域。

表格区域提供了所用模块以及最重要的技术数据和组织数据的概览。

⑥巡视窗口。

巡视窗口显示当前所选对象的信息，可以在巡视窗口的“属性”选项卡中编辑所选对象的设置。

⑦“硬件目录”任务卡。

使用“硬件目录”任务卡可以轻松访问各种硬件组件，将自动化任务所需的设备和模块从硬件目录拖到设备视图的图形区域。

3. 组态 PLC 的网络地址

完成 PLC 创建后可以按下面的设置组态 PLC 的网络地址。

第一步，在图形视图中选择 PROFINET 接口并双击。PROFINET 接口的属性会显示在巡视窗口中，如图 2－1－54 所示。

第二步，选中巡视窗口的“常规”选项。

第三步，在巡视窗口的“以太网地址”下面，输入 PLC 的 IP 地址，例如 192.168.1.100。

第四步，单击工具栏上的“保存项目”图标保存项目。

第五步，关闭设备和网络编辑器。

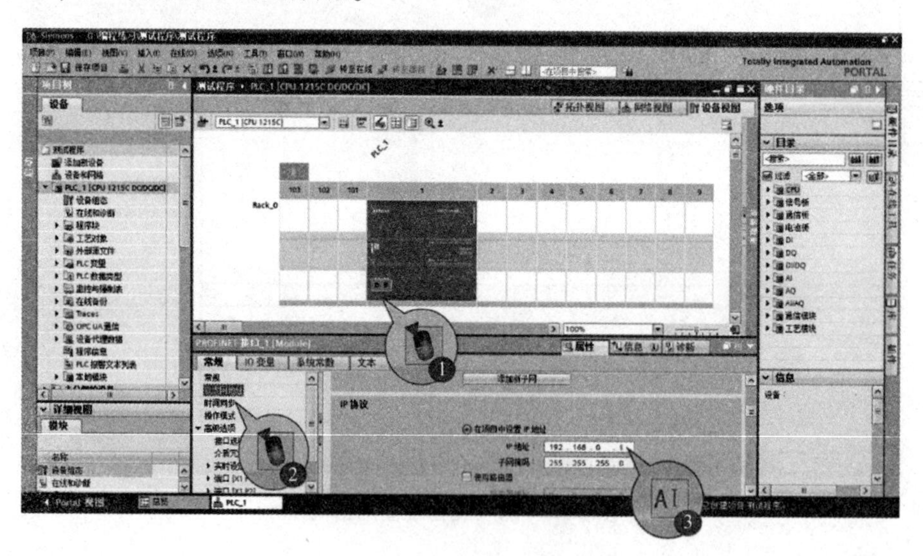

图 2－1－54　设备视图的结构

2.1.3.7　创建梯形图程序

创建并组态 PLC 后，在项目中会自动创建循环组织块“Main［OB1］”，即主程序。如果需要编写梯形程序，需要在程序编辑器中打开相应的程序块。如果是简单的控制程序可以直接在循环组织块“Main［OB1］”中编写程序。如果是复杂控制程序，可以依据需要生成多个程序代码块，并编写相应的程序。PLC 梯形图的编写都需要在程序编辑器中完成，程序

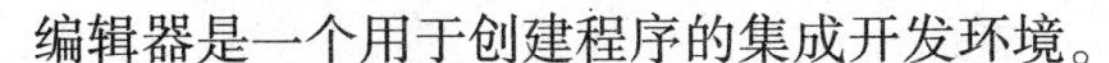

编辑器是一个用于创建程序的集成开发环境。

1. 程序编辑器简介

（1）程序编辑器的功能可以使用程序编辑器创建程序包含的块。程序编辑器由若干区域组成，可根据不同功能对各种编程任务的执行提供支持。

（2）程序编程器的结构。

程序编辑器的结构如图 2－1－55 所示。

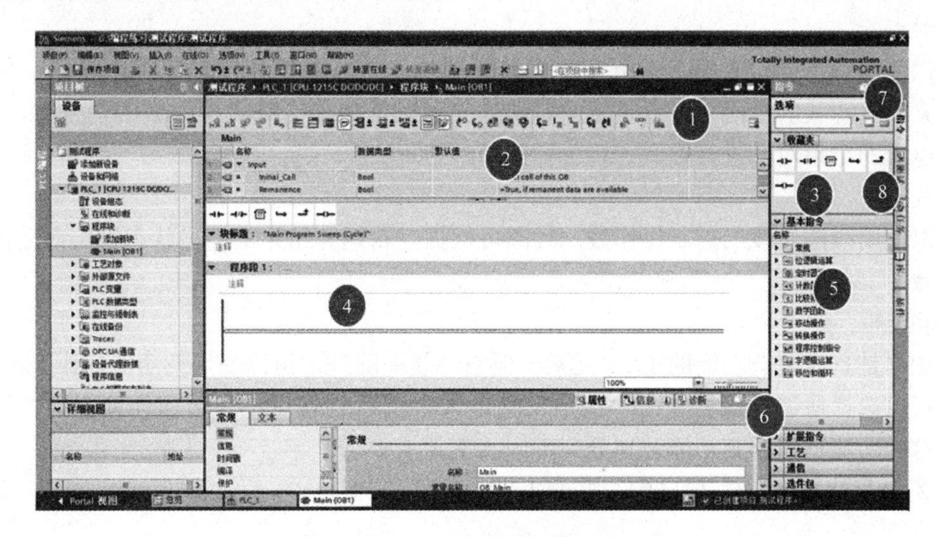

图 2－1－55　程序编辑器的结构

①工具栏。

使用工具栏可以访问程序编辑器的主要功能，例如插入、删除、打开和关闭程序段；显示和隐藏绝对操作数；显示和隐藏程序段注释；显示和隐藏收藏夹；显示和隐藏程序状态。

②块接口。

通过块接口可以创建和管理局部变量。

③“指令”任务卡中的“收藏夹”窗格和程序编辑器中的收藏夹。

通过收藏夹可以快速访问常用的指令，可单独扩展“收藏夹”窗格以包含更多指令。

④指令窗口。

指令窗口是程序编辑器的工作区，可在其中执行以下任务：创建和管理程序段；输入块和程序段的标题与注释；插入指令并为指令提供变量。

⑤“指令”任务卡中的“指令”窗格。

⑥“指令”任务卡中的“扩展指令”窗格。

⑦“指令”任务卡。

“指令”任务卡包含用于创建程序内容的指令。

⑧“测试”任务卡。

在“测试”任务卡中，可以通过程序状态对故障排除设置。

2. LAD 梯形图编程语言的程序段

可以使用不同编程语言创建组织块的程序。对于下面的实例，将使用 LAD 梯形图编程语言编写组织块“Main［OB1］”中的程序。

（1）LAD 梯形图编程语言使用基于电路图的表示法，即块中的每个 LAD 程序被分为若干程序段，每个程序段包含一根电源线和至少一个梯级。

(2) 通过添加其他梯级可扩展程序段。可以使用分支在特定梯级中创建并联结构。梯级和程序段按照从上到下、从左到右的顺序执行。

(3) LAD 指令。

可以使用用户界面的“指令”任务卡中提供的 LAD 指令创建用户程序。LAD 梯形图指令有三种不同的类型：

①触点。

可以使用触点创建或中断两个元素之间的载流连接。在这种情况下，元素可以是 LAD 程序元素或电源线的边沿。电流从左向右传递，可以使用触点查询操作数的信号状态或值，并根据电流的结果对其进行控制。

②线圈。

可以使用线圈修改二进制操作数。线圈可根据逻辑运算结果的信号状态置位或复位二进制操作数。

③功能框。

功能框是具有复杂功能的 LAD 元素，但空功能框除外。可以使用空功能框作为占位符，在其中可以选择所需的运算。在“指令”任务卡中可找到触点、线圈和各种不同功能的功能框，这些功能框根据其功能被划分到不同的文件夹中。

图 2-1-56 所示为一段已编写好的 LAD 程序段实例。

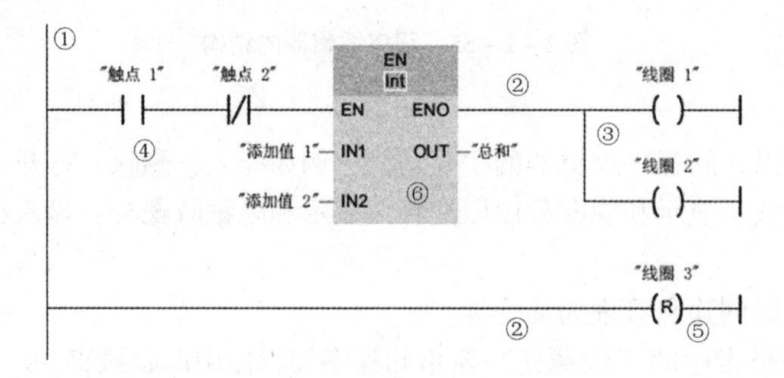

图 2-1-56　LAD 梯形图程序段实例

①—电源线；②—梯级；③—分支；④—触点；⑤—线圈；⑥—功能框

在使用 TIA Protal 软件编写 S7-1200 PLC 程序时，最好为每一个 LAD 指令进行变量标注，同时变量名最好是具有实际意义的变量名，这样可以方便程序的阅读，提高程序的可读性。

3. 指令地址显示方式的切换

每一条都要对应一个实际的 PLC 地址，这个 PLC 的地址在 TIA Protal 软件中有三种显示方式分别是“符号”显示、“符号和绝对地址”显示和“绝对地址”显示。

如果需要切换 PLC 变量地址的显示方式可以按下面的方法实现：

第一步，变量地址的显示方式切换方法如图 2-1-57 所示，在工具栏中选中“绝对/符号操作数”按钮。

第二步，切换显示方式为“符号”显示，如图 2-1-58 所示。激活变量的符号表示形式后，程序段中将不显示变量地址。

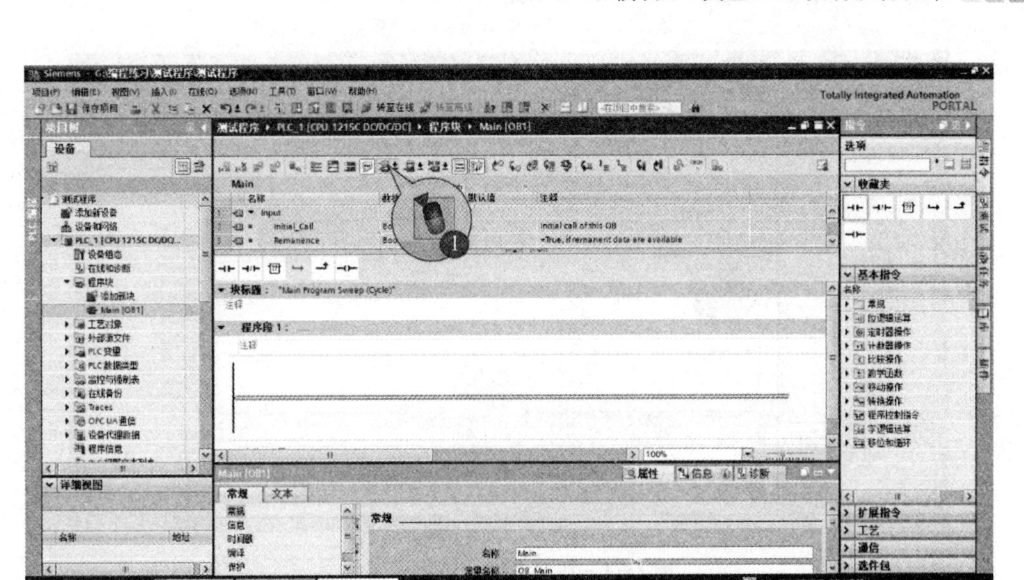

图 2－1－57　选中“绝对/符号操作数”按钮

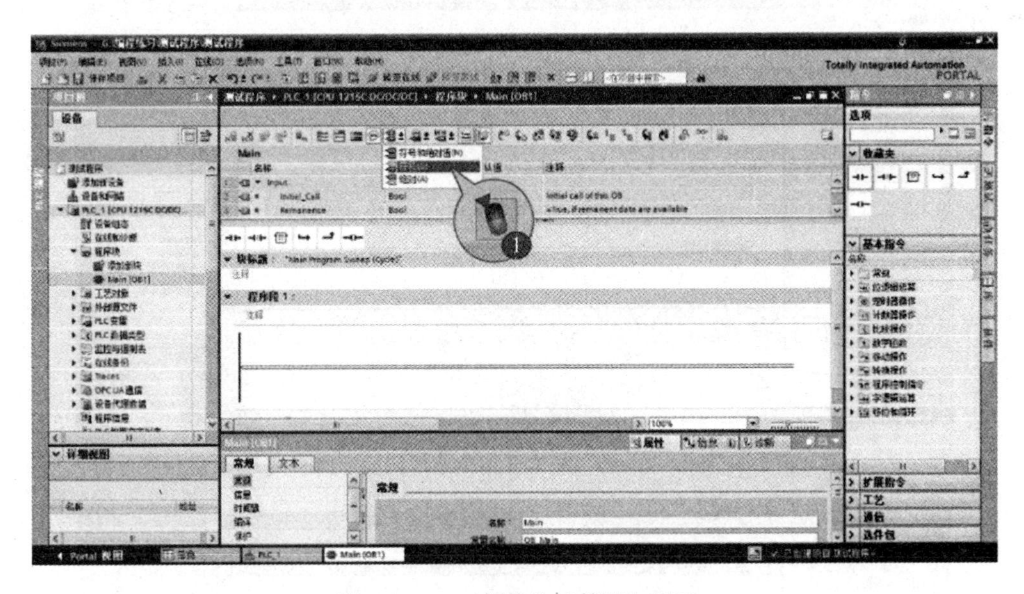

图 2－1－58　切换为“符号”显示

4. 创建 LAD 梯形图程序

需要创建 LAD 梯形图程序时，可以分别使用收藏夹中收藏的常用指令或指令任务卡中的指令树。输入指令的具体方法如下面的实例所示。

（1）使用收藏夹中的常用指令输入常开触点。

如图 2－1－59 所示，首先选中需要输入指令的程序段，然后选中收藏夹中需要输入的常用指令并单击指令。可以将相应的指令添加到指定程序段中，如图 2－1－60 所示。

（2）使用指令任务卡中的指令列表输入线圈指令。

如图 2－1－61 所示，首先在指令任务卡的指令树中选中需要“输入线圈”指令，按住鼠标左键不放，拖曳到需要添加指令的程序段上，松开鼠标左键可以完成指令的输入。

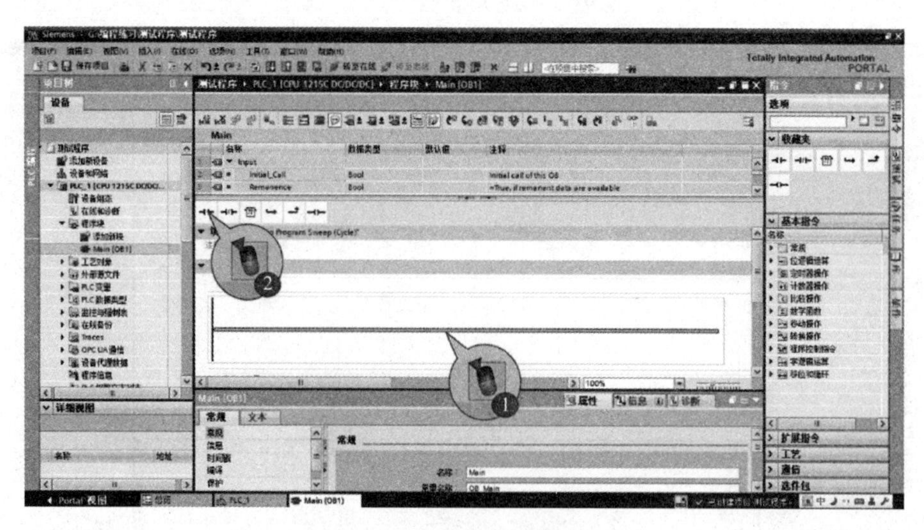

图 2－1－59　选中程序段和指令

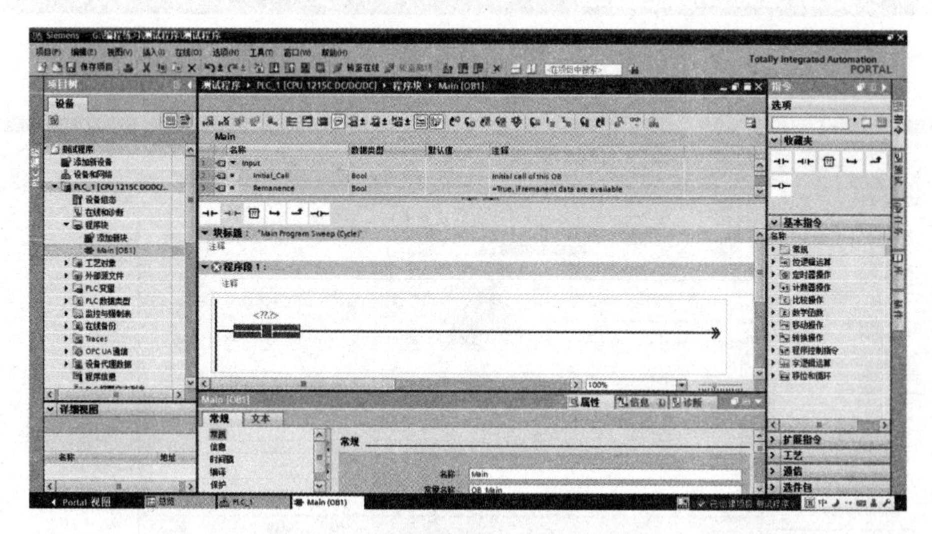

图 2－1－60　将常开指令添加到程序段

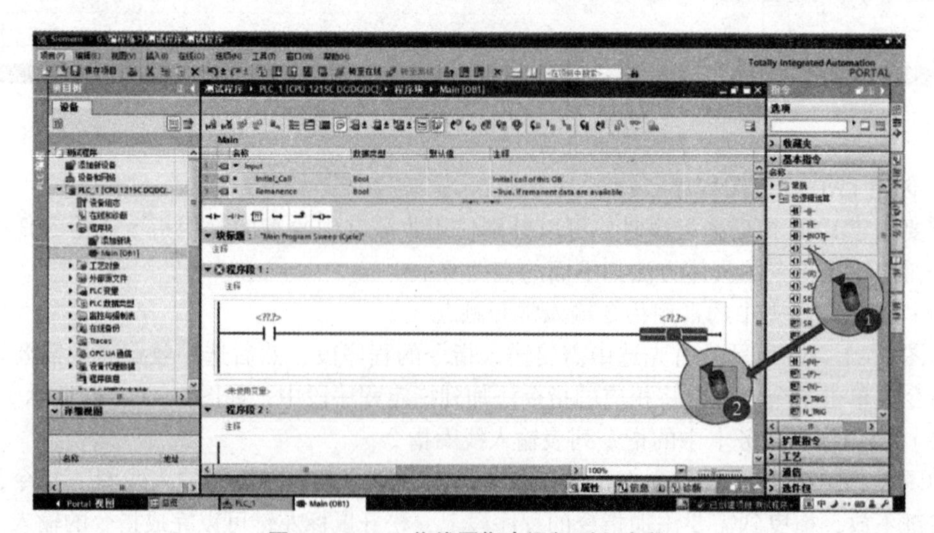

图 2－1－61　将线圈指令添加到程序段

（3）插入分支指令。

当编写较复杂 PLC 梯形图程序时经常会使用分支指令，下面开始介绍分支指令的使用方法。

第一步，首先选中需要插入分支指令的程序段，然后选中收藏夹中的“打开分支指令”并单击，可以将分支指令插入程序段，如图 2－1－62 所示。

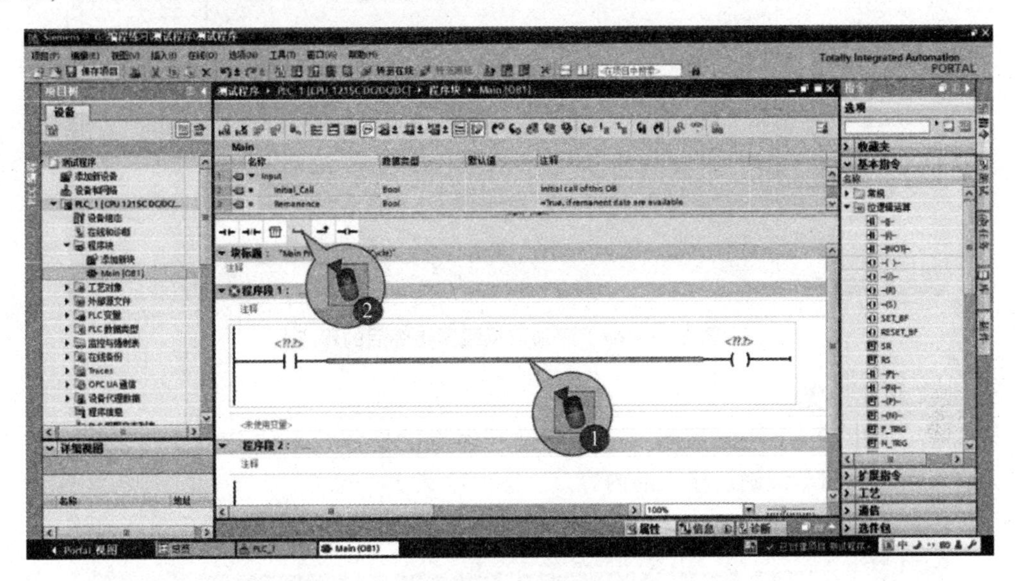

图 2－1－62　添加分支指令

第二步，如图 2－1－63 所示，在指令任务卡的指令树中选中需要“取反线圈”指令，按住鼠标左键不放，拖曳到需要添加指令的程序段上，松开鼠标左键可以完成指令的输入。添加完成指令后如图 2－1－64 所示。

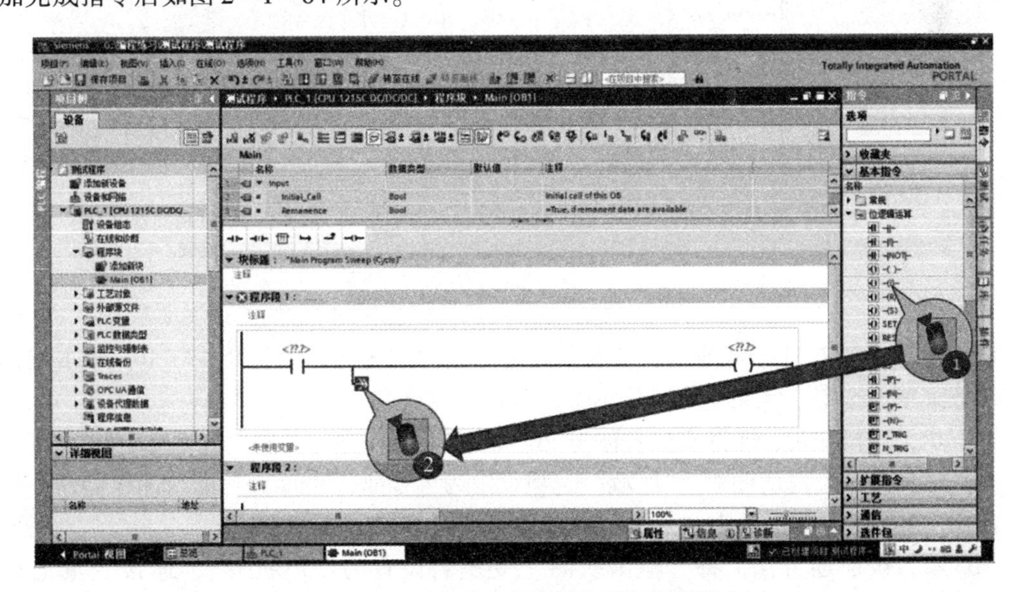

图 2－1－63　在分支指令插入取反线圈指令

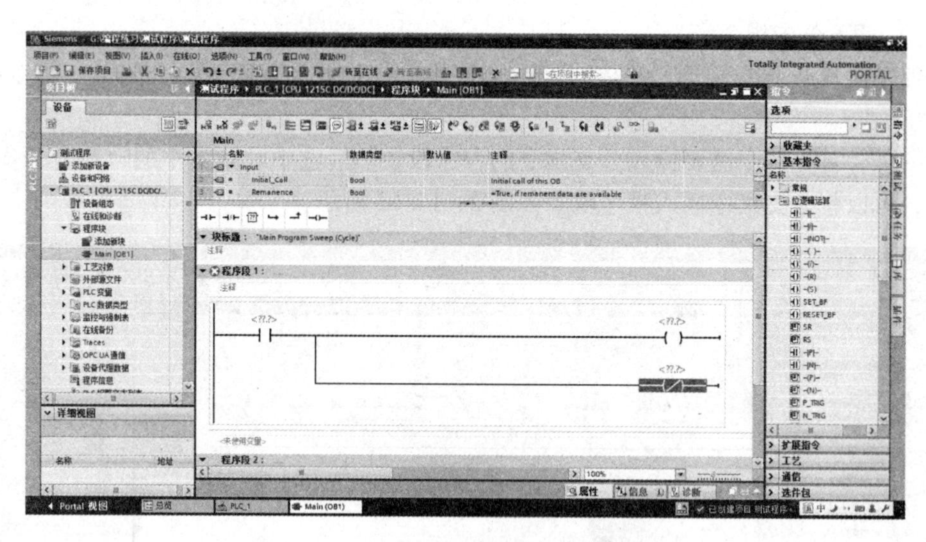

图 2-1-64　添加取反线圈指令后的程序

5. 定义和连接变量

第一步，如图 2-1-65 所示，首先在常开触点的操作数占位符中输入名称“控制开关”，输入完成后回车键确认输入的内容。

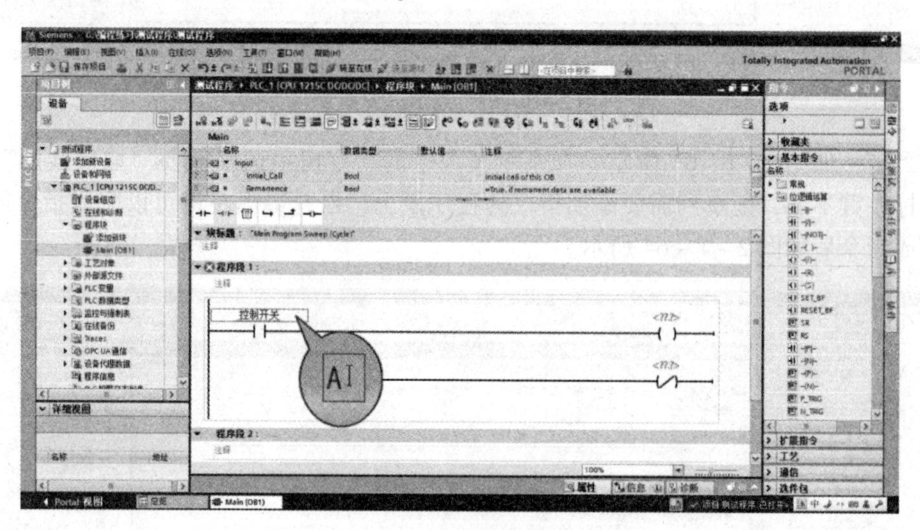

图 2-1-65　常开触点输入名称

第二步，如图 2-1-66 所示，首先鼠标指针移动到名称“控制开关”上，单击鼠标右键在快捷菜单中选中“定义变量”后单击，打开“定义变量”对话框。

第三步，连接变量，即将变量名称与 PLC 的实际地址进行关联。如图 2-1-67 所示，首先在“定义变量”对话框中，“区域”选项设定为“Global Memory”即内部存储器，然后地址使用“M0.0”，最后单击“定义”完成连接变量工作。

第四步，按前述方法，将“输出线圈”变量名设置为“电机开”，连接变量地址为 M0.1；将“取反线圈”变量名设置为“电机关”，连接变量地址为 M0.2。完成变量定义和连接的程序段如图 2-1-68 所示。

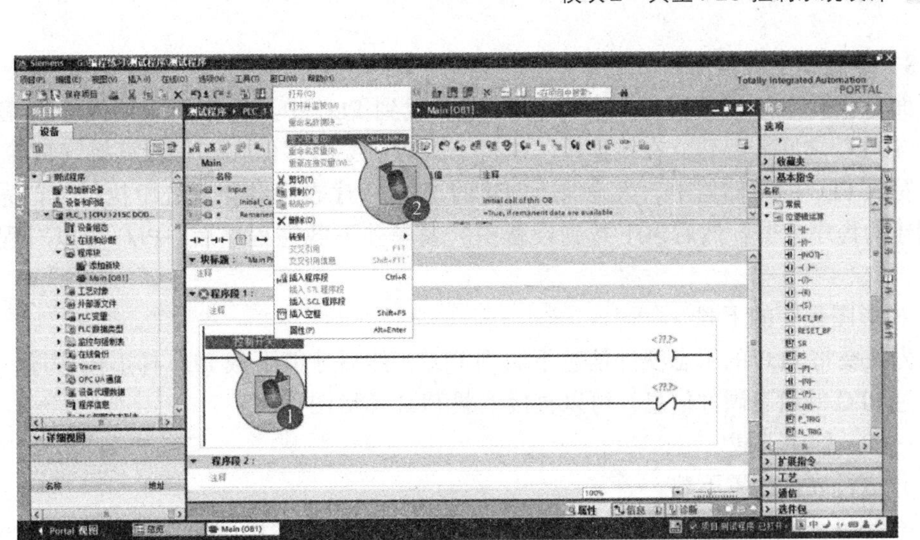

图2-1-66 常开触点输入名称

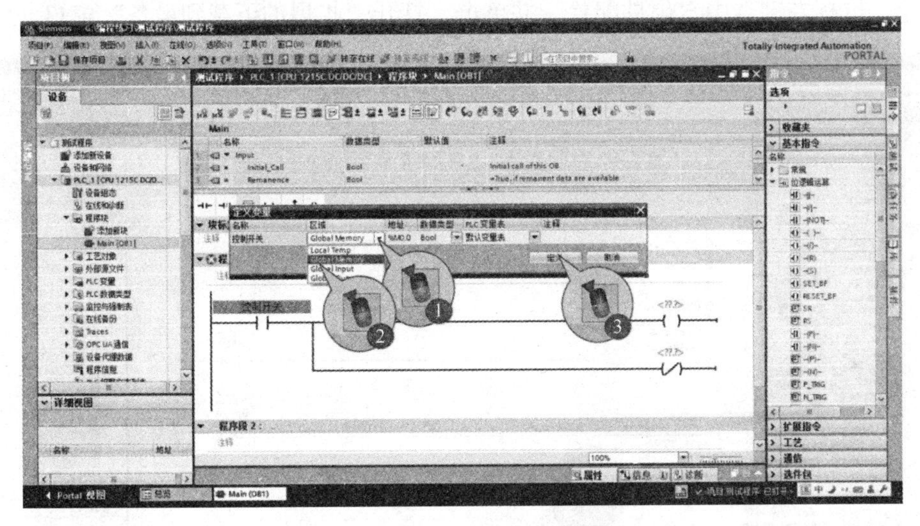

图2-1-67 常开触点连接变量

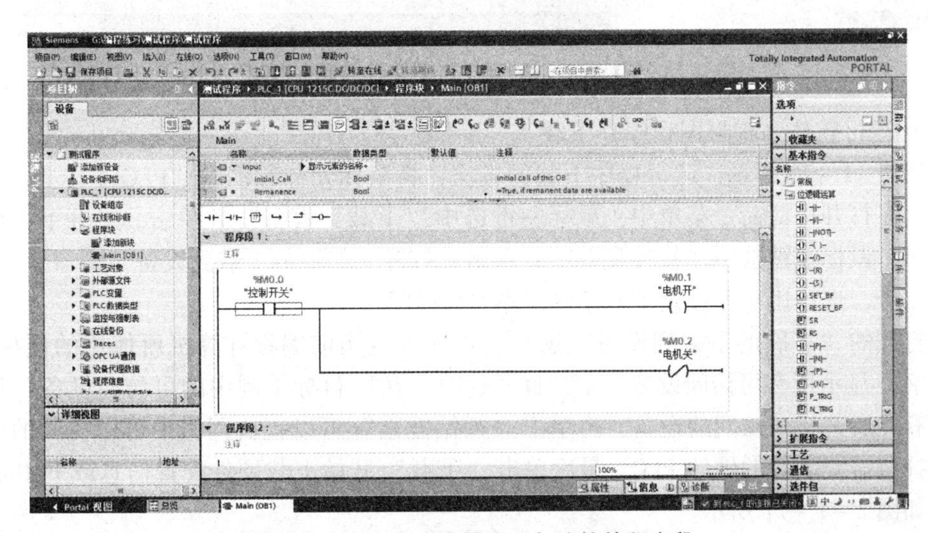

图2-1-68 完成变量定义与连接的程序段

2.1.3.8　下载和上载程序

下面来分析如何将编写好的梯形图程序下载到 PLC 中。程序下载期间，在编程计算（PC）与 PLC 之间需要建立在线连接。执行下载时，会将存储在编程计算机（PC）硬盘中的程序写入 PLC 的存储器中。为确保所创建的 PLC 程序在自动化系统中执行，首先需编译离线创建的程序数据，然后再下载到设备中。编译并下载完程序后，PLC 可以对程序进行处理。

1. 梯形图程序的下载

首先需要将 PLC 的组态硬件信息下载到 PLC，然后才能下载 PLC 梯形图程序。如果已经下载过 PLC 的组态硬件信息，可以直接下载 PLC 梯形图程序。

第一步，程序下载。

（1）运行硬件配置下载。

如图 2－1－69 所示，运行程序下载的方法，将鼠标光标移动到“PLC_1”上，单击鼠标右键。在打开快捷命令菜单中，鼠标左键选中“下载到设备”并单击，打开下一级快捷命令菜单，鼠标左键选中“硬件配置”并单击，打开“扩展的下载到设备”窗口。

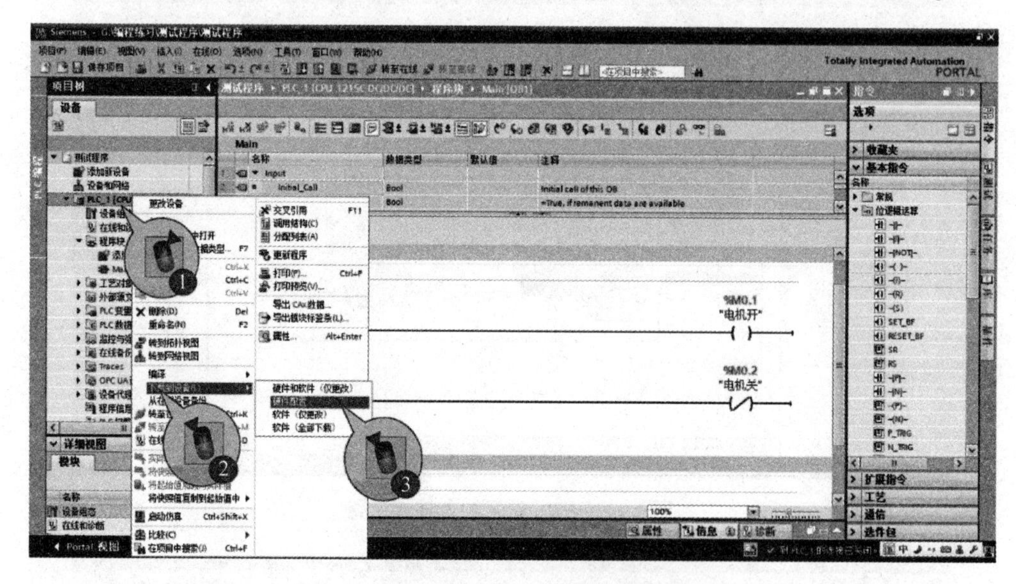

图 2－1－69　执行 PLC 硬件配置信息下载

（2）运行软件（梯形图程序）下载。

如图 2－1－70 所示，运行程序下载的方法，将鼠标光标移动到“PLC_1”上，单击鼠标右键。在打开快捷命令菜单中，鼠标左键选中“下载到设备”并单击，打开下一级快捷命令菜单，鼠标左键选中“硬件配置”并单击，打开“扩展的下载到设备”窗口。

第二步，选择用于连接设备的接口，并下载程序。

在打开的“扩展的下载到设备”窗口，首先设定当前编程计算机所使用的硬件网卡，然后激活“显示所有可访问设备”复选框。这时，在“目标子网中的可访问设备”窗格会显示所有经所选接口访问的设备，再单击“开始搜索”可以查找网络中可以访问的所有设备，选择所需要下载的硬件 PLC，最后单击“下载”开始下载硬件配置信息或 PLC 梯形图程序，如图 2－1－71 所示。

注意：编程计算机的本地网络IP地址需要与准备连接的硬件PLC网络IP地址在同一网段。如果不清楚准备连接的硬件PLC网络IP地址，本地计算机网络IP地址也可以设定为自动获取。

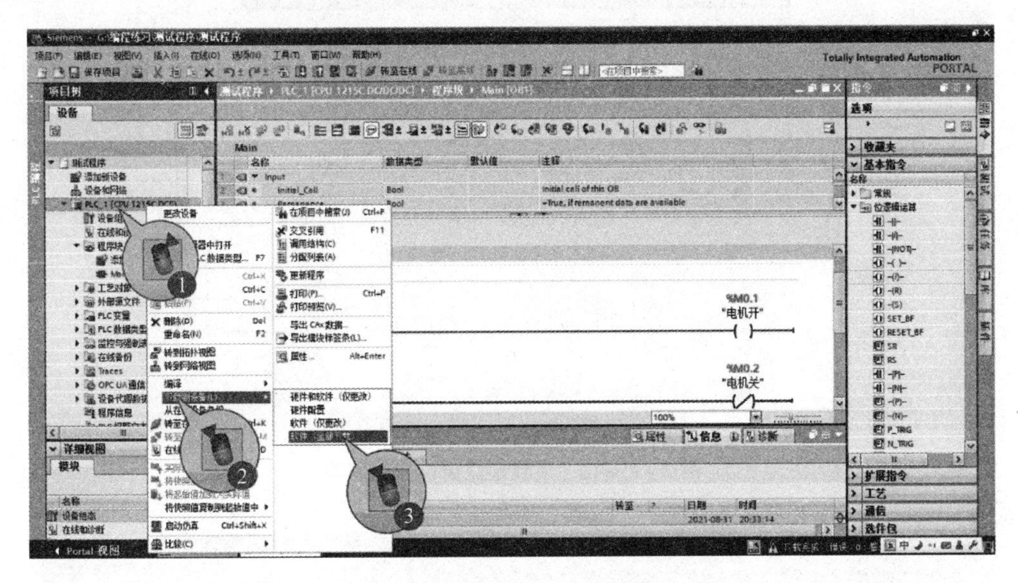

图2－1－70　执行PLC梯形图程序下载

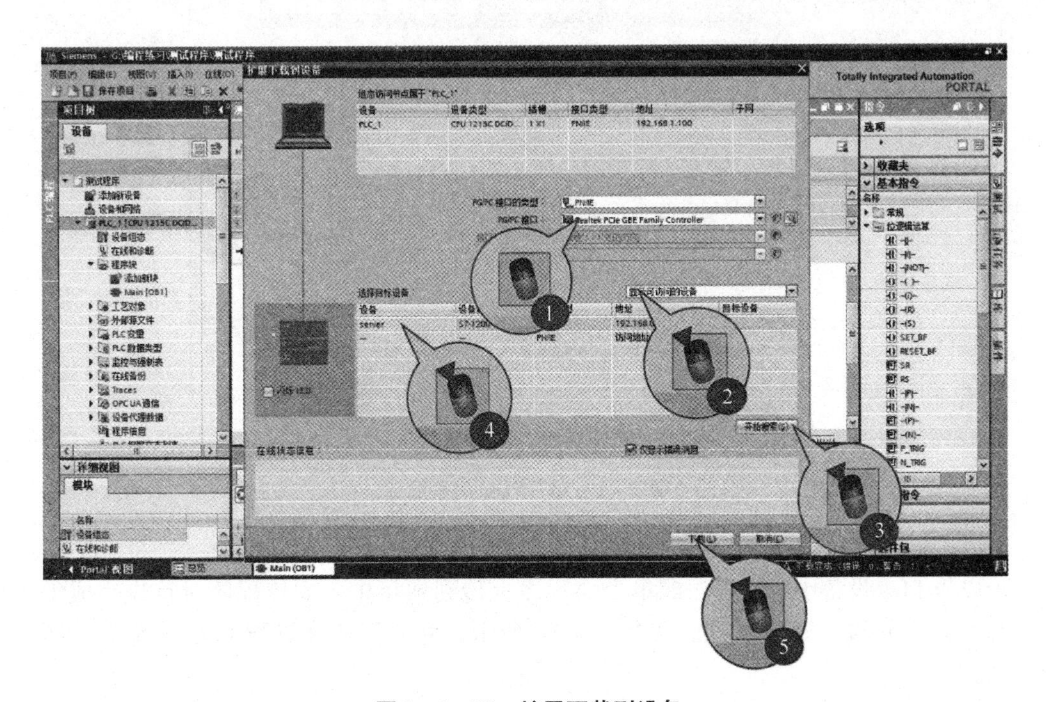

图2－1－71　扩展下载到设备

在打开的下载预览窗口，单击“装载”，开始PLC硬件配置信息或PLC梯形图程序的下载，如图2－1－72所示。

程序下载完成后如图2－1－73所示，可以在打开的“下载结果”窗口中设置“启动模块”或“无动作”两种方式，设置是否启动PLC模块。

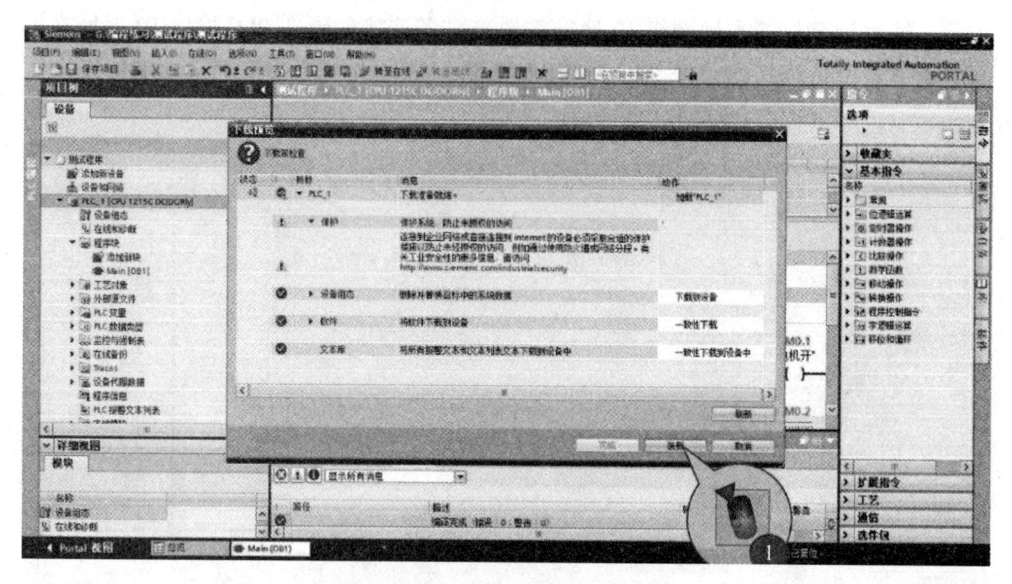

图 2－1－72 下载预览窗口开始装载

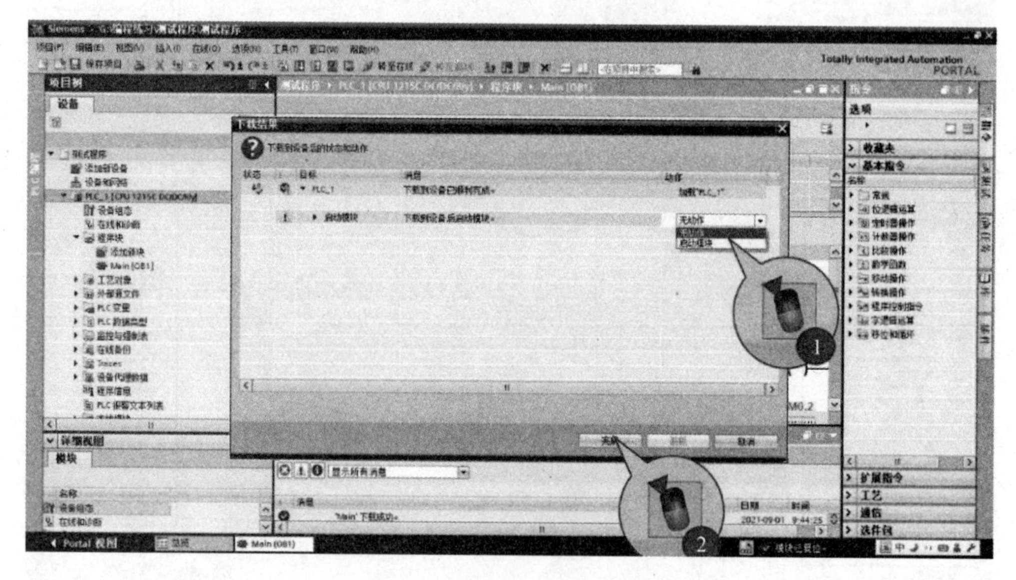

图 2－1－73 PLC 启动设置

2. PLC 程序的上载

可以将 PLC 设备中所有程序或单个块程序上传到项目中。上传程序时首先完成编程计算机与 PLC 之间的物理连接。如图 2－1－74 所示，将编程计算机与 PLC 设置为“转至在线”模式。

如图 2－1－75 所示，鼠标光标移动到“PLC_1”上，右键单击打开快捷菜单，在快捷菜单中鼠标左键选中“从设备中上传（软件）”打开“上传预览窗口”。

如图 2－1－76 所示，首先选中“继续”，然后单击“从设备中上传”可以将 PLC 中的程序全部上载到当前项目中。

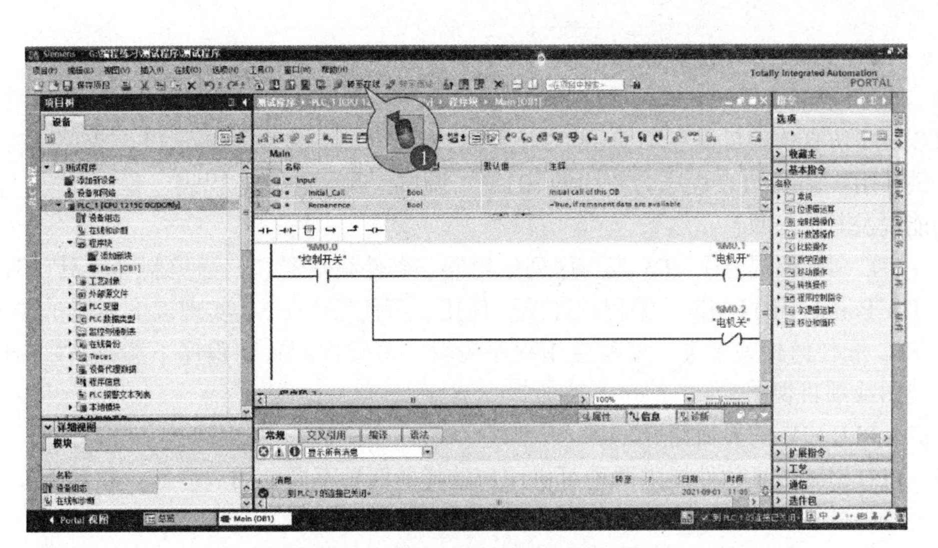

图 2-1-74　转至在线模式

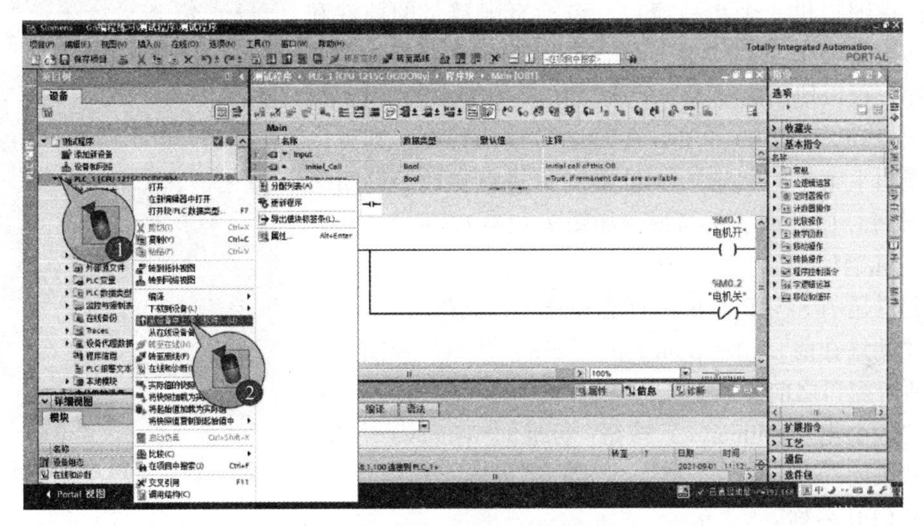

图 2-1-75　打开上传预览窗口

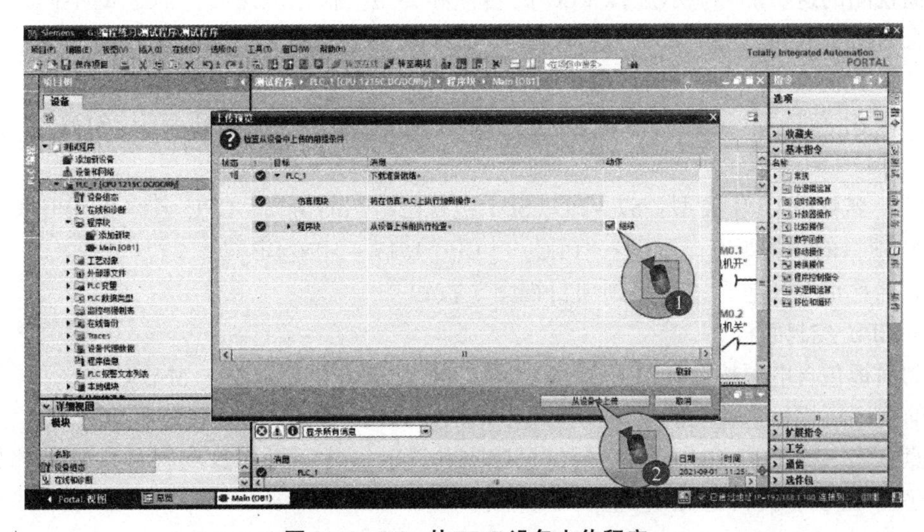

图 2-1-76　从 PLC 设备上传程序

2.1.3.9 S7 - PLC SIM 仿真软件的使用

TIA Protal 软件包含有 S7 - PLC SIM 仿真软件，PLC SIM 仿真软件需要独立安装。S7 - PLC SIM 仿真软件可以在不使用实际硬件的情况下调试和验证单个 PLC 程序。S7 - PLC SIM 提供了用户调试 PLC 程序会使用的 STEP 7 调试工具，包括监视表、程序状态、在线与诊断功能以及其他工具。

S7 - PLC SIM 还提供了 SIM 表、序列编辑器、事件编辑器和扫描控制等工具。S7 - PLC SIM 与 TIA Portal 中的 STEP 7 编程软件结合使用，可使用 STEP 7 实现以下功能：在 STEP 7 中组态 PLC 和任何相关模块、编写应用程序逻辑、将硬件配置和程序下载到 S7 - PLC SIM 的精简视图或项目视图。

1. S7 - PLC SIM 的界面简介

S7 - PLC SIM 仿真软件提供两种可供用户选择的两种不同的用户界面：精简视图和项目视图。要选择的视图取决于 S7 - PLC SIM 和 TIA Portal 结合使用的方式。

1）精简视图用户界面

精简视图提供一个小型窗口，包括有限数量的控件和功能。如果需要在 STEP 7 中而非 S7 - PLC SIM 项目视图中调试程序，可以使用该视图。默认情况下，S7 - PLC SIM 以精简视图启动。如果要将项目视图设为默认视图，则可以在项目视图主菜单的“选项 > 设置”下进行更改。已组态并连接到 PLC CPU 时，精简视图如图 2 - 1 - 77 所示。

图 2 - 1 - 77　PLC SIM 精简视图

（1）标题栏。

标题栏显示 S7 - PLC SIM 标志和三个控制按钮：

①“始终在前”（Keep on top）按钮：使精简视图显示在其他所有窗口之前。

②“最小化”（Minimize）按钮：标准的 Windows 功能。

③“关闭”（Close）按钮：标准的 Windows 功能。

（2）CPU 名称。

精简视图的这一部分显示虚拟 PLC 的名称和类型。根据应用程序状态的不同，显示的文本也会有所不同：

①“<无仿真>”：S7 - PLC SIM 未打开仿真。

②“未组态”：S7 - PLC SIM 包含未组态的仿真。尚未将项目从 STEP 7 下载到 S7 - PLC SIM。

③CPU 名称及 CPU 类型：S7 - PLC SIM 包含已组态的仿真。CPU 名称及 CPU 类型对应于 STEP7 项目的设备组态。示例：“PLC_1 [CPU 1517 - 3PN/DP]”。

CPU 名称部分还包含“切换到项目视图”按钮。

（3）CPU 控制面板。

控制面板包含电源按钮和以下 LED 指示：RUN/STOP、ERROR、MAINT。

精简视图还提供这些功能对应的按钮：RUN、STOP、PAUSE、MRES。

注意：当 S7 - PLC SIM 包含激活的已组态仿真时，才可操作这些控件。这一部分还会显示已仿真 CPU 各接口的 IP 地址。

（4）项目名称。

精简视图的项目名称部分显示 S7 - PLC SIM 项目的名称（如果存在项目）。运行仿真时无须 S7 - PLC SIM 项目。如果未打开 S7 - PLC SIM 项目，该部分将显示“ < 无项目 > ”（ < no project > ）。如果已创建或已打开 S7 - PLC SIM 项目，则会显示项目的名称。

2）项目视图用户界面（图 2 - 1 - 78）

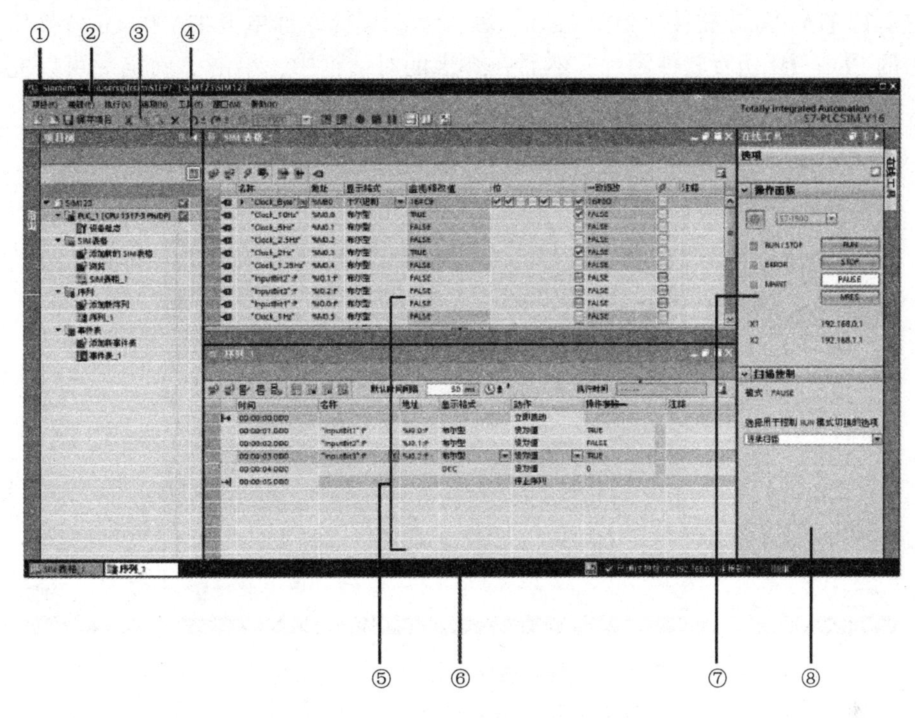

图 2 - 1 - 78　PLC SIM 项目视图

①标题栏。

标题栏显示项目路径和项目名称，以及用于切换至精简视图、将应用程序最小化、将应用程序最大化和关闭 S7 - PLC SIM 的按钮。

②菜单栏。

菜单栏显示项目命令、编辑命令、执行命令、选项设置、工具命令、窗口命令和帮助命令的菜单。

③工具栏。

工具栏提供项目命令、编辑命令、执行命令、切换至精简视图、窗口命令和记录工具命令对应的按钮。

④项目树。

项目树显示项目名称和仿真 PLC 类型，可用于编辑设备组态、SIM 表、序列和事件表。

⑤编辑器窗口。

编辑器窗口提供设备组态、SIM 表、序列和事件表编辑器，可以同时水平或垂直显示两个编辑器。

⑥带进度显示的编辑器栏和状态栏显示用于打开编辑器的快捷键和仿真 PLC 的状态。

⑦操作员面板。

其显示已仿真 CPU 的操作员面板，其中包含操作模式和扫描控制按钮。

⑧扫描控制

扫描控制提供用于扫描控制的组态设置。

2. 启动 PLC SIM 仿真软件

首先运行 TIA Protal 软件。如图 2－1－79 所示，鼠标左键单击 TIA Protal 软件项目视图工具栏中的 PLC SIM 仿真软件图标，然后在弹出的对话框中，单击“确定”可以完成 PLC SIM 仿真软件的启动。

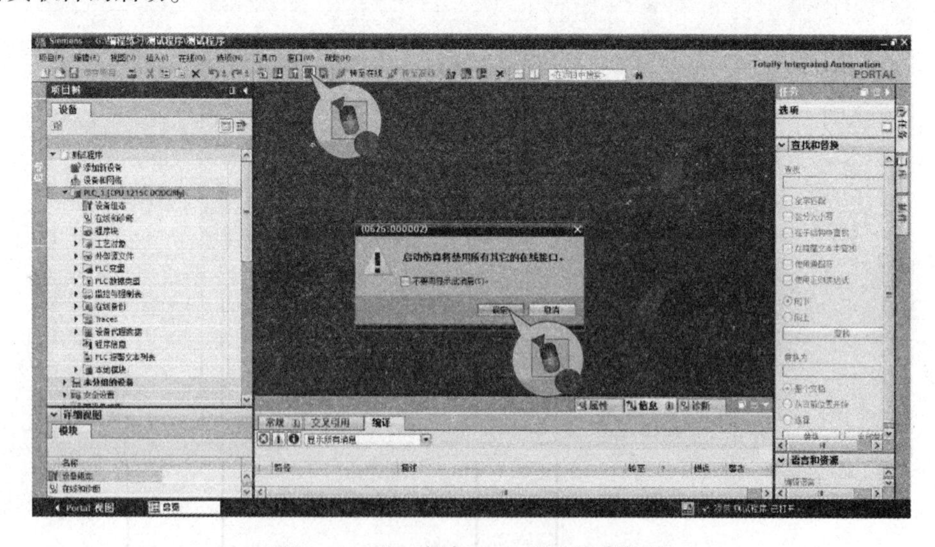

图 2－1－79　启动 PLC SIM 仿真软件

3. 使用仿真软件调试程序

启动 PLC SIM 仿真软件后，首先打开程序代码块，然后鼠标左键选中并单击“启用/禁用监视”快捷按钮，如图 2－1－80 所示。启动后的画面如图 2－1－81 所示。

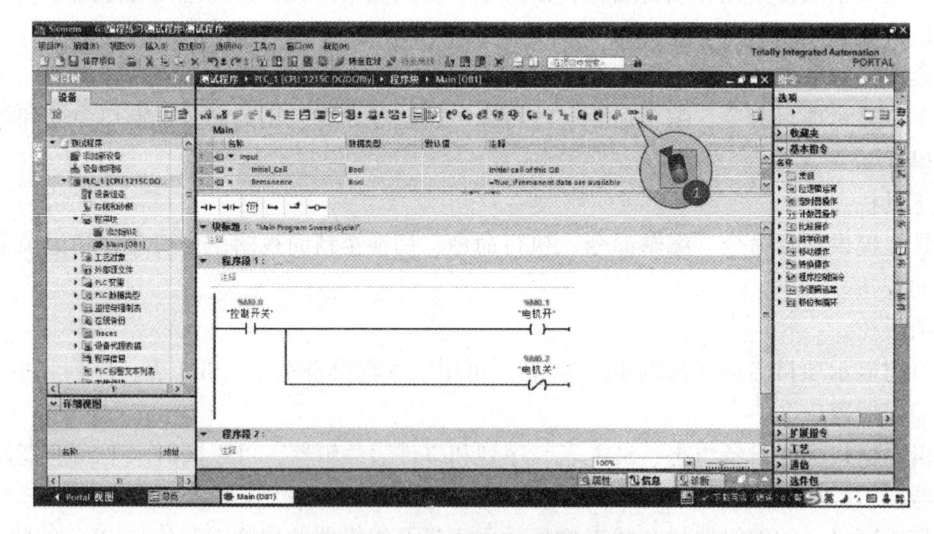

图 2－1－80　启动程序监视功能

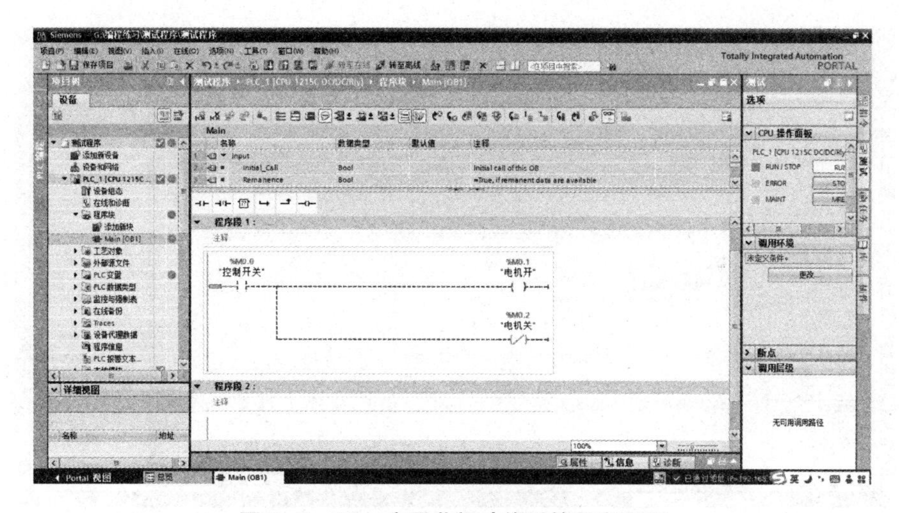

图2-1-81 启用监视功能后的程序画面

4. 调试程序

首先打开PLC梯形图程序的代码块，然后启动PLC SIM仿真软件，可以按下面介绍的方法调试编写好的PLC梯形图程序。

第一步，如图2-1-82所示，鼠标光标移动到常开触点的变量名“控制开关”上，右键单击打开快捷命令，鼠标光标移动到“修改”命令打开一级快捷命令，最后鼠标左键单击“修改为1”将常开触点状态修改为“1”。

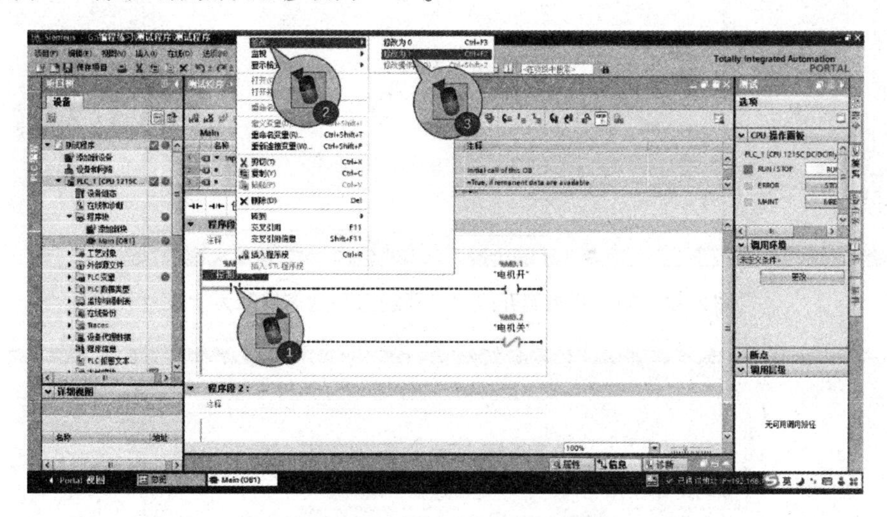

图2-1-82 将控制开关“常开触点”状态修改为“1”

第二步，此时观察程序状态，如图2-1-83所示，M0.1“电机开”状态变化为“1”、M0.2“电机关”状态变化为“0”。

第三步，如图2-1-84所示，鼠标光标移动到常开触点的变量名“控制开关”上，右键单击打开快捷命令，鼠标光标移动到“修改”命令打开一级快捷命令，最后鼠标左键单击“修改为0”将常开触点状态修改为“0”。

第四步，此时观察程序状态，如图2-1-85所示，M0.1“电机开”状态变化为“1”M0.2“电机关”状态变化为“0”。

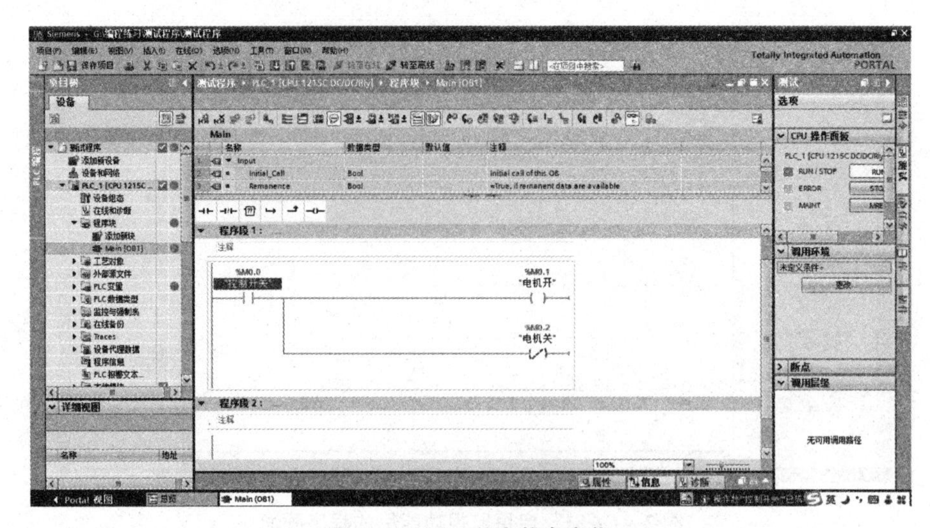

图 2－1－83　程序状态变化

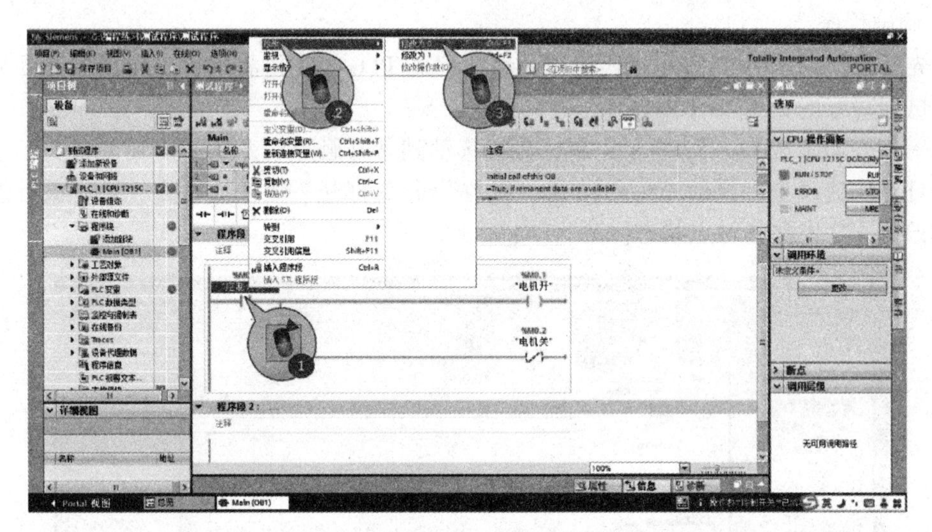

图 2－1－84　将控制开关“常开触点”状态修改为“1”

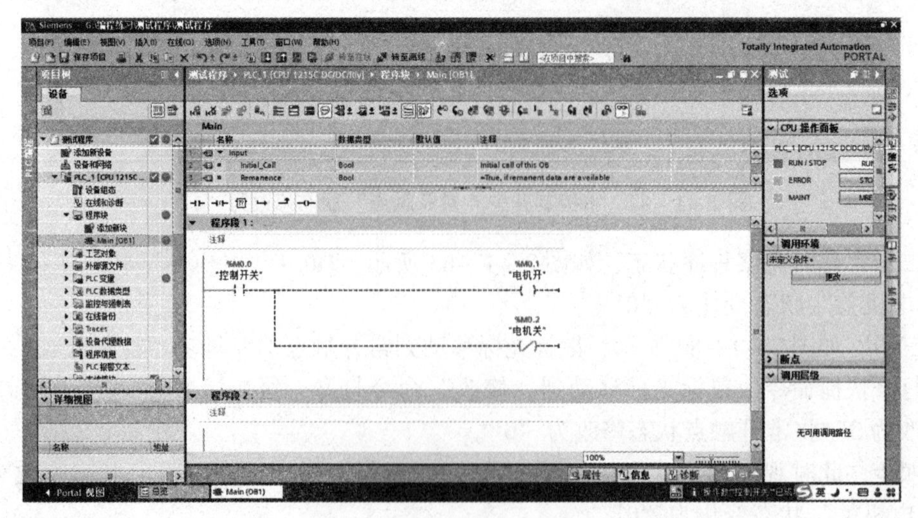

图 2－1－85　程序状态变化

上面介绍的程序调试方法适用于PLC SIM仿真PLC或实物PLC两种情况。需要注意的是在调试前都需要连接仿真PLC或实际PLC。调试PLC梯形图程序，还有其他的方法，大家可以查阅S7－PLC SIM V16在线帮助文件，此文件可以在西门子官网下载。

知识点2.2　基本指令及应用

S7－1200 PLC为用户提供了基本指令、扩展指令、工艺指令和通信指令等四大类功能丰富的编程指令，用户可以依据需要编写相应的程序。下面开始介绍PLC编程常用基本指令：位逻辑指令、定时器指令、计数器指令。

知识提示

2.2.1　位逻辑指令

位逻辑指令的基础是触点和线圈。触点读取位的状态，而线圈则将操作的状态写入位中。

2.2.1.1　触点指令

触点指令如表2－2－1所示。

表2－2－1　触点指令

指令	声明	操作数	数据类型	说明
<??.?> —| |—	Input	I、Q、M、D、L或常量	Bool	常开触点，查询操作数的信号状态
<??.?> —|/|—	Input	I、Q、M、D、L或常量	Bool	常闭触点，查询操作数的信号状态

1. 触点指令的功能

（1）触点指令分为常开触点指令和常闭指令。对于常开触点和常闭触点指令可以使用与、或、非指令，将触点相互连接创建用户自己的组合逻辑。

（2）如果用户指定的输入位使用存储器标识符I（输入）或Q（输出），则从过程映像寄存器中读取位值。控制过程中的物理触点信号会连接到PLC上的I端子。CPU扫描已连接的输入信号并持续更新过程映像输入寄存器中的相应状态值。

通过在I偏移量后追加“：P”，可指定立即读取物理输入（例如：“%I3.4：P”）。对于立即读取，直接从物理输入读取位数据值，而非从过程映像中读取。立即读取不会更新过程映像。

（3）常开触点的激活取决于相关操作数的信号状态。常开触点指令操作数的信号状态为“0”时，不会激活常开触点，同时该指令输出的信号状态复位为“0”。两个或多个常开触点串联时，将逐位进行“与”运算。串联时，所有触点都闭合后才产生信号流。常开触点并联时，将逐位进行“或”运算。并联时，有一个触点闭合就会产生信号流。

（4）常闭触点的激活取决于相关操作数的信号状态。当操作数的信号状态为“1”时，常闭触点将打开，同时该指令输出的信号状态复位为“0”。当操作数的信号状态为“0”时，不会启用常闭触点，同时将该输入的信号状态传输到输出。当两个或多个常闭触点串联时，将逐位进行“与”运算。串联时，所有触点都闭合后才产生信号流。常闭触点并联时，将进行“或”运算。并联时，有一个触点闭合就会产生信号流。

2. 触点指令例程

触点指令例程如图 2－2－1 所示，当满足以下条件之一时，“电机”操作数状态为 1：

（1）操作数“控制开关 1”和“控制开关 2”的信号状态为“1”时。

（2）操作数“控制开关 3”的信号状态为“0”时。

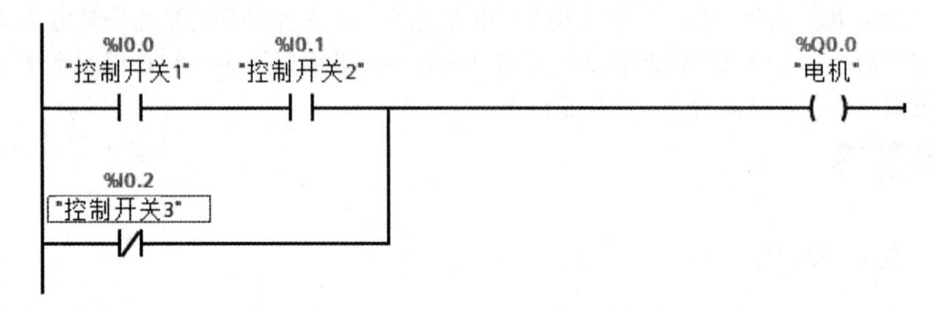

图 2－2－1　触点指令例程

2.1.1.2　线圈指令和取反线圈（赋值取反）指令

线圈指令如表 2－2－2 所示。

表 2－2－2　线圈指令

指令	声明	操作数	数据类型	说明
<??.?> —( )—	Output	I、Q、M、D、L	Bool	线圈（赋值）指令，将逻辑运算结果赋值给操作数
<??.?> —(/)—	Output	I、Q、M、D、L	Bool	取反线圈（赋值取反）指令，将逻辑运算结果赋值给操作数

1. 指令功能

（1）线圈“赋值”指令用于设置指定操作数的状态。如果线圈输入的逻辑运算结果的信号状态为“1”，则将指定操作数的信号状态置位为“1”。如果线圈输入的信号状态为“0”，则指定操作数的位将复位为“0”。该指令不会影响逻辑运算结果，线圈输入的逻辑运算结果将直接发送到输出。

（2）取反线圈“赋值取反”指令用于将逻辑运算的结果取反，然后将其赋值给指定操作数。线圈输入的逻辑运算的结果为“1”时，复位操作数。线圈输入的逻辑运算的结果为“0”时，操作数的信号状态置位为“1”。该指令不会影响逻辑运算结果，线圈输入的逻辑运算结果将直接发送到输出。

（3）线圈输出指令写入输出位的值。如果用户指定的输出位使用存储器标识符 Q，则 CPU 接通或断开过程映像寄存器中的输出位，同时将指定的位设置为等于能流状态。控制执行器的输出信号连接到 CPU 的 Q 端子。在 RUN 模式下，CPU 系统将连续扫描输入信号，并根据程序逻辑处理输入状态，然后通过在过程映像输出寄存器中设置新的输出状态值进行响应。在每个程序执行循环之后，CPU 系统会将存储在过程映像寄存器中的新的输出状态响应传送到已连接的输出端子。

通过在 Q 偏移量后加上“：P”，可指定立即写入物理输出（例如：“%Q3.4：P”）。对于立即写入，将位数据值写入过程映像输出并直接写入物理输出。

2. 线圈指令和线圈取反指令例程

线圈指令和线圈取反指令例程如图 2－2－2 所示。

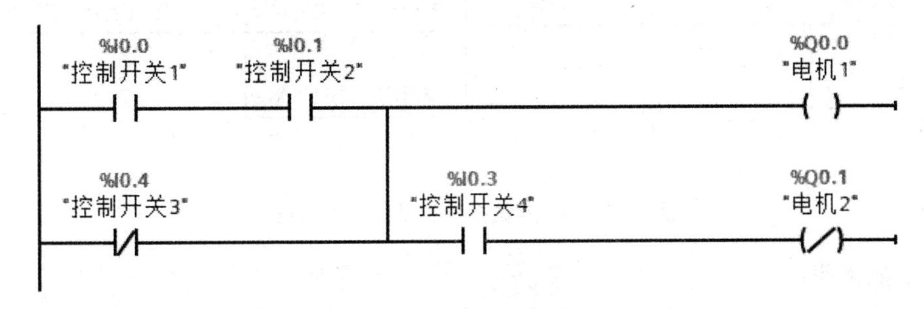

图 2－2－2 线圈指令和线圈取反指令例程

程序功能说明：

（1）当满足以下任一条件时，可对操作数“电机 1”进行置位。

①操作数“控制开关 1”和“控制开关 2”的信号状态为“1”时。

②操作数“控制开关 3”的信号状态为“0”时。

（2）当满足以下任一条件时，可对操作数“电机 2”进行复位。

①操作数“控制开关 1”“控制开关 2”和“控制开关 4”的信号状态为“1”时。

②操作数“控制开关 3”的信号状态为“0”和“控制开关 4”的信号状态为“1”时。

2.1.1.3 复位输出和置位输出指令

复位输出和置位输出指令如表 2－2－3 所示。

表 2－2－3 复位输出和置位输出指令

指令	声明	操作数	数据类型	说明
<??.?> —(S)—	Output	I、Q、M、D、L	Bool	S（置位）激活时，OUT 地址处的数据值设置为 1。S 未激活时，OUT 不变
<??.?> —(R)—	Output	I、Q、M、D、L	Bool	R（复位）激活时，OUT 地址处的数据值设置为 0。R 未激活时，OUT 不变

1. 指令功能

（1）使用“置位输出”指令，可将指定操作数的信号状态置位为“1”。仅当线圈输入的逻辑运算结果（逻辑处理结果）为“1”时，才执行该指令。如果信号流通过线圈（逻辑处理结果＝“1”），则指定的操作数置位为“1”。如果线圈输入的逻辑处理结果为“0”（没有信号流过线圈），则指定操作数的信号状态将保持不变。

（2）可以使用“复位输出”指令将指定操作数的信号状态复位为“0”。仅当线圈输入的逻辑运算结果（逻辑处理结果）为“1”时，才执行该指令。如果信号流通过线圈（逻辑处理结果 = “1”），则指定的操作数复位为“0”。如果线圈输入的逻辑处理结果为“0”（没有信号流过线圈），则指定操作数的信号状态将保持不变。

2. 置位指令和复位指令例程

置位指令和复位指令例程如图 2 – 2 – 3 所示。

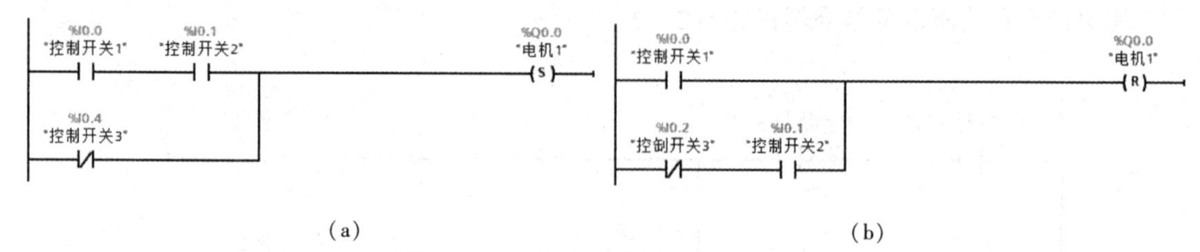

(a)　　　　　　　　(b)

图 2 – 2 – 3　置位指令和复位指令例程

程序功能说明：

（1）如图 2 – 2 – 3（a）所示，当满足以下任一条件时，可对操作数“电机 1”进行置位。

①操作数“控制开关 1”“控制开关 2”的信号状态为“1”时。

②“控制开关 3”的信号状态为“0”时。

（2）如图 2 – 2 – 3（b）所示，当满足以下任一条件时，可对操作数“电机 1”进行复位。

①操作数“控制开关 1”的信号状态为“1”时。

②操作数“控制开关 3”的信号状态为“0”和“控制开关 2”的信号状态为“1”时。

基本技能

实例设计 1：三相交流异步电动机正反转运行 PLC 程序设计与调试

1. 三相交流异步电动机正反转运行控制要求

一台三相交流异步电动机由按钮控制电动机的运行。正向启动按钮 SB1 闭合时，接触器 KM1 接通，电动机正向启动并保持连续运行。如果需要反转时，先按下停止按钮 SB3，接触器 KM1 断电，电动机停止运行，再按下反转启动按钮 SB2，接触器 KM2 接通，电动机反向启动并保持连续运行。如需要电动机停止运行，按下停止按钮 SB3，接触器 KM1 或 KM2 断电，电动机停止运行。

2. 三相交流异步电动机正反转运行控制逻辑

三相交流异步电动机正反转运行控制逻辑如表 2 – 2 – 4 所示，表中“1”表示触点闭合或接触器通电，“0”表示触点断开或接触器断电。

表 2 – 2 – 4　三相交流异步电动机正反转运行控制逻辑

正向启动按钮	反向启动按钮	停止按钮	接触器 KM1	接触器 KM2	电动机状态
1	0	0	1	0	正转
0	1	0	0	1	反转
0	0	1	0	0	停止

3. PLC 变量表

三相交流异步电动机正反转运行控制变量表如表 2 – 2 – 5 所示。

表 2-2-5 三相交流异步电动机正反转运行控制变量表

变量名称	数据类型	地址
正向启动按钮 SB1	Bool	I0.0
反向启动按钮 SB2	Bool	I0.1
停止按钮 SB3	Bool	I0.2
接触器 KM1	Bool	Q0.0
接触器 KM2	Bool	Q0.1

(1) 使用触点和线圈指令编写梯形图程序，如图 2-2-4 所示。

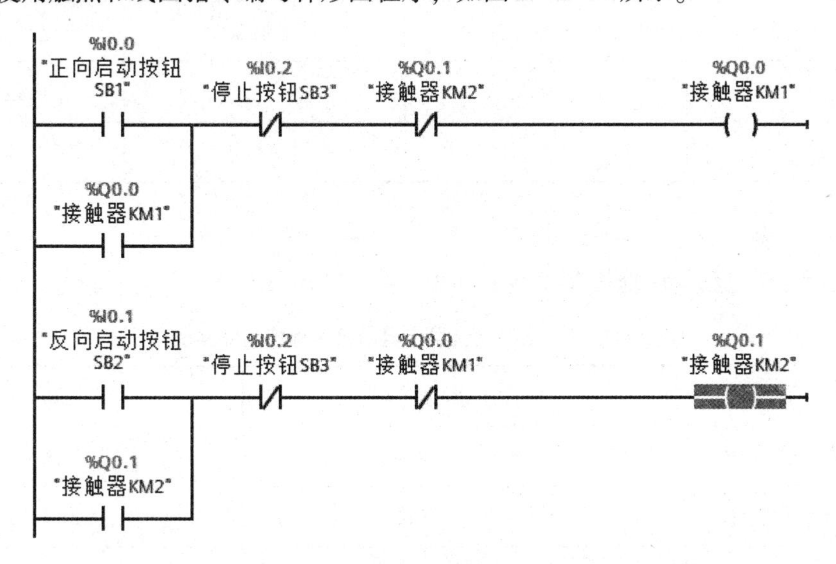

图 2-2-4 电动机正反转 PLC 控制程序（线圈和触点指令）

(2) 使用置位和复位指令编写梯形图程序，如图 2-2-5 所示。

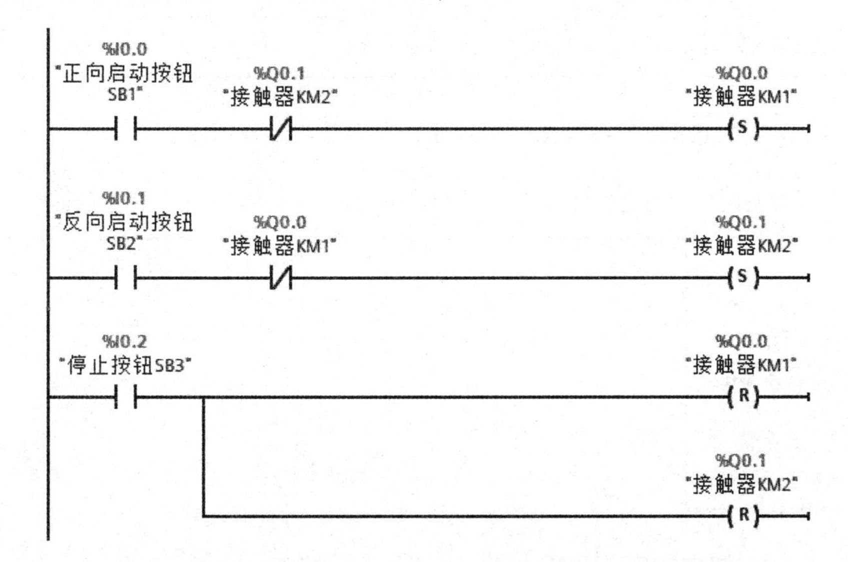

图 2-2-5 电动机正反转 PLC 控制程序（置位和复位指令）

实例设计 2：三相交流异步电动机多地控制运行 PLC 程序设计与调试

1. 三相交流异步电动机多地控制运行控制要求

一台三相交流异步电动机由按钮实现电动机的两地控制运行。按下按钮 SB1 或 SB2，接触器 KM 接通，电动机启动并保持连续运行。如果需要停止时，按下停止按钮 SB3 或 SB4，接触器 KM 断电，电动机停止运行。

2. 三相交流异步电动机正反转运行控制逻辑

三相交流异步电动机正反转控制逻辑如表 2－2－6 所示，表中“1”表示触点闭合或接触器通电，“0”表示触点断开或接触器断电。

表 2－2－6　三相交流异步电动机两地控制逻辑

启动按钮 SB1 或 SB2	停止按钮 SB3 或 SB4	接触器 KM	电动机状态
1	0	1	运行
0	1	0	停止

3. PLC 变量表

三相交流异步电动机两地控制变量表如表 2－2－7 所示。

表 2－2－7　三相交流异步电动机两地控制变量表

变量名称	数据类型	地址
启动按钮 SB1	Bool	I0. 0
启动按钮 SB2	Bool	I0. 1
停止按钮 SB3	Bool	I0. 2
停止按钮 SB4	Bool	I0. 3
接触器 KM	Bool	Q0. 1

（1）使用触点和线圈指令编写梯形图程序，如图 2－2－6 所示。

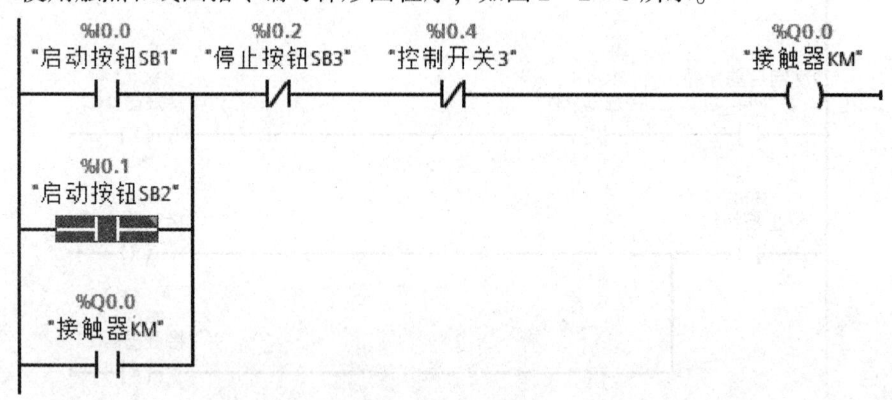

图 2－2－6　三相交流异步电动机两地控制 PLC 程序（线圈和触点指令）

（2）使用置位和复位指令编写梯形图程序，如图 2－2－7 所示。

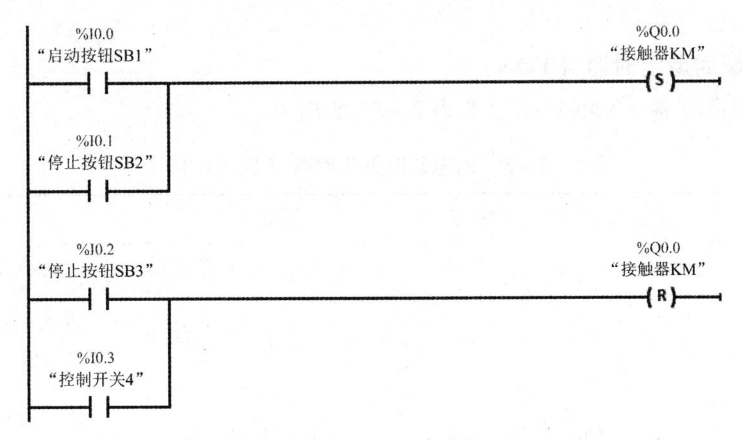

图 2－2－7 三相交流异步电动机两地控制 PLC 程序（置位和复位指令）

知识提示

2.2.2 定时器

S7－1200 PLC 提供用户使用的定时器属于 IEC 定时器，用户程序中可以使用的定时器数量受 CPU 的存储器容量限制。使用定时器时，需要为定时器分配相关的背景数据块或者数据类型为 IEC_TIMER（或 TP_TIME、TON_TIME、TOF_TIME、TONR_TIME）的 DB 块变量，上述不同的变量代表着不同的定时器。S7－1200 PLC 包含四种定时器：生成脉冲定时器（TP）、接通延时定时器（TON）、关断延时定时器（TOF）、时间累加器（TONR），这四种定时器又都有功能框和线圈型两种，它们的功能基本相同但在使用上有细微区别。功能框和线圈型定时器的区别：

（1）功能框定时器上可以定义 Q 点或 ET，在程序中可以不必出现背景 DB（或 IEC_TIMER 类型的变量）中的 Q 点或者 ET；而线圈型定时器必须使用背景 DB（或 IEC_TIMER 类型的变量）中的 Q 点或者 ET。

（2）功能框定时器在使用时可以自动提示生成背景块，或者选择不生成；而线圈型定时器只能通过手动方式建立背景块。

（3）线圈型定时器如果出现在网络段中间时不影响程序逻辑处理结果的变化，如图 2－2－8 所示，M0.5 和 I0.5 同步变化。

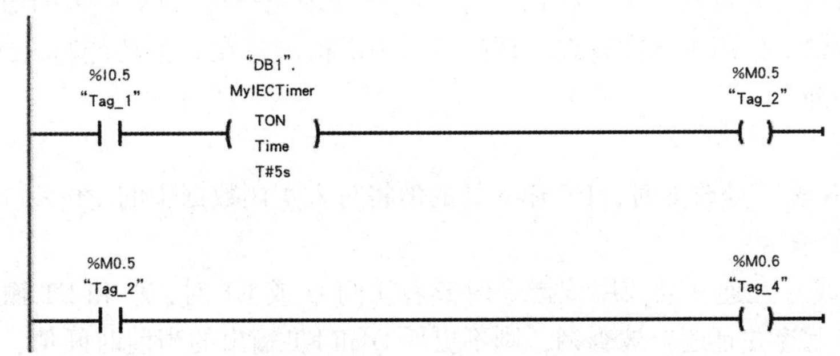

图 2－2－8 线圈型定时器示例

在这里主要介绍功能框定时器的应用，线圈型定时器的具体应用方法请查阅S7－1200 PLC 编程手册。

2.2.2.1 通电延时型定时器（TON）

通电延时型定时器（TON）指令如表2－2－8 所示。

表2－2－8 通电延时型定时器（TON）指令

指令	参数	声明	数据类型	操作数	说明
<???> TON Time IN Q <???> PT ET	IN	Input	Bool	I、Q、M、D、L或常量	启动输入
	PT	Input	Time	I、Q、M、D、L或常量	接通延时持续时间 PT 参数的值必须为正数
	Q	Output	Bool	I、Q、M、D、L	超过时间 PT 后，置位的输出
	ET	Output	Time	I、Q、M、D、L	当前时间值

1. 指令功能

（1）“接通延时”指令的功能是当延时 PT 中指定的一段时间后，将 Q 输出的设置为“1”。当输入 IN 的逻辑运算结果从“0”变为“1”（信号上升沿）时，启动该指令。指令启动时，预设的时间 PT 即开始计时。超出时间 PT 之后，输出 Q 的信号状态将变为“1”。只要启动输入仍为“1”，输出 Q 就保持置位。启动输入的信号状态从“1”变为“0”时，将复位输出 Q。在启动输入检测到新的信号上升沿时，该定时器功能将再次启动。

（2）可以在 ET 输出查询当前的时间值。该定时器值从 T#0s 开始，在达到持续时间 PT 后结束。只要输入 IN 的信号状态变为“0”，输出 ET 就复位。如果在程序中未调用该指令（如果跳过该指令），则 ET 输出会在超出时间 PT 后立即返回一个常数值。

（3）“接通延时”指令可以放置在程序段的中间或者末尾。它需要一个前导逻辑运算。

（4）每次调用“接通延时”指令时，必须为此 IEC 定时器分配存储实例数据的 DB 数据块。

2. “接通延时”中的实例数据的更新规则

1）IN 输入

“接通延时”指令将当前逻辑运算结果与保存在实例数据 IN 参数中上次查询的逻辑运算结果进行比较。如果指令检测到逻辑运算结果从“0”变为“1”，则说明出现了一个信号上升沿并开始进行时间定时。在“接通延时”指令处理完毕后，IN 参数的值在实例数据中更新，并作为存储器位用于下次查询。请注意，边沿检测将在其他功能写入或初始化 IN 参数的实际值时中断。

2）PT 输入

当边沿在 IN 输入处改变时，PT 输入处的值将写入实例数据中的 PT 参数。

3）Q 和 ET 输出

当输出 ET 或 Q 互连并且调用该指令时或者访问 Q 或 ET 时，Q 和 ET 输出的实际值更新。如果输出未互连并且还未被查询，则不更新 Q 和 ET 输出的当前时间值，即使在程序中跳过该指令，也不会对输出进行更新。

3. 示例程序

功能框 TON 定时器示例程序如图 2 –2 –9 所示。

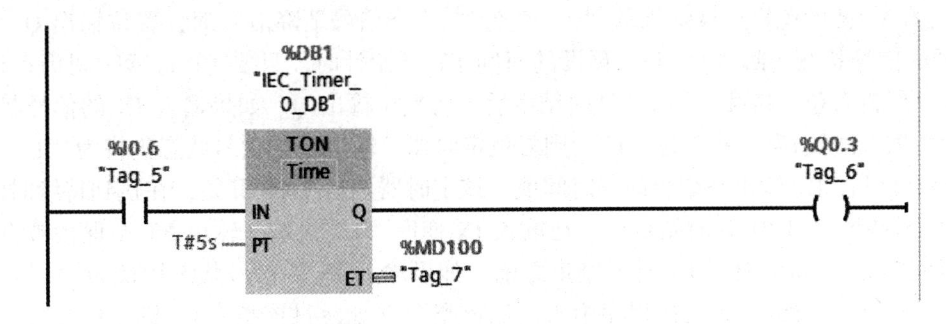

图 2 –2 –9　功能框 TON 定时器示例程序

功能框 TON 定时器示例程序动作时序图如图 2 –2 –10 所示。

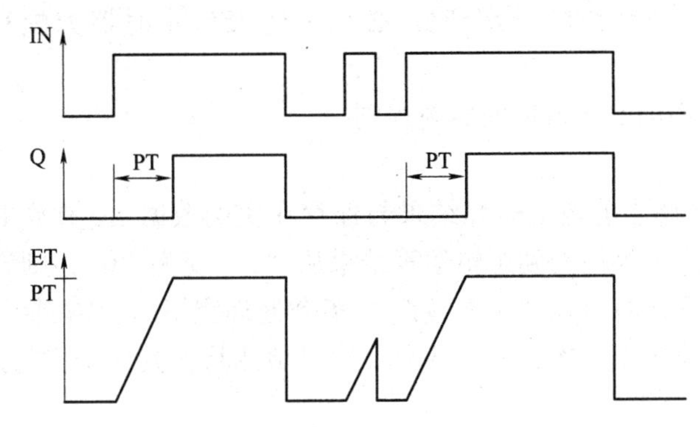

图 2 –2 –10　功能框 TON 定时器示例程序动作时序图

当“Tag_5”操作数的信号状态从“0”变为“1”时，按 PT 参数预设的时间开始计时。超过 5 s 后，操作数“Tag_6”的信号状态置位为“1”。只要操作数“Tag_5”的信号状态为“1”，操作数“Tag_6”就会保持置位为“1”。当前时间值存储在“Tag_7”操作数中。当操作数 Tag_5 的信号状态从“1”变为“0”时，将复位操作数“Tag_6”。

2. 2. 2. 2　断电延时型定时器（TOF）

断电延时型定时器指令如表 2 –2 –9 所示。

表 2 –2 –9　断电延时型定时器（TOF）指令

指令	参数	声明	数据类型	操作数	说明
<???> TOF Time IN Q <???> PT ET ...	IN	Input	Bool	I、Q、M、D、L 或常量	启动输入
	PT	Input	Time	I、Q、M、D、L 或常量	关断延时的持续时间 PT 参数的值必须为正数
	Q	Output	Bool	I、Q、M、D、L	超过时间 PT 后，复位的输出
	ET	Output	Time	I、Q、M、D、L	当前时间值

1. 指令功能

（1）“关断延时”指令的功能是当延时 PT 中指定的一段时间后，将 Q 输出的设置为“0”。当输入 IN 的逻辑运算结果从“0”变为“1”（信号下降沿）时，置位输出 Q。当输入 IN 处的信号状态变回“0”时，预设的时间 PT 开始计时。只要 PT 持续时间仍在计时，输出 Q 就保持置位。持续时间 PT 计时结束后，将复位输出 Q。如果输入 IN 的信号状态在持续时间 PT 计时结束之前变为“1”，则复位定时器。输出 Q 的信号状态仍将为“1”。

（2）可以在 ET 输出查询当前的时间值。该定时器值从 T#0s 开始，在达到持续时间 PT 后结束。当持续时间 PT 计时结束后，在输入 IN 变回“1”之前，输出 ET 会保持被设置为当前值的状态。在持续时间 PT 计时结束之前，如果输入 IN 的信号状态切换为“1”，则将 ET 输出复位为值 T#0s。如果在程序中未调用该指令（如跳过该指令），则 ET 输出会在超出时间后立即返回一个常数值。

（3）“判断延时”指令可以放置在程序段的中间或者末尾。它需要一个前导逻辑运算。

（4）每次调用“关断延时”指令时，必须为此 IEC 定时器分配存储实例数据的 DB 数据块。

2. “关断延时”中的实例数据的更新规则

1）IN 输入

“关断延时”指令将当前逻辑运算结果与保存在实例数据 IN 参数中上次查询的逻辑运算结果进行比较。如果指令检测到逻辑运算结果从“1”变为“0”，则说明出现了一个信号下降沿并开始进行时间定时。在“关断延时”指令处理完毕后，IN 参数的值在实例数据中更新，并作为存储器位用于下次查询。注意：边沿检测将在其他功能写入或初始化 IN 参数的实际值时中断。

2）PT 输入

当边沿在 IN 输入处改变时，PT 输入处的值将写入实例数据中的 PT 参数。

3）Q 和 ET 输出

当输出 ET 或 Q 互连并且调用该指令时或者访问 Q 或 ET 时，Q 和 ET 输出的实际值更新。如果输出未互连并且还未被查询，则不更新 Q 和 ET 输出的当前时间值，即使在程序中跳过该指令，也不会对输出进行更新。

3. 示例程序

功能框 TOF 定时器示例程序如图 2－2－11 所示。

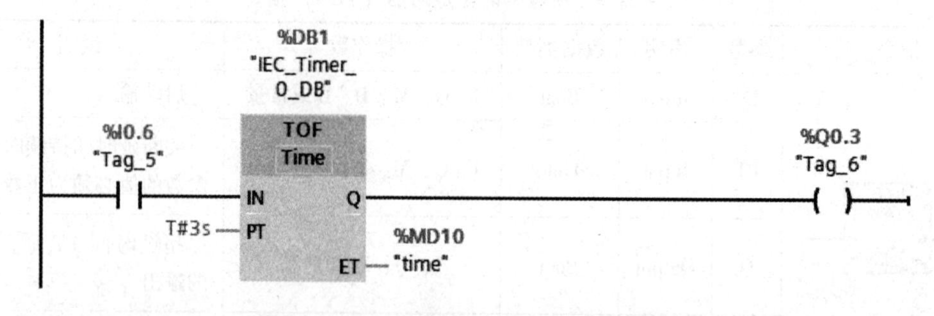

图 2－2－11　功能框 TOF 定时器示例程序

功能框 TOF 定时器示例程序动作时序图如图 2－2－12 所示。

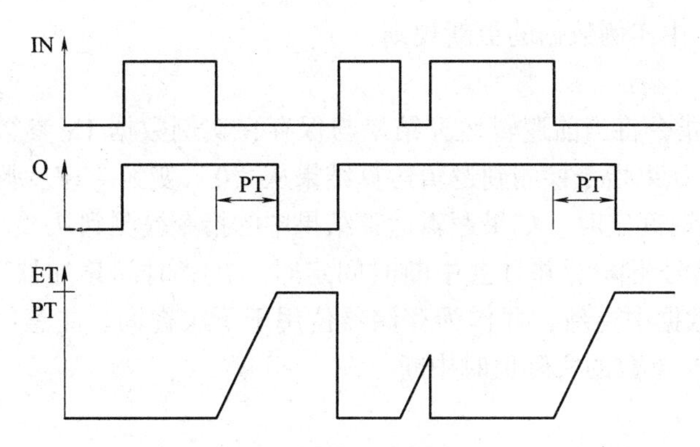

图 2－2－12　功能框 TOF 定时器示例程序动作时序图

当操作数“Tag_5”的信号状态从“0”变为“1”时，操作数“Tag_6”的信号状态将置位为“1”。当“Tag_5”操作数的信号状态从“1”变为“0”时，按 PT 参数预设的时间开始计时。只要该时间仍在计时，“Tag_6”操作数就会保持置位为“1”。该时间定时完毕后，“Tag_6”操作数将复位为“0”。当前时间值存储在“time”操作数中。

2.2.2.3　时间累加器（TONR）

时间累加器（TONR）指令如表 2－2－10 所示。

表 2－2－10　时间累加器（TONR）指令

指令	参数	声明	数据类型	操作数	说明
<???> TONR Time IN R <???> PT Q ET	IN	Input	Bool	I、Q、M、D、L 或常量	启动输入
	R	Input	Bool	I、Q、M、D、L 或常量	复位输入
	PT	Input	Time	I、Q、M、D、L 或常量	时间记录的最长持续时间 PT 参数的值必须为正数
	Q	Output	Bool	I、Q、M、D、L	超过时间 PT 后，置位的输出
	ET	Output	Time	I、Q、M、D、L	当前时间值

1. 指令功能

（1）可以使用“时间累加器”指令来累加由参数 PT 设定的时间段内的时间值。输入 IN 的信号状态从“0”变为“1”（信号上升沿）时，将执行时间定时，同时时间 PT 开始计时。当 PT 正在计时时，加上在 IN 输入的信号状态为“1”时记录的时间值。累加得到的时间值将写入输出 ET 中，并可以在此进行查询。持续时间 PT 计时结束后，输出 Q 的信号状态为“1”。即使 IN 参数的信号状态从“1”变为“0”（信号下降沿），Q 参数仍将保持置位为“1”。

（2）无论启动输入的信号状态如何，输入 R 都将复位输出 ET 和 Q。

（3）“时间累加器”指令可以放置在程序段的中间或者末尾，它需要一个前导逻辑运算。

（4）每次调用“时间累加器”指令时，必须为此 IEC 定时器分配存储实例数据的 DB 数据块。

2. “接通延时”中实例数据的更新规则

1）IN 输入

“时间累加器”指令将当前逻辑运算结果与保存在实例数据 IN 参数中上次查询的逻辑运算结果进行比较。如果指令检测到逻辑运算结果从“0”变为“1”，则说明出现了一个信号上升沿并开始进行时间定时。如果逻辑运算结果中的指令检测到从“1”到“0”的变化，则说明出现了一个信号下降沿并且会中断时间定时。在“时间累加器”指令处理完毕后，IN 参数的值在实例数据中更新，并作为存储器位用于下次查询。注意：边沿检测将在其他功能写入或初始化 IN 参数的实际值时中断。

2）PT 输入

当边沿在 IN 输入处改变时，PT 输入处的值将写入实例数据中的 PT 参数。

3）R 输入

输入 R 处的信号“1”将复位并阻断时间测量，IN 输入处的边沿会被忽略。输入 R 处的信号“0”将再次启用时间定时。

4）Q 和 ET 输出

当输出 ET 或 Q 互连并且调用该指令时或者访问 Q 或 ET 时，Q 和 ET 输出的实际值更新。如果输出未互连并且还未被查询，则不更新 Q 和 ET 输出的当前时间值。即使在程序中跳过该指令，也不会对输出进行更新。

3. 示例程序

功能框时间累加器示例程序如图 2－2－13 所示。

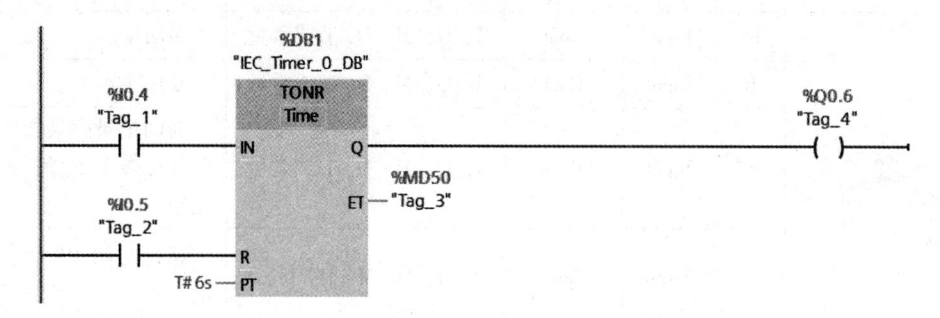

图 2－2－13　功能框时间累加器示例程序

功能框时间累加器示例程序动作时序图如图 2－2－14 所示。

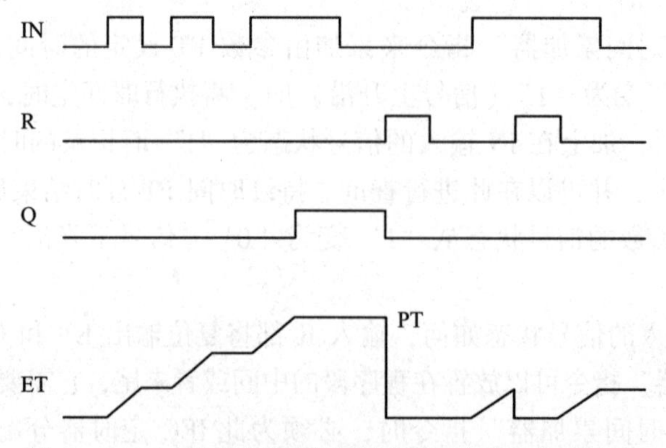

图 2－2－14　功能框时间累加器示例程序动作时序图

当“Tag_1”操作数的信号状态从“0”变为“1”时，PT 参数预设的时间开始计时。只要操作数“Tag_1”的信号状态为“1”，该时间就继续计时。当操作数“Tag_1”的信号状态从“1”变为“0”时，计时将停止，并记录操作数“Tag_3”中的当前时间值。当操作数“Tag_1”的信号状态从“0”变为“1”时，将继续从发生信号跃迁“1”到“0”时记录的时间值开始计时。达到 PT 参数中指定的时间 6 s 时，“Tag_4”操作数的信号状态将置位为“1”，当前时间值存储在“Tag_3”操作数中。

2.2.2.4　TP 生成脉冲指令

生成脉冲（TP）指令如表 2－2－11 所示。

表 2－2－11　生成脉冲（TP）指令

指令	参数	声明	数据类型	操作数	说明
<???> TP Time IN Q <???> — PT ET — ...	IN	Input	Bool	I、Q、M、D、L 或常量	启动输入
	PT	Input	Time	I、Q、M、D、L 或常量	脉冲的持续时间 PT 参数的值必须为正数
	Q	Output	Bool	I、Q、M、D、L	脉冲输出
	ET	Output	Time	I、Q、M、D、L	当前时间值

1. 指令功能

（1）可以使用“生成脉冲”指令，在预设的一段时间内使输出 Q 为“1”。当输入 IN 的逻辑运算结果从“0”变为“1”（信号上升沿）时，启动该指令。指令启动时，按预设的时间 PT 开始计时。无论后续输入信号的状态如何变化，按 PT 指定的一段时间使输出 Q 置位为“1”，即输出脉冲。当 PT 正在计时时，在 IN 输入处检测到新的信号上升沿对 Q 输出处的信号状态没有影响。

（2）“时间累加器”指令可以放置在程序段的中间或者末尾，它需要一个前导逻辑运算。

（3）每次调用“时间累加器”指令时，必须为此 IEC 定时器分配存储实例数据的 DB 数据块。

2. “接通延时”中的实例数据的更新规则

1）IN 输入

“生成脉冲”指令将当前逻辑运算结果与保存在实例数据 IN 参数中上次查询的逻辑运算结果进行比较。如果指令检测到逻辑运算结果从“0”变为“1”，则说明出现了一个信号上升沿并开始进行时间定时。在“生成脉冲”指令处理完毕后，IN 参数的值在实例数据中更新，并作为存储器位用于下次查询。注意：边沿检测将在其他功能写入或初始化 IN 参数的实际值时中断。

2）PT 输入

当边沿在 IN 输入处改变时，PT 输入处的值将写入实例数据中的 PT 参数。

3）Q 和 ET 输出

当输出 ET 或 Q 互连并且调用该指令时或者访问 Q 或 ET 时，Q 和 ET 输出的实际值更新。如果输出未互连并且还未被查询，则不更新 Q 和 ET 输出的当前时间值，即使在程序中跳过该指令，也不会对输出进行更新。

3. 示例程序

生成脉冲指令示例程序如图 2－2－15 所示。

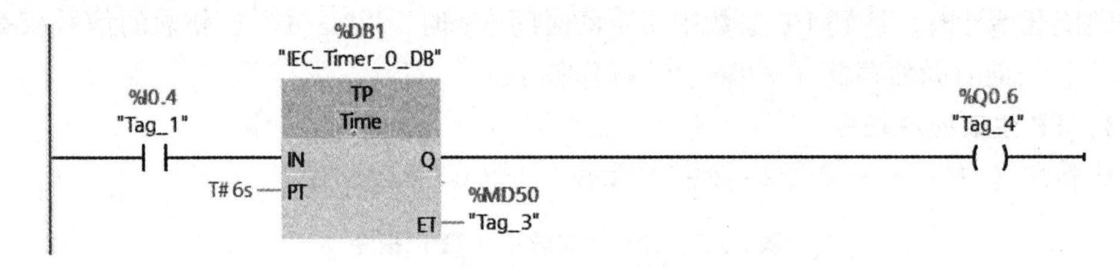

图 2－2－15　生成脉冲指令示例程序

生成脉冲指令示例程序动作时序图如图 2－2－16 所示。

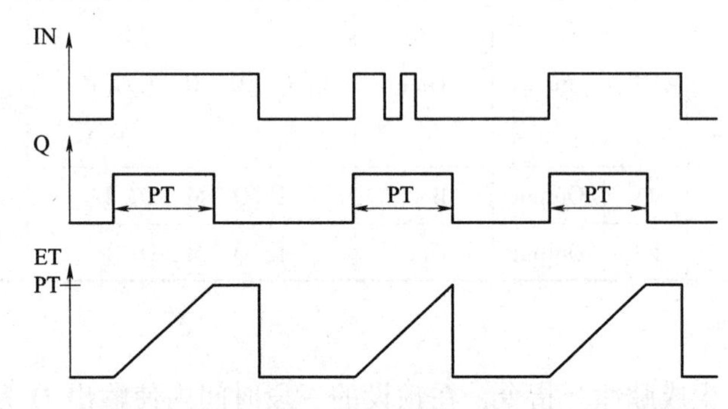

图 2－2－16　生成脉冲指令示例程序动作时序图

当“Tag_1”操作数的信号状态从“0”变为“1”时，按 PT 参数预设的时间开始计时，且“Tag_4”操作数置位为“1”，当前时间值存储在“Tag_3”操作数中。定时器计时结束时，操作数“Tag_4”的信号状态复位为“0”。

基本技能

实例设计 1：三相交流异步电动机星－三角启动运行 PLC 控制程序设计与调试

1. 三相交流异步电动机星－三角启动运行控制要求

一台三相交流异步电动机需要实现星－三角降压启动控制，星－三角降压启动控制星形启动与三角形运行采用时间切换，延时时间为 3 s。控制电动机的星－三角降压启动运行需要使用 3 个接触器，分别为电源接触器 KM1、星形接触器 KM2、三角形接触器 KM3。

控制要求如下：按下启动按钮，电源接触器 KM1 和星形接触器 KM2 通电吸合，电动机星形接法降压启动。此时开始计时，延时 3 s 后，星形接触器 KM2 断电，三角形接触器 KM3 通电，电动机三角形接法全压运行。

2. 三相交流异步电动机星－三角降压启动运行控制逻辑

三相交流异步电动机星－三角降压启动运行控制工艺流程图如图 2－2－17 所示。

3. PLC 变量表

三相交流异步电动机星－三角降压启动运行 PLC 控制变量表如表 2－2－12 所示。

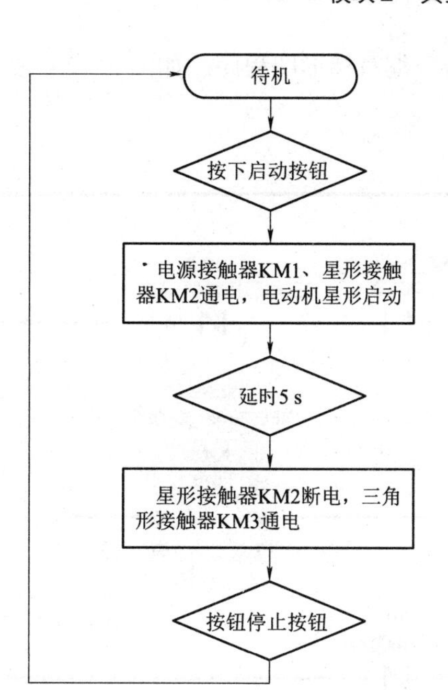

图2-2-17 三相交流异步电动机星-三角降压启动运行控制工艺流程图

表2-2-12 三相交流异步电动机星-三角降压启动运行PLC控制变量表

变量名称	数据类型	地址
启动按钮 SB1	Bool	I0. 0
停止按钮 SB2	Bool	I0. 1
电源接触器 KM1	Bool	Q0. 0
星形接触器 KM2	Bool	Q0. 1
三角形接触器 KM3	Bool	Q0. 2

（1）使用触点和线圈指令编写梯形图程序，如图2-2-18所示。

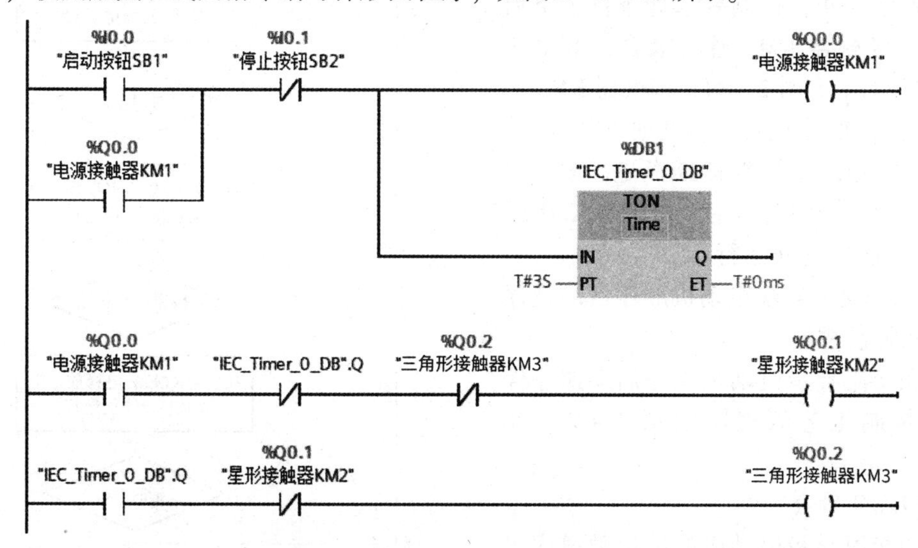

图2-2-18 电动机星-三角降压启动PLC控制程序（线圈和触点指令）

（2）使用置位和复位指令编写梯形图程序，如图 2－2－19 所示。

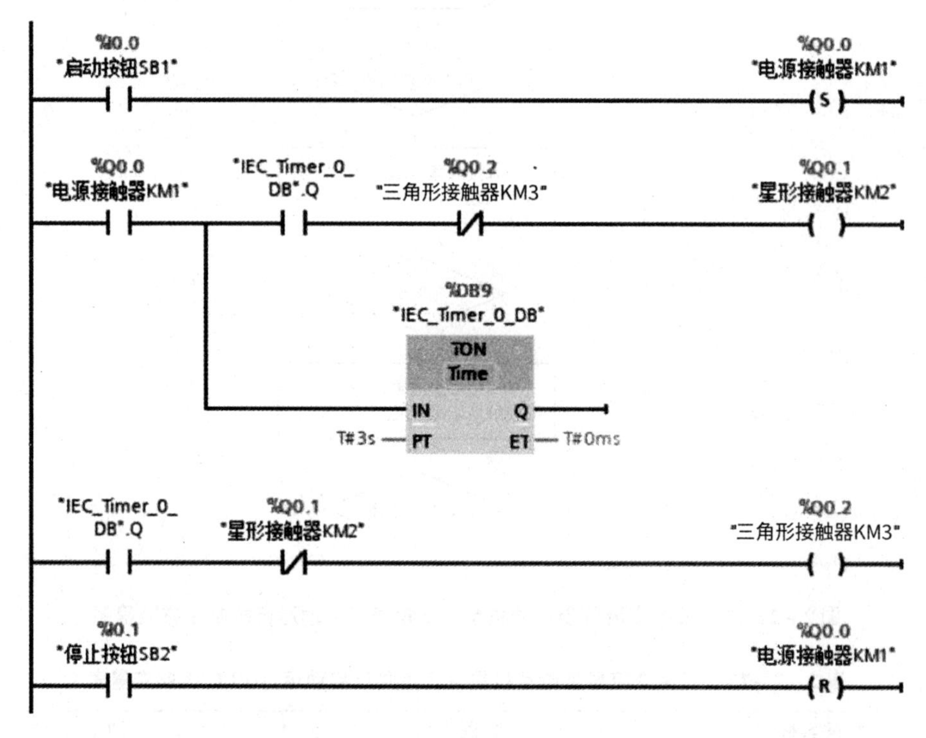

图 2－2－19　电动机星－三角降压启动 PLC 控制程序（置位和复位指令）

实例设计 2：三相交流异步电动机顺序启动逆序停止运行 PLC 控制程序设计与调试

1. 三相交流异步电动机顺序启动逆序停止运行控制要求

两台三相交流异步电动机需要实现顺序启动逆序停止，控制要求如下：按下启动按钮，接触器 KM1 通电吸合，电动机 M1 通电运行。延时 2 s 后，接触器 KM2 通电，电动机 M2 通电运行。此时开始计时，按下停止按钮，接触器 KM2 断电，电动机 M2 停止运行。延时 3 s 后，接触器 KM1 断电，电动机 M1 停止运行。

2. 三相交流异步电动机顺序启动逆序停止运行控制逻辑

三相交流异步电动机顺序启动逆序停止运行控制工艺流程图如图 2－2－20 所示。

3. PLC 变量表

三相交流异步电动机顺序启动逆序停止运行控制变量表如表 2－2－13 所示。

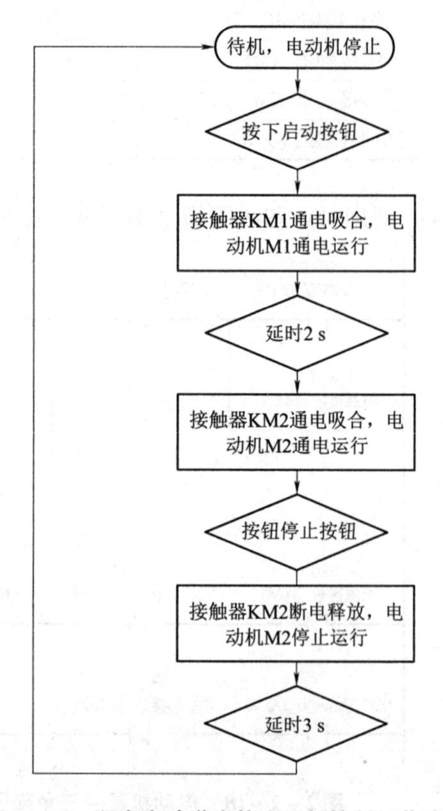

图 2－2－20　顺序启动逆序停止运行控制工艺流程图

表2-2-13　三相交流异步电动机顺序启动逆序停止运行控制变量表

变量名称	数据类型	地址
启动按钮 SB1	Bool	I0.0
停止按钮 SB2	Bool	I0.1
接触器 KM1	Bool	Q0.0
接触器 KM2	Bool	Q0.1

4. 三相交流异步电动机顺序启动逆序停止运行 PLC 控制梯形图程序

使用触点和线圈指令编写梯形图程序如图2-2-21所示。

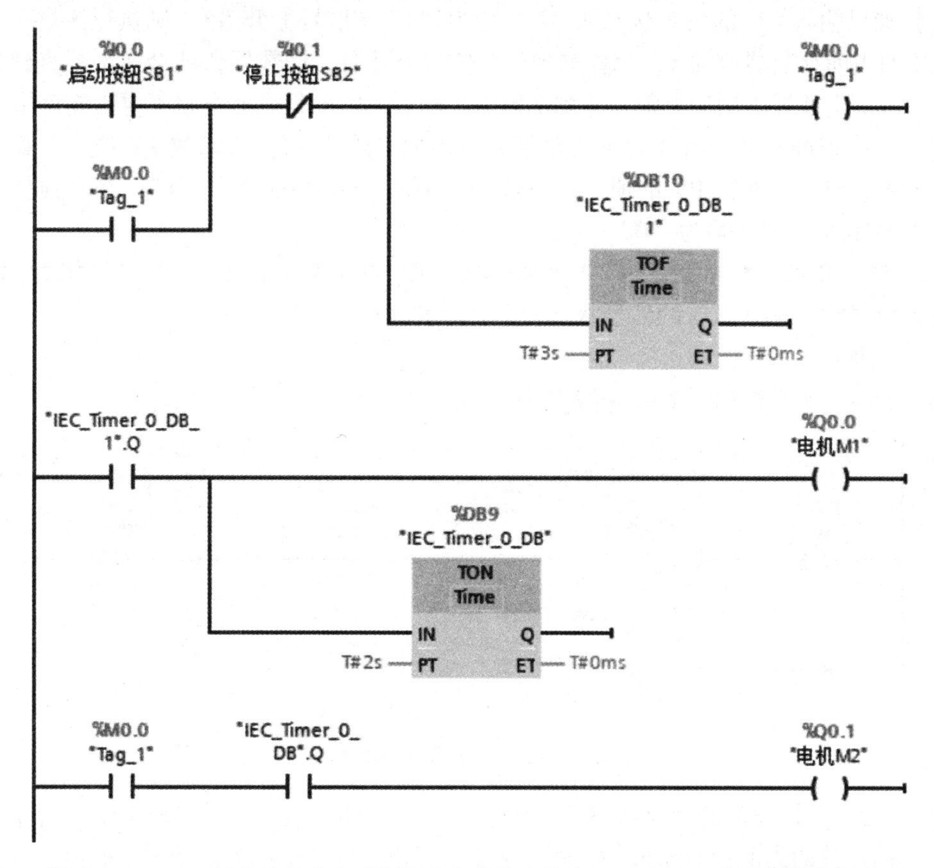

图2-2-21　三相交流异步电动机顺序启动逆序停止 PLC 程序（线圈和触点指令）

知识提示

2.2.3　计数器

2.2.3.1　加计数器（CTU）

加计数器（CTU）指令如表2-2-14所示。

表 2 -2 -14　加计数器（CTU）指令

指令	参数	声明	数据类型	操作数	说明
<???> CTU Int CU Q R CV <???> PV	CU	Input	Bool	I、Q、M、D、L 或常量	计数输入
	R	Input	Bool	I、Q、M、D、L 或常量	复位输入
	PV	Input	整数	I、Q、M、D、L 或常量	计数预设值
	Q	Output	Bool	I、Q、M、D、L	计数器状态
	CV	Output	整数、Char、WChar、Date	I、Q、M、D、L、P	当前计数值

1. 指令功能

（1）如果输入 CU 的信号状态从“0”变为“1”（信号上升沿），则执行该指令，同时输出 CV 的当前计数器值加 1。每检测到一个信号上升沿，计数器值就会递增，直到达到输出 CV 中所指定数据类型的上限。达到上限时，输入 CU 的信号状态将不再影响该指令。

（2）可以查询 Q 输出中的计数器状态，输出 Q 的信号状态由参数 PV 决定。如果当前计数器值大于或等于参数 PV 的值，则将输出 Q 的信号状态置位为“1”。在其他任何情况下，输出 Q 的信号状态均为“0”。

（3）输入 R 的信号状态变为“1”时，输出 CV 的值被复位为“0”。只要输入 R 的信号状态仍为“1”，输入 CU 的信号状态就不会影响该指令。

2. 示例程序

加计数器示例程序如图 2 -2 -22 所示。

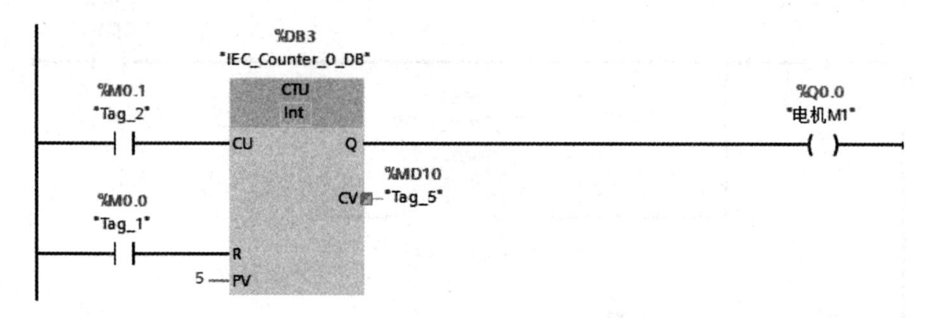

图 2 -2 -22　加计数器示例程序

当“Tag_2”操作数的信号状态从“0”变为“1”时，将执行“加计数”指令，同时“Tag_5”操作数的当前计数器值加 1。“Tag_2”每检测到一个额外的信号上升沿，计数器值都会递增，直至达到该数据类型的上限（INT = 32 767）。

PV 参数的值决定“电机 M1”的状态。只要当前计数器值大于或等于 PV 预设值操作数 5，输出“电机 M1”的信号状态就为“1”。在其他任何情况下，输出“电机 M1”的信号状态均为“0”。

当“Tag_1”操作数的信号状态从“0”变为“1”时，执行计数器复位，CV 当前计数值复位为“0”。

2.2.3.2　减计数器（CTD）

减计数器（CTD）指令如表 2 -2 -15 所示。

表 2-2-15　减计数器（CTD）指令

指令	参数	声明	数据类型	操作数	说明
<???> CTD Int CD　Q LD　CV PV	CD	Input	Bool	I、Q、M、D、L 或常量	计数输入
	LD	Input	Bool	I、Q、M、D、L 或常量	装输入
	PV	Input	整数	I、Q、M、D、L 或常量	计数预设值
	Q	Output	Bool	I、Q、M、D、L	计数器状态
	CV	Output	整数、Char、WChar、Date	I、Q、M、D、L、P	当前计数值

1. 指令功能

（1）如果输入 CD 的信号状态从“0”变为“1”（信号上升沿），则执行该指令，同时输出 CV 的当前计数器值减 1。每检测到一个信号上升沿，计数器值就会递减 1，直到达到输出 CV 中所指定数据类型的下限（即“0”）为止。达到下限“0”时，输入 CD 的信号状态将不再影响该指令。

（2）可以查询 Q 输出中的计数器状态。如果当前计数器值小于或等于“1”，则 Q 输出的信号状态将置位为“1”。在其他任何情况下，输出 Q 的信号状态均为“0”。

（3）输入 LD 的信号状态变为“1”时，输出 CV 的值设置为 PV 预设值。只要输入 LD 的信号状态仍为“1”，输入 CD 的信号状态就不会影响该指令。

2. 示例程序

减计数器示例程序如图 2-2-23 所示。

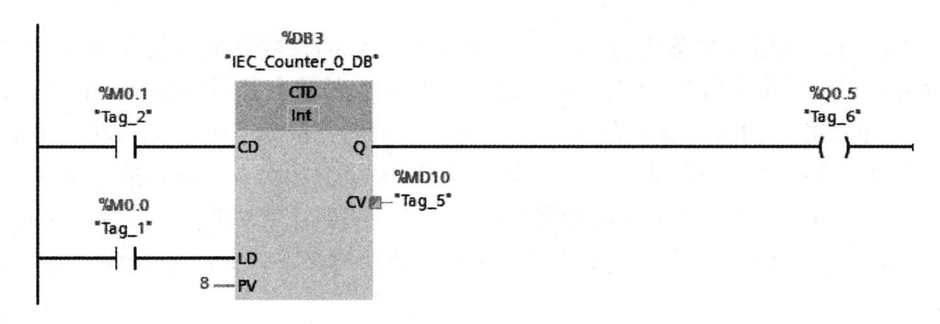

图 2-2-23　减计数器示例程序

当“Tag_2”操作数的信号状态从“0”变为“1”时，将执行“减计数”指令，同时“Tag_5”操作数的当前计数器值加 1。“Tag_2”每检测到一个额外的信号上升沿，计数器值都会递减 1，直至达到该数据类型的下限（INT = -32 768）。

只要当前计数器值小于或等于 0，输出“电机 M1”的信号状态就为“1”。在其他任何情况下，输出“电机 M1”的信号状态均为“0”。

当“Tag_1”操作数的信号状态从“0”变为“1”时，重新将 PV 值加载到 CV。

2.2.3.3　加减计数器（CTUD）

加减计数器（CTUD）指令如表 2-2-16 所示。

表 2－2－16　加减计数器（CTUD）指令

指令	参数	声明	数据类型	操作数	说明
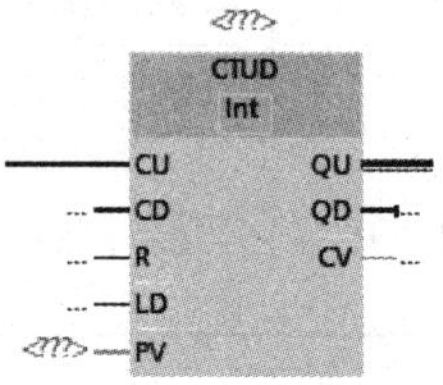	CU	Input	Bool	I、Q、M、D、L 或常量	加计数输入
	CD	Input	Bool	I、Q、M、D、L 或常量	减计数输入
	R	Input	Bool	I、Q、M、D、L 或常量	复位输入
	LD	Input	Bool	I、Q、M、D、L 或常量	装载输入
	PV	Input	整数	I、Q、M、D、L 或常量	计数预设值
	QU	Output	Bool	I、Q、M、D、L	计数器状态
	QD	Output	Bool	I、Q、M、D、L	计数器状态
	CV	Output	整数、Char、WChar、Date	I、Q、M、D、L、P	当前计数值

1. 指令功能

（1）可以使用“加减计数”指令，递增和递减输出 CV 的计数器值。如果输入 CU 的信号状态从“0”变为“1”（信号上升沿），则当前计数器值加 1 并存储在输出 CV 中。如果输入 CD 的信号状态从“0”变为“1”（信号上升沿），则输出 CV 的计数器值减 1。如果在一个程序周期内，输入 CU 和 CD 都出现信号上升沿，则输出 CV 的当前计数器值保持不变。

（2）计数器值可以一直递增，直到其达到输出 CV 处指定数据类型的上限。达到上限后，即使出现信号上升沿，计数器值也不再递增。达到指定数据类型的下限后，计数器值便不再递减。

（3）输入 LD 的信号状态变为“1”时，将输出 CV 的计数器值置位为参数 PV 的值。只要输入 LD 的信号状态仍为“1”，输入 CU 和 CD 的信号状态就不会影响该指令。

（4）当输入 R 的信号状态变为“1”时，将计数器值置位为“0”。只要输入 R 的信号状态仍为“1”，输入 CU、CD 和 LD 信号状态的改变就不会影响“加减计数”指令。

（5）可以在 QU 输出中查询加计数器的状态。如果当前计数器值大于或等于参数 PV 的值，则将输出 QU 的信号状态置位为“1”。在其他任何情况下，输出 QU 的信号状态均为“0”。

（6）可以在 QD 输出中查询减计数器的状态。如果当前计数器值小于或等于“0”，则 QD 输出的信号状态将置位为“1”。在其他任何情况下，输出 QD 的信号状态均为“0”。

2. 示例程序

加减计数器示例程序如图 2－2－24 所示。

如果输入“Tag_2”或“Tag_7”的信号状态从“0”变为“1”（信号上升沿），则执行“加减计数”指令。输入“Tag_2”出现信号上升沿时，当前计数器值加 1 并存储在输出“Tag_5”中。输入“Tag_7”出现信号上升沿时，计数器值减 1 并存储在输出“Tag_5”中。输入 CU 出现信号上升沿时，计数器值将递增直至其达到上限值 32 767。输入 CD 出现信号上升沿时，计数器值将递减直至其达到下限（INT = －32 768）。

只要当前计数器值大于或等于 PV 预设值 6 时，“Tag_6”输出的信号状态就为“1”。在其他任何情况下，输出“Tag_6”的信号状态均为“0”。

只要当前计数器值小于或等于 0，“Tag_9”输出的信号状态就为“1”。在其他任何情况下，输出“Tag_9”的信号状态均为“0”。

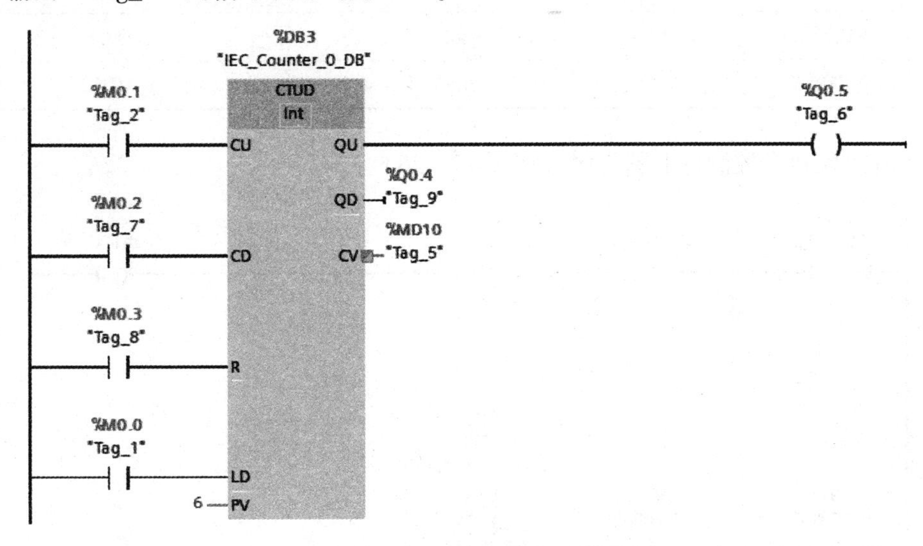

图 2-2-24 加减计数器示例程序

基本技能

实例设计 1：物料计数 PLC 控制程序设计与调试

1. 物料计数 PLC 控制工艺要求

输送带物料检测计数装置如图 2-2-25 所示，输送带由电动机 M1 拖动，在输送带终端位置安装有物料检测传感器。当按下启动按钮设备启动，电动机 M1 启动运行，输送带开始传送物料，当检测装置检测到一个物料时产生一个电信号。按停止按钮时，设备停止。

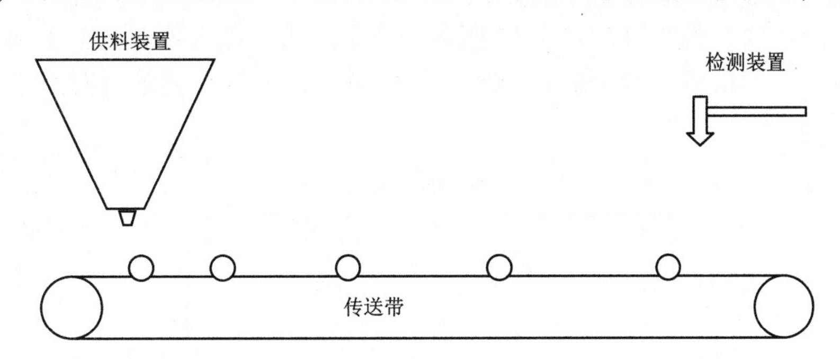

图 2-2-25 输送带物料检测计数装置

2. 物料计数 PLC 控制变量表（表 2-2-17）

表 2-2-17 物料计数 PLC 控制变量表

变量名称	数据类型	地址
启动按钮 SB1	Bool	I0. 0
启动按钮 SB2	Bool	I0. 1
检测装置	Bool	I0. 2

续表

变量名称	数据类型	地址
接触器 KM	Bool	Q0.0
物料数量	DInt	MD10

3. 物料计数 PLC 控制梯形图程序（图 2－2－26）

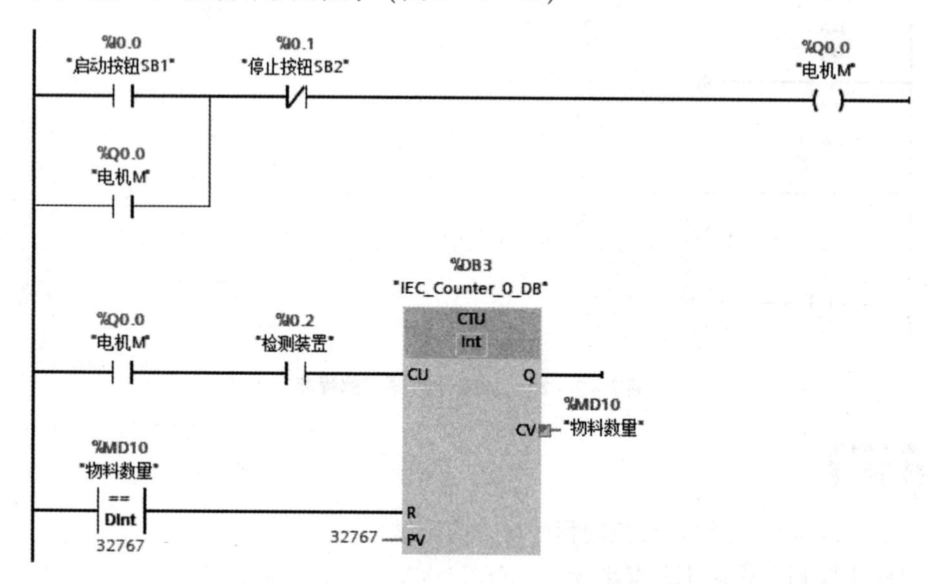

图 2－2－26　物料计数 PLC 控制梯形图程序

实例设计 2：停车场车位计数 PLC 控制程序设计与调试

1. 停车场车位计数 PLC 控制工艺要求

停车场车位计数装置如图 2－2－27 所示，汽车由入口进入停车场，由出口驶离停车场。在停车场入口与出口处分别装设车辆检测传感器，当有车辆驶过时产生一个电脉冲信号。

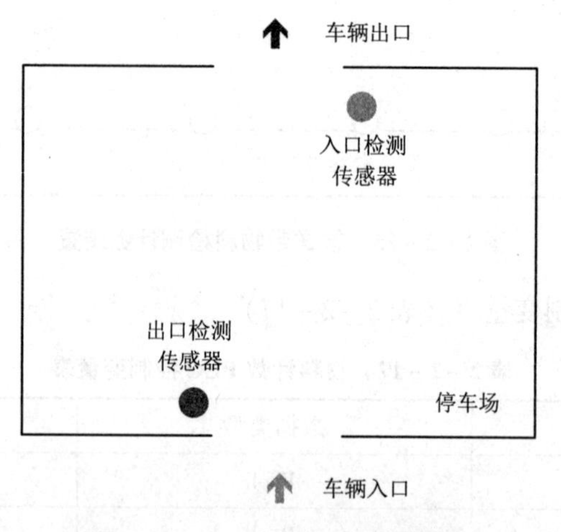

图 2－2－27　停车场辆计数装置

2. 停车场车位计数装置控制变量表（表2-2-18）

表2-2-18　停车场车位计数装置控制变量表

变量名称	数据类型	地址
入口检测传感器	Bool	I0.0
出口检测传感器	Bool	I0.1
运行开关（1运行，0停止）	Bool	I0.2
车辆数量	DInt	MD10

3. 停车场车位计数装置控制梯形图程序（图2-2-28）

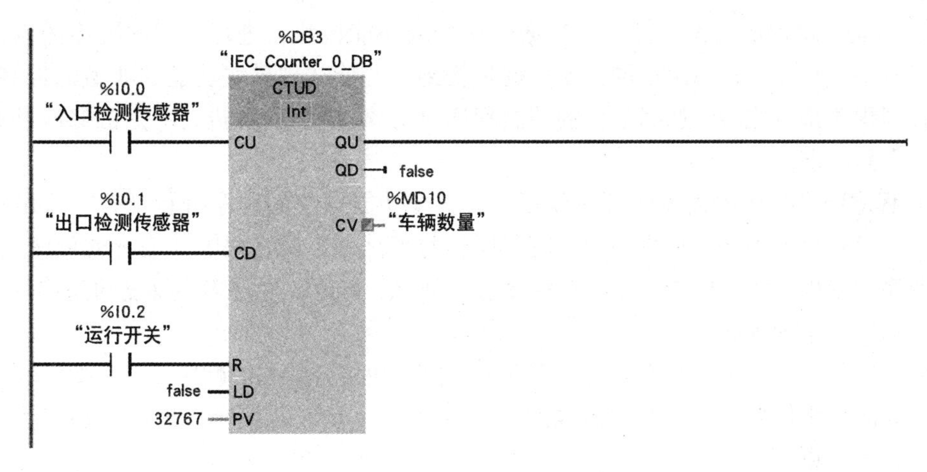

图2-2-28　停车场车位计数装置控制梯形图程序

知识点2.3　编程方法

知识提示

2.3.1　经验设计法与移植设计法

2.3.1.1　经验设计法

1. 经验设计法简介

PLC梯形图程序用"经验设计法"编写，是沿用了设计继电器电路图的方法来设计梯形图，即在某些典型电路的基础上，根据被控对象对控制系统的具体要求，不断地修改和完善梯形图。有时需要多次反复地进行调试和修改梯形图，不断地增加中间编程元件和辅助触点，最后才能得到一个较为满意的结果。因此，所谓的经验设计法是指利用已有的经验（一些典型的控制程序、控制方法等），对其进行重新组合或改造，再经过多次反复修改，最终得出符合要求的控制程序。

这种设计方法没有普遍的规律可以遵循，具有很大的试探性和随意性，最后的结果也不是唯一的，设计所用的时间、设计质量与设计者的经验有很大的关系，因此有人就称这种设计方法为经验设计法，它是其他设计方法的基础，用于较简单的梯形图程序设计。

2. 经验设计法步骤

（1）控制模块划分（工艺分析）。在准确了解控制要求后，合理地对控制系统中的事件进行划分，得出控制要求有几个模块组成、每个模块要实现什么功能、因果关系如何、模块与模块之间怎样联络等内容。划分时，一般可将一个功能作为一个模块来处理，也就是说，一个模块完成一个功能。

（2）功能及端口定义。对控制系统中的主令元件和执行元件进行功能定义、代号定义与 I/O（输入/输出）口的定义（分配），画出 I/O 接线图。对于一些要用到的内部元件，也要进行定义，以方便后期的程序设计。在进行定义时，可用资源分配表的形式来进行合理安排元器件。

（3）功能模块梯形图程序设计。根据已划分的功能模块，进行梯形图程序的设计，一个模块对应一个程序。这一阶段的工作关键是找到一些能实现模块功能的典型的控制程序，对这些控制程序进行比较，选择最佳的控制程序（方案选优），并进行一定的修改补充，使其能实现所需功能。

（4）程序组合，得出最终梯形图程序。对各个功能模块的程序进行组合，得出总的梯形图程序。组合后的程序，只是一个关键程序，而不是一个最终程序（完善的程序），在这个关键程序的基础上，需要进一步的对程序进行补充、修改。经过多次反复的完善，最后要得出一个功能完整的程序。

因此，在程序组合时，一方面要注意各个功能模块组合的先后顺序；二是要注意各个功能模块之间的联络信号；三是要注意线圈之间的联锁（互锁）信号；最后不要忘了程序结束时要有程序结束指令。

2.3.1.2　移植设计法

1. 移植设计法简介

该方法根据原有的继电器－接触器电路图来设计梯形图程序，显然是梯形图程序设计的一条捷径。因为原有的继电器电路图与梯形图在表示方法上有许多相似之处，因此可以根据继电器电路图来设计梯形图，即将继电器电路图“转换”为具有相同功能的 PLC 的外部硬接线图和梯形图。这种设计方法一般不需要改动控制面板，保持了系统原有的外部特性，操作人员不用改变长期养成的操作习惯。

2. 移植设计法步骤

1）分析原有系统的工作原理

了解被控设备的工艺过程和机械的动作情况，根据继电器电路图分析和掌握控制系统的工作原理。

2）PLC 的 I/O 分配

确定系统的输入设备和输出设备，进行 PLC 的 I/O 分配，列出详细的 I/O 分配表，画出 PLC 外部接线图。

3）建立其他元器件的对应关系

确定继电器电路图中的中间继电器、时间继电器等各器件与 PLC 中的辅助继电器和定时器的对应关系。

以上 2）和 3）两步建立了继电器电路图中所有的元器件与 PLC 内部编程元件的对应关

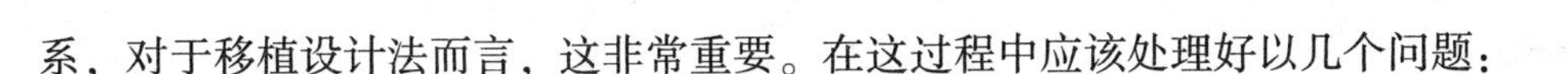

系，对于移植设计法而言，这非常重要。在这过程中应该处理好以几个问题：

（1）继电器电路中的执行元件应与PLC的输出继电器对应，如交直流接触器、电磁阀、电磁铁、指示灯等。

（2）继电器电路中的主令电器应与PLC的输入继电器对应，如按钮、位置开关、选择开关等。热继电器的触点可作为PLC的输入，也可接在PLC外部电路中，主要是看PLC的输入点是否富裕。注意处理好PLC内、外触点的常开和常闭的关系。

（3）继电器电路中的中间继电器与PLC的辅助触点对应。

（4）继电器电路中的时间继电器与PLC的定时器或计数器对应，但要注意：时间继电器有通电延时型和断电延时型两种，与不同类型定时器分别对应。

4）设计梯形图程序

根据上述的对应关系，将继电器电路图“翻译”成对应的“准梯形图”，再根据梯形图的编程规则将“准梯形图”转换成结构合理的梯形图。对于复杂的控制电路可化整为零，先进行局部的转换，最后再综合起来。

5）仔细校对、认真调试

对转换后的梯形图一定要仔细校对、认真调试，以保证其控制功能与原来相符。

3. 移植设计法使用中应注意的问题

1）对常开、常闭按钮的处理

在继电器控制电路中，一般启动用常开按钮，停止用常闭按钮。用PLC控制时，启动和停止一般都用常开按钮，在程序中使用常闭触点。尽管使用哪种按钮都行，但画出的PLC梯形图却不同。

2）对热继电器触点的处理

若PLC的输入点较富裕，热继电器的常闭触点可占用PLC的输入点；若输入点较紧张，热继电器的信号可不输入PLC中，而接在PLC外部的控制电路中。

3）对时间继电器的处理

物理的时间继电器可分为通电延时型和断电延时型。通电延时型时间继电器，其延时动作的触点有通电延时闭合和通电延时断开两种。断电延时型时间继电器，其延时动作的触点有断电延时闭合和断电延时断开两种。用PLC控制时，1200 PLC的定时器有三种，通电延时定时器，通电后经过设定时间输出触发；断电延时计时器，通电后输出触发，经过设定时间后输出复位；还有脉冲定时器，通电后输出触发，经过设定时间后输出复位，在实际应用中可以根据时间继电器类型和控制要求选择合适的时间定时器。

4）综合处理

上面只是转换控制电路的局部，对较复杂的控制电路可以化整为零，先进行局部的转换，最后再综合起来。

由继电器控制电路转换成PLC梯形图后，一定要仔细校对、认真调试，以保证其控制功能与原图相符。

当控制电路很复杂时，大量的中间继电器、时间继电器、计数器都可以用PLC的内部元件取代，复杂的控制逻辑可以用程序实现，这时，用PLC取代继电器控制的优越性就显而易见了。

基本技能

实例设计 1：翻笼提升机 PLC 控制程序设计与调试

翻笼提升机是对煤矿资源采集的主要设备，它最主要的作用就是运输，而翻笼提升机的运输效率影响着企业的生产效率，因此矿山提升机自动化控制系统的改造非常有必要。翻笼提升机主要由提升机、装卸载设备、钢丝绳、煤斗、井架及电气设备等组成，其工作过程为：下煤时，空煤斗下降，到达下煤预定位置时，煤斗压迫行程开关而停止运行。由装煤机械往煤斗中装煤，装煤完成后等待上煤。上煤时，煤斗上升，到达预定位置时，煤斗自动翻斗卸料，随后通过行程开关控制自动反向下降。其工作示意图如图 2-3-1 所示。

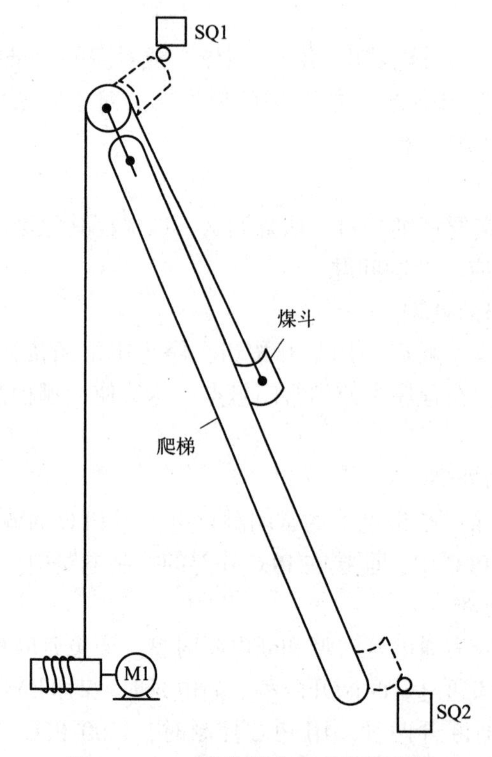

图 2-3-1　翻笼提升机工作示意图

在本任务中，要求完成翻笼提升机 PLC 控制系统的设计。翻笼提升机由一台电动机实现对煤斗爬升与下降的控制。

1. 任务要求

1）工作流程

煤斗由电动机 M1 拖动，按下启动按钮，电动机 M1 将装满煤的煤斗提升到上限后，由行程开关 SQ1 控制自动翻斗卸料，随后反向下降到达下限 SQ2 位置，煤斗压迫行程开关而停止运行，由装煤机械往煤斗中装煤，装煤完成后，需要按下启动按钮，才可以进行下一次的上煤。

2）设计要求

（1）电动机 M1 为三相交流异步电动机，功率 4 kW。

（2）翻笼提升机电气控制系统应按照上述工作流程顺序实现控制，煤斗可以停在任意

位置，启动时可以使煤斗随意从上升或下降开始运行，到达预定位置自动停止。

（3）系统要具有短路、过载、失压、欠压、电气联锁等必要的电气保护措施。

2. 翻笼提升机 PLC 控制系统 I/O 表

根据任务要求，可以设计翻笼提升机 PLC 控制系统 I/O 表，如表 2-3-1 所示。

表 2-3-1　翻笼提升机 PLC 控制系统 I/O 表

输入			输出		
名称	符号	地址	名称	符号	地址
M1 正转启动	SB0	I0.0	M1 正转运行	KM1	Q0.0
M1 反转启动	SB1	I0.1	M1 反转运行	KM2	Q0.1
停止	SB2	I0.2			
上限位	SQ1	I0.3			
下限位	SQ2	I0.4			
过载保护	FR	I0.5			

3. 编写 PLC 程序

利用经验法根据“启—保—停”基本电路的设计思路实现控制要求，如图 2-3-2 所示。

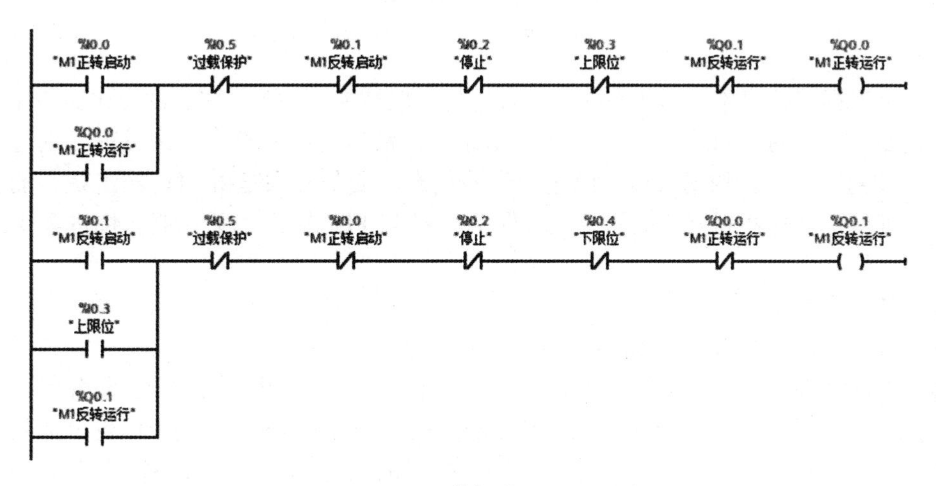

图 2-3-2　翻笼提升机 PLC 程序

知识提示

2.3.2　顺序控制设计法

2.3.2.1　概念

若一个控制任务可以分解成几个独立的控制动作，且这些动作严格地按照先后次序执行才能使生产过程正常实施，这种控制称为顺序控制或步进控制。在工业控制领域中，顺序控制应用广泛，尤其在机械制造行业，几乎都利用顺序控制来实现加工过程的自动循环。

顺序控制设计法就是针对顺序控制系统的一种专门设计方法。该设计方法对初学者易于接受，对于有经验的工程师，也会提高编程效率，便于程序的调试、修改与阅读。PLC 的设计者们为顺序控制系统的程序编制提供了大量通用和专用的编程元件，开发了专门供编制顺序控制程序的功能图，使这种先进的设计方法成为当前 PLC 应用程序设计的主要方法。

采用顺序控制设计法进行程序设计的基本步骤及内容如下：

1. 步的划分

顺序控制设计法最基本的思想是将系统的一个工作周期划分为若干个顺序相连的阶段，这些阶段称为步，并且用编程元件（内部辅助继电器）来代表各步。

如图 2-3-3 所示，步是根据 PLC 输出状态的变化来划分的，在任何一步之内，各输出状态不变，但是相邻步之间输出状态是不同的。步的这种划分方法使代表各步的编程元件与 PLC 各输出状态之间有着极为简单的逻辑关系。

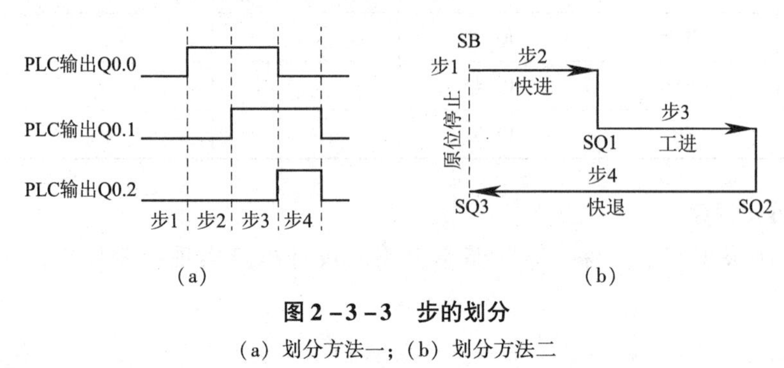

图 2-3-3　步的划分

（a）划分方法一；（b）划分方法二

步也可根据被控对象工作状态的变化来划分，但被控对象工作状态的变化应该是由 PLC 输出状态变化引起的。如图 2-3-3（b）所示，某液压滑台的整个工作过程可划分为停止(原位)、快进、工进、快退四步。但这四步的状态改变都必须是由 PLC 输出状态的变化引起的，否则就不能这样划分，例如从快进转为工进与 PLC 输出无关，那么快进和工进只能算一步。

2. 转换条件的确定

使系统由当前步转入下一步的信号称为转换条件。

转换条件可能是外部输入信号，如按钮、指令开关、限位开关的接通/断开等，也可能是 PLC 内部产生的信号，如定时器、计数器触点的接通/断开等，转换条件也可能是若干个信号的与、或、非逻辑组合。图 2-3-3（b）所示的 SB、SQ1、SQ2、SQ3 均为转换条件。

顺序控制设计法用转换条件控制代表各步的编程元件，让它们的状态按一定的顺序变化，然后用代表各步的编程元件去控制各输出继电器。

3. 功能表图的绘制

根据以上分析和被控对象工作内容、步骤、顺序和控制要求画出顺序控制功能表图。绘制功能表图是顺序控制设计法中最为关键的一个步骤。

4. 梯形图的编制

根据功能表图，按某种编程方式写出梯形图程序。如果 PLC 支持功能表图语言，则可直接使用该功能表图作为最终程序。下面重点讲解功能图表的绘制。

2.3.2.2　顺序功能图绘制

功能表图又称为状态转移图，它是描述控制系统的控制过程、功能和特性的一种图形，也是设计 PLC 的顺序控制程序的有力工具。功能表图并不涉及所描述的控制功能的具体技术，它是一种通用的技术语言，可以用于进一步设计和不同专业的人员之间进行技术交流。

各个 PLC 厂家都开发了相应的功能表图，各国家也都制定了功能表图的国家标准。

图 2-3-4 所示为功能表图的一般形式，它主要由步、有向连线、转换、转换条件和动作（命令）组成。

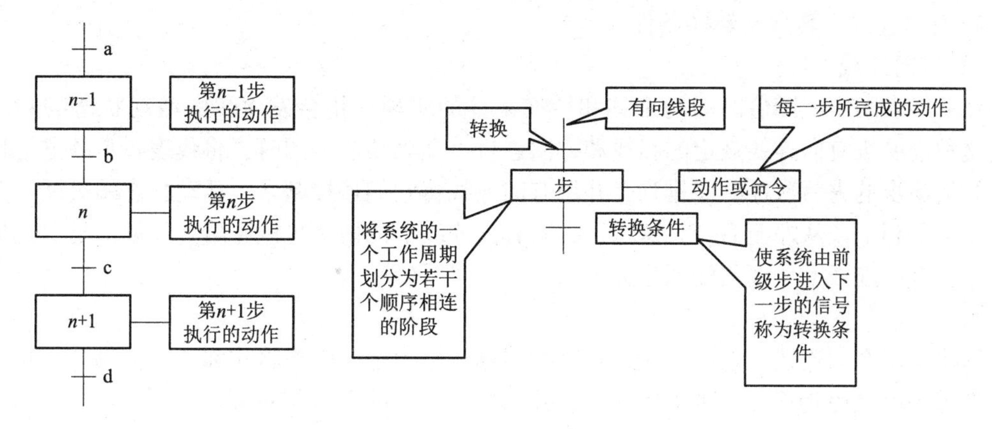

图 2-3-4　功能表图的一般形式

1. 步与动作

1）步

在功能表图中用矩形框表示步，方框内是该步的编号。如图 2-3-4 所示，各步的编号为 $n-1$、n、$n+1$。编程时一般用 PLC 内部编程元件来代表各步，因此经常直接用代表该步的编程元件的元件号作为步的编号，如 M10 等，这样在根据功能表图设计梯形图时较为方便。

2）初始步

与系统的初始状态相对应的步称为初始步。初始状态一般是系统等待启动命令的相对静止的状态。初始步用双线方框表示，每一个功能表图至少应该有一个初始步，如图 2-3-5 所示。

3）动作

一个控制系统可以划分为被控系统和施控系统，例如在数控车床系统中，数控装置是施控系统，而车床是被控系统。对于被控系统，在某一步中要完成某些“动作”，对于施控系统，在某一步中则要向被控系统发出某些“命令”，将动作或命令简称为动作，并用矩形框中的文字或符号表示，该矩形框应与相应的步的符号相连。如果某一步有几个动作，可以用如图 2-3-6 所示的两种画法来表示，但是图中并不隐含这些之间的任何顺序。

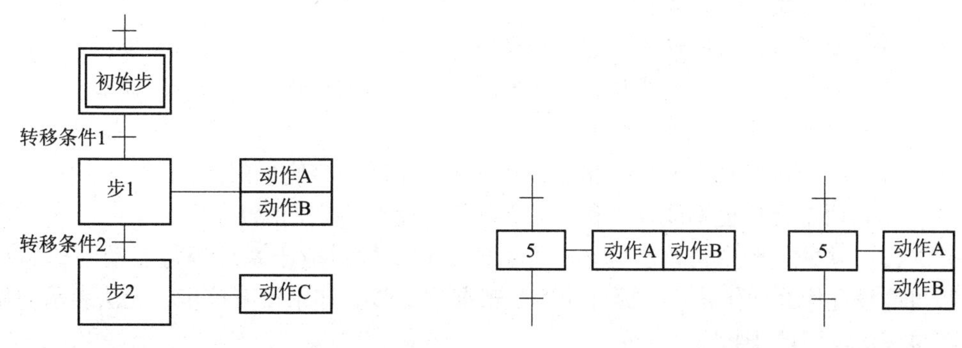

图 2-3-5　步、动作、有向连线、转移条件的关系　　**图 2-3-6　多个动作的表示**

4）活动步

当系统正处于某一步时，该步处于活动状态，称该步为“活动步”。步处于活动状态时，相应的动作被执行。若为保持型动作，则该步不活动时继续执行该动作，若为非保持型动作则指该步不活动时，动作也停止执行。一般在功能表图中保持型的动作应该用文字或助记符标注，而非保持型动作不要标注。

2. 有向连线、转换与转换条件

1）有向连线

在功能表图中，随着时间的推移和转换条件的实现，将会发生步的活动状态的顺序进展，这种进展按有向连线规定的路线和方向进行。在画功能表图时，将代表各步的方框按它们成为活动步的先后次序顺序排列，并用有向连线将它们连接起来。活动状态的进展方向习惯上是从上到下或从左至右，在这两个方向有向连线上的箭头可以省略。如果不是上述的方向，应在有向连线上用箭头注明进展方向。

2）转换

转换是用有向连线上与有向连线垂直的短划线来表示，转换将相邻两步分隔开。步的活动状态的进展是由转换的实现来完成的，并与控制过程的发展相对应。

3）转换条件

转换条件是与转换相关的逻辑条件，转换条件可以用文字语言、布尔代数表达式或图形符号标注在表示转换的短线旁边。转换条件 I0.0 和$\overline{\text{I0.0}}$分别表示在逻辑信号 I0.0 为“1”状态和“0”状态时转换实现。符号 I0.0↑和 I0.0↓分别表示当 I0.0 从0→1 状态和从 1→0 状态时转换实现。使用最多的转换条件表示方法是布尔代数表达式，如转换条件（I0.0 + I0.3）· $\overline{C0}$。

3. 转换实现的基本规则

1）转换实现的条件

在功能表图中，步的活动状态的进展是由转换的实现来完成的。转换实现必须同时满足两个条件：

（1）该转换所有的前级步都是活动步；

（2）相应的转换条件得到满足。

如果转换的前级步或后续步不止一个，转换的实现称为同步实现，如图 2-3-7 所示。

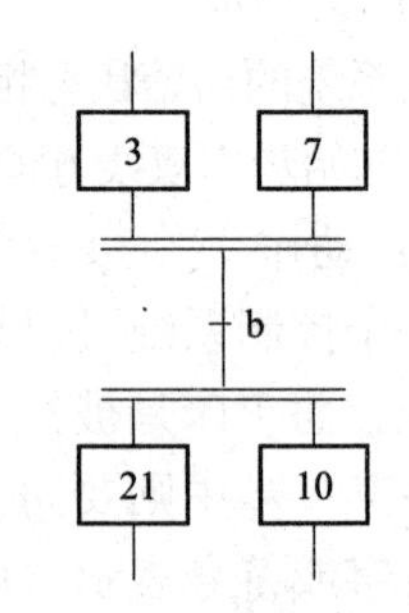

图 2-3-7　转换的同步实现

2）转换实现应完成的操作

转换的实现应完成两个操作：

（1）使所有由有向连线与相应转换符号相连的后续步都变为活动步；

（2）使所有由有向连线与相应转换符号相连的前级步都变为不活动步。

4. 绘制功能表图应注意的问题

（1）两个步绝对不能直接相连，必须用一个转换将它们隔开。

（2）两个转换也不能直接相连，必须用一个步将它们隔开。

（3）功能表图中初始步是必不可少的，它一般对应于系统等待启动的初始状态，这一步可能没有什么动作执行，因此很容易遗漏这一步。如果没有该步，无法表示初始状态，系统也无法返回停止状态。

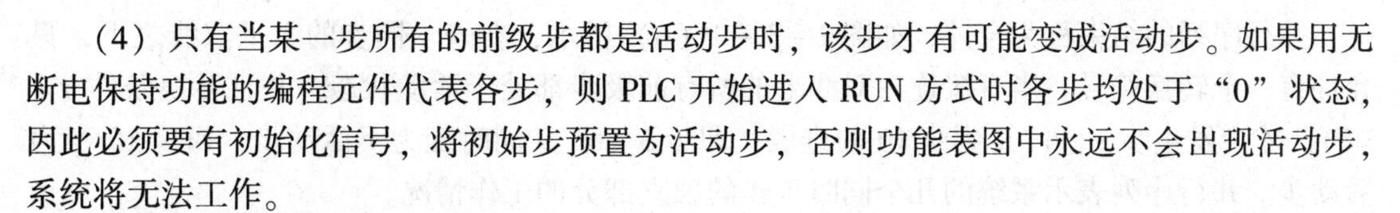

（4）只有当某一步所有的前级步都是活动步时，该步才有可能变成活动步。如果用无断电保持功能的编程元件代表各步，则 PLC 开始进入 RUN 方式时各步均处于“0”状态，因此必须要有初始化信号，将初始步预置为活动步，否则功能表图中永远不会出现活动步，系统将无法工作。

2.3.2.3　顺序控制的不同序列

1. 单序列

单序列由一系列相继激活的步组成，每一步的后面仅接有一个转换，每一个转换的后面只有一个步，如图 2－3－8（a）所示。

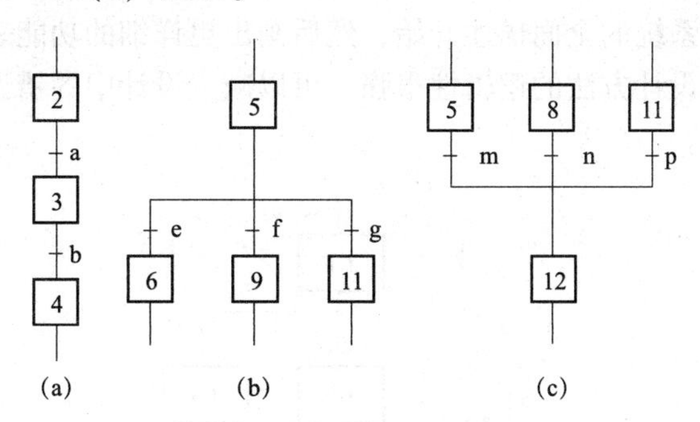

图 2－3－8　单序列与选择序列

（a）单序列；（b）选择序列开始；（c）选择序列结束

2. 选择序列

选择序列的开始称为分支，如图 2－3－8（b）所示，转换符号只能标在水平连线之下。如果步 2 是活动的，并且转换条件 $e=1$，则发生由步 5→步 6 的进展；如果步 5 是活动的，并且 $f=1$，则发生由步 5→步 9 的进展。在某一时刻一般只允许选择一个序列。选择序列的结束称为合并，如图 2－3－8（c）所示。如果步 5 是活动步，并且转换条件 $m=1$，则发生由步 5→步 12 的进展；如果步 8 是活动步并且 $n=1$，则发生由步 8→步 12 的进展。

3. 并行序列

并行序列的开始称为分支，如图 2－3－9（a）所示，当转换条件的实现导致几个序列同时激活时，这些序列称为并行序列。当步 4 是活动步，并且转换条件 $a=1$，步 3、7、9 同时变为活动步，步 4 变为不活动步。为了强调转换的同步实现，水平连线用双线表示。步 3、7、9 被同时激活后，每个序列中活动步的进展将是独立的。在表示同步的水平双线之上，只允许有一个转换符号。

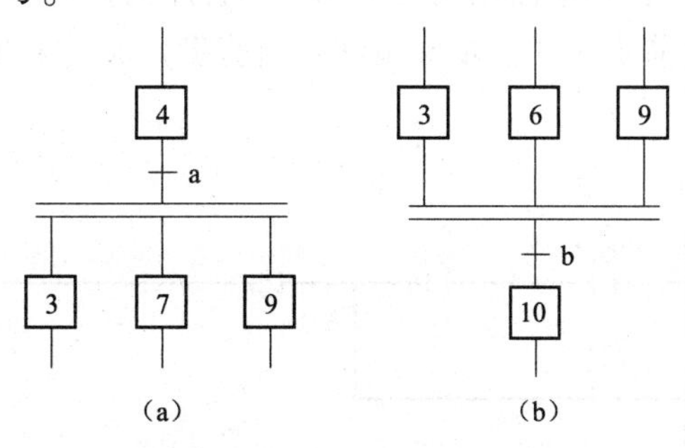

图 2－3－9　并行序列

（a）并行序列开始；（b）并行序列结束

并行序列的结束称为合并，如图2－3－9（b）所示，在表示同步的水平双线之下，只允许有一个转换符号。当直接连在双线上的所有前级步都处于活动状态，并且转换条件 $b=1$ 时，才会发生步3、6、9到步10的进展，即步3、6、9同时变为不活动步，而步10变为活动步。并行序列表示系统的几个同时工作的独立部分的工作情况。

4. 子步

如图2－3－10所示，某一步可以包含一系列子步和转换，通常这些序列表示整个系统的一个完整的子功能。子步的使用使系统的设计者在总体设计时容易抓住系统的主要矛盾，用更加简洁的方式表示系统的整体功能和概貌，而不是一开始就陷入某些细节之中。设计者可以从最简单的对整个系统的全面描述开始，然后画出更详细的功能表图，子步中还可以包含更详细的子步，这使设计方法的逻辑性很强，可以减少设计中的错误，缩短总体设计和查错所需要的时间。

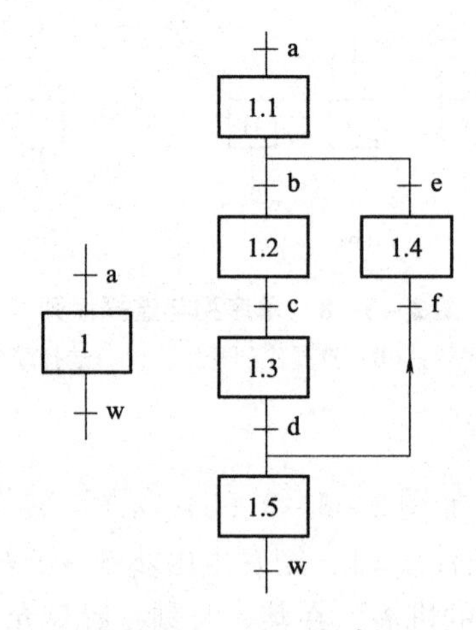

图2－3－10　子步

2.3.2.4　顺序功能图转梯形图方法

根据顺序功能图，采用某种编程方式设计出梯形图。

常用的设计方法有三种：启保停电路设计法、以转换为中心设计法、步进顺控指令设计法。这里主要学习前两种梯形图的设计方法。

1. 单序列结构的编程

（1）使用启保停电路的编程方法，如图2－3－11所示。

根据顺序功能图使用启保停电路结构编写梯形图程序的公式：

当前步＝（前步×条件＋当前步）×后步非

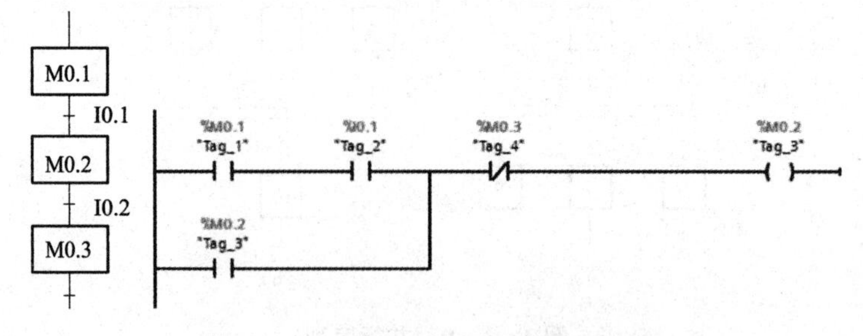

图2－3－11　使用启保停电路的编程方法

（2）使用以转换为中心的编程方法，如图 2－3－12 所示。

根据顺序功能图使用以转换为中心编写梯形图程序的公式：

前步×条件置位当前步并复位前步

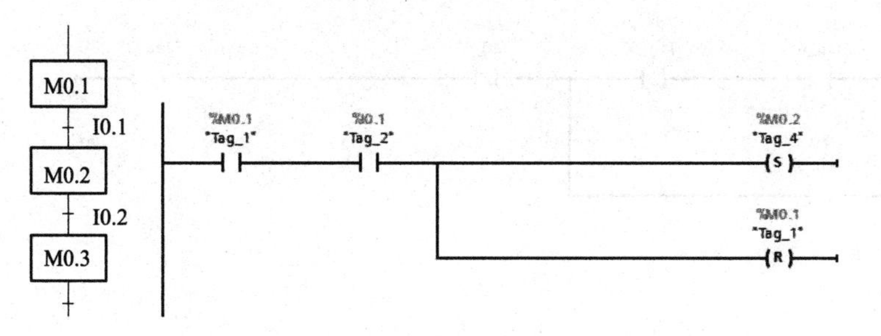

图 2－3－12　使用以转换为中心的编程方法

（3）举例说明。

单序列结构顺序功能图如图 2－3－13 所示；单序列结构梯形图如图 2－3－14、图 2－3－15 所示。

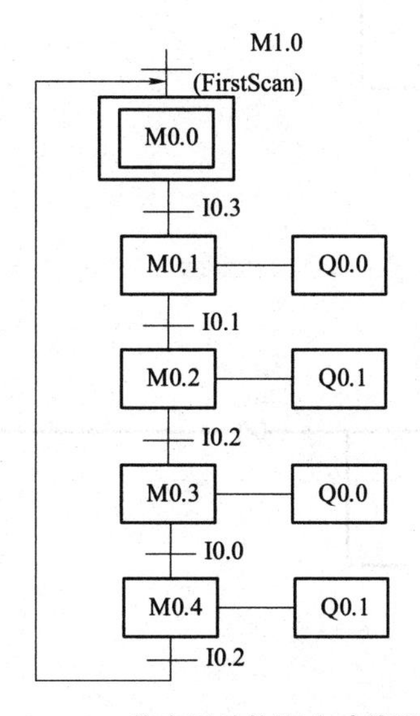

图 2－3－13　单序列结构顺序功能图绘制

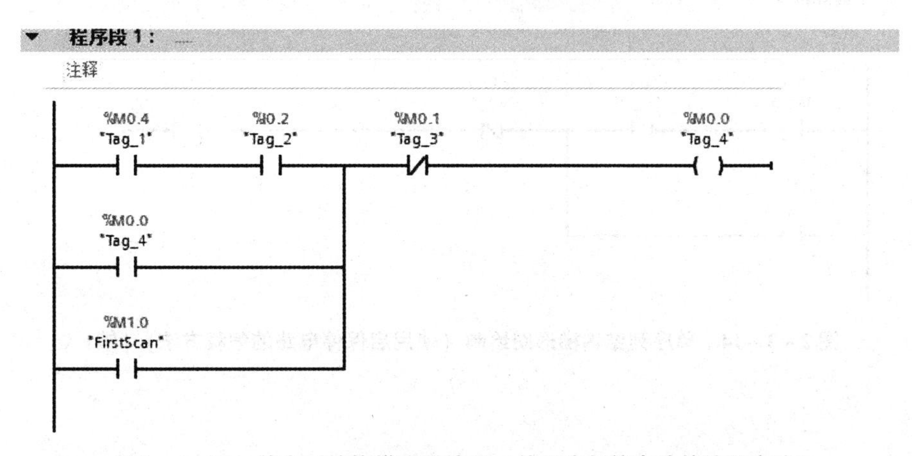

图 2－3－14　单序列结构梯形图绘制（使用启保停电路的编程方法）

程序段 2：......

注释

%M0.0 "Tag_4"　%I0.3 "Tag_5"　%M0.2 "Tag_6"　%M0.1 "Tag_3"

%M0.1 "Tag_3"

程序段 3：......

注释

%M0.1 "Tag_3"　%I0.1 "Tag_7"　%M0.3 "Tag_8"　%M0.2 "Tag_6"

%M0.2 "Tag_6"

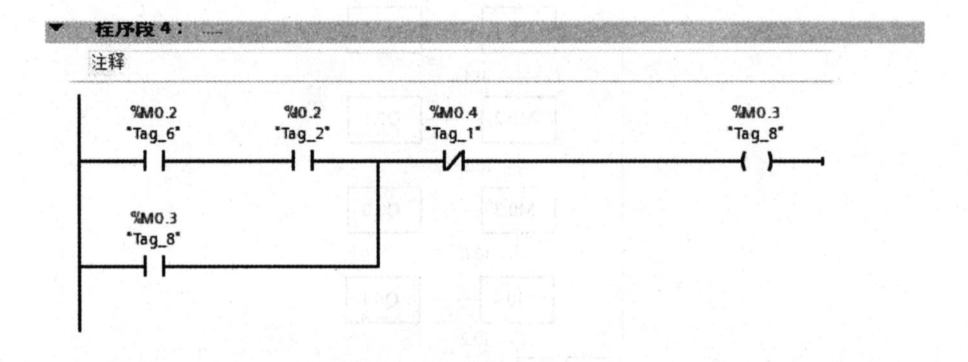

程序段 5：......

注释

%M0.3 "Tag_8"　%I0.0 "Tag_9"　%M0.0 "Tag_4"　%M0.4 "Tag_1"

%M0.4 "Tag_1"

图 2-3-14　单序列结构梯形图绘制（使用启保停电路的编程方法）（续）

程序段 7： ......

注释

%M0.2 "Tag_6"　　%Q0.1 "Tag_11"

%M0.4 "Tag_1"

图 2-3-14　单序列结构梯形图绘制（使用启保停电路的编程方法）（续）

程序段 1： ......

注释

%M1.0 "FirstScan"　　%M0.0 "Tag_4" (S)

程序段 2： ......

注释

%M0.0 "Tag_4"　　%I0.3 "Tag_9"　　%M0.1 "Tag_3" (S)

%M0.0 "Tag_4" (R)

图 2-3-15　单序列结构梯形图绘制（使用以转换为中心的编程方法）

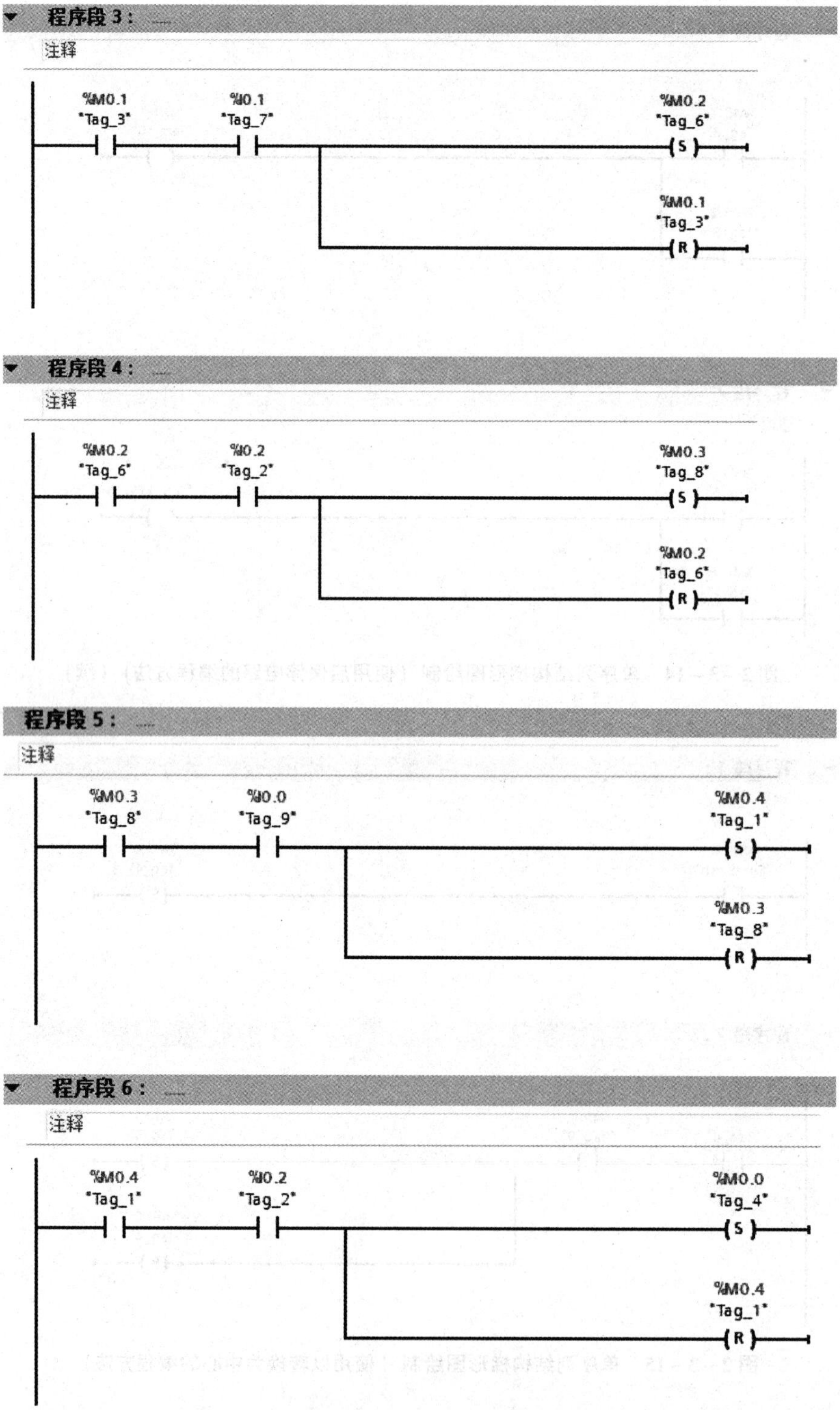

程序段 3：……

注释

%M0.1 "Tag_3" —| |— %I0.1 "Tag_7" —| |— —(S)— %M0.2 "Tag_6"; —(R)— %M0.1 "Tag_3"

程序段 4：……

注释

%M0.2 "Tag_6" —| |— %I0.2 "Tag_2" —| |— —(S)— %M0.3 "Tag_8"; —(R)— %M0.2 "Tag_6"

程序段 5：……

注释

%M0.3 "Tag_8" —| |— %I0.0 "Tag_9" —| |— —(S)— %M0.4 "Tag_1"; —(R)— %M0.3 "Tag_8"

程序段 6：……

注释

%M0.4 "Tag_1" —| |— %I0.2 "Tag_2" —| |— —(S)— %M0.0 "Tag_4"; —(R)— %M0.4 "Tag_1"

图 2－3－15　单序列结构梯形图绘制（使用以转换为中心的编程方法）（续）

图 2－3－15　单序列结构梯形图绘制（使用以转换为中心的编程方法）（续）

基本技能

实例设计 1：皮带运输机 PLC 控制程序设计与调试

1. 任务描述

皮带运输机是一种有牵引件的连续运输设备，主要用在煤炭、冶金、有色金属和水泥等矿山中，车辆的运输成本快速增高。皮带运输机越来越显示出它的集约化、自动化、连续化、高速化、简单化、清洁化、环保化、安全化等突出的综合优势，主要用来运送块状、粒状和散状等物料和成件的货物，广泛应用于工业生产中。

本任务要求完成由三条皮带组成的皮带运输机电气控制系统设计，工作示意图如图 2－3－16 所示。皮带运输机控制系统由三条皮带组成，电动机 M1 控制 1#皮带运输机、

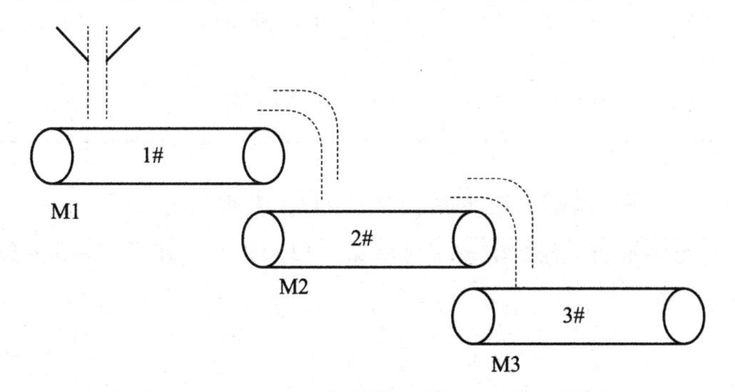

图 2－3－16　三条皮带运输机工作示意图

电动机 M2 控制 2#皮带运输机、电动机 M3 控制 3#皮带运输机；皮带运输机属于长期工作，不需调速，不需反转，故采用三相笼型异步电动机；为了避免货物在皮带上堆积，而造成皮带运输机的过载，三条皮带运输机要求顺序启动、逆序停止。

2. 任务要求

三条皮带运输机的电气控制要求如下：

（1）有延时启动预警功能：蜂鸣器 HZ 发出警报信号，之后方允许主机启动。

（2）启动时，顺序为 3#→2#→1#，每个皮带运输机启动之间要有一定的时间间隔，以免货物在皮带上堆积，造成后面皮带重载启动。

（3）停车时，顺序为 1#→2#→3#，每个皮带运输机停机之间要有一定的时间间隔，以保证停车后，皮带上不残存货物。

（4）不论 2#皮带运输机或 3#皮带运输机出故障，1#皮带运输机也必须停车，以免继续进料造成货物堆积。

（5）要有必要的联锁及保护措施：短路保护、过载保护、失压欠压保护。

3. 制定设计方案

皮带运输机的控制即三台三相笼型异步电动机 M1、M2、M3 按时间原则顺序启动逆序停止的控制。启动按钮 SB0 控制电动机启动，其启动顺序为 M3、M2、M1；停止按钮 SB1 控制电动机的停车，停车顺序为 M1、M2、M3；电动机的运行分别由接触器 KM1、KM2、KM3 实现控制；热继电器 FR1、FR2、FR3 分别为电动机 M1、M2、M3 的过载保护器件；FU 为短路保护器件；控制系统设有急停按钮 SB2；系统设有蜂鸣器，当蜂鸣器 HZ 发出警报信号之后方允许主机启动。

设计 PLC 的 I/O 分配表，如表 2-3-2 所示。

表 2-3-2　PLC 的 I/O 分配表

输入			输出		
名称	符号	地址	名称	符号	地址
启动	SB0	I0.0	电动机 M1	KM1	Q0.0
停止	SB1	I0.1	电动机 M2	KM2	Q0.1
急停	SB2	I0.2	电动机 M3	KM3	Q0.2
过载保护	FR1、FR2、FR3	I0.4	蜂鸣器	HZ	Q0.3

设计顺序功能图，皮带运输机电气控制系统顺序功能图如图 2-3-17 所示。

梯形图的设计，根据顺序功能图设计对应的 PLC 程序，如图 2-3-18 所示。

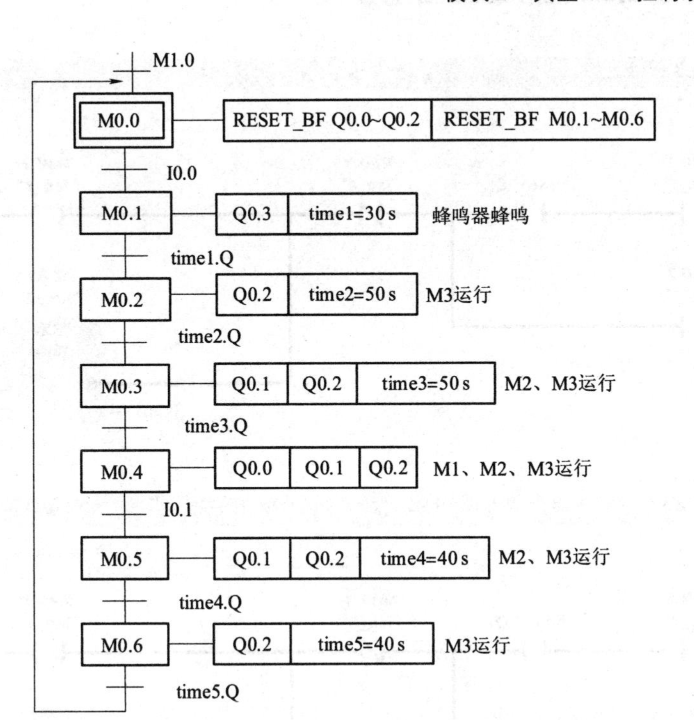

图 2-3-17 皮带运输机电气控制系统顺序功能图

程序段 1：......

注释

%M0.6 "Tag_6"　"time5".Q　%M0.1 "Tag_1"　%M0.0 "Tag_5"

%M1.0 "FirstScan"　%Q0.0 "Tag_13" RESET_BF 3

%M0.0 "Tag_5"　%M0.1 "Tag_1" RESET_BF 6

程序段 2：......

注释

%M0.0 "Tag_5"　%I0.0 "Tag_7"　%M0.2 "Tag_3"　%M0.1 "Tag_1"

%M0.1 "Tag_1"　%DB1 "time1" TON Time IN Q T#30s PT ET T#0ms

图 2-3-18 皮带运输机电气控制系统梯形图

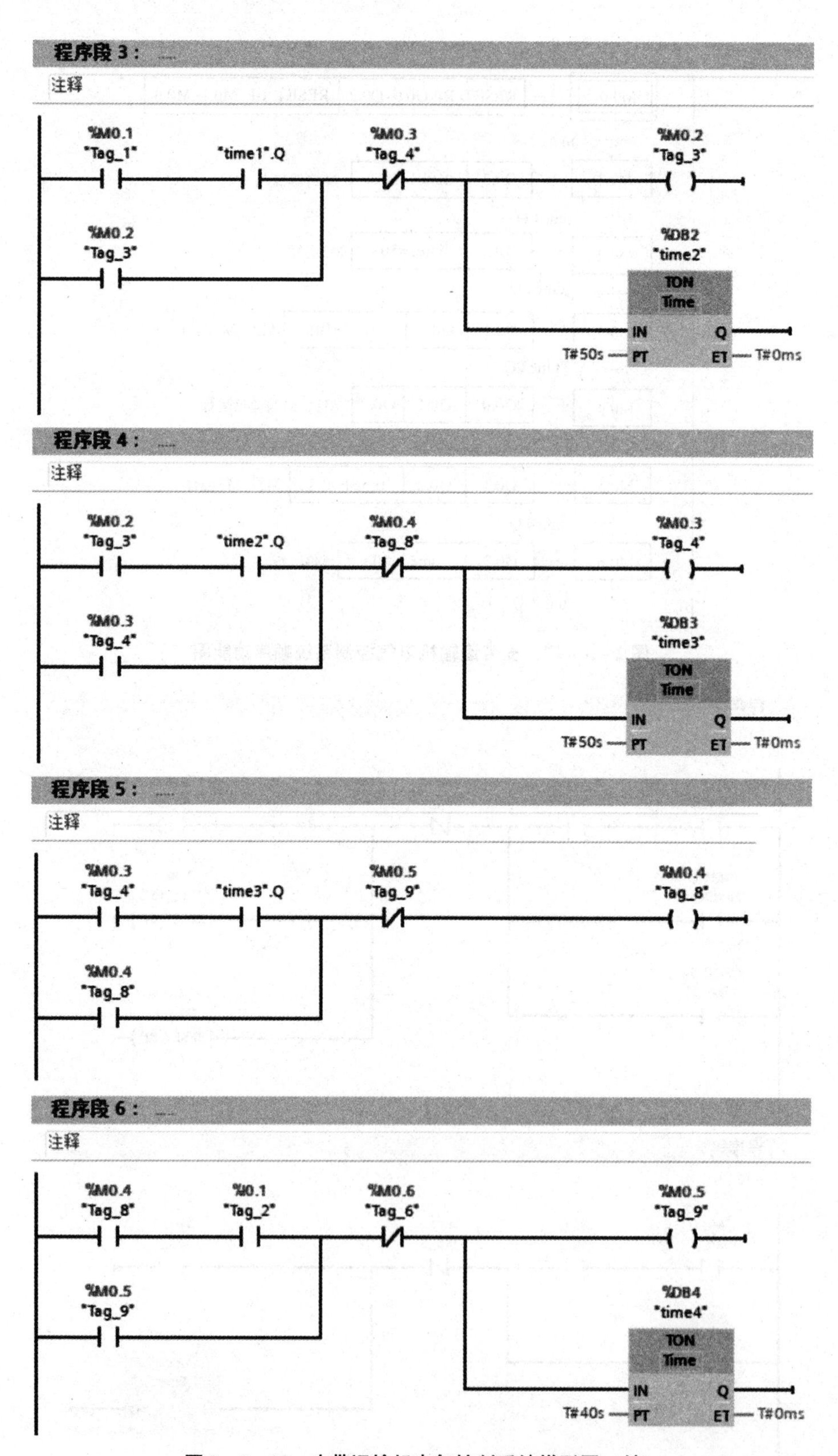

图 2－3－18　皮带运输机电气控制系统梯形图（续）

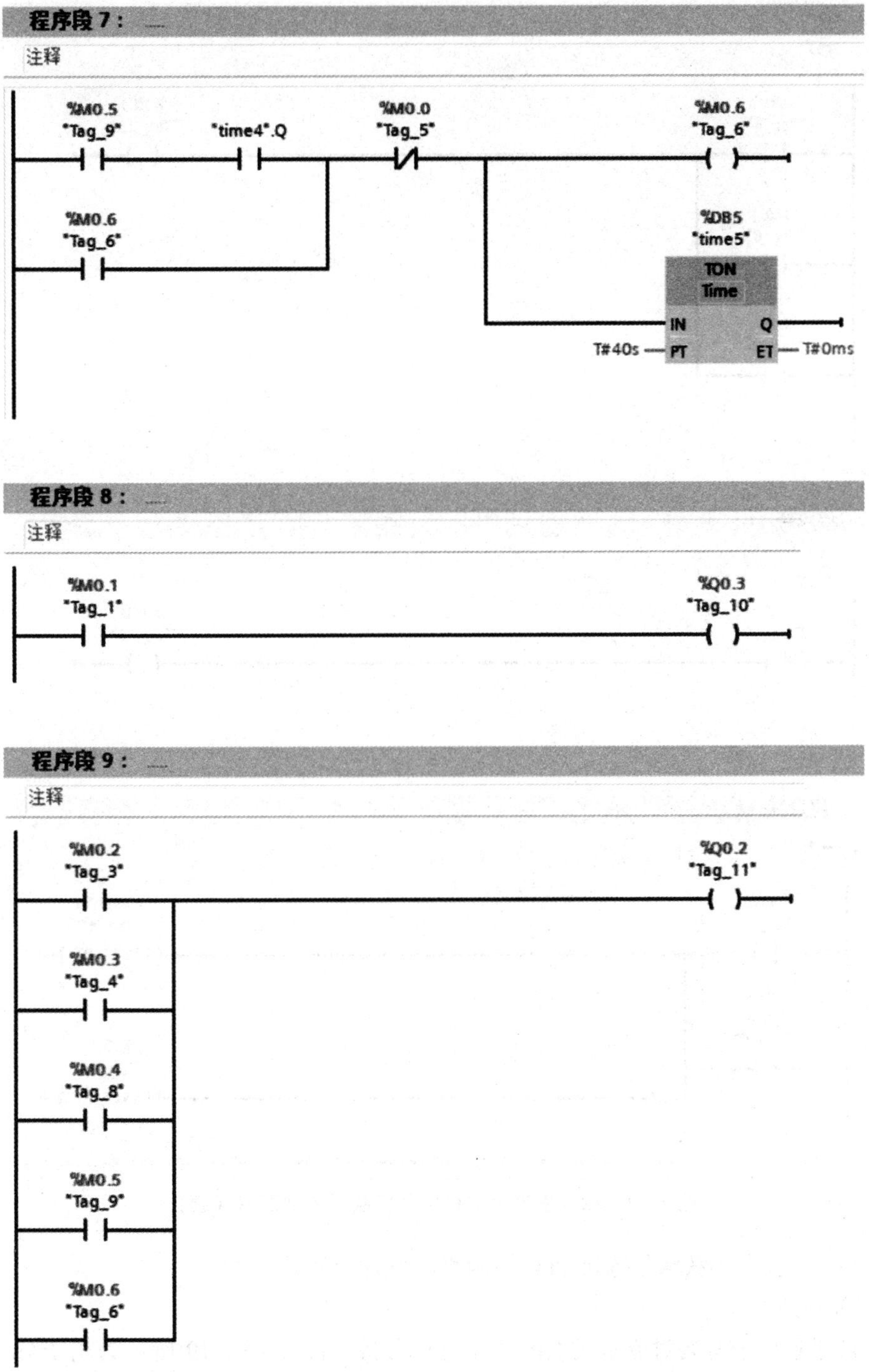

程序段 7：……

注释

%M0.5 "Tag_9"　"time4".Q　%M0.0 "Tag_5"　%M0.6 "Tag_6"

%M0.6 "Tag_6"

%DB5 "time5" TON Time IN Q PT ET T#40s T#0ms

程序段 8：……

注释

%M0.1 "Tag_1"　%Q0.3 "Tag_10"

程序段 9：……

注释

%M0.2 "Tag_3"　%Q0.2 "Tag_11"

%M0.3 "Tag_4"

%M0.4 "Tag_8"

%M0.5 "Tag_9"

%M0.6 "Tag_6"

图 2-3-18　皮带运输机电气控制系统梯形图（续）

程序段 10：....
注释
%M0.3
"Tag_4"
%Q0.1
"Tag_12"
%M0.4
"Tag_8"
%M0.5
"Tag_9"

程序段 11：....
注释
%M0.4
"Tag_8"
%Q0.0
"Tag_13"

图 2－3－18　皮带运输机电气控制系统梯形图（续）

实例设计 2：大小铁球分拣机 PLC 控制程序设计与调试

1. 任务描述

在生产过程中经常要对流水线上的产品进行分拣，图 2－3－19 所示为用于分拣小球大球的机械装置。工作顺序是向下，抓住球，向上，向右运行，向下，释放，向上和向左运行至左上点（原点）抓球和释放球的时间均为 1 s。

2. 工作原理

当捡球装置停在左极限 SQ1 处时，按下启动按钮 SB，捡球装置（捡球平板）下降。当下降的捡球平板碰到下限开关 SQ3 时，停止下降，捡球装置给平板处的电磁线圈通电，捡

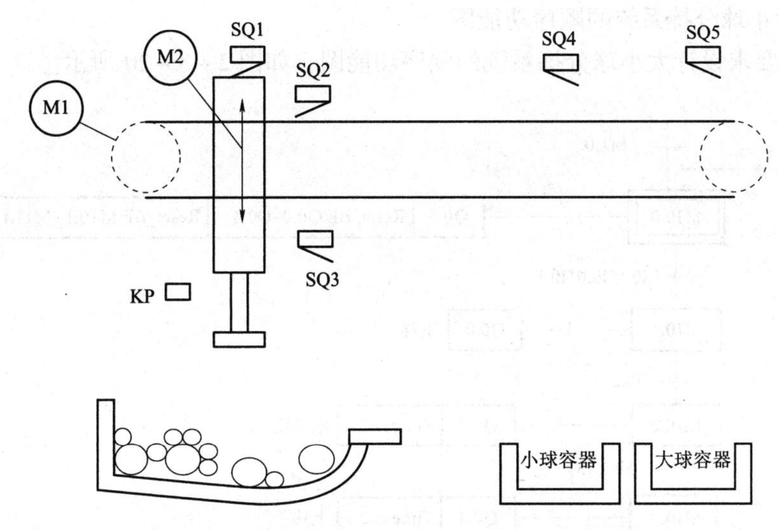

图2-3-19 是用于分拣小球大球的机械装置

球平板产生电磁吸力吸住钢球，通过压力感应器（KP）来判断是吸住的大球还是小球，如果压力感应器不得电，说明吸住的是小球，如果压力感应器得电，则说明吸住的是大球。当吸住钢球后，捡球平板上升，碰到上限开关SQ2后开始右行，SQ4为小球位限位开关，SQ5为大球位限位开关，在右行的过程中，如果吸住的是大球，则要到碰到SQ5才停止右行，下降到下限开关SQ3位置，断电释放钢球，然后上升到上限开关SQ2位置停止上升，开始左行，碰到左极限位SQ1时停止左行；而如果吸住的是小球，则在右行的时候碰到SQ4就停止右行，下降到下限位置停止下行，断电释放钢球，然后上升到上极限位置停止上升，开始左行，到达左极限SQ1停止左行，重新开始新一轮捡球过程，如此反复执行。

3. 设计大小球分拣系统的I/O分配表

要做PLC控制程序设计，首先要理清大小铁球分拣系统I/O表，如表2-3-3所示。

表2-3-3 大小铁球分拣系统I/O表

输入			输出		
输入信号	作用	地址	输出信号	作用	地址
SQ1	左限位	I0.0	KM1	下移	Q0.0
SQ2	上限位	I0.1	KM2	上移	Q0.1
SQ3	下限位	I0.2	KM3	右移	Q0.2
SQ4	小球右限位	I0.3	KM4	左移	Q0.3
SQ5	大球右限位	I0.4	KM	电磁铁	Q0.4
SB	启动按钮	I0.5	HL	原点指示灯	Q0.5
KP	压力感应器	I0.6			

4. 设计大小球分拣系统的顺序功能图

根据控制要求设计大小球分拣系统的顺序功能图，如图 2－3－20 所示。

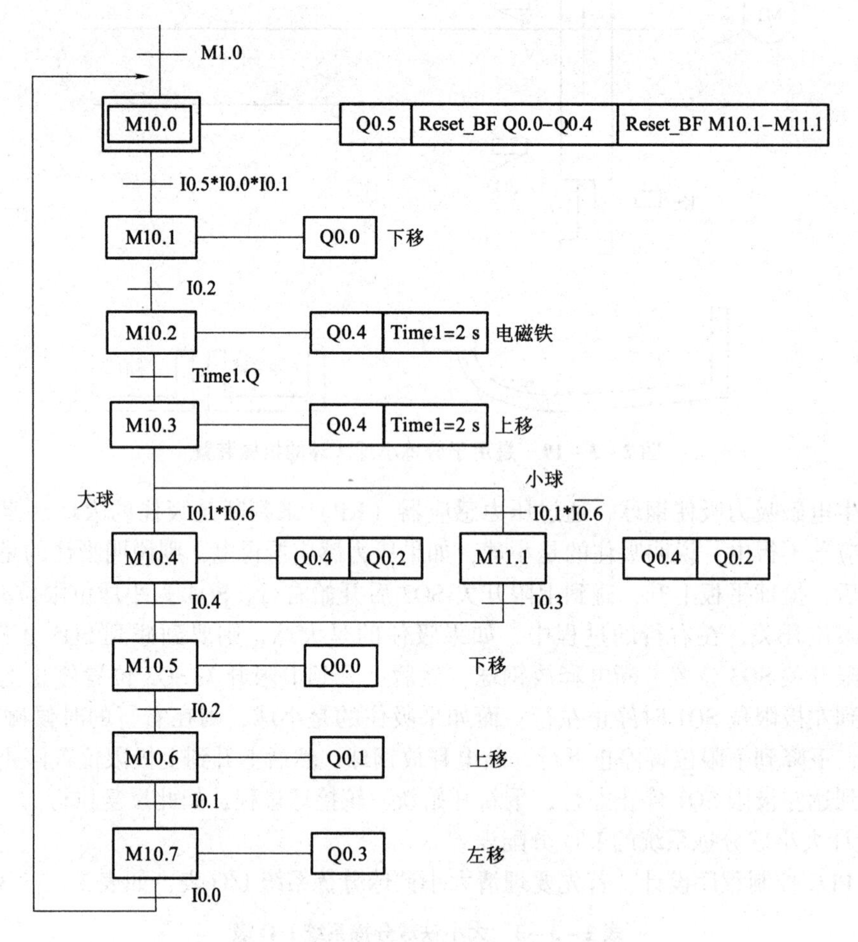

图 2－3－20　大小球分拣系统的顺序功能图

5. 设计大小球分拣系统的 PLC 程序

根据大小球分拣系统的顺序功能图设计 PLC 程序，如图 2－3－21 所示。

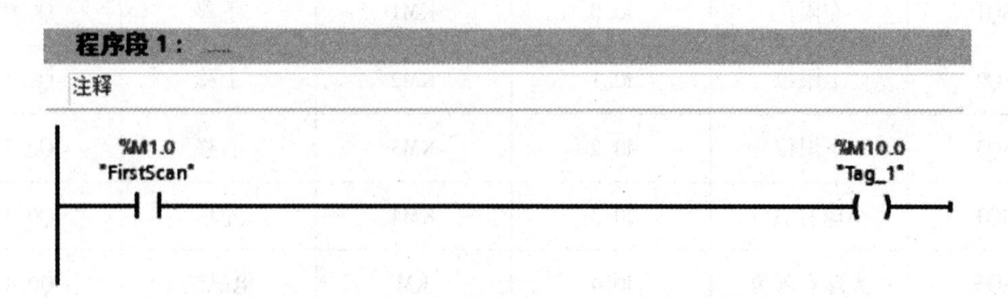

图 2－3－21　大小球分拣系统的 PLC 程序

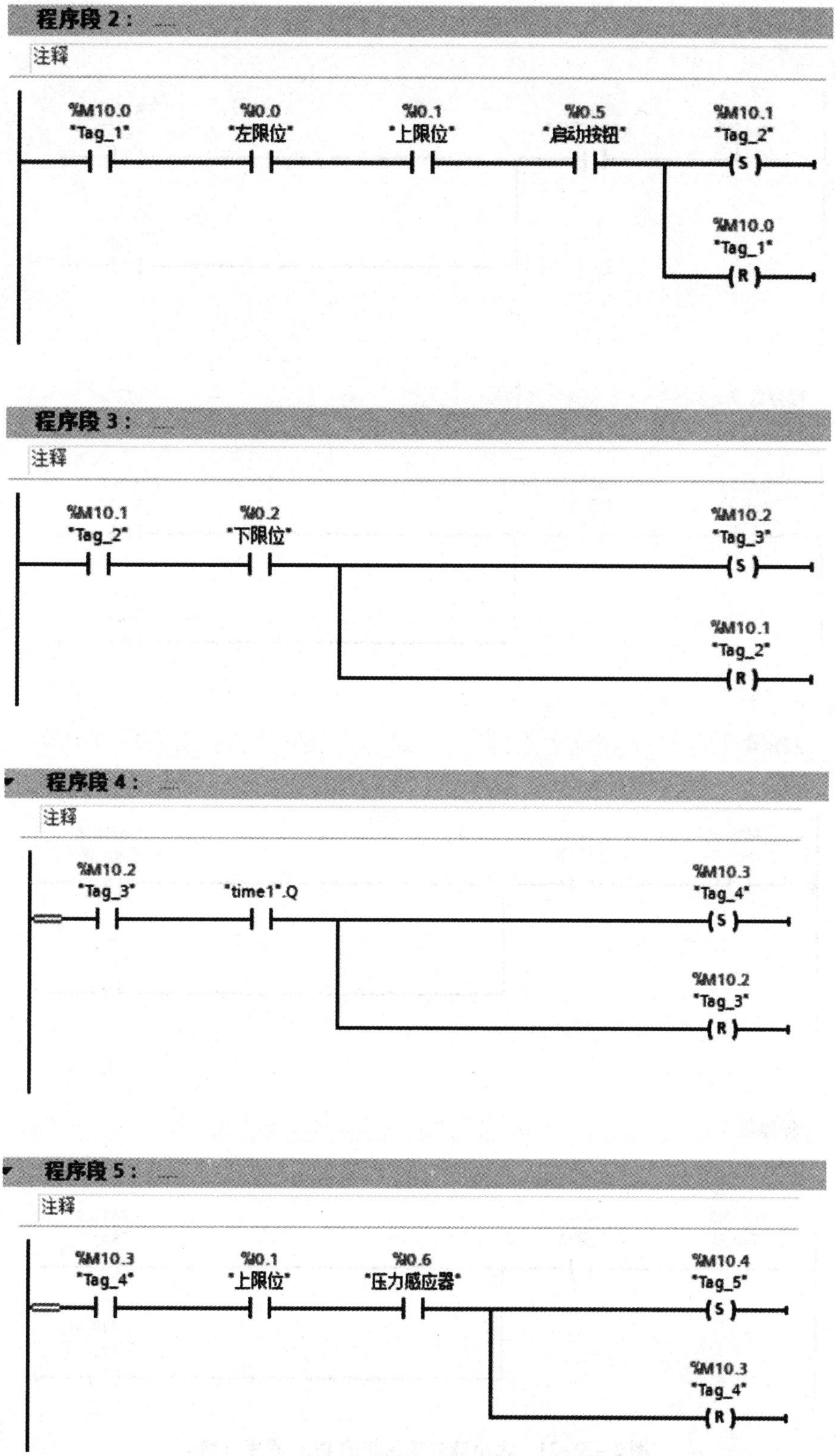

程序段 2： ……

注释

%M10.0 "Tag_1"　%I0.0 "左限位"　%I0.1 "上限位"　%I0.5 "启动按钮"　%M10.1 "Tag_2" (S)

%M10.0 "Tag_1" (R)

程序段 3： ……

注释

%M10.1 "Tag_2"　%I0.2 "下限位"　%M10.2 "Tag_3" (S)

%M10.1 "Tag_2" (R)

程序段 4： ……

注释

%M10.2 "Tag_3"　"time1".Q　%M10.3 "Tag_4" (S)

%M10.2 "Tag_3" (R)

程序段 5： ……

注释

%M10.3 "Tag_4"　%I0.1 "上限位"　%I0.6 "压力感应器"　%M10.4 "Tag_5" (S)

%M10.3 "Tag_4" (R)

图 2－3－21　大小球分拣系统的 PLC 程序（续）

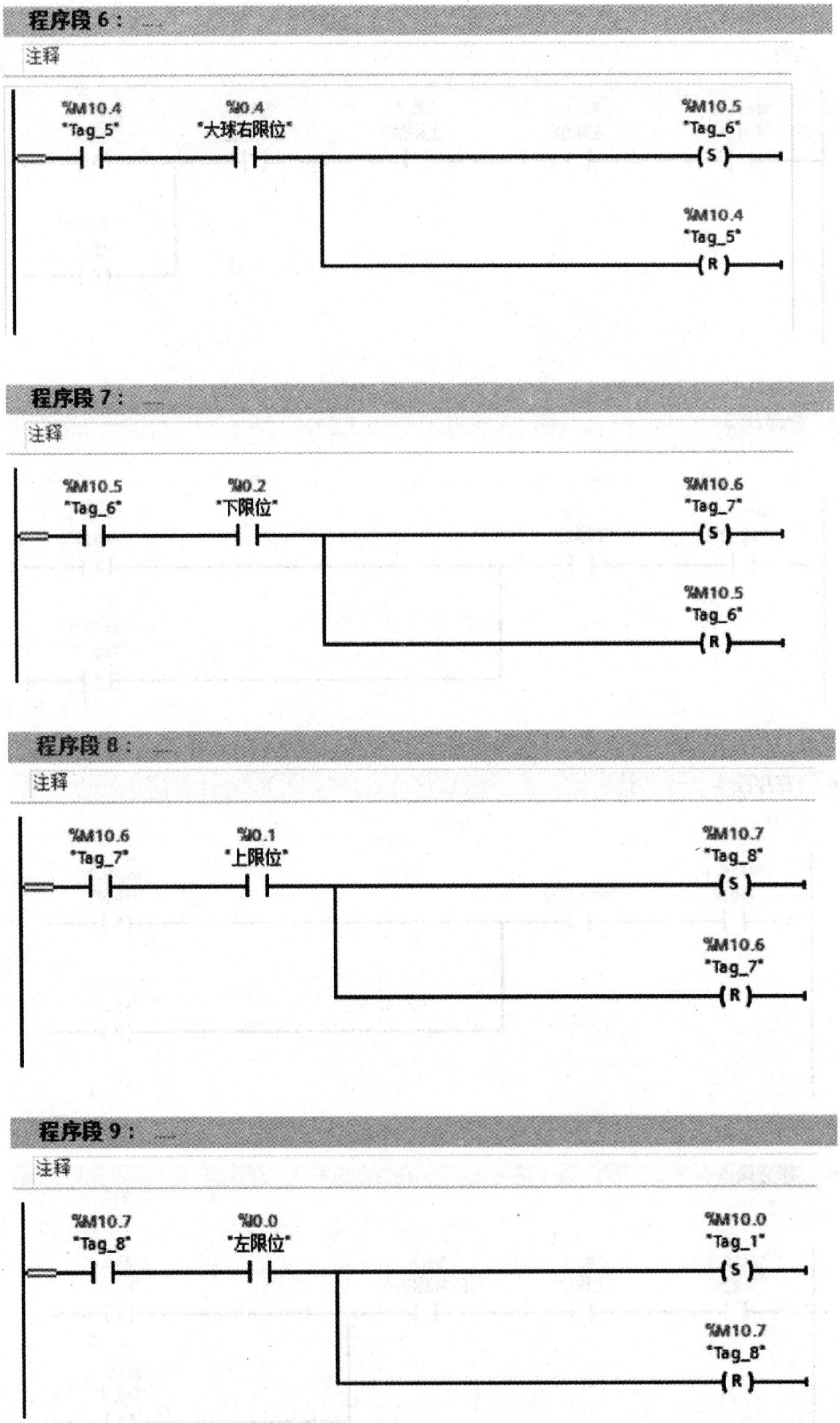

程序段 6： ……

注释

%M10.4 "Tag_5"　%I0.4 "大球右限位"　%M10.5 "Tag_6" (S)　%M10.4 "Tag_5" (R)

程序段 7： ……

注释

%M10.5 "Tag_6"　%I0.2 "下限位"　%M10.6 "Tag_7" (S)　%M10.5 "Tag_6" (R)

程序段 8： ……

注释

%M10.6 "Tag_7"　%I0.1 "上限位"　%M10.7 "Tag_8" (S)　%M10.6 "Tag_7" (R)

程序段 9： ……

注释

%M10.7 "Tag_8"　%I0.0 "左限位"　%M10.0 "Tag_1" (S)　%M10.7 "Tag_8" (R)

图 2-3-21　大小球分拣系统的 PLC 程序（续）

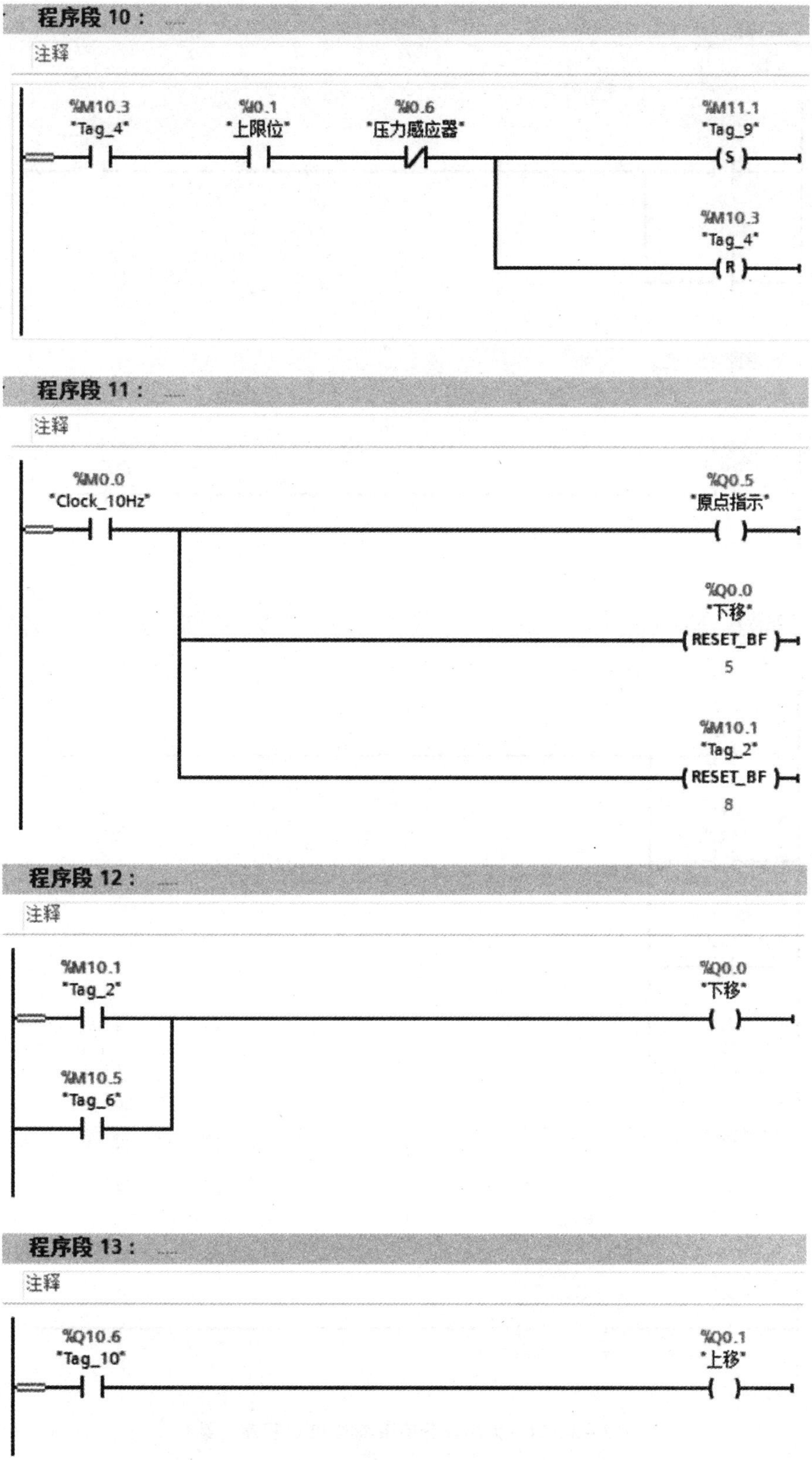

程序段 10： ……

注释

%M10.3 "Tag_4"　%I0.1 "上限位"　%I0.6 "压力感应器"　%M11.1 "Tag_9" (S)

%M10.3 "Tag_4" (R)

程序段 11： ……

注释

%M0.0 "Clock_10Hz"　%Q0.5 "原点指示" ( )

%Q0.0 "下移" (RESET_BF) 5

%M10.1 "Tag_2" (RESET_BF) 8

程序段 12： ……

注释

%M10.1 "Tag_2"　%Q0.0 "下移" ( )

%M10.5 "Tag_6"

程序段 13： ……

注释

%Q10.6 "Tag_10"　%Q0.1 "上移" ( )

图 2－3－21　大小球分拣系统的 PLC 程序（续）

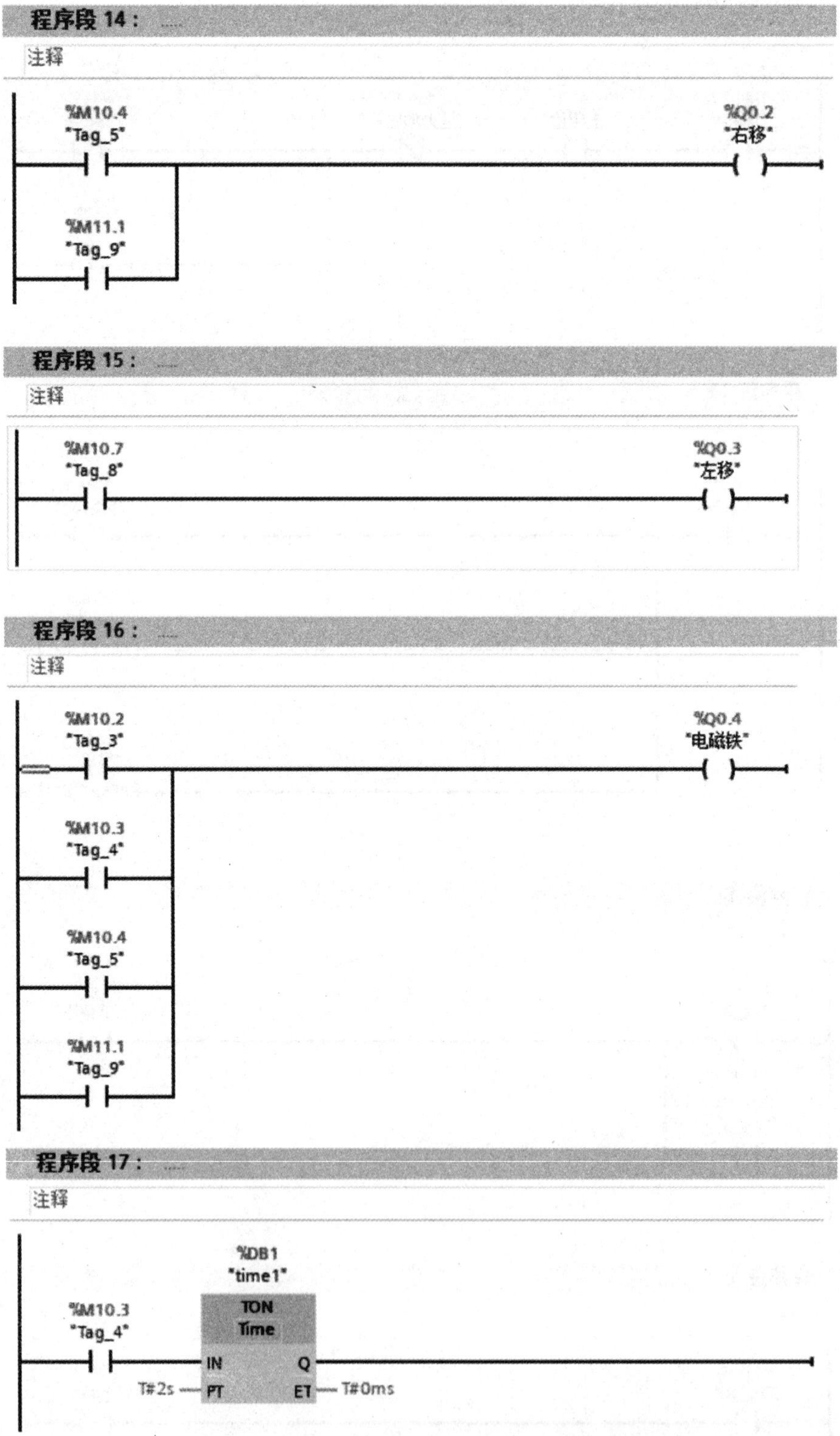

程序段 14： ......

注释

%M10.4 "Tag_5"
%M11.1 "Tag_9"
%Q0.2 "右移"

程序段 15： ......

注释

%M10.7 "Tag_8"
%Q0.3 "左移"

程序段 16： ......

注释

%M10.2 "Tag_3"
%M10.3 "Tag_4"
%M10.4 "Tag_5"
%M11.1 "Tag_9"
%Q0.4 "电磁铁"

程序段 17： ......

注释

%DB1 "time1"
TON Time
%M10.3 "Tag_4"
IN Q
T#2s — PT ET — T#0ms

图 2 - 3 - 21　大小球分拣系统的 PLC 程序（续）

实例设计3：交通信号灯PLC控制程序设计与调试

交通信号灯在城市交通中起着重要的作用。对于一个简单的交通信号灯来说，有东西方向的红黄绿三色灯和南北方向的红黄绿三色灯。如图2-3-22所示，它们的亮灭顺序如下：当东西方向的绿灯和黄灯亮时，南北方向的红灯亮；反之依然，当南北方向的绿灯和黄灯亮时，东西方向的红灯亮。就某一方向的三色灯来说，绿灯亮一段时间，时间到闪烁2 s后绿灯灭，黄灯亮，2 s后黄灯灭，红灯亮，过一段时间后红灯灭，绿灯又亮，如此循环，实现交通灯的控制。

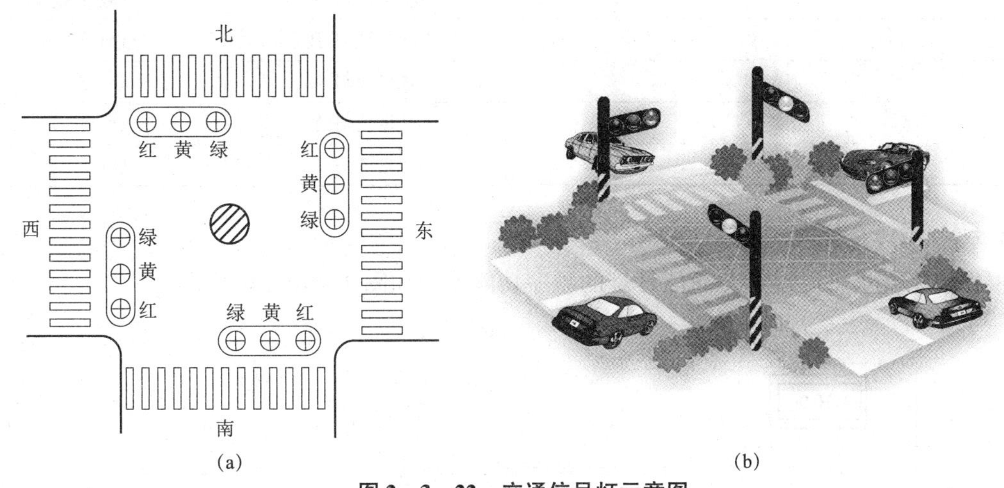

图2-3-22　交通信号灯示意图

(a) 平面图；(b) 立体图

1. 任务要求

信号灯受一个启动开关控制，当启动开关接通时，信号灯系统开始工作，且先南北红灯亮、东西绿灯亮。当启动开关断开时，所有信号灯均熄灭。

南北红灯亮维持35 s，在南北红灯亮的同时东西绿灯也亮，并维持30 s。到30 s时，东西绿灯闪亮，频率为1 s，闪亮3次后熄灭。在东西绿灯熄灭时，东西黄灯亮，并维持2 s。到2 s时，东西黄灯熄灭，东西红灯亮，同时，南北红灯熄灭，绿灯亮。东西红灯亮维持25 s，南北绿灯亮维持20 s，然后闪亮3次后熄灭。同时南北黄灯亮，维持2 s后熄灭，这时南北红灯亮，东西绿灯亮。如此周而复始，交通信号灯控制时序图如图2-3-23所示。

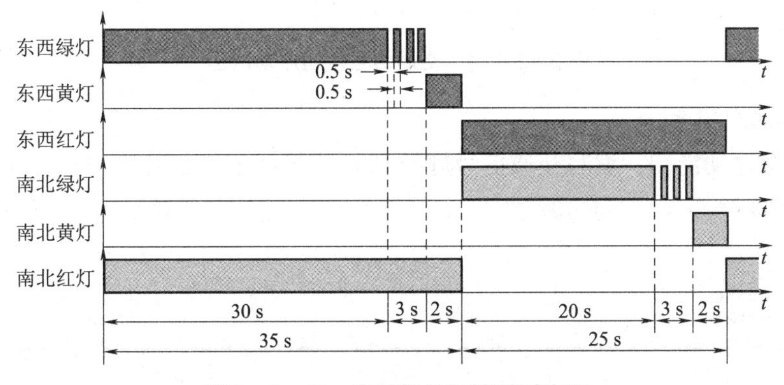

图2-3-23　交通信号灯控制时序图

根据上述控制要求，需要的输入为自动控制开关S1，需要的输出为各个交通灯，即东西绿灯、东西黄灯、东西红灯、南北绿灯、南北黄灯、南北红灯。

2. 交通灯控制 I/O 分配表

根据控制要求可以设计交通信号灯的 I/O 分配表，如表 2-3-4 所示。

表 2-3-4　交通信号灯 I/O 分配表

输　入		输　出	
启动开关 SD	I0.0	东西绿灯 G	Q0.0
		东西黄灯 Y	Q0.1
		东西红灯 R	Q0.2
		南北绿灯 G	Q0.3
		南北黄灯 Y	Q0.4
		南北红灯 R	Q0.5

3. 设计顺序功能图

根据控制要求可以设计交通信号灯的顺序功能图，如图 2-3-24 所示。

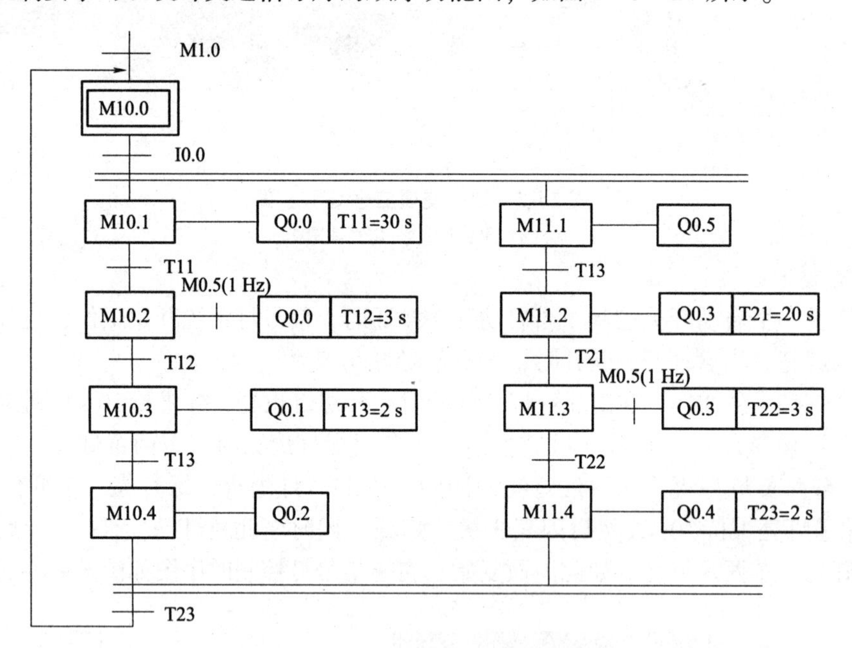

图 2-3-24　交通信号灯顺序功能图

4. 设计梯形图程序

根据以上顺序功能图，编写交通信号灯的 PLC 控制程序，如图 2-3-25 所示。

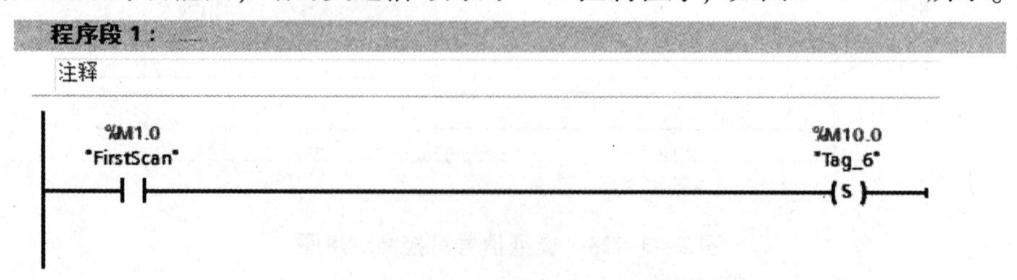

图 2-3-25　交通信号灯梯形图程序

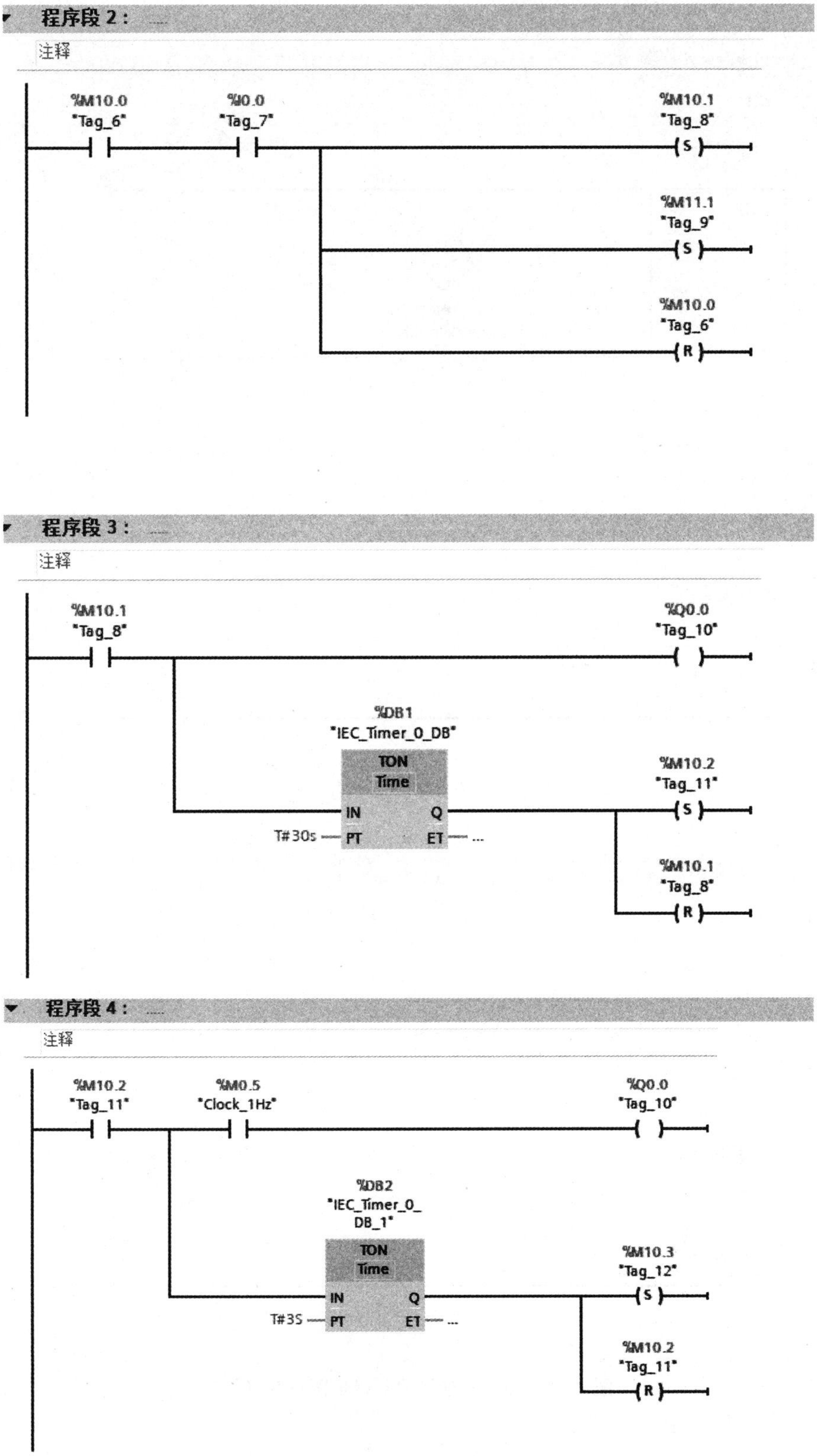

程序段 2：……

注释

程序段 3：……

注释

程序段 4：……

注释

图 2-3-25 交通信号灯梯形图程序（续）

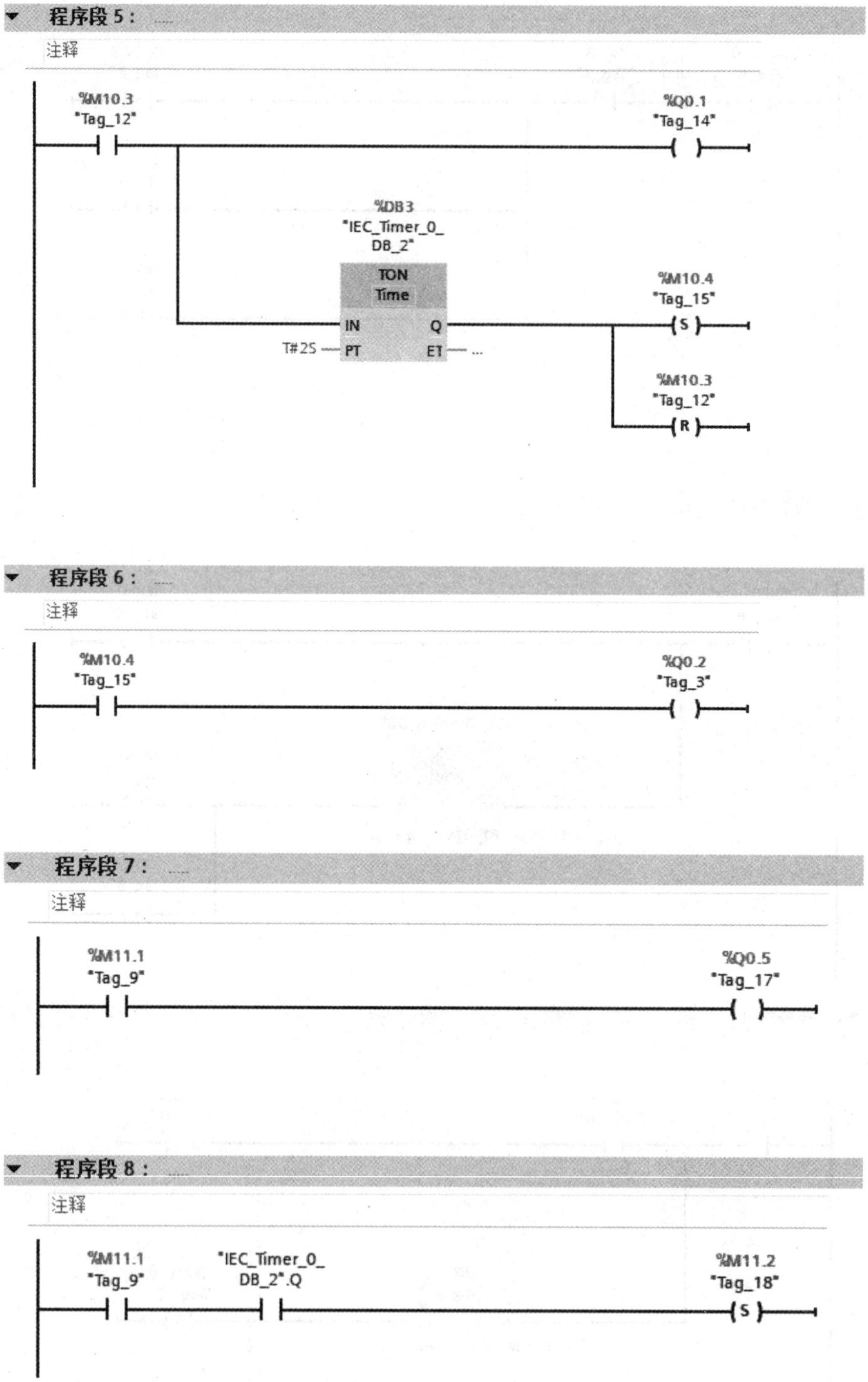

程序段 5：……

注释

程序段 6：……

注释

程序段 7：……

注释

程序段 8：……

注释

图 2-3-25　交通信号灯梯形图程序（续）

▼ 程序段 9： ……

注释

%M11.2 "Tag_18"　　%Q0.3 "Tag_13"

%DB4 "IEC_Timer_0_DB_3"

TON Time

IN　Q

T#20S — PT　ET — ...

%M11.3 "Tag_19" (S)

%M11.2 "Tag_18" (R)

▼ 程序段 10： ……

注释

%M11.3 "Tag_19"　　%M0.5 "Clock_1Hz"　　%Q0.3 "Tag_13"

%DB5 "IEC_Timer_0_DB_4"

TON Time

IN　Q

T#3S — PT　ET — ...

%M11.4 "Tag_20" (S)

%M11.3 "Tag_19" (R)

▼ 程序段 11： ……

注释

%M11.4 "Tag_20"　　%Q0.4 "Tag_21"

图 2－3－25　交通信号灯梯形图程序（续）

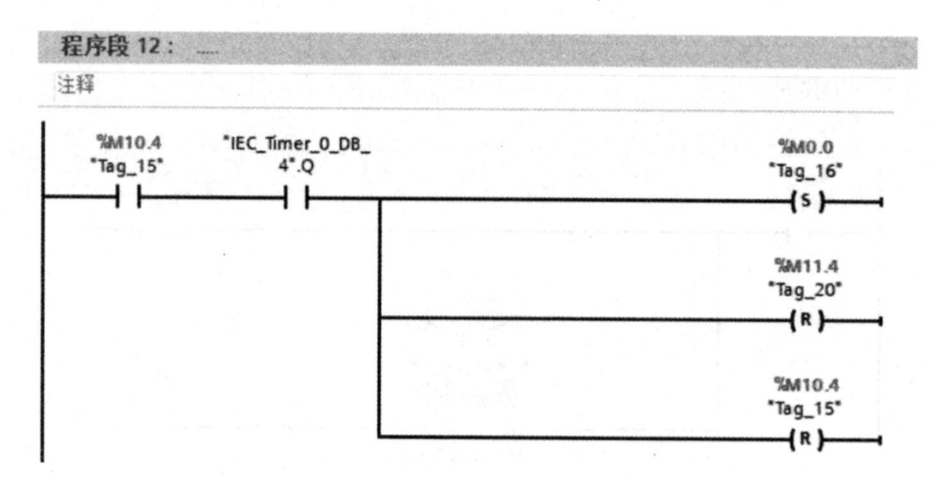

图 2-3-25　交通信号灯梯形图程序（续）

知识链接 1：西门子 200 SMART 如何应用顺序功能图编写梯形图

西门子 200 SMART 型号的 PLC 应用 STEP 7-Micro/WIN SMART 软件编写程序，顺序控制的编程思路是一样的，但是该软件具有自身独有的顺序控制指令，专门针对顺序控制，对初学者编程简单、应用方便，如表 2-3-5 所示。

表 2-3-5　200 SMART 顺序控制指令的格式与功能说明

指令名称	LAD	STL	功能	操作数
装载指令	S_bit SCR	LSCR S_bit	装载指令表示一个 SCR 段（顺序功能图中的步）的开始，当该指令指定的 S 位为 1 时，执行对应 SCR 段的程序，反之则不执行	S（位）
转移指令	S_bit ——(SCRT)	SCRT S_bit	SCRT 指令执行 SCR 段的转移。当该指令指定的 S 位为 1 时，SCRT 指令的后续步 S 位被置 1（活动步），同时当前步 S 位被复位（静步）	S（位）
结束指令	——(SCRE)	SCRE	在梯形图编程中，直接连接 SCRE 指令到能流线上，表示该 SCR 段结束	无

200 SMART 顺序控制指令的使用说明如下：

（1）顺序控制指令只对顺序控制继电器 S 有效。

（2）SCR 标记 SCR 程序段的开始，SCRE 标记 SCR 程序段的结束。SCR 和 SCRE 指令之间的所有逻辑是否执行取决于 S 堆栈的值。

（3）当输出动作需要保持时，可使用 S/R 指令。

（4）SCRT 转移指令有能流时，执行该指令，将复位当前激活的 SCR 段的 S 位，并会置位引用段的 S 位。

（5）在 SCR 段中不能使用 JMP 和 LBL 指令，即不允许跳入或跳出 SCR 段，也不允许在 SCR 段内跳转。

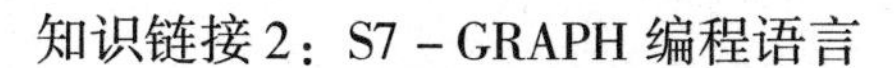

知识链接2：S7－GRAPH编程语言

西门子PLC支持的编程语言很多，除了最基本的LAD、FBD、STL之外，还包括GRAPH、SCL、CFC等。相对于西门子PLC的其他类型编程语言，S7－GRAPH与计算机高级编程语言有着非常相近的特性，只要使用者接触过PASCAL或者VB编程语言，实现S7－GRAPH的快速入门是非常容易的。

西门子系列PLC包括300、400、1500（除了1200以外）系列都支持GRAPH指令，利用S7－GRAPH编程语言可以清楚、快速地组织和编写控制系统顺序控制程序，同时还能将任务分解为若干步，并通过图形方式显示，可方便地实现全局、单页及单步显示，以及互锁控制和监视条件的图形分离。

S7－GRAPH具有以下特点：

（1）适用于顺序控制程序。

（2）符合国际标准IEC 61131－3。

（3）PLCopen基础级认证。

（4）适用于SIMATIC S7－300（推荐CPU314以上）、S7－400、S7－1500和WinAC。

学习更多S7－GRAPH编程语言的知识请访问西门子官网下载GRAPH编程手册，网址链接：http：//www. ad. siemens. com. cn/productportal/prods/published/prog/prog _ 2. 2/prog _ 2. 2. html。

知识点2.4 PLC控制系统开发

知识提示

2.4.1 PLC控制系统设计原则、内容与步骤

2.4.1.1 PLC控制系统的设计原则

在了解PLC的基本工作原理和指令系统之后，可以结合实际进行PLC的设计，PLC的设计包括硬件设计和软件设计两部分。

PLC控制系统的设计原则是：

（1）充分发挥PLC的控制功能，最大限度地满足被控制的生产机械或生产过程的控制要求。

（2）在满足控制要求的前提下，力求使控制系统经济、简单，维修方便。

（3）保证控制系统安全可靠。

（4）考虑到生产发展和工艺的改进，在选用PLC时，在I/O点数和内存容量上适当留有余地。

（5）软件设计主要是指编写程序，要求程序结构清楚、可读性强、程序简短、占用内存少、扫描周期短。

2.4.1.2 PLC控制系统的设计内容

（1）根据设计任务书进行工艺分析，并确定控制方案。

（2）选择输入设备（如按钮、开关、传感器等）和输出设备（如继电器、接触器、指

示灯等执行机构）。

（3）选定 PLC 的型号（包括机型、容量、I/O 模块和电源等）。

（4）分配 PLC 的 I/O 点，绘制 PLC 的 I/O 硬件接线图。

（5）编写程序并调试。

（6）设计控制系统的操作台、电气控制柜等以及安装接线图。

（7）编写设计说明书和使用说明书。

2.4.1.3 PLC 控制系统的设计步骤

如图 2－4－1 所示 PLC 控制系统的设计流程图。

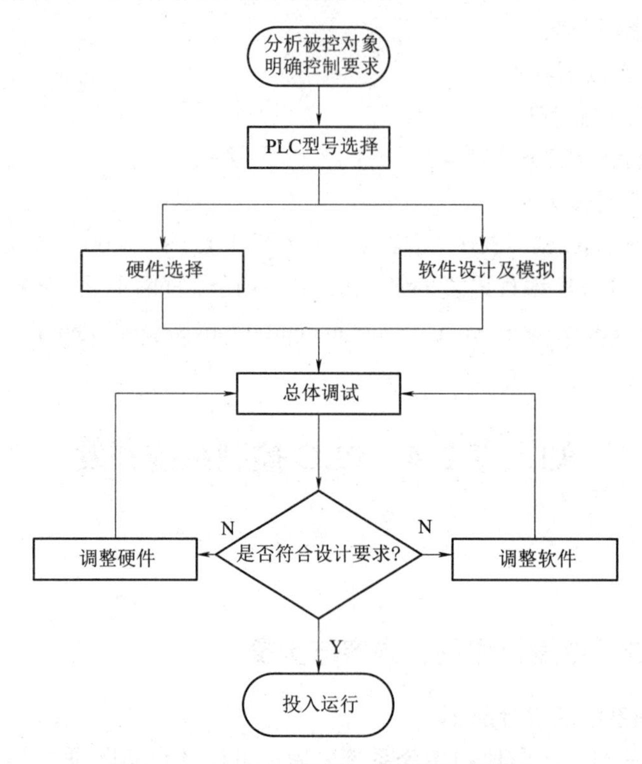

图 2－4－1 PLC 控制系统的设计流程图

2.4.2 PLC 选型

随着 PLC 的推广普及，PLC 产品的种类和数量越来越多，而且功能也日趋完善。其结构形式、性能、容量、指令系统、编程方法、价格等却各不相同，适用场合也各有侧重。因此，合理选择 PLC，对于提高 PLC 在控制系统中的应用起着重要作用。在选择 PLC 型号时要注意以下几点：

2.4.2.1 机型的选择

一般选择机型要以满足系统功能需要为宗旨，不要盲目贪大求全，以免造成投资和设备资源的浪费。机型的选择可从以下几个方面来考虑：

由于模块式 PLC 的配置灵活，装配和维修方便，因此，从长远来看，提倡选择模块式 PLC，如图 2－4－2 所示。在工艺过程比较固定、环境条件较好（维修量较小）的场合，建议选用集成式结构的 PLC，如图 2－4－3 所示；其他情况则最好选用模块式结构的 PLC。

对于开关量控制以及以开关量控制为主、带少量模拟量控制的工程项目中，一般其控制速度无须考虑，因此，选用带 A/D 转换、D/A 转换、加减运算、数据传送功能的低档机就能满足要求。而在 PID 运算、闭环控制、通信联网等控制比较复杂、控制功能要求比较高的工程项目中，可视控制规模及复杂程度来选用中档机或高档机。其中高档机主要用于大规模过程控制、PLC 分布式控制系统以及整个工厂的自动化等。

对于一个大型企业的控制系统，应尽量做到机型统一。这样，同一机型的 PLC 模块可互为备用，便于备品备件的采购和管理；统一的功能及编程方法也有利于技术力量的培训、技术水平的提高和功能的开发；配置上位计算机后还可把各独立控制系统的多台 PLC 联成一个多级分布式控制系统，外部设备通用，资源还可以共享，这样便于相互通信、集中管理。

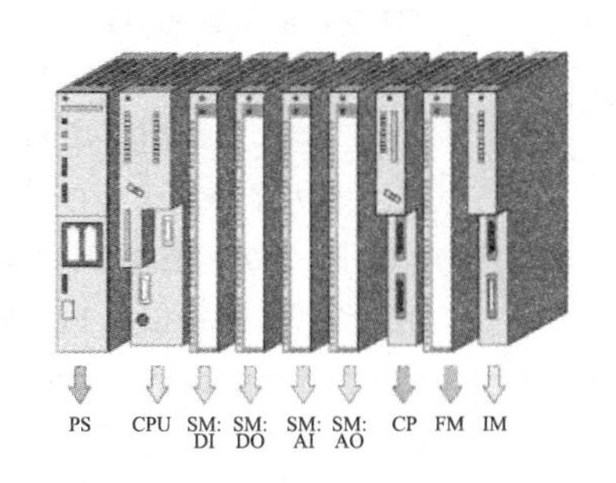

图 2-4-2　模块式 PLC 实物图

图 2-4-3　集成式 PLC 实物图

2.4.2.2　硬件选择与配置

1. 输入/输出（I/O）的选择与配置

PLC 是一种工业控制系统，它的控制对象是工业生产设备或工业生产过程，工作环境是工业生产现场。它与工业生产过程的联系是通过 I/O 接口模块来实现的。PLC 输入/输出（I/O）的选择与配置是 PLC 控制系统设计的一个重要环节，需要完成以下工作。

1）确定 I/O 点数

确定 I/O 点数，即确定 PLC 的控制规模。根据控制系统的要求确定所需要的 I/O 点数时，应考虑以后工艺和设备的改动，或 I/O 点的损坏、故障等，一般应增加 10% ~ 20% 的备用量，以便随时增加控制功能与维修需要。同时，应考虑 PLC 提供的内部继电器和寄存器的数量，以便节省 I/O 资源。对于一个控制对象，由于采用的控制方法不同，I/O 点数也会有所不同。

2）确定 I/O 模块的类型

I/O 模块有开关量输入/输出（DI 或 DO）、模拟量输入/输出（AI 或 AO），还有特殊功能输入/输出模块，如定位、高速计数输入、脉冲捕捉功能等。另外，不同的负载对 PLC 的输出方式有相应的要求。如频繁通断的感性负载，应选择晶体管或晶闸管输出型模块，而不应选用继电器输出型模块。但继电器输出型模块有许多优点，如导通压降小，有隔离作用，价格相对较便宜，承受瞬时过电压和过电流的能力较强，其负载电压灵活（可交流、可直流）且电压等级范围大等。所以动作不频繁的交、直流负载可以选择继电器输出型模块。

3）智能式 I/O 模块的选择

当前，PLC 的生产厂家相继推出了一些智能式的 I/O 模块，如高速计数器、凸轮模拟器、单回路或多回路的 PID 调节器、RS-232C/422 接口模块、GSM/CDMA 无线接口模块及工业以太网模块等。一般智能式 I/O 模块本身带有处理器，可对输入或输出信号做预先规定的处理，并将处理结果送入 CPU 或直接输出，这样可提高 PLC 的处理速度并节省存储器的容量，如表 2-4-1 所示样例。

表 2-4-1　PLC 选型方案样例表

PLC 控制系统所需 I/O		PLC 选型		
输入	输出	型号	订货号	详细参数
开关量 10 个	开关量 6 个	CPU1214C AC/DC/RLY	6ES7 214-1BG40-0XB0	100 KB 工作存储器；120/240 V AC 电源，板载 DI14×24 V DC 漏型/源型，DQ10×继电器和 AI2；板载 6 个高速计数器和 4 路脉冲输出；信号板扩展板载 I/O；多达 3 个用于串行通信的通信模块；多达 8 个用于 I/O 扩展的信号模块；0.04 ms/1 000 条指令；PROFINET 接口，用于编程、HMI 以及 PLC 间数据通信

2. 存储器类型及容量选择

PLC 系统所用的存储器基本上由 EPROM、EEPROM 及 RAM 三种类型组成，存储容量则随机器的大小变化，一般小型机的最大存储能力低于 16 KB；中型机的最大存储能力，内置存储器可达 96 KB，外置存储器可达 8 MB；大型机的最大存储能力可达上兆字节。使用时可以根据程序及数据的存储需要来选用合适的机型，必要时也可专门进行存储器的扩充设计。

PLC 的存储器容量选择和计算有两种方法，一是根据编程使用的总点数精确计算存储器的实际使用容量；二是估算法，用户可根据控制规模和应用目的，按照表 2-4-2 的公式来估算。为了使用方便，一般应留有 25%~30% 的余量。获取存储容量的最佳方法是生成程序，即用了多少步，知道每条指令所用的步数，用户便可确定准确的存储容量。表 2-4-2 所示为 I/O 点及有关功能器件占用的内存情况。

表 2-4-2　I/O 点及有关功能器件占用的内存情况

占用的内存容量	估算公式
代替继电路（字节数 M）	M =（10DI+8DO）
模拟量控制（字节数 M）	M = 模拟量通道数×100
定时器/计数器（字节数 M）	M = 定时器/计数器数量×2
通信处理（字节数 M）	M = 接口个数×300

所需存储器容量（KB）=（1~1.25）×（DI×10+DO×8+AI/AO×100+CP×300）/1 024

式中，DI—数字量输入总点数；DO—数字量输出总点数；AI/AO—模拟量 I/O 通道总数；CP—通信接口总数。

3. 电源选择

在选择 PLC 所用电源的容量时，根据 PLC 侧面铭牌上的供电参数去选择，如图 2－4－4 所示 S7－1200 PLC 的铭牌。要注意 PLC 系统所需电源一定要在电源限定电流之内，如果满足不了这个条件，解决的办法有三个，一是更换电源；二是调整 I/O 模块；三是更换 PLC 机型。如果电源干扰特别严重，可以选择安装一个变比为 1∶1 的隔离变压器，以减少设备与地之间的干扰。

图 2－4－4　S7－1200 PLC 的铭牌

4. 通信接口选择

若 PLC 控制的系统需要联入工厂自动化网络，则 PLC 需要有通信联网功能，即要求 PLC 应具有连接其他 PLC、上位计算机及 CRT 等的接口。大、中型机都有通信功能，目前大部分小型机也具有通信功能。如图 2－4－5 所示小型机 RS485 通信接口、以太网接口实物图。

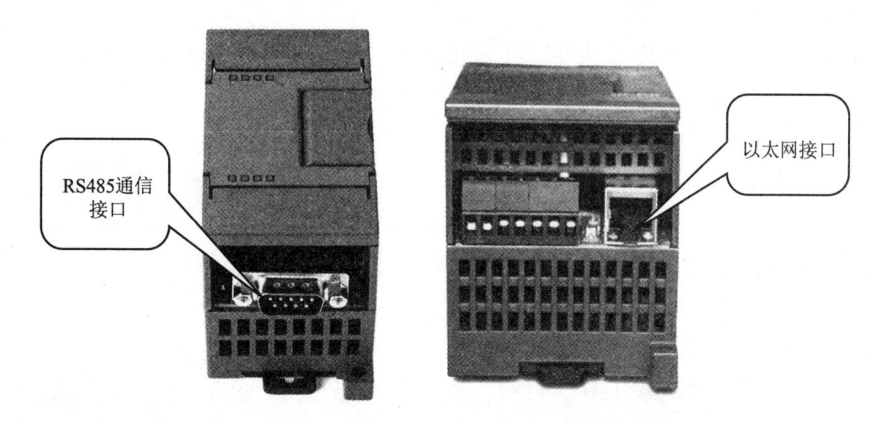

图 2－4－5　小型机 RS485 通信接口、以太网接口实物图

2.4.2.3　软件选择

1. 对 I/O 响应时间的选择

PLC 的 I/O 响应时间包括输入电路延迟、输出电路延迟和扫描工作方式引起的时间延

迟（一般在2~3个扫描周期）等。对开关量控制的系统，PLC的I/O响应时间一般都能满足实际工程的要求，可不必考虑I/O响应问题。但对模拟量控制的系统、特别是闭环控制系统就要考虑这个问题。PLC启用高速计数器时，其数字量输入端口的响应时间是可以调整的，便于信号的捕捉。如图2-4-6所示S7-1200 PLC数字量输入滤波器响应时间调整图。

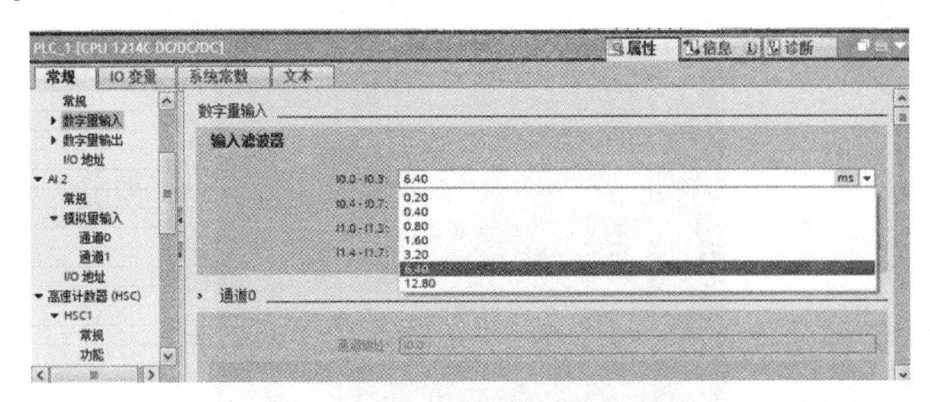

图2-4-6　S7-1200 PLC数字量输入滤波器响应时间调整图

2. 指令集的选择

指令条数是衡量PLC软件功能强弱的主要指标，它决定实现软件任务的难易程度。可用的指令集将直接影响实现控制程序所需的时间和程序执行的时间。

3. 对在线和离线编程的选择

离线编程是指主机和编程器共用一个CPU，通过编程器的方式选择开关来选择PLC的编程、监控和运行工作状态。在线编程是指主机和编程器各有一个CPU，主机的CPU完成对现场的控制，在每一个扫描周期末尾与编程器通信，编程器把修改的程序发给主机，在下一个扫描周期主机将按新的程序对现场进行控制。对定型产品、工艺过程不变动的系统可以选择离线编程，以降低设备的投资费用。

2.4.2.4　支撑技术条件的选择

选用PLC时，有无支撑技术条件同样是重要的选择依据。支撑技术条件包括下列内容：

1. 编程工具

（1）小型PLC控制规模小、程序简单，不需要运行监控功能时，可用手持编程器，如图2-4-7所示。而CRT编程器适用于大中型PLC，除可用于编制和输入程序外，还具备编辑和打印程序文本、实时监控运行状况等功能。

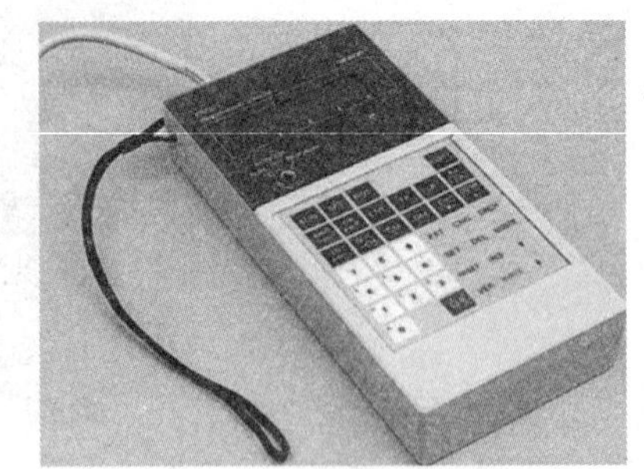

图2-4-7　手持编程器

（2）由于微型计算机已得到普及推广，微型计算机编程软件包是PLC很好的编程工具。目前，PLC厂商都在致力于开发适用自己机型的、功能日趋完善的微型计算机编程软件包，并获得了成功。

2. 程序文本处理

（1）是否具有简单程序文本处理、梯形图打印以及参量状态和位置的处理等功能。

（2）程序注释，包括触点和线圈的赋值名、网络注释等，这对用户或软件工程师阅读和调试程序非常有用。如图2-4-8所示程序文本注释图例。

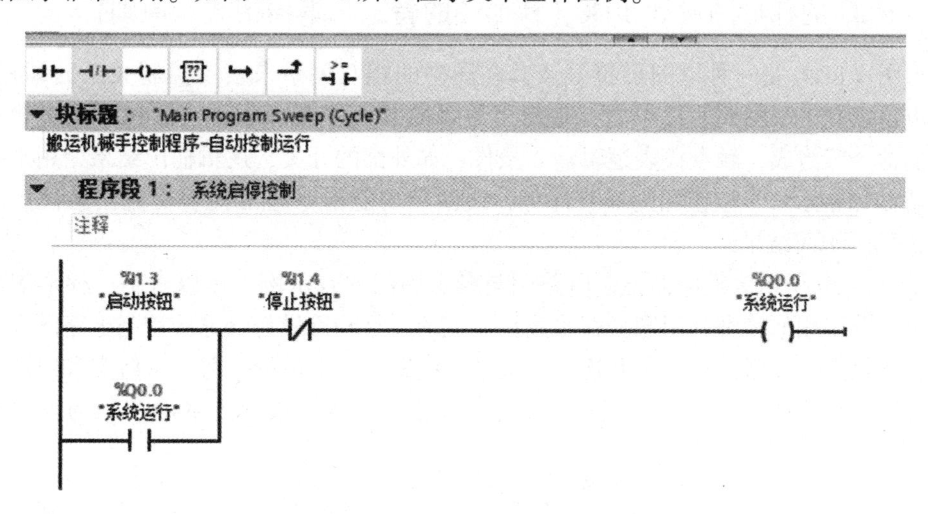

图2-4-8　程序文本注释图例

3. 程序储存方式

作为技术资料档案和备用资料，程序的储存方法有磁带、软磁盘或EEPROM存储程序盒等方式，具体选用哪种储存方式，取决于所选机型的技术条件。如图2-4-9所示程序存储方式通道。

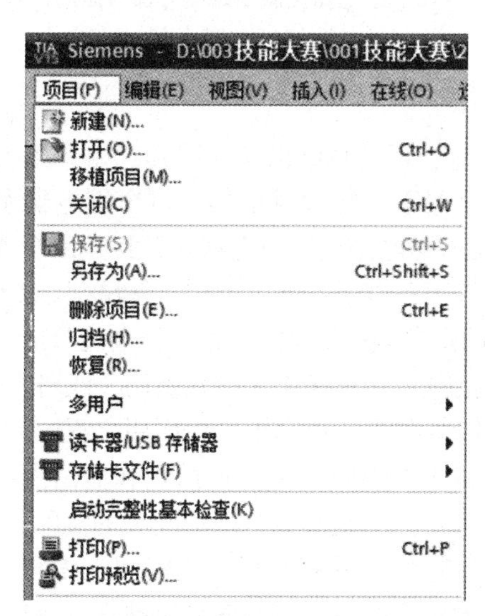

图2-4-9　程序存储方式通道

4. 通信软件包

通信软件包对于网络控制结构或需用上位计算机管理的控制系统，有无通信软件包是选用PLC的主要依据。通信软件包往往和通信硬件一起使用，如调制解调器等。

2.4.2.5　使用环境

PLC的环境适应性由于PLC通常直接用于工业控制，生产厂家将PLC设计成能在恶劣的环境条件下可靠工作。尽管如此，每种PLC都有自己的环境技术条件，如温度、湿度等，选用时，特别是在设计控制系统时，对环境条件要给予充分的考虑。

2.4.3 PLC 的梯形图设计步骤（梯形图的特点、编程格式、原则）

梯形图（LD）是一种以图形符号及其在图中的相互关系来表示控制关系的编程语言，是从继电器控制电路图演变过来的，是使用最多的 PLC 图形编程语言。梯形图由触点、线圈或功能指令等组成，触点代表逻辑输入条件，如外部的开关、逻辑输出结果，用来控制外部的负载（如指示灯、按钮和内部条件等；线圈和功能指令通常代表交流接触器、电磁阀等）或内部的中间结果。

图 2－4－10 所示为继电器控制电路图与梯形图的比较示例。可以看出，梯形图与继电器控制电路图很相似，都是用图形符号连接而成的，这些符号与继电器控制电路图中的常开触点、常闭触点、并联连接、串联连接、继电器线圈等是对应的，每一个触点和线圈都对应一个软元件。梯形图具有形象、直观、易懂的特点，很容易被熟悉继电控制的电气人员所掌握。

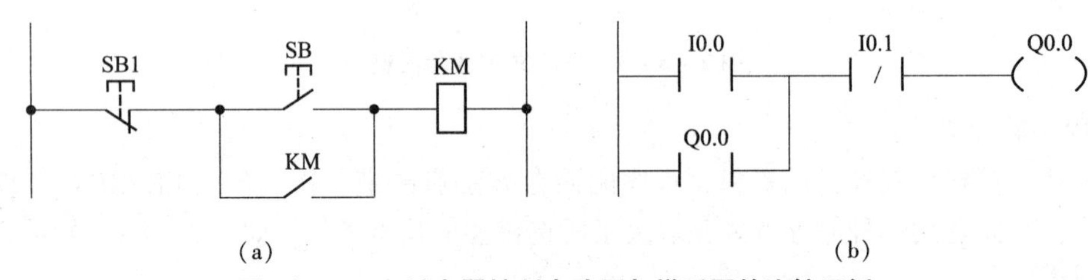

图 2－4－10　继电器控制电路图与梯形图的比较示例

（a）继电器控制电路图；（b）梯形图

2.4.3.1　梯形图特点

通过对图 2－4－10 的分析，可以总结出梯形图具有如下特点。

（1）梯形图格式中的继电器不是物理继电器，每个继电器和输入接点均为存储器中的一位，相应位为“1”态，表示继电器线圈通电或常开接点闭合或常闭接点断开。

（2）梯形图中流过的电流不是物理电流，而是“概念”电流，也称能流。它是用户程序解算中满足输出执行条件的形象表示方式。“概念”电流只能从左向右流动。

（3）梯形图中的继电器接点可在程序中无限次引用，既可常开又可常闭。

（4）梯形图中用户逻辑解算结果，可马上为后面用户程序的解算所利用。

（5）梯形图中输入接点和输出线圈不是物理接点和输出线圈，用户程序的解算是根据 PLC 内 I/O 映像区每位的状态，而不是解算时现场开关的实际状态。

（6）输出线圈只对应输出映像区的相应位，不能用该编程元件直接驱动现场机构，该位的状态必须通过 I/O 模板上对应的输出单元才能驱动现场执行机构。

2.4.3.2　梯形图编程格式

设计梯形图时应注意梯形图编程的格式。每个梯形图程序由多个梯级组成，一个输出元素可构成一个梯级，每个梯级可由多个支路组成，如图 2－4－11 所示。

每个支路通常可容纳 11 个编程元素，最右边的元素不能是触点。每个梯级最多允许 16 条支路。简单的编程元素只占用一条支路（如常开/常闭触点、继电器线圈等），有些编程元素要占用多条支路。在用梯形图编程时，只有在一个梯级编制完后才能继续后面的程序编程。PLC 的梯形图从上至下按行绘制，两侧的竖线类似电器控制图的电源线称为母线，每一行左侧是触点，在图形符号上只用常开和常闭符号，而不计其物理属性。输出线圈用圆形或椭圆形表示。

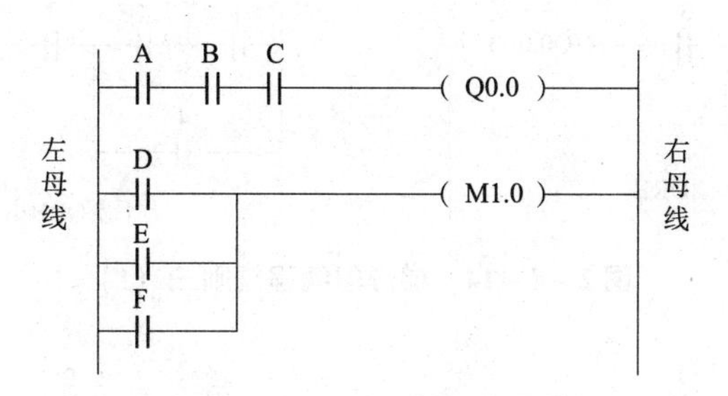

图2-4-11 梯形图编程的格式

2.4.3.3 设计梯形图程序需遵守的规则

(1) 梯形图按PLC在一个扫描周期内扫描程序的顺序，从左到右、从上到下的顺序进行绘制。与右边线圈相连的全部支路组成一个逻辑行。逻辑行起于左母线，终于右母线（或终于线圈，或一特殊指令）。不能在线圈与右母线之间接其他元件。编程顺序如图2-4-12所示。一个逻辑行编程顺序则是从上到下、从左到右进行。

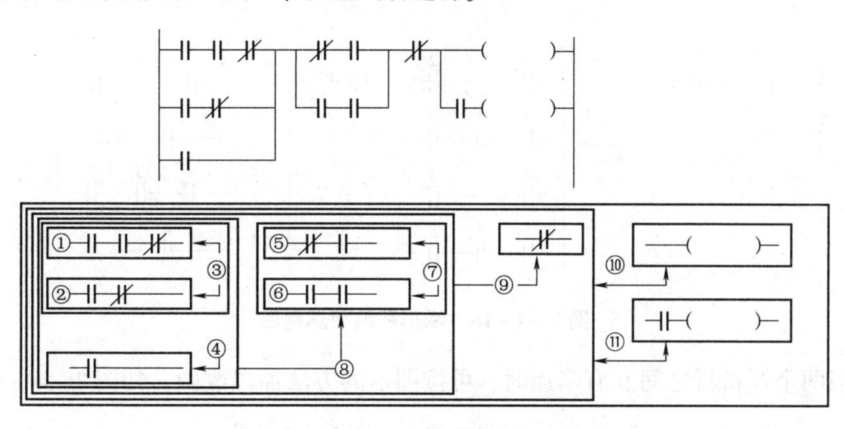

图2-4-12 梯形图编程规则一

(2) 触点应画在水平支路上，不能画在垂直支路上。图2-4-13（b）比图2-4-13（a）逻辑关系要明确，编写指令程序时可对应编写。

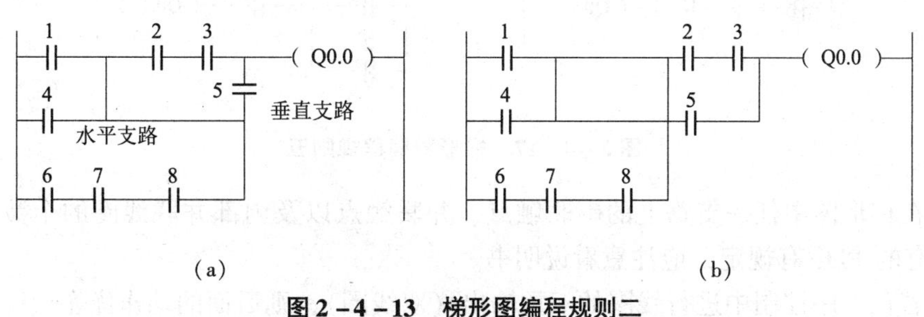

图2-4-13 梯形图编程规则二

(a) 不正确；(b) 正确

(3) 几条支路并联时，串联触点多的支路安排在上面（先画），如图2-4-14所示；几个支路串联时，并联触点多的支路块安排在左面，如图2-4-15所示，这样可减少“块”的编写程序。

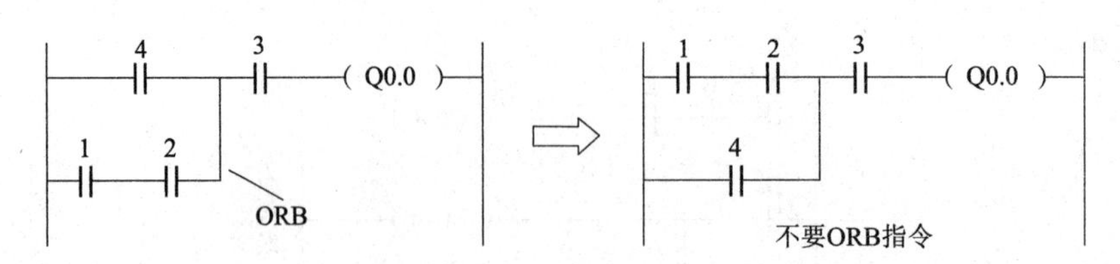

图 2-4-14　梯形图编程规则三（1）

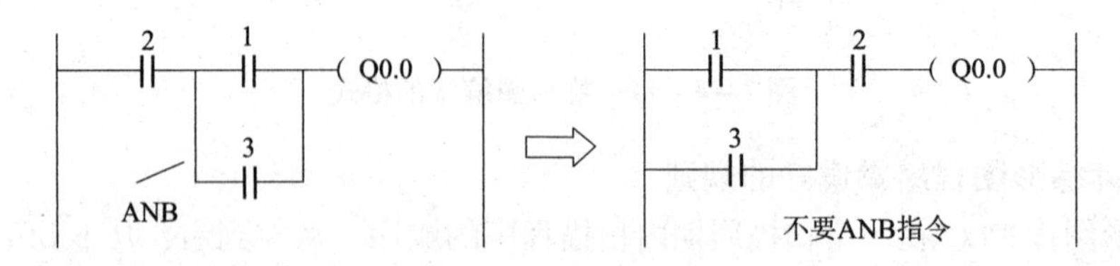

图 2-4-15　梯形图编程规则三（2）

（4）一个触点不允许有双向电流通过。当出现这种情况时，按图 2-4-16 所示示例改画。

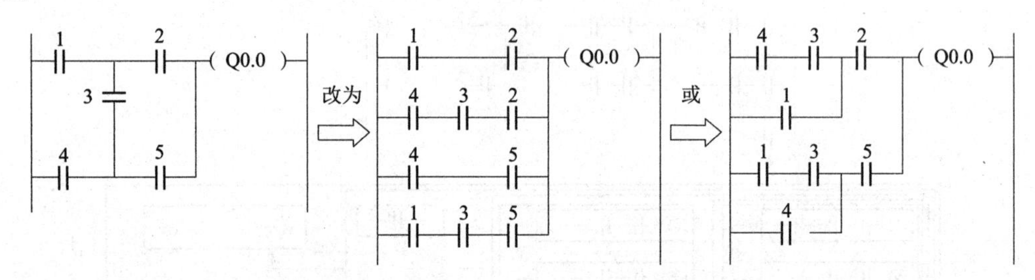

图 2-4-16　梯形图编程规则四

（5）当两个逻辑行之间互有牵连时，可按图示的方法加以改画，如图 2-4-17 所示。

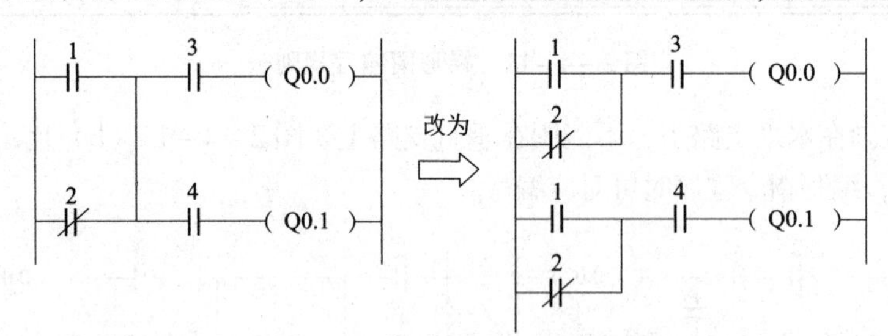

图 2-4-17　梯形图编程规则五

（6）在梯形图中任一支路上的串联触点、并联触点以及内部并联线圈的个数一般不受限制，但有的 PLC 有规定，应注意看说明书。

（7）若在顺序控制中进行线圈的双重输出（双线圈），则后面的动作优先执行。

（8）绘图时应注意 PLC 外部所接“输入信号”的触点状态，与梯形图中所采用内部输入触点（I 编号的触点）的关系。

如图 2-4-18 所示，继电器控制电路［图 2-4-18（a）］中启动按钮 PB1 用常开按钮，停止按钮 PB2 用常闭按钮。当在接入 PLC，PB1 用常开按钮，PB2 也用常开按钮时［图 2-4-18（b）］，则在梯形图设计时 I0.0 用常开触点，I0.1 用常闭触点，梯形图的设计是正确的。如果在接入 PLC 时，PB1 用常开按钮，PB2 用常闭按钮，如图2-4-18（c）所示，则在梯形图设计时 I0.0 用常开触点，I0.1 也应用常开触点，这样梯形图才是正确的。图2-4-18（d）是对图2-4-18（b）和图2-4-18（c）具体等效电路的分析。

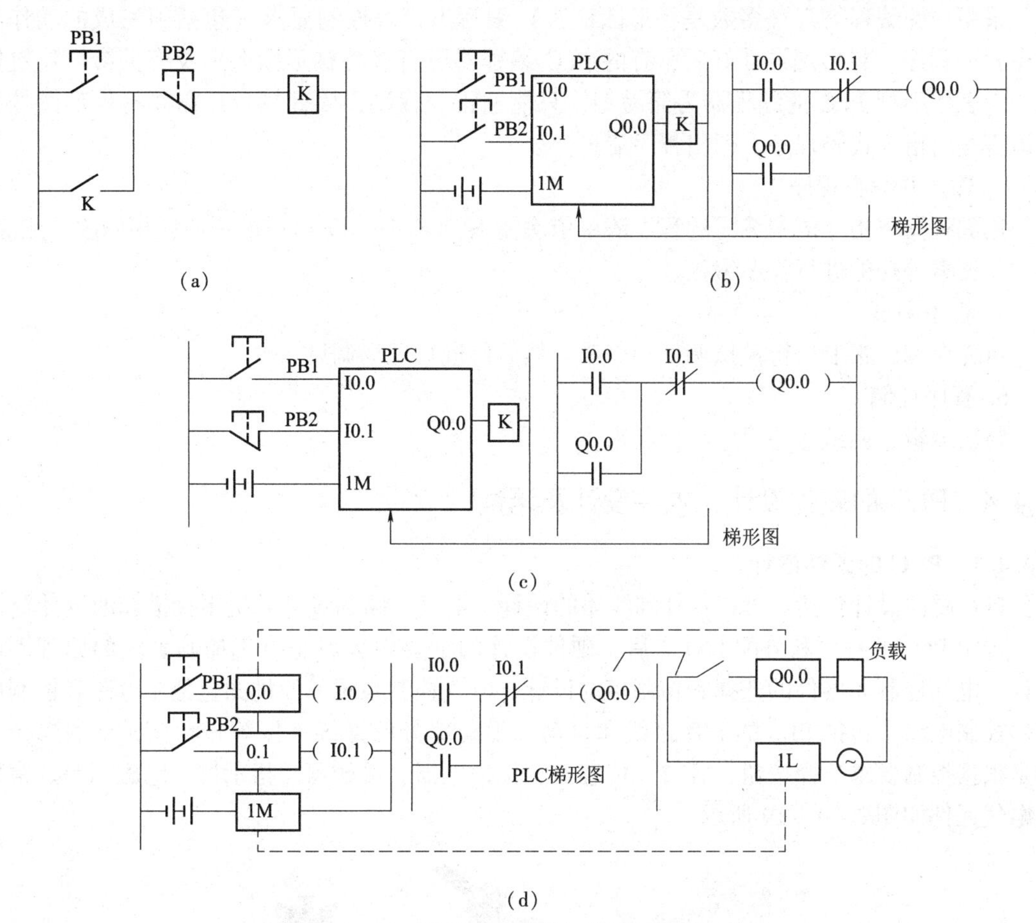

图2-4-18　外部输入条件与梯形图编程的关系

（a）继电器控制电路；（b）外部输入条件与 PLC 的连接形式之一；
（c）外部输入条件与 PLC 的连接形式之二；（d）两种外部输入条件与 PLC 梯形图的关系

2.4.3.4　梯形图的设计步骤

1. 根据控制系统的控制要求和内容确定 PLC 机型

设计 PLC 控制系统，首先应分析被控对象的具体情况（生产过程、技术特点、工艺方法、环境条件），研究对控制系统的要求，然后确定以下内容：

（1）根据被控对象状态参数的数目和被采集信号的数目，确定 PLC 的 I/O 点数，以此作为选择 PLC 机型的条件。

（2）根据被采集及被控制信号的特点（数字量、模拟量）以及所需电源的情况，确定输入器件，输出执行器件及接线方式。结合上面的条件选择 PLC 的型号。

2. 设计 PLC 的 I/O 信号连接图

根据已确定的 PLC I/O 信号的特点和用电性质，分配所选 PLC 的 I/O 编号（地址）。设计并画出 PLC I/O 信号连接图。由于每一种 PLC 的输入点和输出点编号都有严格的规定，用户必须根据所选用机型的规定做科学合理的分配，并注意保留若干输入点和输出点的余量。

3. 编写程序

采用一种编程语言（多数是梯形图语言）编写出符合控制要求（包括须完成的动作与顺序）的程序。梯形图设计好后，有的 PLC 编程器可直接将梯形图图形及有关参数用键输入。大多数小型 PLC 的编程器为简易型，只能输指令代码，因此用户还需要将梯形图按指令语言编出指令代码程序，列出程序清单。

4. 输入并编辑程序

用编程器将指令语句编写的程序清单依次输入 PLC 中，按 PLC 的说明使用修改、删除、插入、搜索等功能进行程序编程。

5. 程序调试

可先在调试板上进行模拟调试和修改，然后再进行现场调试。

6. 程序存储

将已编辑、调试好的程序存储起来。

2.4.4 PLC 的硬件设计、软件设计及调试

2.4.4.1 PLC 的硬件设计

PLC 硬件设计包括：PLC 及外围线路的设计、电气线路的设计和抗干扰措施的设计等。

选定 PLC 的机型和分配 I/O 点后，硬件设计的主要内容就是电气控制系统的原理图的设计、电气控制元器件的选择和控制柜的设计。电气控制系统的原理图包括主电路和控制电路。控制电路中包括 PLC 的 I/O 接线和自动、手动部分的详细连接等。电气元件的选择主要是根据控制要求选择按钮、开关、传感器、保护电器、接触器、指示灯、电磁阀等。常用的电气元件如图 2-4-19 所示。

图 2-4-19 常用电气元件实物图

2.4.4.2 PLC 的软件设计

软件设计包括系统初始化程序、主程序、子程序、中断程序、故障应急措施和辅助程序的设计，小型开关量控制一般只有主程序。西门子系列 1200 PLC 中，以模块化程序构架搭建，所用到的程序块需要在主程序中调用，如图 2-4-20 所示。在设计程序时，首先应根

据总体要求和控制系统的具体情况，确定程序的基本结构，画出控制流程图或功能流程图，简单的可以用经验法设计，复杂的系统一般用顺序控制设计法设计。

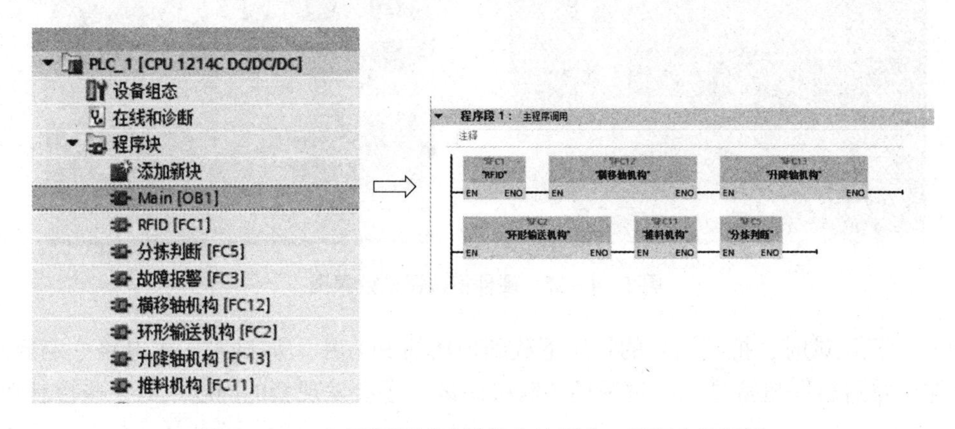

图 2－4－20　西门子博途软件主控程序、子程序块图例

2.4.4.3　软件硬件的调试

调试分模拟调试和联机调试。

（1）软件设计好后一般先做模拟调试。模拟调试可以通过仿真软件来代替 PLC 硬件在计算机上调试程序。如图 2－4－21 所示软件仿真模拟调试界面。如果有 PLC 的硬件，可以用小开关和按钮模拟 PLC 的实际输入信号（如启动、停止信号）或反馈信号（如限位开关的接通或断开），再通过输出模块上各输出位对应的指示灯，观察输出信号是否满足设计的要求。需要模拟量信号 I/O 时，可用电位器和万用表配合进行。在编程软件中可以用状态图或状态图表监视程序的运行或强制某些编程元件。

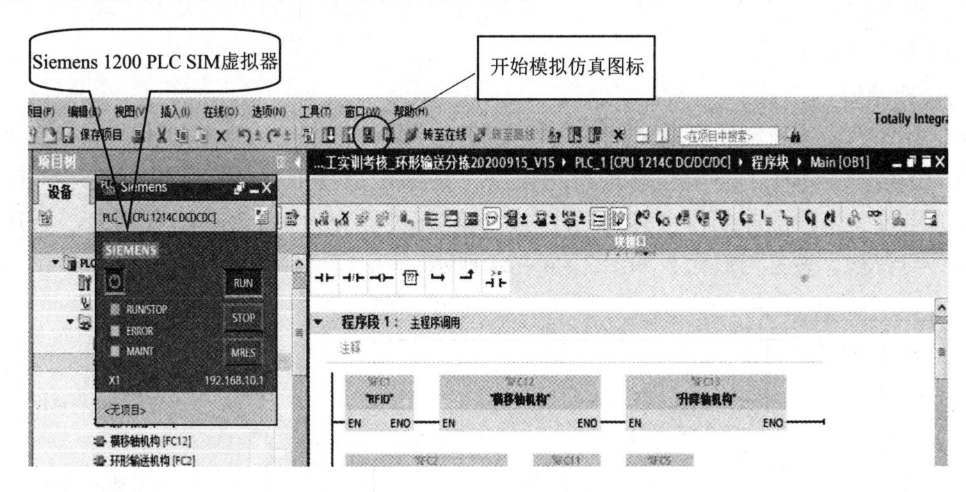

图 2－4－21　软件仿真模拟调试界面

（2）硬件部分的模拟调试主要是对控制柜或操作台的接线进行测试。可在操作台的接线端子上模拟 PLC 外部的开关量输入信号，或操作按钮的指令开关，观察对应 PLC 输入点的状态。用编程软件将输出点强制 ON/OFF，观察对应的控制柜内 PLC 负载（指示灯、接触器等）的动作是否正常，或对应的接线端子上的输出信号的状态变化是否正确，如图 2－4－22 所示。

图 2-4-22　硬件模拟调试效果图

(3) 联机调试时，把编制好的程序下载到现场的 PLC 中。调试时，主电路一定要断电，只对控制电路进行联机调试。通过现场的联机调试，还会发现新的问题或对某些控制功能的改进。

基本技能

实例设计：搬运机械手 PLC 控制系统设计

机械手在机械工业中为实现加工、装配、搬运等工序的自动化而产生的。比如，机床加工工件的装卸，特别是在自动化车床、组合机床上的使用较为普遍；在装配作业中应用广泛，在电子行业中它可以用来装配印制电路板，在机械行业中它可以用来组装零部件；它可以在劳动条件差、单调重复易疲劳的环境工作，以代替人的劳动；它可以在危险场合工作，如军用品的装卸、危险品及有害物质的搬运等；还可用于宇宙及海洋的开发、军事工程、生物医学方面的研究和实验等。随着工业自动化的发展，机械手的出现大大减轻了人类的劳动，提高了生产效率。

1. 任务分析

本任务要求完成机械手搬运工件的电气控制系统设计，工作示意图如图 2-4-23 所示。搬运机械手是一个水平、垂直位移的机械设备，其操作是将工件从左工作台搬运到右工作台，由光电开关来检测左工作台有无工件。系统运行过程分为 6 个动作，分别为：上升与下降、左移与右移、夹紧与放松，如图 2-4-24 所示。

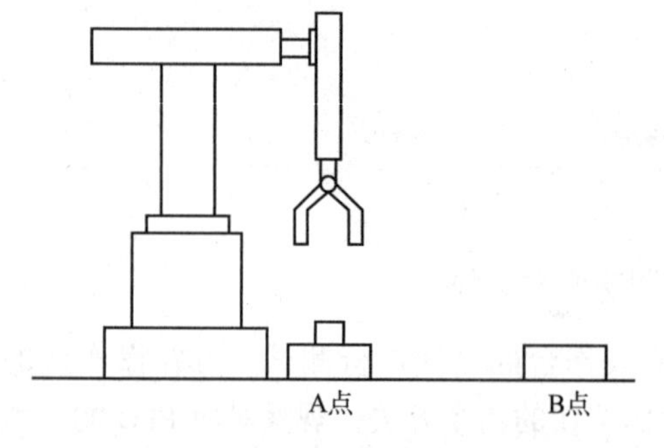

图 2-4-23　搬运机械手示意图

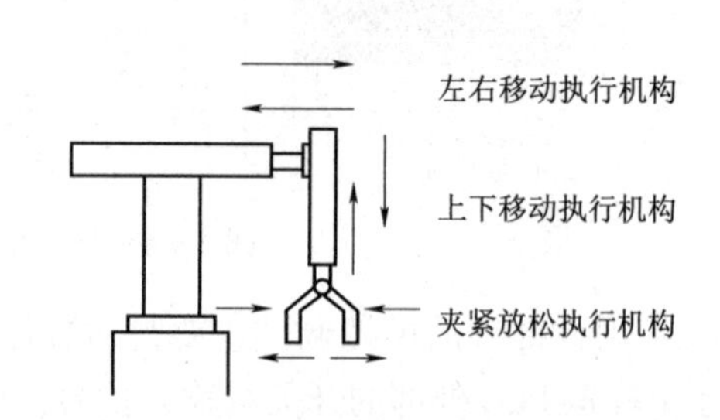

图 2-4-24　搬运机械手动作机构解析图

(1) 控制模式：自动运行模式和单周调试模式。

自动运行模式：系统有工件才搬运的运行模式，按下启动按钮，若检测到左工作台上有工件，系统才能延时1 s（保证系统稳定安全运行）运行。开始周期性运行，当按下停止按钮后，执行完当前一周后自动停止。本系统自动运行模式下，自动模式指示灯亮，按下启动按钮后，运行指示灯常亮。

单周调试模式：系统在正式运行前，首先要进行流程模拟调试，即无负载调试，重点验证系统的运行流程是否正确。运行周期为一周，执行一周结束后，自动停止。本系统单周调试模式下，单周调试模式指示灯亮，按下启动按钮后，运行指示灯闪亮。单周调试模式下，按下停止按钮，系统立即停止。

注意：两种模式只能选择一种模式运行。

（2）系统自动运行具体控制要求。

机械手一个循环周期可分为九步。

初始状态：系统初始上电，停止指示灯亮。

第1步：按下启动按钮，系统启动。系统运行指示灯亮，停止指示灯灭。

第2步：当工作台A上有工件出现时（有工件时，光电开关状态为1），机械手开始下降。当机械手下降到位时，机械手停止下降。

第3步：机械手在最低位开始抓紧工件，夹紧到位后，机械手保持夹紧。

第4步：机械手抓紧工件上升。当机械手上升到位时，机械手停止上升。

第5步：机械手抓紧工件伸出。当机械手伸出到位时，机械手停止伸出。

第6步：当B点检测无物料时，机械手开始下降。当机械手下降到位时，机械手停止下降。

第7步：机械手夹紧停止，开始放松工件，机械手松开到位后，机械手停止放松。

第8步：机械手开始上升。机械手上升到位时，机械手停止上升。

第9步：机械手开始缩回，当缩回到位时，机械手停止。

机械手工作一个周期完成。等待工件在工作台A上出现，转到第1步。

（3）系统单周调试模式具体控制要求。

注意：首先把A点位置、B点位置物料清除。

初始状态：系统初始上电，停止指示灯亮。

第1步：按下启动按钮，系统启动。系统运行指示灯以1 Hz频率闪亮，停止指示灯灭。

第2步：机械手开始下降。当机械手下降到位时，机械手停止下降。

第3步：机械手在最低位开始抓紧工件，夹紧到位后，机械手保持夹紧。

第4步：机械手抓紧工件上升。当机械手上升到位时，机械手停止上升。

第5步：机械手抓紧工件伸出。当机械手伸出到位时，机械手停止伸出。

第6步：机械手开始下降。当机械手下降到位时，机械手停止下降。

第7步：机械手夹紧停止，开始放松工件，机械手松开到位后，机械手停止放松。

第8步：机械手开始上升。机械手上升到位时，机械手停止上升。

第9步：机械手开始缩回，当缩回到位时，机械手停止。系统运行指示灯灭，停止指示灯亮。

机械手工作一个周期完成。等待下一次按下启动按钮，重新启动执行第1步。

2. 元器件选型

（1）根据系统的技术分析，搬运机械手控制系统需要的设备如表2-4-3所示。

表 2-4-3　搬运机械手设备元件清单

<table>
<tr><th colspan="4">输入设备</th><th colspan="4">输出设备</th></tr>
<tr><th>序号</th><th>元件名称</th><th>符号</th><th>类型</th><th>序号</th><th>元件名称</th><th>符号</th><th>类型</th></tr>
<tr><td>1</td><td>启动按钮</td><td>SB1</td><td>LA68C</td><td>1</td><td>夹紧电磁阀</td><td>YV1</td><td rowspan="6">4V110-06（07-J-R）工作电源：DC 24 V</td></tr>
<tr><td>2</td><td>停止按钮</td><td>SB2</td><td>LA68C</td><td>2</td><td>放松电磁阀</td><td>YV2</td></tr>
<tr><td>3</td><td>模式转换开关</td><td>SA1</td><td>NP2-BD21</td><td>3</td><td>上升电磁阀</td><td>YV3</td></tr>
<tr><td>4</td><td>A 点料检测传感器</td><td>SC1</td><td>E3Z-NA11</td><td>4</td><td>下降电磁阀</td><td>YV4</td></tr>
<tr><td>5</td><td>B 点料检测传感器</td><td>SC2</td><td>E3Z-NA11</td><td>5</td><td>伸出电磁阀</td><td>YV5</td></tr>
<tr><td>6</td><td>夹紧检测磁性开关</td><td>1B1</td><td>D-Z73</td><td>6</td><td>缩回电磁阀</td><td>YV6</td></tr>
<tr><td>7</td><td>放松检测磁性开关</td><td>1B2</td><td>D-Z73</td><td>7</td><td>运行指示</td><td>HL1</td><td rowspan="4">AD11-22/21-7GZ；工作电源：DC 24 V</td></tr>
<tr><td>8</td><td>上升到位检测开关</td><td>SQ1</td><td>AZ-7141</td><td>8</td><td>停止指示</td><td>HL2</td></tr>
<tr><td>9</td><td>下降到位检测开关</td><td>SQ2</td><td>AZ-7141</td><td>9</td><td>自动运行模式指示</td><td>HL3</td></tr>
<tr><td>10</td><td>伸出到位检测开关</td><td>SQ3</td><td>AZ-7141</td><td>10</td><td>单周调试模式指示</td><td>HL4</td></tr>
<tr><td>11</td><td>缩回到位检测开关</td><td>SQ4</td><td>AZ-7141</td><td></td><td></td><td></td><td></td></tr>
</table>

（2）PLC 选型。

根据搬运机械手工作流程，系统的输入设备和输出设备确定为 PLC 的输入设备为 11 个，输出设备为 10 个，且输入设备与输出设备均为开关量。PLC 的工作环境为料块搬运，所以选用稳定性能比较好的西门子 S7-1200 系列 PLC，型号为：CPU1214C AC/DC/RLY，订货号为 6ES7 214-1BE30-0XB0。详细参数为：50 KB 工作存储器；120/240 V AC 电源，板载 DI14×24 V DC 漏型/源型，DQ10×继电器和 AI2；板载 6 个高速计数器和 2 路脉冲输出；信号板扩展板载式 I/O；多达 3 个可进行串行通信的通信模块；多达 8 个可用于 I/O 扩展的信号模块；0.1 ms/1 000 条指令；PROFINET 接口用于编程、HMI 以及 PLC 间通信。满足系统的控制要求。

3. PLC 的 I/O 分配表

搬运机械手控制系统 PLC 的 I/O 分配如表 2-4-4 所示。

表 2-4-4　搬运机械手控制系统 PLC 的 I/O 分配

输入 I				输出 Q			
序号	元件名称	符号	PLC 地址	序号	元件名称	符号	PLC 地址
1	启动按钮	SB1	I0.0	1	夹紧电磁阀	YV1	Q0.0
2	停止按钮	SB2	I0.1	2	放松电磁阀	YV2	Q0.1
3	模式转换开关	SA1	I0.2	3	上升电磁阀	YV3	Q0.2
4	A 点料检测传感器	SC1	I0.3	4	下降电磁阀	YV4	Q0.3
5	B 点料检测传感器	SC2	I0.4	5	伸出电磁阀	YV5	Q0.4
6	夹紧检测磁性开关	1B1	I0.5	6	缩回电磁阀	YV6	Q0.5

续表

输入I				输出Q			
7	放松检测磁性开关	1B2	I0.6	7	运行指示	HL1	Q0.6
8	上升到位检测开关	SQ1	I0.7	8	停止指示	HL2	Q0.7
9	下降到位检测开关	SQ2	I1.0	9	自动运行模式指示	HL3	Q1.0
10	伸出到位检测开关	SQ3	I1.1	10	单周调试模式指示	HL4	Q1.1
11	缩回到位检测开关	SQ4	I1.2				

4. PLC 外部接线图

搬运机械手 PLC 控制系统电气原理图如图 2-4-25 所示。

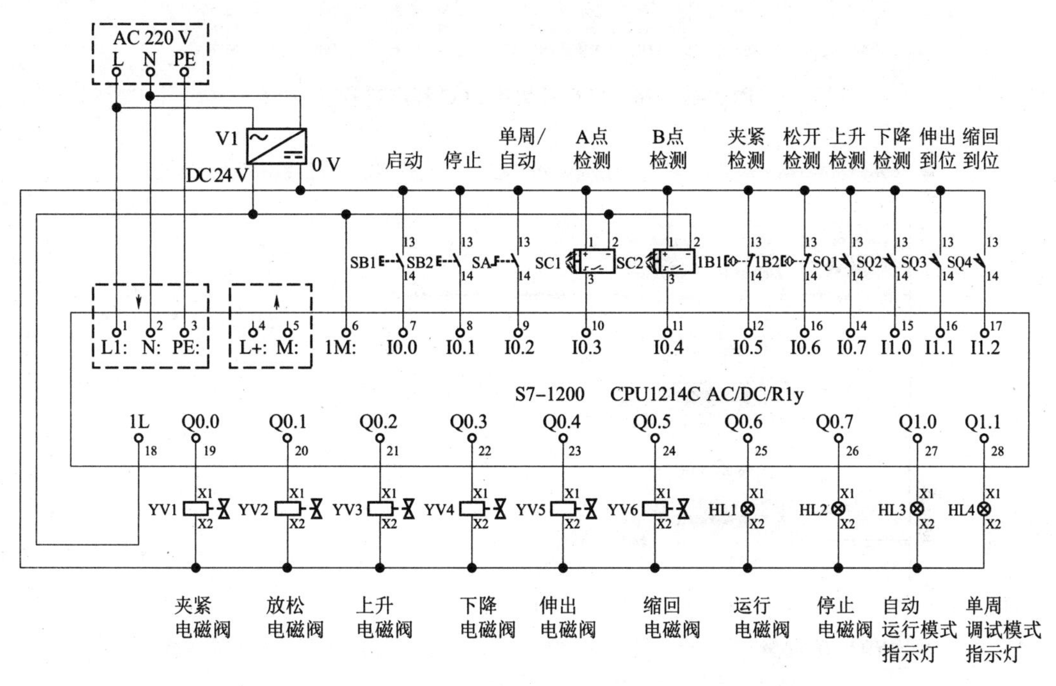

图 2-4-25 搬运机械手 PLC 控制系统电气原理图

5. PLC 控制程序

1）PLC 变量表

PLC 变量表提前录入，防止程序设计时点位用错。如图 2-4-26 所示搬运机械手 PLC 变量表。

2）系统主程序

（1）系统的主控制、状态显示、模式切换程序如图 2-4-27 所示。该梯形图不含搬运过程控制，搬运过程程序详见自动运行模式和单周调试模式 SCL 语言程序。

	名称	变量表	数据类型	地址
1	启动	默认变量表	Bool	%I0.0
2	停止	默认变量表	Bool	%I0.1
3	模式转换	默认变量表	Bool	%I0.2
4	A点检测	默认变量表	Bool	%I0.3
5	B点检测	默认变量表	Bool	%I0.4
6	加紧到位	默认变量表	Bool	%I0.5
7	放松到位	默认变量表	Bool	%I0.6
8	上升到位	默认变量表	Bool	%I0.7
9	下降到位	默认变量表	Bool	%I1.0
10	伸出到位	默认变量表	Bool	%I1.1
11	缩回到位	默认变量表	Bool	%I1.2
12	夹紧	默认变量表	Bool	%Q0.0
13	放松	默认变量表	Bool	%Q0.1
14	上升	默认变量表	Bool	%Q0.2
15	下降	默认变量表	Bool	%Q0.3
16	伸出	默认变量表	Bool	%Q0.4
17	缩回	默认变量表	Bool	%Q0.5
18	运行指示	默认变量表	Bool	%Q0.6
19	停止指示	默认变量表	Bool	%Q0.7
20	自动运行模式指示	默认变量表	Bool	%Q1.0
21	单周调试模式指示	默认变量表	Bool	%Q1.1

图 2-4-26　搬运机械手 PLC 程序变量表

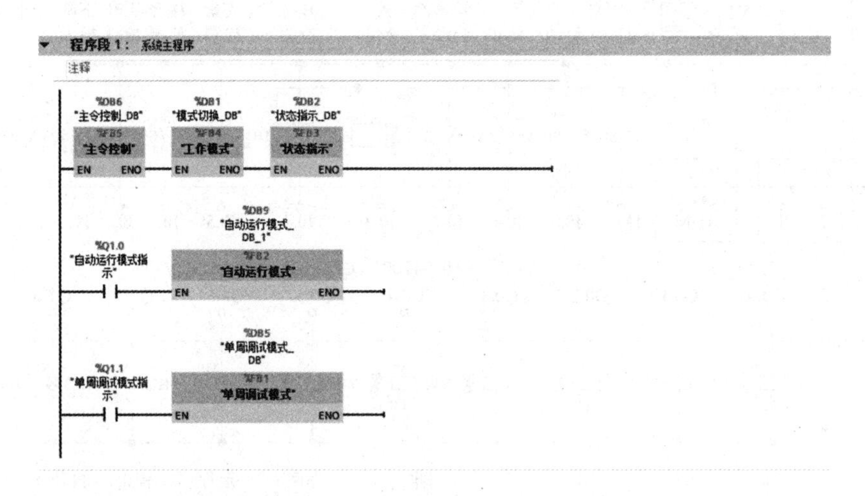

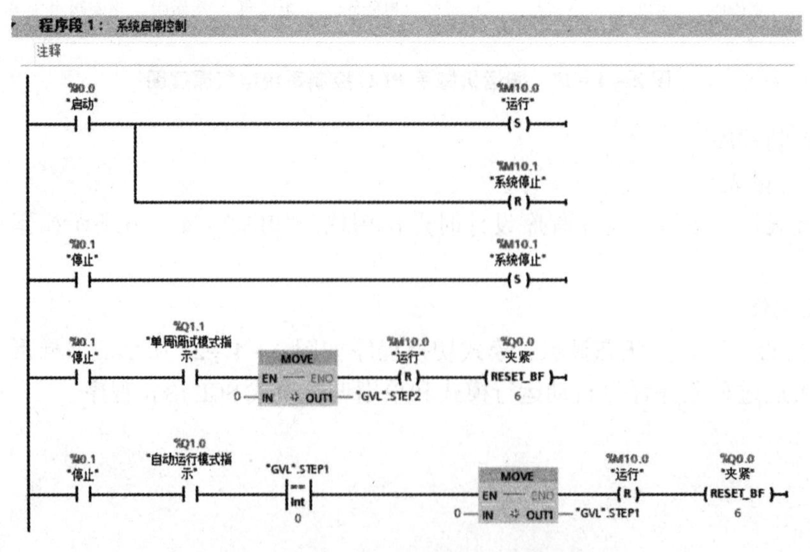

图 2-4-27　机械手搬运控制梯形图

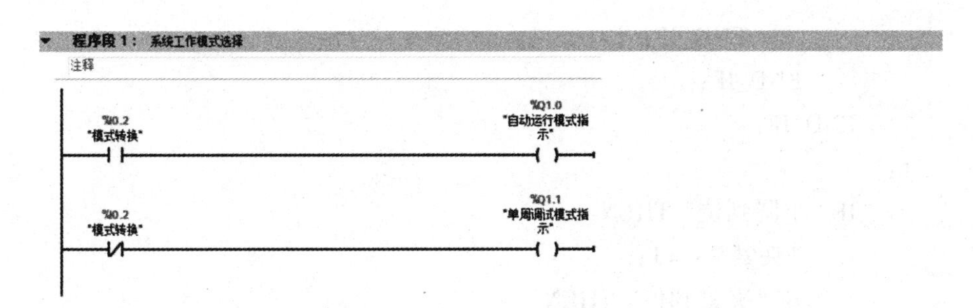

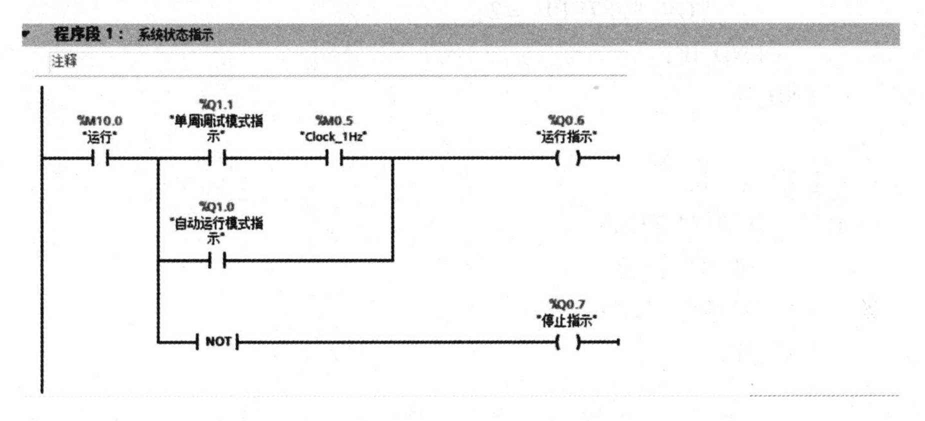

图 2-4-27　机械手搬运控制梯形图（续）

（2）搬运过程控制程序。

首先建立一个全局变量块 GVL，定义两个步变量 STEP1 和 STEP2，如图 2-4-28 所示。

GVL

	名称	数据类型	起始值	保持
1	▼ Static			
2	STEP1	Int	0	
3	STEP2	Int	0	
4	<新增>			

图 2-4-28　全局变量自定义变量

其次：打开自动运行模式程序块，新建一个 SCL 程序块，使用“CASE”指令编写如下程序：

```
CASE "GVL". STEP1 OF
        0：
            IF "运行" AND "A 点检测"   THEN
                "放松"  ：=1；
                IF "放松到位" THEN
                    "下降"  ：=1；
                    IF "下降到位" THEN
                        "下降"  ：=0；
                        "GVL". STEP1  ：=1；
```

```
                END_IF;
            END_IF;
        END_IF;
    1:
        IF "下降到位" THEN
            "夹紧" :=1;
            IF "夹紧到位" THEN
                "GVL".STEP1:=2;
            END_IF;
        END_IF;
    2:
      "上升" :=1;
      IF "上升到位" THEN
            "上升" :=0;
            "GVL".STEP1:=3;
        END_IF;
    3:
        "伸出" :=1;
        IF "伸出到位" THEN
            "伸出" :=0;
            IF "B点检测" =0 THEN
                "GVL".STEP1:=4;
            END_IF;
        END_IF;
    4:
        "下降" :=1;
            IF "下降到位" THEN
                "下降":=0;
                "GVL".STEP1:=5;
            END_IF;
    5:
      IF "下降到位" THEN
          "放松" :=1;
          "夹紧" :=0;
          IF "放松到位" THEN
              "放松" :=0;
              "GVL".STEP1:=6;
          END_IF;
      END_IF;
```

```
        6:
            "上升" :=1;
            IF "上升到位" THEN
            "上升" :=0;
            "GVL".STEP1:=7;
            END_IF;
        7:
            "缩回" :=1;
            IF "缩回到位" THEN
                IF "系统停止" THEN
                    "运行" :=0;
                END_IF;
                "缩回" :=0;
            "GVL".STEP1:=0;
        END_IF;
    END_CASE;
```

再次：打开单周调试模式程序块，新建一个 SCL 程序块，使用“CASE”指令编写如下程序：

```
    CASE "GVL".STEP2 OF
        0:
            IF "运行"  THEN
                "放松" :=1;
                IF "放松到位" THEN
                    "下降" :=1;
                    IF "下降到位" THEN
                        "下降" :=0;
                        "GVL".STEP1 :=1;
                    END_IF;
                END_IF;
            END_IF;
        1:
            IF "下降到位" THEN
                "夹紧" :=1;
                IF "夹紧到位" THEN
                    "GVL".STEP2:=2;
                END_IF;
            END_IF;
        2:
            "上升" :=1;
```

```
        IF "上升到位" THEN
            "上升" :=0;
            "GVL".STEP2:=3;
        END_IF;
    3:
        "伸出" :=1;
        IF "伸出到位" THEN
            "伸出" :=0;
            "GVL".STEP2:=4;
        END_IF;
    4:
        "下降" :=1;
            IF "下降到位" THEN
                "下降" :=0;
                "GVL".STEP2:=5;
            END_IF;
    5:
      IF "下降到位" THEN
          "放松" :=1;
          "夹紧" :=0;
          IF "放松到位" THEN
              "放松" :=0;
              "GVL".STEP2:=6;
          END_IF;
      END_IF;
    6:
        "上升" :=1;
        IF "上升到位" THEN
        "上升" :=0;
        "GVL".STEP2:=7;
        END_IF;
    7:
        "缩回" :=1;
        IF "缩回到位" THEN
            "运行" :=0;
            "缩回" :=0;
            "GVL".STEP2:=0;
        END_IF;
END_CASE;
```

6. 用编程电缆连接计算机和 PLC 并下载程序

以太网通信线连接如图 2－4－29 所示。

7. 搬运机械手电气控制系统的模拟调试

1）模拟实训设备（图 2－4－30）

图 2－4－29 以太网通信线连接

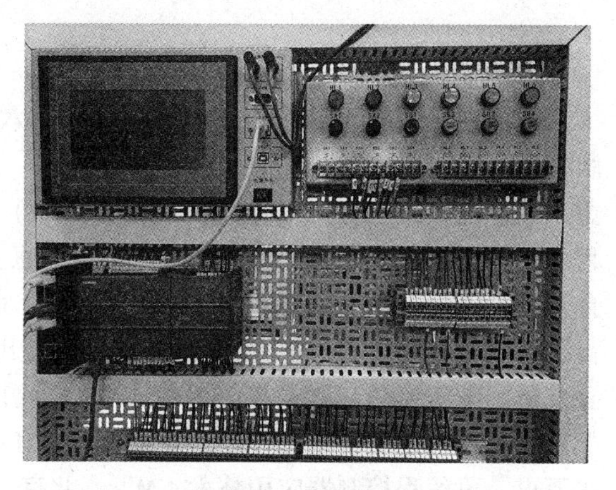

图 2－4－30 搬运机械手控制系统实训设备

（1）搬运机械手实训装置 1 台。

（2）PLC 主机模块 1 个。

（3）计算机 1 台。

（4）导线若干。

2）训练内容与步骤

（1）程序录入训练：正确使用编程软件，完成程序录入。

（2）硬件接线训练：按照 PLC 外部接线图，完成系统的电气部分接线。

（3）功能调试：

①模式切换为：单周调试模式。

第一步：观察模式指示灯显示是否正确。

第二步：按下启动按钮，运行指示灯闪亮，停止指示灯灭。进一步仔细观察搬运机械手的各个动作状态是否正确，是否按照预定顺序执行搬运任务动作流程。如果遇到错误或者故障，请立即按下停止按钮，系统停止。故障排除后，重新启动。

②模式切换为：自动运行模式。

第一步：观察模式指示灯显示是否正确。

第二部：观察系统运行流程是否正确，详细如下所示：

机械手在原位，红灯亮，机械手处于停止状态。

按下启动按钮，系统运行指示灯绿灯亮，当检测到 A 点有物料时，机械手开始放松→放松到位后→机械手开始下降→下降到下限位→机械手开始夹紧→夹紧检测到位后→机械手上升→上升到位后→机械手伸出→伸出到位后→如果 B 位置没有物料→机械手开始执行下降→下降到下限位→机械手放松（把物料放置到 B 点位置）→机械手放松到位→机械手开始上升→上升到上限位后→机械手开始缩回→缩回到位，机械手完成一次加工流程。

参 考 文 献

[1] 王永华 . 现代电气控制及 PLC 应用技术（第六版）[M]. 北京：北京航空航天大学出版社，2020.
[2] 黄永红 . 电气控制与 PLC 应用技术（第 2 版）[M]. 北京：机械工业出版社，2022.
[3] 程广振等 . 电气控制与 PLC 应用 [M]. 北京：北京大学出版社，2021.
[4] 孙克军 . 电气控制与 PLC 编程入门 [M]. 北京：化学工业出版社有限公司，2019.
[5] 吕品 . 电气控制技术 [M]. 北京：电子工业出版社，2017.
[6] 阮友德 . 电气控制与 PLC 实训教程 [M]. 北京：人民邮电出版社，2006.
[7] 吴明亮，蔡夕忠 . 可编程控制器实训教程 [M]. 北京：化学工业出版社，2005.
[8] 张万忠 . 可编程控制器应用技术 [M]. 北京：化学工业出版社，2005.
[9] 黄净 . 电器及 PLC 控制技术 [M]. 北京：机械工业出版社，2006.
[10] 李方园 . 西门子 S7 - 1200 PLC 从入门到精通 [M]. 北京：电子工业出版社，2018.
[11] 廖常初 . S7 - 1200/1500 PLC 应用技术（第 2 版）[M]. 北京：机械工业出版社，2021.
[12] 戴琨 . 电气控制系统设计 - PLC 基于三菱系统 [M]. 北京：中国轻工业出版社，2017.
[13] 蔡跃 . 职业教育活页式教材开发指导手册 [M]. 上海：华东师范大学出版社，2020.

电气控制系统设计

技术应用与能力提升分册

主　编　戴　琨　王震生
副主编　曾　艳　田　超

北京理工大学出版社
BEIJING INSTITUTE OF TECHNOLOGY PRESS

目 录

模块1　全自动搅拌站电气控制系统设计

一、学习情境描述

（1）教学情境描述：全自动搅拌站的工作过程为按下启动按钮，搅拌电动机按一个方向开始运行；为了防止料物堆积，出料转运皮带开始工作，按一定顺序启动；进料电动机同时开始启动；当按下停止按钮，进料电动机先停止工作，之后转运皮带按一定顺序停止，最后搅拌电动机才停止运行。

（2）关键知识点：电气控制系统的分类，电气控制系统的设计内容、原则和步骤，常用低压电气元件知识，典型继电器－接触器线路的工作原理，电气控制系统调试步骤，电气控制系统的经验设计法，电气控制系统的逻辑设计法。

（3）关键技能点：常用低压电气元件的安装、使用及检修，电气控制系统原理图设计，电气控制系统原理图绘制，电气控制系统调试及维护。

二、学习目标

（1）熟练使用常用的低压电器并选型。

（2）掌握全自动搅拌站控制系统的控制原理。

（3）掌握全自动搅拌站系统的分析方法。

（4）根据控制要求，完成全自动搅拌站系统的设计。

（5）完成全自动搅拌站各分站的硬件系统调试。

（6）分工合作，能够撰写相关工程文件。

（7）能够自主进行信息查询，解决设计中的难题。

三、订单描述

在炼油、化工、制药、水处理等行业中，将不同液体混合是必不可少的工序，而且这些行业中多为易燃易爆、有毒、有腐蚀性的介质，不适合人工现场操作。某企业有一台大型的全自动搅拌站，主要用于混凝土的搅拌，整个系统由多台混料罐构成，在本任务中主要对一个混料罐中的搅拌系统进行设计，如图1－1所示。

该混料罐整个工作过程中有6台电动机，进料泵1、2由电动机M1、M2驱动。混料泵由电动机M6驱动。出料则采用转运皮带控制，由三台电动机M3、M4和M5带动三个皮带运行。按下启动按钮，并按下搅拌电动机方向控制按钮，搅拌电动机按一个方向开始运行。为了防止料物堆积，出料转运皮带开始工作，按一定顺序启动，进料电动机同时开始启动。当按下停止按钮，进料电动机先停止工作，之后转运皮带按一定顺序停止，最后搅拌电动机才停止运行。

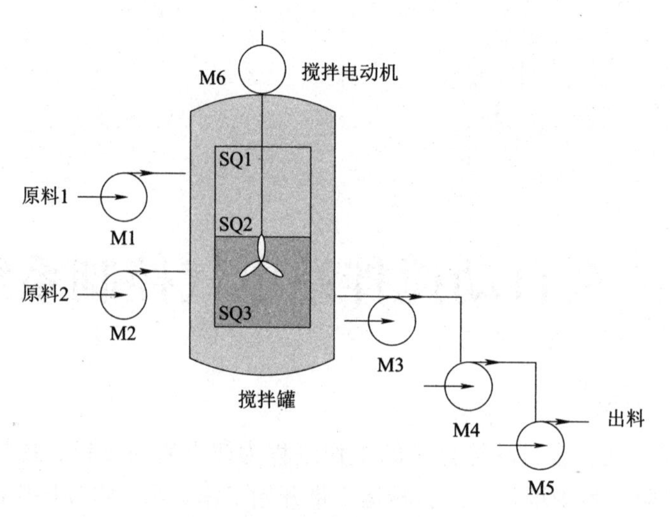

图1-1　搅拌站结构示意图

系统具体设计要求如下：

（1）设计搅拌电动机的继电器+接触器控制电路，使其能够实现双向搅拌。

（2）进料电动机M1和M2的容量为15 kW，请设计控制其启动的继电器+接触器控制电路，以保证进料电动机能够安全启动。

（3）设计出料转运皮带控制系统，启动时，顺序为M5→M4→M3，停车时，顺序为M3→M4→M5，皮带上不残存货物。

（4）综合设计全自动搅拌站系统，完成6台电动机的协同工作。

（5）要有必要的联锁及保护措施：短路保护、过载保护、失压欠压保护。

四、需求与调研

（1）明确企业委托订单的需求。

（2）撰写项目的需求调研计划并修改完善。

（3）按照需求调研计划分组扮演不同角色，模拟进行需求调研。

（4）分析得到需求调研中获取到的搅拌站的主要技术指标。

（5）确定要完成的项目用户需求目标。

需求与调研报告模板参考请扫描二维码

五、生产计划

生产计划表如表1-1所示。

表1-1 生产计划表

<table>
<tr><td>班级</td><td></td><td>组号</td><td></td><td>指导老师</td><td></td></tr>
<tr><td>订单负责人</td><td></td><td>学号</td><td colspan="3"></td></tr>
<tr><td rowspan="6">项目组成员</td><td colspan="2">姓名</td><td colspan="3">学号</td></tr>
<tr><td colspan="2"></td><td colspan="3"></td></tr>
<tr><td colspan="2"></td><td colspan="3"></td></tr>
<tr><td colspan="2"></td><td colspan="3"></td></tr>
<tr><td colspan="2"></td><td colspan="3"></td></tr>
<tr><td colspan="2"></td><td colspan="3"></td></tr>
<tr><td rowspan="8">工作计划</td><td colspan="2">工作内容</td><td colspan="2">时间节点</td><td>负责人</td></tr>
<tr><td colspan="2"></td><td colspan="2"></td><td></td></tr>
<tr><td colspan="2"></td><td colspan="2"></td><td></td></tr>
<tr><td colspan="2"></td><td colspan="2"></td><td></td></tr>
<tr><td colspan="2"></td><td colspan="2"></td><td></td></tr>
<tr><td colspan="2"></td><td colspan="2"></td><td></td></tr>
<tr><td colspan="2"></td><td colspan="2"></td><td></td></tr>
<tr><td colspan="2"></td><td colspan="2"></td><td></td></tr>
</table>

六、方案设计

方案设计是设计中的重要阶段，它涉及设计者的知识水平、经验、灵感和想象力等。方案设计包括设计要求分析、系统功能分析、原理方案设计几个过程。该阶段主要是从分析需求出发，确定实现产品功能和性能所需要的总体对象（技术系统），决定技术系统，实现产品的功能与性能到技术系统的映像，并对技术系统进行初步的评价和优化。设计人员根据设计任务书的要求，运用自己掌握的知识和经验，选择合理的技术系统，构思满足设计要求的原理解答方案。

方案设计注意事项扫描二维码

要求：请项目组充分讨论，确定整个系统的输入、输出，并画出系统控制框图，填表1-2。

表1-2 控制系统分析

输入	
输出	
控制核心	
控制系统框图	

七、技术协议撰写与签订

_______项目

技术协议

甲方：____________

乙方：____________

时间：

（一）项目简介（项目设计范围）

本项目____

____

____

____

（二）项目设计依据和技术标准

____

____

____

（三）系统设计方案（架构）

（×××系统由……组成，采用……控制方式，系统结构图（或拓扑图）如下图所示。）

____

____

____

____

（四）设备采购清单

序号	设备名称	设备型号	技术参数	单位	数量
1					
2					
3					
4					
5					
6					
7					

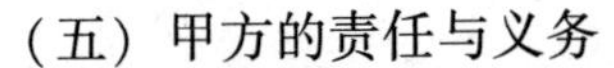

（五）甲方的责任与义务

在本项目执行中，甲方需要履行如下责任和义务。

1. 配合乙方确认项目实施需求。

2. 负责提供项目实施所需的安装、调试现场环境。

3. 甲方对其向乙方提供的资料、数据的真实性、合法性负责。

4. 甲方有义务协调乙方与其他协作单位的关系，保障乙方工作的正常进行。

5. 甲方有义务及时组织并进行各项确认工作。

6. 在验收条件具备后，及时组织对系统进行验收。

7. 成立项目组，确定组织机构，明确项目负责人。

（六）乙方的责任与义务

在合同执行过程中，乙方须履行如下责任和义务：

1. 乙方必须保证产品在项目计划时间内完成。

2. 乙方根据甲方的统一规划和设计方案制定产品安装实施方案，确定各阶段的具体工作计划、测试方案及验收方案等。

3. 乙方保证所提供产品的功能满足技术协议的需求。

4. 乙方配合与本项目相关的其他应用系统实施。

5. 甲方负责系统验收、测试及鉴定工作，乙方负责提供验收、测试及鉴定条件，甲方负责确认。

6. 乙方成立项目组，确定组织机构，明确项目负责人。

7. 项目验收结束后，乙方向甲方移交针对本项目系统文档、随机软件和文档资料等资料。

（七）资料交付

1. 硬件选型清单

2. 系统实施方案

3. 系统图纸

4. 系统验收报告（说明书）

5. 相关程序等技术资料

（八）其他

其他未尽事宜，双方协商解决。

本协议一式两份，甲方一份，乙方一份。

本协议经双方签字盖章有效。

甲方（盖章）：	乙方（盖章）：
甲方委托代理人：	乙方委托代理人：
甲方地址：	乙方地址：
甲方联系电话：	乙方联系电话：
日期：　　年　　月　　日	日期：　　年　　月　　日

八、任务实施

全自动搅拌站控制系统设计根据控制要求可拆分为以下三个任务，如图 1－2 所示。为了逐步完成订单内容，分任务进行工作实施。

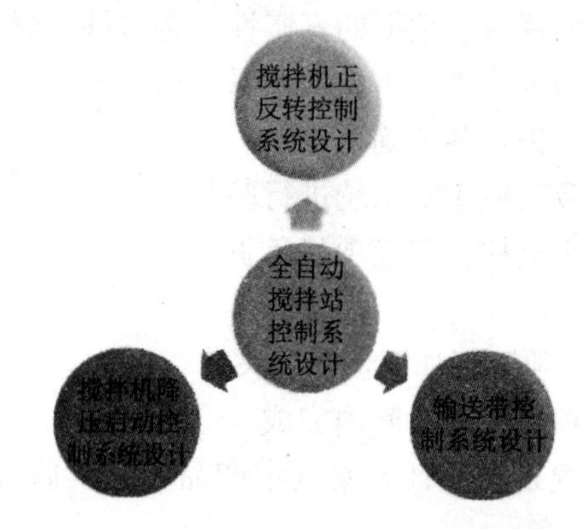

图 1－2　全自动搅拌站控制系统拓扑结构图

任务 1.1　搅拌机正反转控制系统设计

◆ 学习目标

（1）掌握正反转继电器－接触器控制系统设计思路。

（2）正确绘制并识读正反转控制线路的原理图、接线图和布置图。

（3）能够根据系统要求进行常用低压电器选型。

（4）能够按照工艺安装与调试正反转控制线路。

（5）能够根据故障现象检修正反转控制线路。

◆ 任务书

完成全自动搅拌站中搅拌电动机的正反转运行控制，即按下正转运行按钮，搅拌电动机可以正转运行，按下反转切换按钮，搅拌电动机可以反转运行，正反转运行可以直接切换。

◆ 任务分工

任务分工如表 1－3 所示。

表 1－3　任务分工

组别		互检组	
岗位	姓名	主要职责	
电控组长（组长）		负责组织工艺方案、工艺流程的设计与制定、审查；负责系统的整体调试；负责互检工作	
工艺员		负责功能分析，将控制要求转化为设计思路	
图纸绘制员		根据需求绘制标准的电气原理图、安装接线图和布件图	
接线员		负责硬件系统的安装、接线；负责硬件调试	
安全员		负责制定本组的安全工作预案；负责对本组设备进行安全检查；负责对本组成员进行安全检查；负责组织调试期间发生的事故调查	

◆ 获取信息

引导问题1：分析以下不同电气控制系统。

请写出以下系统的特点，并写出其他类型的电气控制系统，如图1－3所示。

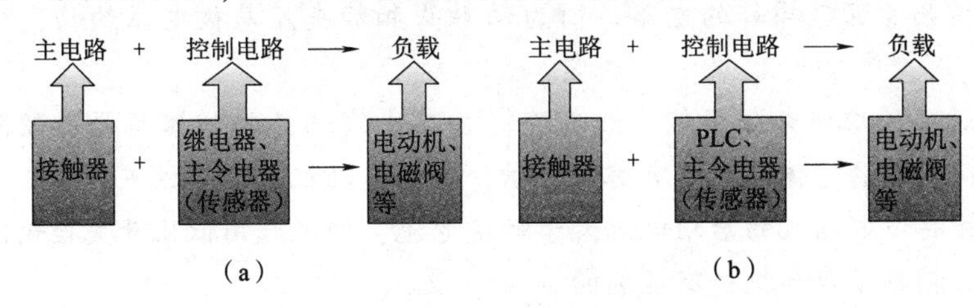

图1－3　不同的电气控制系统

（a）继电器－接触器控制系统；（b）PLC－接触器控制系统

____

____

____

____

____

小提示：PLC系统可根据主电路的不同分为PLC＋接触器控制的电气控制系统、PLC＋变频器控制的电气控制系统、PLC＋变频器＋人机界面控制的电气控制系统。

引导问题2：了解常用低压开关。

不同低压开关如图1－4所示。

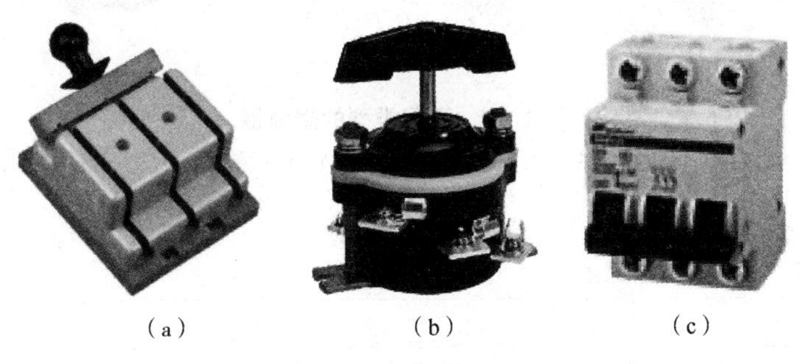

图1－4　不同低压开关

（a）低压开关1；（b）低压开关2；（c）低压开关3

（1）请画出图中低压开关的结构符号，并对比不同低压开关的不同。

____

____

____

（2）不同低压开关工作时如何进行选型？

____

____

____

小提示1：用开启式负荷开关控制电动机的直接启动和停止时应注意以下事项：

（1）电动机的容量应小于5.5 kW，因为没有灭弧装置。

（2）不宜用于频繁操作的电路。因为动触头和静夹座易被电弧灼伤，从而引起接触不良。

（3）将开关的熔体部分用铜导线直连，并在出线端另外加熔断器作短路保护，因为开启式负荷开关的熔体部分没有熔管保护，控制电动机时安全性差。

由于三相异步电动机的启动电流大于额定电流，因此选用低压开关控制照明和电热线路与控制三相异步电动机是有区别的。

小提示2：过载保护和短路保护的区别

（1）一般过载是指10倍额定电流以下的过电流，短路是10倍额定电流以上的过电流。

（2）两者在特性、参数还是工作原理等方面差异都很大。

引导问题3：了解熔断器。

不同类型的熔断器如图1－5所示。

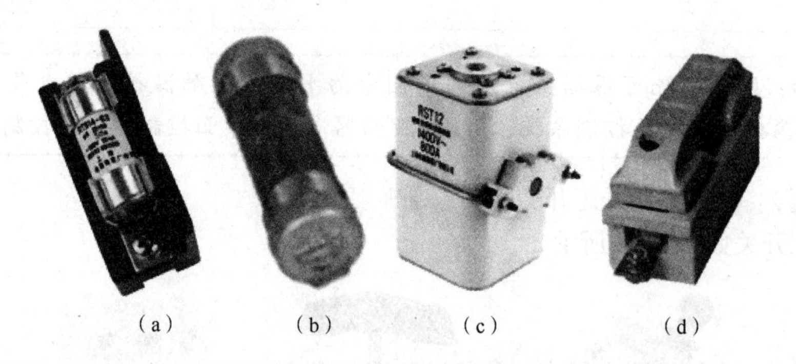

（a）（b）（c）（d）

图1－5 不同类型的熔断器

（a）有填料式熔断器；（b）无填料式熔断器；（c）快速熔断器；（d）瓷插式熔断器

（1）描述熔断器的作用，并写出其结构符号。

____

____

（2）写出熔断器的主要技术参数并说明如何选用熔断器。

____

____

小提示：熔断器对过载反应很不灵敏，当电气设备发生轻度过载时，熔断器将持续很长时间才可熔断，有时甚至不熔断。因此，除了在照明和电加热电路外，熔断器一般不宜用作过载保护，而主要用作短路保护。

引导问题4：了解接触器。

接触器如图1－6所示。

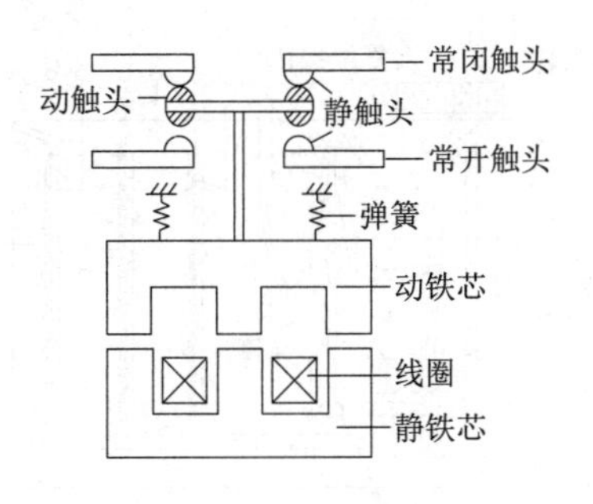

图1-6　接触器

(1) 写出接触器的结构符号。

____

____

(2) 描述接触器的工作原理。

____

____

____

____

(3) 说明接触器的主要技术参数及如何选型。

____

____

____

____

小提示：接触器是用来频繁接通和断开电路的自动切换电器，它具有手动切换电器所不能实现的遥控功能，同时还具有欠压、失压保护的功能，接触器的主要控制对象是电动机。

引导问题5：了解热继电器。

热继电器的外形及结构图如图1-7所示。

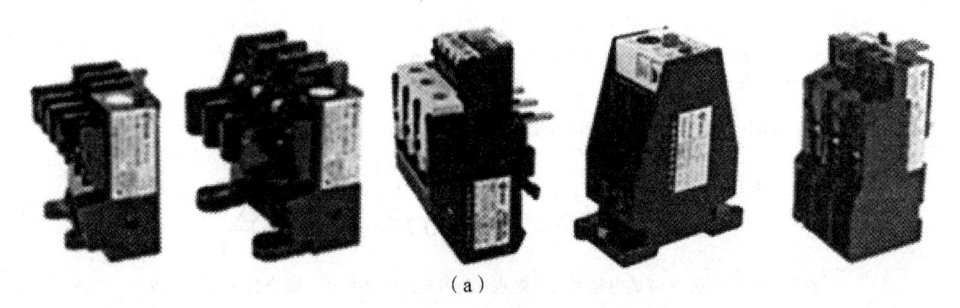

(a)

图1-7　热继电器的外形及结构图

(a) 典型热继电器的外形

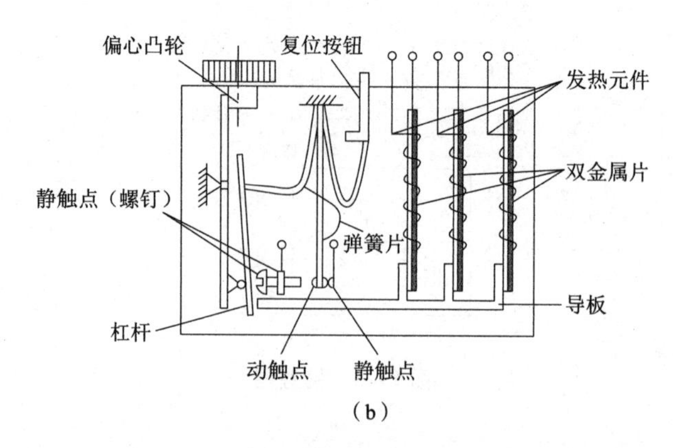

（b）

图1－7　热继电器的外形及结构图（续）

（b）热继电器结构图

（1）写出热继电器的结构符号及工作原理。

______

______

______

（2）说明接触器的主要技术参数及如何选型。

______

______

______

______

引导问题6：了解时间继电器。

时间继电器的外形及电气符号如图1－8所示。

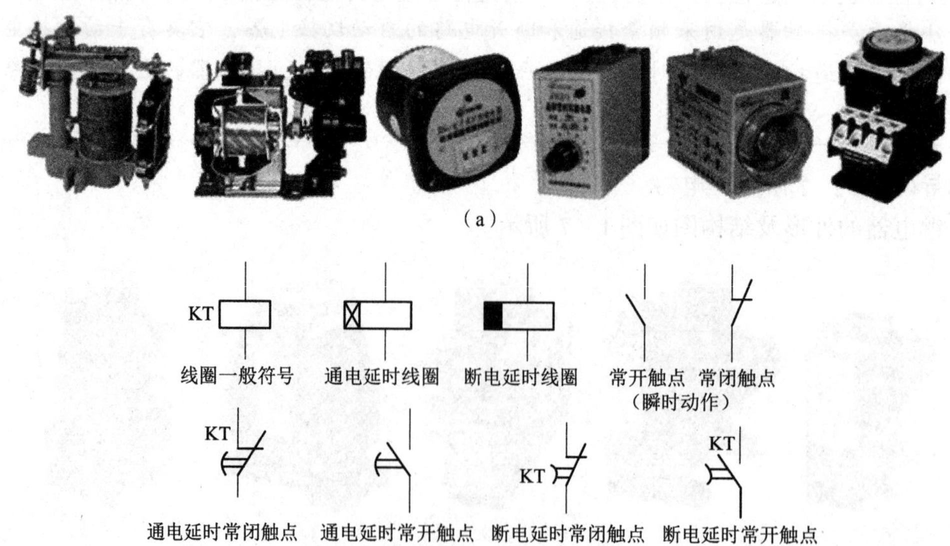

（a）

（b）

图1－8　时间继电器的外形及电气符号

（a）典型时间继电器外形；（b）时间继电器电气符号

（1）时间继电器瞬动触点、延时触点的区别？以及通电延时触点和断电延时触点的区别？

（2）如何选用时间继电器？

小提示：时间继电器是一种利用电磁原理或机械原理来延迟触点闭合或分断的自动控制电器。它的种类很多，按其工作原理可分为电磁式、空气阻尼式、电子式、电动式；按延时方式可分通电延时和断电延时两种。

引导问题7：学习三相异步电动机手动控制直接启动控制线路、单向点动控制线路和单向连续控制线路，如图1－9所示。

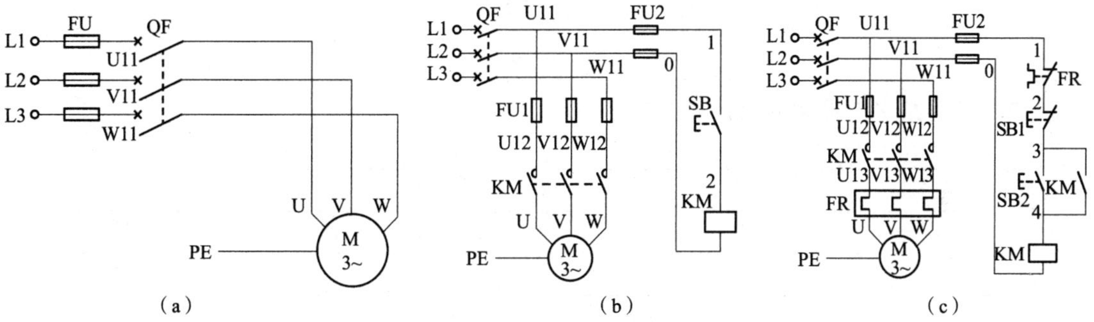

L1 FU QF U11 L2 V11 L3 W11 U V W PE M 3~
（a）

L1 QF U11 FU2 L2 V11 L3 W11 1 0 FU1 SB U12 V12 W12 KM 2 KM U V W PE M 3~
（b）

L1 QF U11 FU2 L2 V11 L3 W11 1 0 FR FU1 2 U12 V12 W12 SB1 KM 3 U13 V13 W13 KM FR SB2 4 U V W PE M 3~ KM
（c）

图1－9　三相交流异步电动机简单控制线路

（a）电动机手动直接启动控制线路；（b）电动机单向点动控制线路；（c）电动机单向连续控制线路

（1）以上线路使用了哪些低压电器？

（2）请说明以上线路的工作原理。

引导问题8：设计三相交流异步电动机点动与连续控制线路。

在实际生产过程中，电动机控制电路往往是既需要能实现点动控制也需要能实现连续控制，请设计三相交流异步电动机点动与连续混合控制线路，请说明其工作原理。

小提示：可以尝试用转换开关、中间继电器和按钮进行点动和连续的切换。

引导问题9：设计单向连续运转多地控制线路。

（1）请设计单向连续两地控制线路，即按下 SB1 或 SB2，电动机单向连续运行，按下 SB3 或 SB3，电动机运行停止，请画出控制系统线路图。

（2）请总结多地控制的设计经验。

引导问题10：学习三相交流异步电动机正反转控制线路，如图1－10所示。

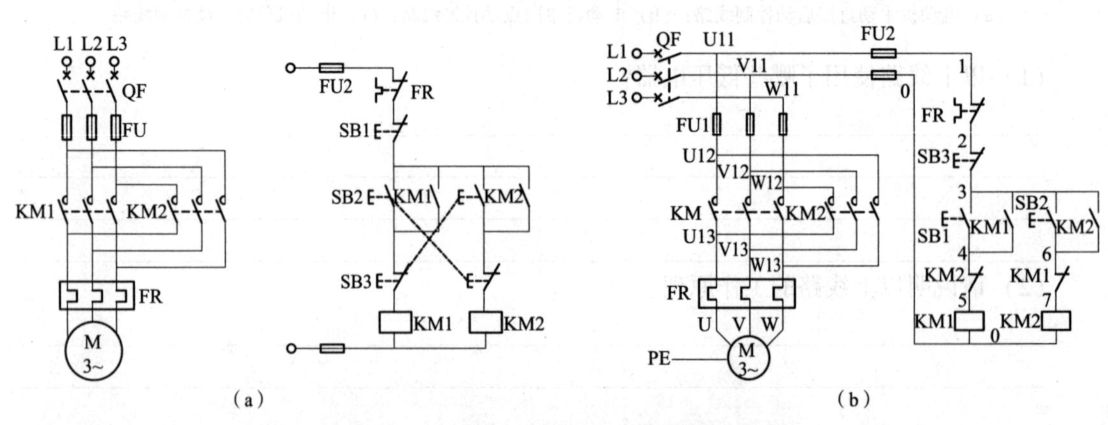

图1－10　三相交流异步电动机正反转控制线路

（a）电动机正反转控制线路1；（b）电动机正反转控制线路2

（1）请说明以上控制线路的异同。

（2）请总结正反转控制线路的设计思路。

引导问题11：设计三相交流异步电动机的行程控制线路。

行程开关SQ1、SQ2为实现自动往复循环控制的行程开关，工作台向右运行由接触器KM1控制电动机正转实现，工作台向左运行由接触器KM2控制电动机反转实现，如图1-11所示。行程开关SQ3、SQ4分别为正反向限位保护用行程开关。按下气动按钮SB1，工作台可以正向或反向启动，并且要求可以自动往返循环运动。按下停止按钮，工作台运动停止。

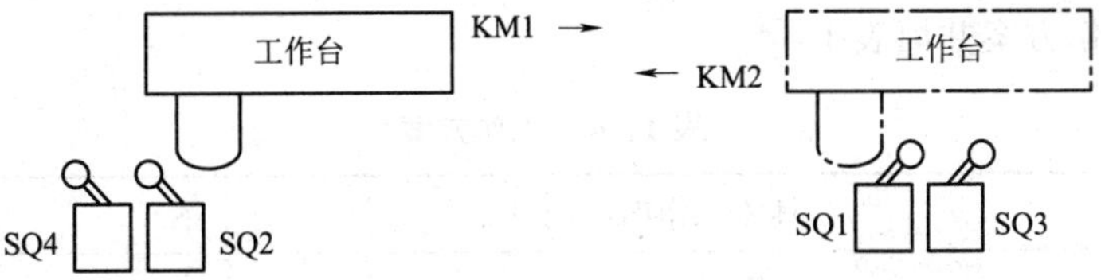

工作台　KM1 →　← KM2　工作台
SQ4　SQ2　SQ1　SQ3

图1-11　自动往复循环控制线路位置示意图

（1）请设计满足控制要求的线路。

（2）请总结设计经验。

小提示：在实际应用中，有一些电气设备要根据可移动部件的行程位置控制其运行状态，如电梯行驶到一定位置要停下来，起重机将重物提升到一定高度要停止上升，停的位置必须在一定范围内，否则可能造成危险事故；还有些生产机械，如高炉的加料设备、龙门刨床等需自动往返运行。电动机的停可以通过控制电路中的停止按钮 SB1 停，这属于手动控制，也可用行程开关控制电动机在规定位置停则属于按照行程原则实现的自动控制。

实现行程位置控制的电器主要是行程开关，即用行程开关对机械设备运动部件的位置或机件的位置变化来进行控制，称为按行程原则的自动控制，也称为行程控制。行程控制是机械设备中应用较广泛的控制方式之一。行程控制根据其控制特点，可以分为限位保护控制与自动循环控制。

引导问题 12：请总结继电器 – 接触器控制系统的设计步骤。

◆ 工作计划

（1）制定工作方案并填表 1 – 4。

表 1 – 4 工作方案

步骤	具体工作内容记录	负责人

（2）绘制控制系统的原理图，并说明其工作原理。

(3) 列出仪表、工具、耗材和器材清单，并填表1－5。

表1－5 器具清单

序号	名称	型号与规格	单位	数量	备注

(4) 绘制系统的布置图和安装接线图。

◆ 进行决策

(1) 各组派代表阐述设计方案，互检组重点检查。

(2) 各组对设计方案提出自己不同的看法（互检组意见重点参考）。

(3) 教师结合大家完成的情况进行点评，并帮助完善。

◆ 工作实施

1. 元器件安装工艺要求

根据电器布置图在控制板上安装所用电气元件，要求：

(1) 控制板上的电气元件应安装牢固，排列整齐、匀称、合理和便于更换元件。

(2) 紧固电气元件要用力均匀、紧固程度适当，以防止损坏元件。

(3) 走线槽板布置合理，平直、整齐、紧贴敷设面。

2. 布线工艺要求

按原理图进行槽板布线，要求：

(1) 走线合理，接点不得松动，不露铜过长、不压绝缘层、没有毛刺等。

(2) 布线时，严禁损伤线芯和导线绝缘。

(3) 布线一般按照先主电路、后控制电路的顺序。主电路和控制电路要尽量分开。

(4) 一个电气元件接线端子上的连接导线不得超过两根。每节接线端子板上的连接导线一般只允许连接一根导线。

(5) 布线时，严禁损伤线芯和导线绝缘，不在控制板（网孔板）上的电气元件，要从端子排上引出。布线时，要确保连接牢靠，用手轻拉不会脱落或断开。

3. 安装与模拟调试的步骤

基本操作步骤描述：选用电气元件及导线→电气元件质量检查→固定安装元器件→布线→线路检查→连接电动机与电源线→自检→通电试车。

（1）电气元件检查。将所需元器材配齐并检验元件质量，检验元件要在不通电的情况下进行，若有损坏应立即向指导教师报告。

①电气元件的技术数据（如型号、规格、额定电压、额定电流等）应完整并符合要求，外观无损伤，备件、附件齐全完好。

②电气元件的电磁机构动作是否灵活，有无衔铁卡阻等不正常现象。用万用表检查电磁线圈的通断情况以及各触点的分、合情况。

③接触器线圈额定电压与电源电压是否一致。

④对电动机的质量进行常规检查。

（2）根据元器件布置图固定、安装元器件。

在控制板（网孔板）上按布置图安装电气元件，并贴上醒目的文字符号。

（3）按照布线工艺要求进行布线。

①画出安装接线图。根据所设计的锅炉上煤机电气原理图画出其安装接线图。

②在控制板（网孔板）上完成配线。先进行主电路配线，再进行控制电路配线。

（4）根据电气原理图及安装接线图，检验网孔板（控制板）内部布线的正确性。

（5）安装电动机，连接电源、电动机、按钮等控制板（网孔板）外部的导线。要可靠连接电动机和各电气元件金属外壳的保护接地线。

（6）自检。安装完毕的控制电路板，必须经过认真检查后，才允许通电试车，以防止接错、漏接造成不能正常运转和短路事故。

①按电气原理图或接线图从电源端开始，逐段核对连线是否正确，连接点是否符合要求。

②用万用表进行检查时，应选用电阻挡的适当倍率并进行校零，以防错漏、短路故障。

③检查主电路时，可以用手动来代替接触器受电线圈励磁吸合时的情况。

④用兆欧表检查电路的绝缘电阻应不得小于 1 MΩ。

（7）通电试车。检查无误后方可通电试车。

①试车前应检查与通电试车有关的电气设备是否有不安全因素存在，若检查出应立即整改，然后方能试车。试车时，要认真执行安全操作规程的有关规定，一人监护，一人操作。

②通电试车前，必须经过指导老师的许可，并由指导老师接通三相电源 L1、L2、L3，同时在现场监护。

③学生合上电源开关 QS 或者 QF 后，用验电笔检查熔断器出线端，氖管亮说明电源接通。按下启动按钮，观察接触器情况是否正常，是否符合功能要求，观察元器件动作是否灵活，有无卡阻及噪声过大等现象，观察电动机运行是否正常，观察中若有异常现象应立即停车。当电动机运转平稳后，用钳形电流表测量三相电流是否平衡。

④试车成功率以第一次按下按钮时计算。

⑤出现故障后，学生应独立进行检查。若需带电检查时，教师必须在现场进行监护。检修完毕后，若需再次通车，也应有指导教师在现场进行监护，并做好本项目课题的事件及时间记录。

⑥通电试车完毕，停转，切断电源。先拆除三相电源线，再拆除电动机线。

◆ 任务评价

教师（个人）评价表如表1－6所示。

表1－6　教师（个人）评价表

考核项目	考核内容	考核要求	评分要点及得分（最高为该项配分值）	配分	得分	
					教师评价	个人自评
职业能力	电路设计	1. 理解电气控制系统的控制特点与实现方法，能够根据提出的电气控制要求，正确绘出继电器－接触器电气控制系统原理图。 2. 各电气元件的图形符号及文字符号要求按照国标符号绘制。 3. 能够根据电气原理图列出主要元器件明细表	1. 主电路设计1处错误扣5分。 2. 控制电路设计1处错误扣5分。 3. 图形符号画法有误，每处扣1分。 4. 元器件明细表有误每处扣2分	30		
	元件安装	1. 按图纸的要求，正确使用工具和仪表，熟练安装电气元件。 2. 元件在配电板上布置要合理，安装要准确、紧固。 3. 按钮盒不固定在控制板上	1. 元件布置不整齐、不匀称、不合理，每个扣1分。 2. 元件安装不牢固、安装元件时漏装螺钉，每只扣1分。 3. 损坏元件，每只扣2分。 4. 走线槽板布置不美观、不符合要求，每处扣2分	10		
	线路安装	1. 线路安装要求美观、紧固、无毛刺，导线要进线槽。 2. 电源和电动机配线、按钮接线要接到端子排上，进出线槽的导线要有端子标号	1. 接线要符合安全性、规范性、正确性、美观性，接线不进线槽，不美观，有交叉线，每处扣1分；接点松动、露铜过长、反圈、压绝缘层，标记线号不清楚、遗漏或误标，每处扣1分。 2. 损伤导线绝缘或线芯，每根扣1分。 3. 导线颜色、按钮颜色使用错误，每处扣2分	30		
	通电模拟调试	1. 根据所给电动机容量，正确选择熔断器熔体；正确整定热继电器的整定电流值。 2. 在保证人身和设备安全的前提下，通电模拟调试成功，电气控制线路符合控制要求。 3. 观察线路工作现象并判断正确与否	1. 主、控电路配错熔体，每个扣1分；热继电器整定电流值错误，各扣2分。 2. 熟悉调试过程，调试步骤一处错误扣3分。 3. 能在调试过程中正确使用万用表，根据所测数据判断电路是否出现故障，否则每处扣2分。 4. 一次试车不成功扣5分； 二次试车不成功扣10分； 三次试车不成功扣15分	15		

续表

考核项目	考核内容	考核要求	评分要点及得分 （最高为该项配分值）	配分	得分	
					教师评价	个人自评
职业素质	安全文明操作	1. 劳动保护用品穿戴整齐，电工工具佩带齐全。 2. 安全、正确、合理使用电气元件。 3. 遵守安全操作规程	1. 未做相应的职业保护措施，扣2分。 2. 损坏元件一次，扣2分。 3. 引发安全事故，扣5分	5		
	团队协作精神	1. 尊重指导教师与同学，讲文明礼貌。 2. 分工合理、能够与他人合作、交流	1. 分工不合理，承担任务少扣5分。 2. 小组成员不与他人合作，扣3分。 3. 不与他人交流，扣2分	5		
	劳动纪律	1. 遵守各项规章制度及劳动纪律。 2. 训练结束要养成清理现场的习惯	1. 违反规章制度一次扣2分。 2. 不做清洁整理工作，扣5分。 3. 清洁整理效果差，酌情扣2～5分	5		
备注	合计			100		

互检组评价表如表1－7所示。

表1－7　互检组评价表

序号	操作步骤	客观评估 功能_详细	配分 (55)	得分	
1	线槽盖	线槽盖安装在线槽上，槽盖装上后应平整、无翘角（允许偏差±2 mm）	5	□是	□否
		白色线槽两两对接处间隙不超过1 mm	5	□是	□否
2	按钮盒	所有孔位螺栓全部安装紧固，不得缺少	5	□是	□否
		所有接线正确	5	□是	□否
3	交流接触器	安装紧固	5	□是	□否
		接线正确，并套有号码管	5	□是	□否
4	继电器	安装紧固	5	□是	□否
		接线正确，并套有号码管	5	□是	□否
5	电动机	接线正确，接线无松动，并套有号码管	5	□是	□否
6	熔断器	安装紧固	5	□是	□否
		接线正确，并套有号码管	5	□是	□否

续表

序号	功能	客观评估 功能_详细	配分(45)	得分	
1	电源	按下启动按钮，系统可以正常上电	5	□是	□否
2	控制电路	按下正转启动按钮，控制正转接触器吸合	5	□是	□否
3		按下反转启动按钮，控制反转接触器吸合	5	□是	□否
4		正反转可以直接切换	5	□是	□否
5	主电路	按下正转启动按钮，电动机正转运行	5	□是	□否
6		按下反转启动按钮，电动机反转运行	5	□是	□否
7		按下停止按钮，电动机停止运行	5	□是	□否
8	保护	系统具有短路保护	5	□是	□否
9		系统过载时，接触器断开	5	□是	□否
合计					

岗位能力评价表如表1－8所示。

表1－8　岗位能力评价表

岗位	姓名	评价标准（每个岗位标准配分100分）	配分	得分	备注
安全员		1. 安全工作预案设计能力	25		
		2. 设备安全检查方式方法	25		
		3. 成员标准化安全检查。（绝缘鞋、工作服、物品摆放、违章操作等方面监督检查与评价）	25		
		4. 当发生故障时，组织小组进行事故调查的能力	25		
工艺员		1. 任务描述的能力	25		
		2. 控制需求转化能力	25		
		3. 系统设计思路构建能力	25		
		4. 清楚表达设计思路能力	25		
电控组长		1. 电气安装工艺方案设计能力	25		
		2. 电气图纸的识别能力与图纸转化能力	25		
		3. 系统的整体调试能力	25		
		4. 项目验收标准的设定能力	25		

续表

岗位	姓名	评价标准（每个岗位标准配分100分）	配分	得分	备注
接线员		1. 硬件系统布局操作能力	25		
		2. 电气部分的接线操作能力	25		
		3. 硬件系统调试操作能力	25		
		4. 电气部分的故障检修能力	25		
图纸绘制员		1. 电气图纸的识别能力	25		
		2. 电气原理图绘制能力	25		
		3. 电气布置图绘制能力	25		
		4. 电气安装接线图绘制能力	25		

小组内投表如表1-9所示。

表1-9 小组内投表

指标点	个人：	成员：	成员：	成员：	成员：	总分
小组会议参与的积极度						100
项目的贡献度						100
能够准时完成项目						100
项目工作的准备情况						100
合作沟通的态度						100
能够根据反馈意见改进自己的工作						100

任务1.2 搅拌机降压启动控制系统设计

◆ 学习目标

（1）明确电动机降压启动在工业中的应用价值。

（2）熟悉三相交流异步电动机降压启动控制线路的特点。

（3）正确绘制并识读降压启动控制线路的原理图、接线图和布置图。

（4）能够根据系统要求进行常用低压电器选型。

（5）能够按照工艺设计、安装与调试降压启动控制线路。

（6）能够根据故障现象检修电动机降压启动线路。

◆ 任务书

在全自动搅拌站中，进料电动机M1和M2的容量为15 kW，一般采用星-三角降压启动，请设计控制其启动的继电器+接触器控制电路，以保证进料电动机能够安全启动。系统设计有紧急停车按钮，防止启动或运行时意外事故的发生。电动机星形启动切换为三角形运转时相关接触器要有联锁保护，防止出现短路事故。系统要有必要的保护措施：短路保护、过载保护、失压欠压保护。

◆ 任务分工

任务分工如表1-10所示。

表 1－10　任务分工

组别		互检组	
岗位	姓名	主要职责	
电控组长（组长）		负责组织工艺方案、工艺流程的设计与制定、审查；负责系统的整体调试；负责互检工作	
工艺员		负责功能分析，将控制要求转化为设计思路	
图纸绘制员		根据需求绘制标准的电气原理图、安装接线图和布件图	
接线员		负责硬件系统的安装、接线；负责硬件调试	
安全员		负责制定本组的安全工作预案；负责对本组设备进行安全检查；负责对本组成员进行安全检查；负责组织调试期间发生的事故调查	

◆ 获取信息

引导问题 1：直接启动与降压启动。

请写出直接启动与降压启动的应用场合及其异同。

____

____

____

小提示：降压启动并不是降低电源电压，而是采用某种方法使加在电动机定子绕组上的电压降低。

引导问题 2：常用降压启动的方法。

请写出常用降压启动的方法、原理及其应用场合的不同。

____

____

____

____

小提示：延边三角形降压启动方法适用于定子绕组为特别设计的电动机，这种电动机共有 9 个出线端，电动机启动时，将绕组接成延边三角形，启动结束后，将绕组换接成三角形进入额定运行状态，如图 1－12 所示。

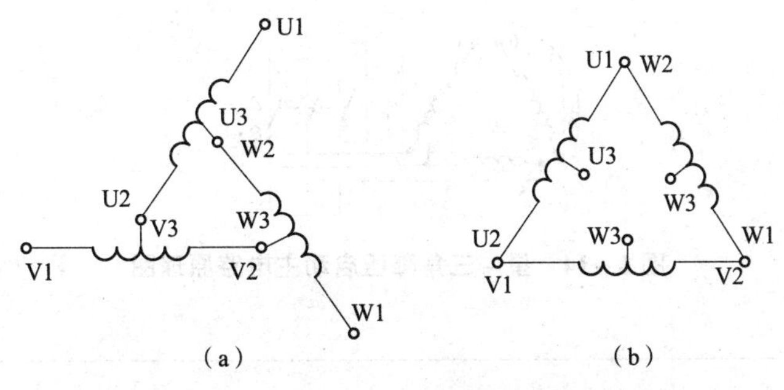

图 1－12　延边三角形电动机定子绕组抽头连接方式

（a）启动接法；（b）运行接法

引导问题 3：星形、三角形定子绕组连接方式。

请区分图 1－13 所示定子绕组连接方式，画出电动机连线端子排上的连线方式。

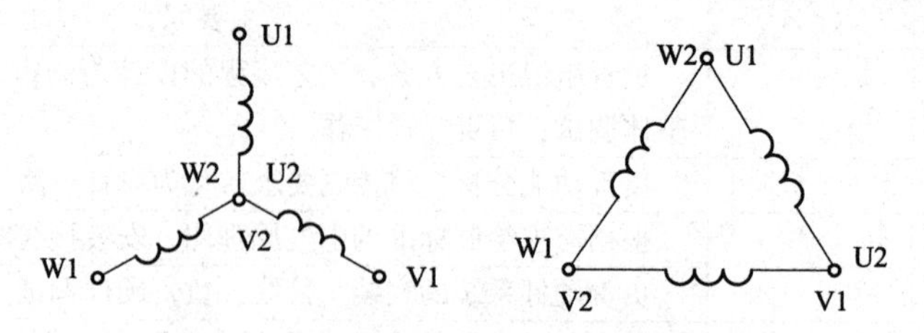

图 1－13　定子绕组抽头不同连接方式

U1	V1	W1
W2	U2	V1

U1	V1	W1
W2	U2	V1

引导问题 4：星－三角降压启动主电路。

在图 1－14 中，当 SA 向上或向下闭合时，分别对应电动机星形、三角形哪种状态？说明星－三角启动时不同状态下电压、电流与转矩的关系，并画出图中星－三角降压启动对应的主电路图。

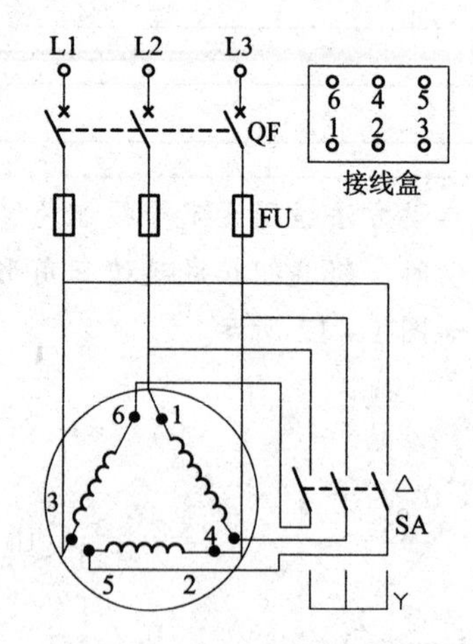

图 1－14　星－三角降压启动主电路原理图

引导问题5：星－三角降压启动控制电路。

请说明图1－15所示线路的工作原理。如果将手动切换转化为自动切换，该对图1－15如何改进？请画出星－三角降压启动自动切换的线路图。

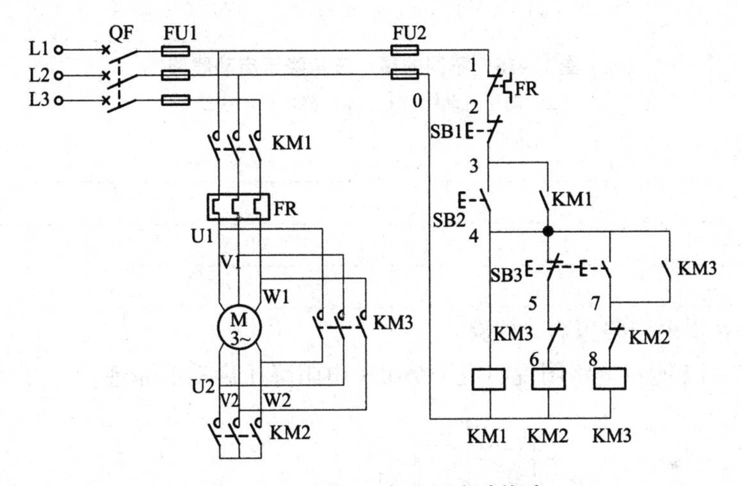

图1－15　星－三角降压启动线路

小提示：可以将手动切换按钮SB3更改为时间继电器控制。

引导问题6：星－三角降压启动控制电路。

请分别分析图1－16所示降压启动线路的原理。

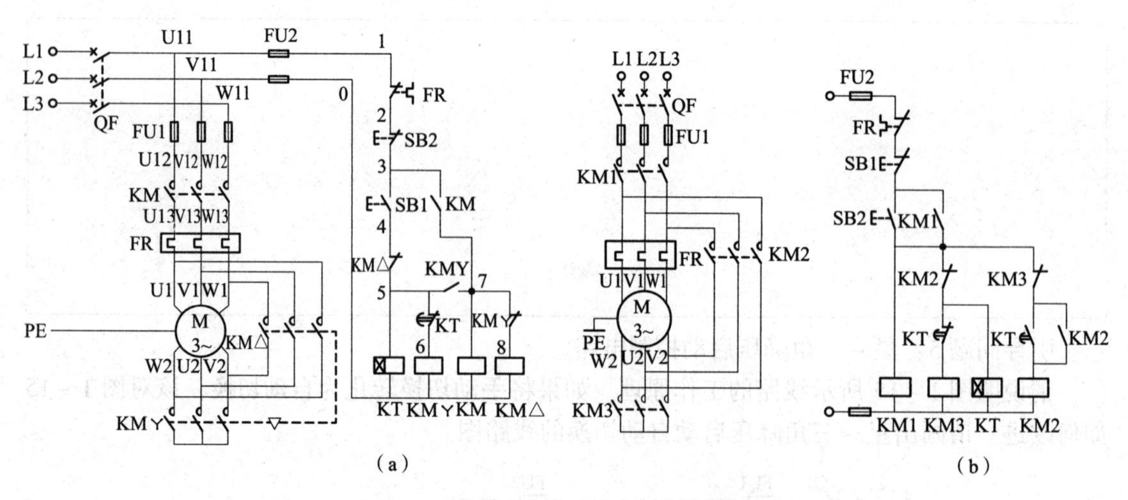

图 1－16　不同的星－三角降压启动线路

（a）降压启动线路 1；（b）降压启动线路 2

引导问题 7：串电阻降压启动线路。

请根据图 1－17 所示电路图说明定子绕组串电阻降压启动的原理。

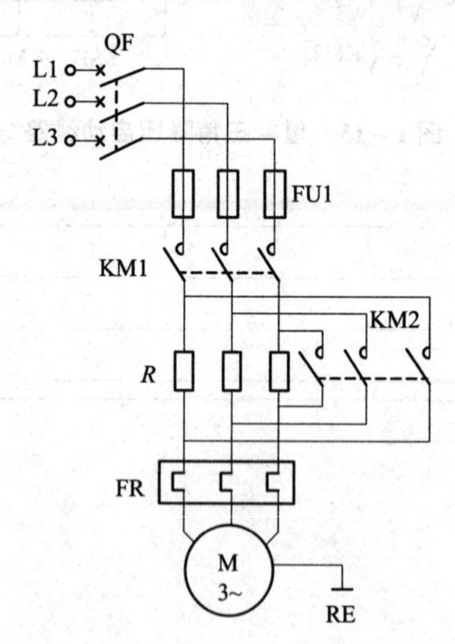

图 1－17　串电阻降压启动线路主电路

引导问题 8：串电阻降压启动线路。

请将图 1－18 所示手动控制串电阻降压启动线路改造为按时间自动切换的降压启动线路。

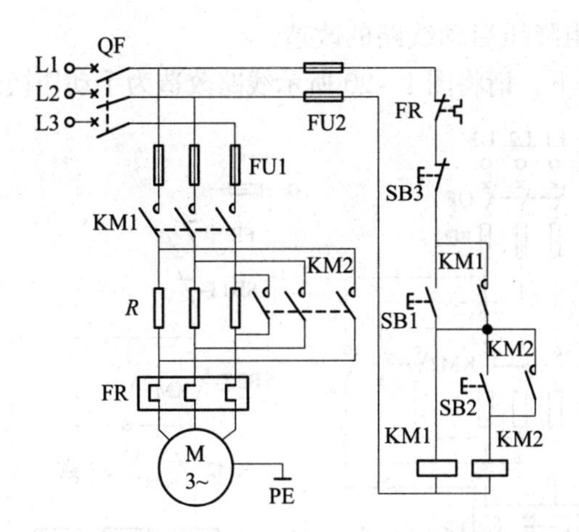

图 1－18　串电阻降压启动线路

引导问题 9：串电阻降压启动线路。

请分别说明图 1－19 所示两个线路的工作原理并对比其异同。

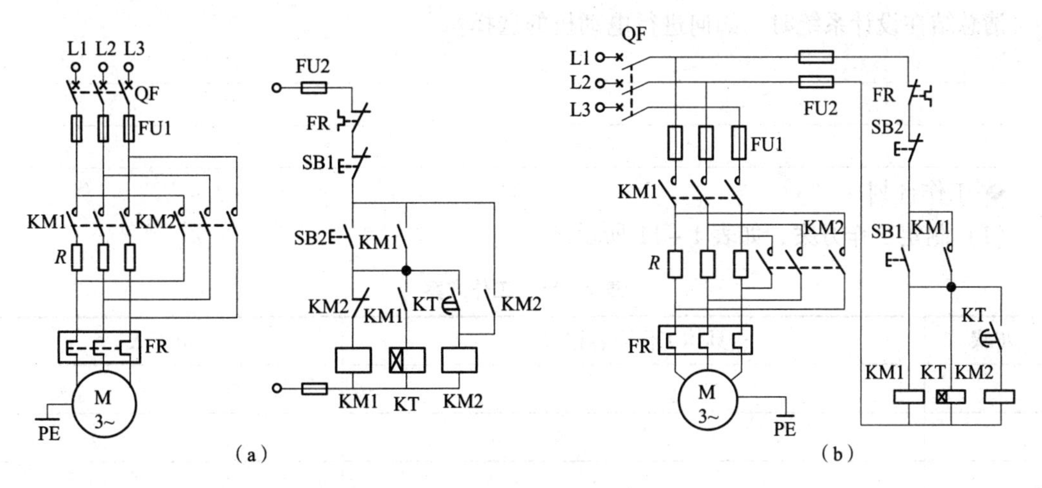

图 1－19　不同的串电阻降压启动线路

(a) 降压启动线路 1；(b) 降压启动线路 2

引导问题10：串电阻降压启动线路的改造。

在主电路不变的前提下，请将图1－20所示线路改造为手动切换的串电阻降压启动线路。

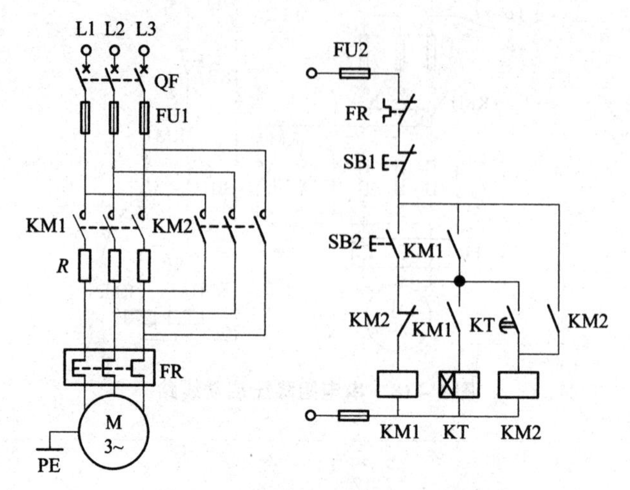

图1－20　串电阻降压启动线路

引导问题11：选择电动机。

请总结在设计系统时，如何进行电动机的选择？

____

____

____

◆ 工作计划

（1）制定工作方案，如表1－11所示。

表1－11　工作方案

步骤	具体工作内容记录	负责人

（2）绘制控制系统的原理图，并说明其工作原理。

（3）列出仪表、工具、耗材和器材清单，如表1－12所示。

表1－12　器具清单

序号	名称	型号与规格	单位	数量	备注

（4）绘制系统的布置图和安装接线图。

◆ 进行决策

（1）各组派代表阐述设计方案，互检组重点检查。

（2）各组对设计方案提出自己不同的看法（互检组意见重点参考）。

（3）教师结合大家完成的情况进行点评，并帮助完善。

◆ 工作实施

1. 元器件安装工艺要求

根据电器布置图在控制板上安装所用电气元件，要求：

（1）控制板上的电气元件应安装牢固，排列整齐、匀称、合理和便于更换元件。

（2）紧固电气元件要用力均匀、紧固程度适当，以防止损坏元件。

（3）走线槽板布置合理，平直、整齐、紧贴敷设面。

2. 布线工艺要求

按原理图进行槽板布线，要求：

（1）走线合理，接点不得松动，不露铜过长、不压绝缘层、没有毛刺等。

（2）布线时，严禁损伤线芯和导线绝缘。

（3）布线一般按照先主电路，后控制电路的顺序。主电路和控制电路要尽量分开。

（4）一个电气元件接线端子上的连接导线不得超过两根。每节接线端子板上的连接导线一般只允许连接一根导线。

（5）布线时，严禁损伤线芯和导线绝缘，不在控制板（网孔板）上的电气元件，要从端子排上引出。布线时，要确保连接牢靠，用手轻拉不会脱落或断开。

3. 安装与模拟调试的步骤

基本操作步骤描述：选用电气元件及导线→电气元件质量检查→固定安装元器件→布线→线路检查→连接电动机与电源线→自检→通电试车。

（1）电气元件检查。将所需元件配齐并检验元件质量，检验元件要在不通电的情况下进行，若有损坏应立即向指导教师报告。

①电气元件的技术数据（如型号、规格、额定电压、额定电流等）应完整并符合要求，外观无损伤，备件、附件齐全完好。

②电气元件的电磁机构动作是否灵活，有无衔铁卡阻等不正常现象。用万用表检查电磁线圈的通断情况以及各触点的分、合情况。

③接触器线圈额定电压与电源电压是否一致。

④对电动机的质量进行常规检查。

（2）根据元器件布置图固定安装元器件。

在控制板（网孔板）上按布置图安装电气元气件，并贴上醒目的文字符号。

（3）按照布线工艺要求进行布线。

①画出安装接线图。根据所设计的锅炉上煤机电气原理图画出其安装接线图。

②在控制板（网孔板）上完成配线。先进行主电路配线，再进行控制电路配线。

（4）根据电气原理图及安装接线图，检验网孔板（控制板）内部布线的正确性。

（5）安装电动机，连接电源、电动机、按钮等控制板（网孔板）外部的导线。要可靠连接电动机和各电气元件金属外壳的保护接地线。

（6）自检。安装完毕的控制电路板，必须经过认真检查后，才允许通电试车，以防止接错、漏接造成不能正常运转和短路事故。

①按电气原理图或接线图从电源端开始，逐段核对连线是否正确，连接点是否符合要求。

②用万用表进行检查时，应选用电阻挡的适当倍率并进行校零，以防错漏短路故障。

③检查主电路时，可以用手动来代替接触器受电线圈励磁吸合时的情况。

④用兆欧表检查电路的绝缘电阻应不得小于 1 MΩ。

（7）通电试车。检查无误后方可通电试车。

①试车前应检查与通电试车有关的电气设备是否有不安全因素存在，若检查出应立即整改，然后方能试车。试车时，要认真执行安全操作规程的有关规定，一人监护，一人操作。

②通电试车前，必须经过指导老师的许可，并由指导老师接通三相电源 L1、L2、L3，同时在现场监护。

③学生合上电源开关 QS 或者 QF 后，用验电笔检查熔断器出线端，氖管亮说明电源接

通。按下启动按钮，观察接触器情况是否正常，是否符合功能要求，观察元器件动作是否灵活，有无卡阻及噪声过大等现象，观察电动机运行是否正常，观察中若有异常现象应立即停车。当电动机运转平稳后，用钳形电流表测量三相电流是否平衡。

④试车成功率以第一次按下按钮时计算。

⑤出现故障后，学生应独立进行检查。若需带电检查时，教师必须在现场进行监护。检修完毕后，若需再次通车，也应有指导教师在现场进行监护，并做好本项目课题的事件及时间记录。

⑥通电试车完毕，停转，切断电源。先拆除三相电源线，再拆除电动机线。

◆ 任务评价

教师（个人）评价表如表1－13所示。

表1－13　教师（个人）评价表

考核项目	考核内容	考核要求	评分要点及得分（最高为该项配分值）	配分	得分	
					教师评价	个人自评
职业能力	电路设计	1. 理解电气控制系统的控制特点与实现方法，能够根据提出的电气控制要求，正确绘出继电器－接触器电气控制系统原理图。 2. 各电气元件的图形符号及文字符号要求按照国标符号绘制。 3. 能够根据电气原理图列出主要元器件明细表	1. 主电路设计1处错误扣5分。 2. 控制电路设计1处错误扣5分。 3. 图形符号画法有误，每处扣1分。 4. 元器件明细表有误每处扣2分	30		
	元件安装	1. 按图纸的要求，正确使用工具和仪表，熟练安装电气元件。 2. 元件在配电板上布置要合理，安装要准确、紧固。 3. 按钮盒不固定在控制板上	1. 元件布置不整齐、不匀称、不合理，每个扣1分。 2. 元件安装不牢固、安装元件时漏装螺钉，每只扣1分。 3. 损坏元件，每只扣2分。 4. 走线槽板布置不美观、不符合要求，每处扣2分	10		
	线路安装	1. 线路安装要求美观、紧固、无毛刺，导线要进线槽。 2. 电源和电动机配线、按钮接线要接到端子排上，进出线槽的导线要有端子标号	1. 接线要符合安全性、规范性、正确性、美观性，接线不进线槽，不美观，有交叉线，每处扣1分；接点松动、露铜过长、反圈、压绝缘层，标记线号不清楚、遗漏或误标，每处扣1分。 2. 损伤导线绝缘或线芯，每根扣1分。 3. 导线颜色、按钮颜色使用错误，每处扣2分	30		

续表

考核项目	考核内容	考核要求	评分要点及得分 (最高为该项配分值)	配分	得分	
					教师评价	个人自评
职业能力	通电模拟调试	1. 根据所给电动机容量，正确选择熔断器熔体；正确整定热继电器的整定电流值。 2. 在保证人身和设备安全的前提下，通电模拟调试成功，电气控制线路符合控制要求。 3. 观察线路工作现象并判断正确与否	1. 主、控电路配错熔体，每个扣1分；热继电器整定电流值错误，各扣2分。 2. 熟悉调试过程，调试步骤每处错误扣3分。 3. 能在调试过程中正确使用万用表，根据所测数据判断电路是否出现故障，否则每处扣2分。 4. 一次试车不成功扣5分； 二次试车不成功扣10分； 三次试车不成功扣15分	15		
职业素质	安全文明操作	1. 劳动保护用品穿戴整齐，电工工具佩带齐全。 2. 安全、正确、合理使用电气元件。 3. 遵守安全操作规程	1. 未做相应的职业保护措施，扣2分。 2. 损坏元件一次，扣2分。 3. 引发安全事故，扣5分	5		
	团队协作精神	1. 尊重指导教师与同学，讲文明礼貌。 2. 分工合理、能够与他人合作、交流	1. 分工不合理，承担任务少，扣5分。 2. 小组成员不与他人合作，扣3分。 3. 不与他人交流，扣2分	5		
	劳动纪律	1. 遵守各项规章制度及劳动纪律。 2. 训练结束要养成清理现场的习惯	1. 违反规章制度一次扣2分。 2. 不做清洁整理工作，扣5分。 3. 清洁整理效果差，酌情扣2～5分	5		
备注	合计			100		

互检组评价表如表1－14所示。

表1－14　互检组评价表

序号	操作步骤	客观评估 功能_详细	配分(55)	得分	
1	线槽盖	线槽盖安装在线槽上，槽盖装上后应平整、无翘角（允许偏差±2 mm）	5	□是	□否
		白色线槽两两对接处间隙不超过1 mm	5	□是	□否
2	按钮盒	所有孔位螺栓全部安装紧固，不得缺少	5	□是	□否
		所有接线正确	5	□是	□否
3	交流接触器	安装紧固	5	□是	□否
		接线正确并套有号码管	5	□是	□否
4	继电器	安装紧固	5	□是	□否
		接线正确并套有号码管	5	□是	□否
6	电动机	接线正确，接线无松动，并套有号码管	5	□是	□否
7	熔断器	安装紧固	5	□是	□否
		接线正确并套有号码管	5	□是	□否
序号	功能	客观评估 功能_详细	配分(45)	得分	
1	电源	按下启动按钮，系统可以正常上电	5	□是	□否
2	控制电路	按下启动按钮，星形接触器吸合	5	□是	□否
3		按下切换按钮或定时时间到，三角形接触器吸合	5	□是	□否
4		星形回路和三角形回路可以实现互锁	5	□是	□否
5	主电路	按下启动按钮，电动机星形运行	5	□是	□否
6		按下切换按钮或定时时间到，电动机三角形运行	5	□是	□否
7		按下停止按钮，电动机停止运行	5	□是	□否
8	保护	系统具有短路保护	5	□是	□否
9		系统过载时，接触器断开	5	□是	□否
合计					

岗位能力评价表如表 1－15 所示。

表 1－15　岗位能力评价表

岗位	姓名	评价标准（每个岗位标准配分 100 分）	配分	得分	备注
安全员		1. 安全工作预案设计能力	25		
		2. 设备安全检查方式方法	25		
		3. 成员标准化安全检查。（绝缘鞋、工作服、物品摆放、违章操作等方面监督检查与评价）	25		
		4. 当发生故障时，组织小组进行事故调查的能力	25		
工艺员		1. 任务描述的能力	25		
		2. 控制需求转化能力	25		
		3. 系统设计思路构建能力	25		
		4. 清楚表达设计思路能力	25		
电控组长		1. 电气安装工艺方案设计能力	25		
		2. 电气图纸的识别能力与图纸转化能力	25		
		3. 系统的整体调试能力	25		
		4. 项目验收标准的设定能力	25		
接线员		1. 硬件系统布局操作能力	25		
		2. 电气部分的接线操作能力	25		
		3. 硬件系统调试操作能力	25		
		4. 电气部分的故障检修能力	25		
图纸绘制员		1. 电气图纸的识别能力	25		
		2. 电气原理图绘制能力	25		
		3. 电气布置图绘制能力	25		
		4. 电气安装接线图绘制能力	25		

小组内投表如表 1－16 所示。

表 1－16　小组内投表

指标点	个人：	成员：	成员：	成员：	成员：	总分
小组会议参与的积极度						100
项目的贡献度						100
能够准时完成项目						100
项目工作的准备情况						100
合作沟通的态度						100
能够根据反馈意见改进自己的工作						100

任务1.3 输送带控制系统设计

◆ 学习目标

(1) 掌握电动机顺序控制继电器－接触器控制系统设计思路。

(2) 正确绘制并识读顺序控制线路的原理图、接线图和布置图。

(3) 能够根据系统要求进行常用低压电器选型。

(4) 能够按照工艺仿真顺序控制线路。

(5) 能够根据故障现象检修顺序控制线路。

◆ 任务书

完成全自动搅拌站出料转运皮带控制系统的设计，要求：转运皮带启动时，顺序为M5→M4→M3，停车时，顺序为M3→M4→M5，皮带上不残存货物。系统要具有过载、短路保护。

◆ 任务分工

任务分工如表1－17所示。

表1－17 任务分工

组别		互检组	
岗位	姓名	主要职责	
电控组长（组长）		负责组织工艺方案、工艺流程的设计与制定、审查；负责系统的整体调试；负责互检工作	
工艺员		负责功能分析，将控制要求转化为设计思路	
图纸绘制员		根据需求绘制标准的电气原理图、安装接线图和布件图	
接线员		负责硬件系统的安装、接线；负责硬件调试	
安全员		负责制定本组的安全工作预案；负责对本组设备进行安全检查；负责对本组成员进行安全检查；负责组织调试期间发生的事故调查	

◆ 获取信息

引导问题1：顺序控制。

请说明什么是电动机的顺序控制，应用场合有哪些？

____

____

____

____

小提示：顺序控制的实现可以通过主电路实现，也可以通过控制电路实现。在生产实践中，为了更能够充分满足顺序控制要求，常常通过控制电路来实现多台电动机之间的启动顺序和停止顺序。

引导问题2：常见的顺序控制电路。

请说明图1－21所示电路图的工作原理，并在图上标出控制顺序运行的关键因素。

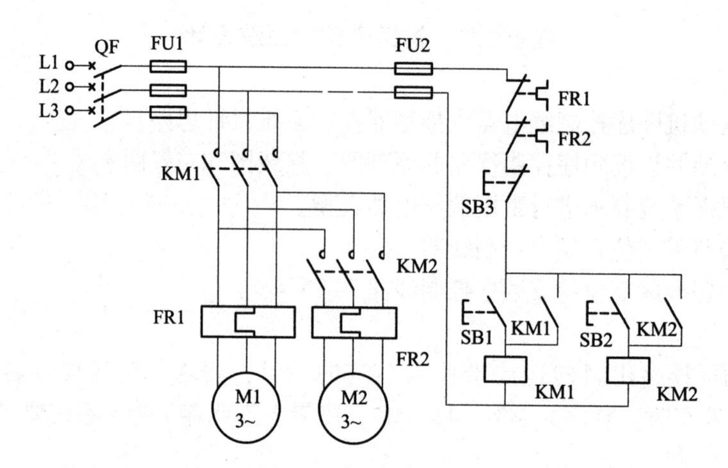

图 1－21　三相交流异步电动机顺序控制线路电气原理图

引导问题 3：常见的顺序控制电路。

请说明图 1－22 所示电路图的工作原理，并在图上标出控制顺序运行的关键因素。

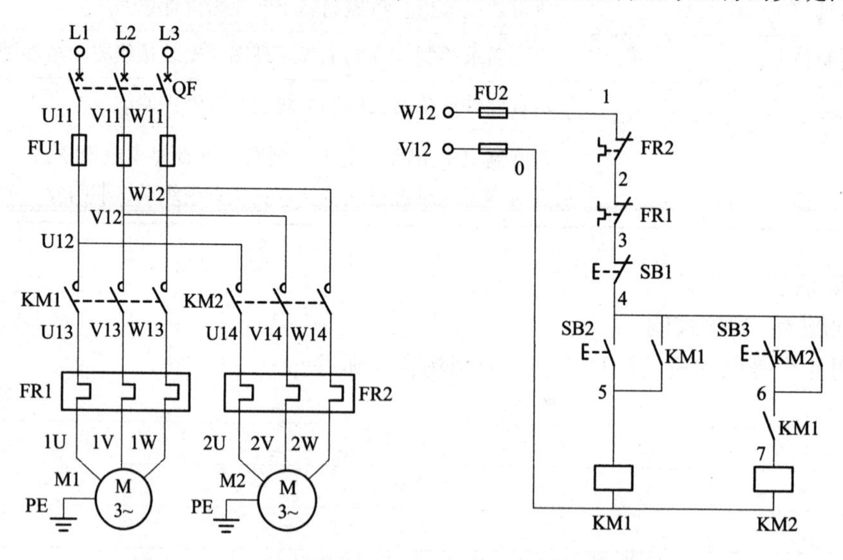

图 1－22　三相交流异步电动机顺序控制线路电气原理图

引导问题4：常见的顺序控制电路。

请对比图1-23所示两个线路的优缺点。

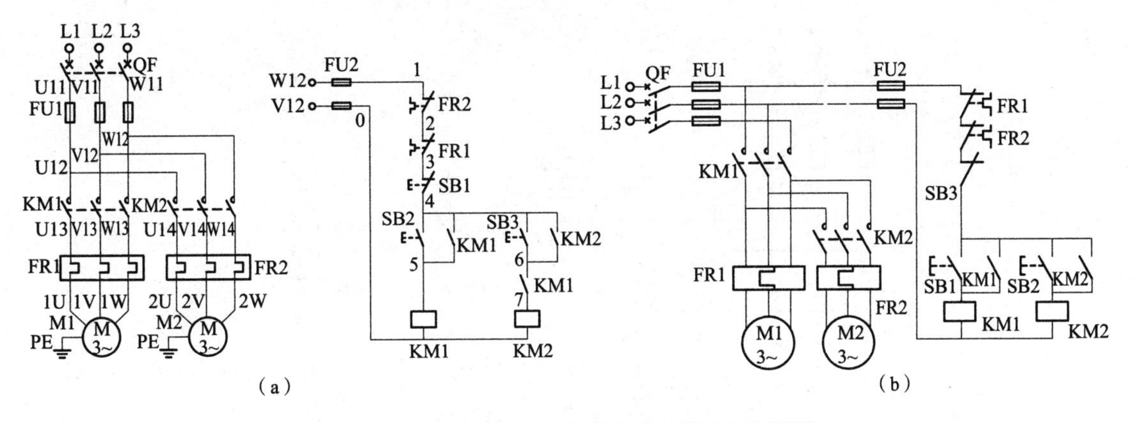

图1-23　不同三相交流异步电动机顺序控制线路

(a) 顺序控制线路1；(b) 顺序控制线路2

引导问题5：常见的顺序控制电路。

请说明图1-24所示线路图的工作原理，并与图1-23中的两个顺序控制线路进行对比。

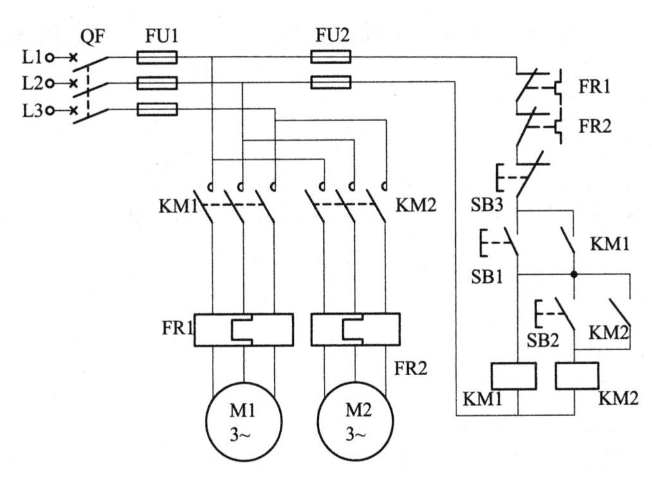

图1-24　三相交流异步电动机顺序控制线路电气原理图

引导问题6：常见的顺序控制电路。

请说明图1－25所示线路图的工作原理，并与图1－23（a）顺序控制线路进行对比。

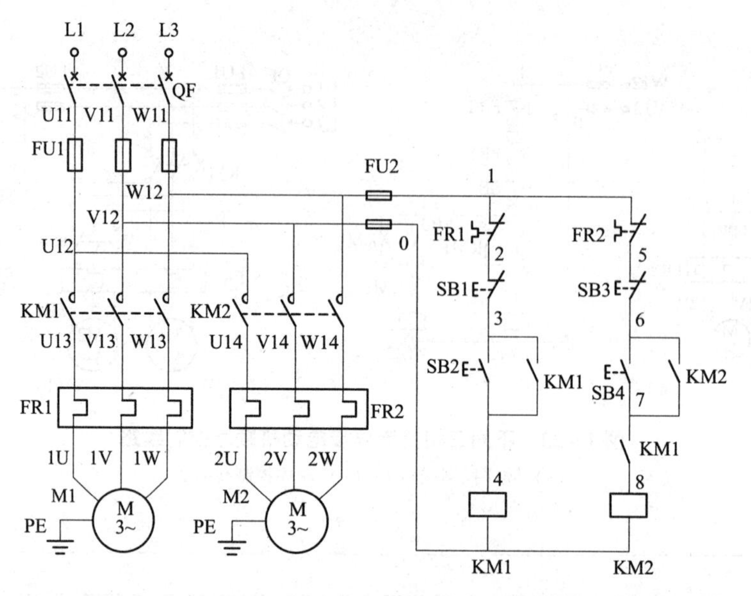

图1－25　三相交流异步电动机顺序控制线路电气原理图

引导问题7：常见的顺序控制电路。

请说明图1－26所示线路图的工作原理，并与图1－25顺序控制线路进行对比。

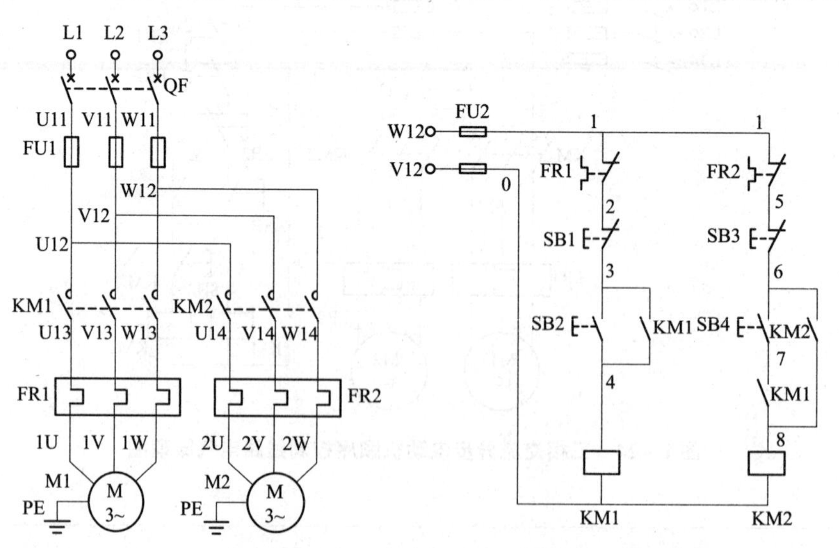

图1－26　三相交流异步电动机顺序控制线路电气原理图

小提示： 请注意KM1常开触点的位置。

引导问题8：常见的顺序控制电路。

请说明图1－27所示线路图的工作原理，并在图上标出逆序停止控制的关键点。

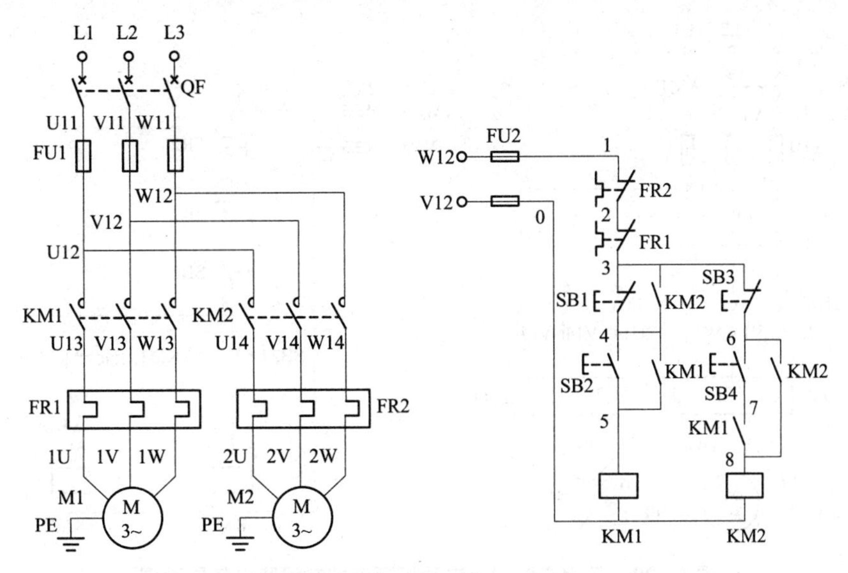

图1－27　三相交流异步电动机顺序控制线路电气原理图

引导问题9：常见的顺序控制电路。

请说明图1－28所示线路图的工作原理，并与图1－26进行对比异同，总结顺序启动逆序停止系统的设计经验。

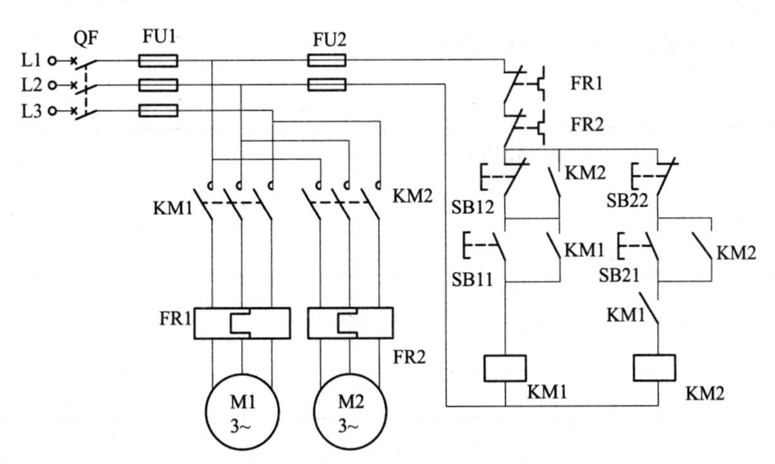

图1－28　三相交流异步电动机顺序控制线路电气原理图

小提示：请注意 KM1 常开触点的位置。

引导问题 10：常见的顺序控制电路。

将图 1－29 所示电路改成自动实现的顺序控制线路，绘制其原理图。

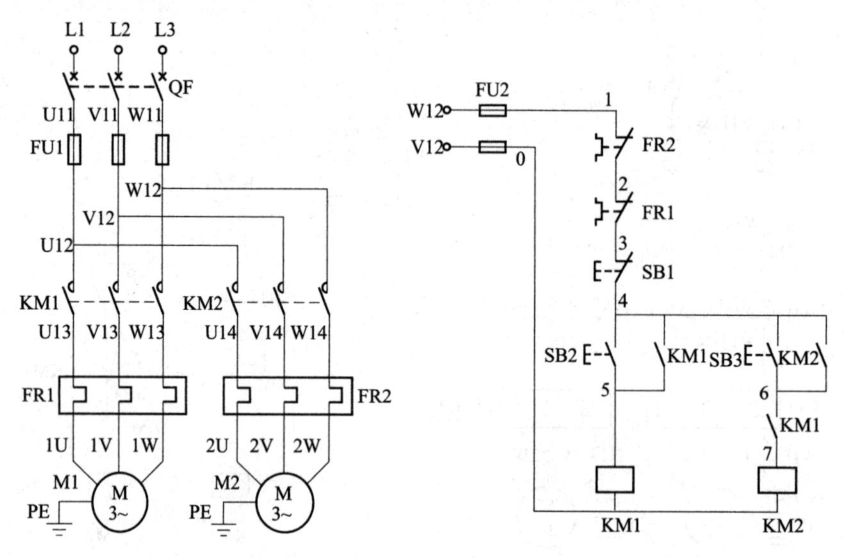

图 1－29　三相交流异步电动机顺序控制线路电气原理图

◆ 工作计划

（1）制定工作方案，如表 1－18 所示。

表 1－18　工作方案

步骤	具体工作内容记录	负责人

（2）绘制控制系统的原理图，并说明其工作原理。

（3）列出仪表、工具、耗材和器材清单，如表1－19所示。

表1－19　器具清单

序号	名称	型号与规格	单位	数量	备注

（4）绘制系统的布置图和安装接线图。

◆ 进行决策

（1）各组派代表阐述设计方案，互检组重点检查。

（2）各组对设计方案提出自己不同的看法（互检组意见重点参考）。

（3）教师结合大家完成的情况进行点评，并帮助完善。

◆ 工作实施

1. 元器件安装工艺要求

根据电器布置图在控制板上安装所用电气元件，要求：

（1）控制板上的电气元件应安装牢固，排列整齐、匀称、合理和便于更换元件。

（2）紧固电气元件要应用力均匀、紧固程度适当，以防止损坏元件。

（3）走线槽板布置合理，平直、整齐、紧贴敷设面。

2. 布线工艺要求

按原理图进行槽板布线，要求：

（1）走线合理，接点不得松动，不露铜过长、不压绝缘层、没有毛刺等。

（2）布线时，严禁损伤线芯和导线绝缘。

（3）布线一般按照先主电路，后控制电路的顺序。主电路和控制电路要尽量分开。

（4）一个电气元件接线端子上的连接导线不得超过两根。每节接线端子板上的连接导线一般只允许连接一根导线。

（5）布线时，严禁损伤线芯和导线绝缘，不在控制板（网孔板）上的电气元件要从端子排上引出。布线时，要确保连接牢靠，用手轻拉不会脱落或断开。

3. 安装与模拟调试的步骤

基本操作步骤描述：选用电气元件及导线→电气元件质量检查→固定安装元器件→布线→线路检查→连接电动机与电源线→自检→通电试车。

（1）电气元件检查。将所需元器材配齐并检验元件质量，检验元件要在不通电的情况下进行，若有损坏应立即向指导教师报告。

①电气元件的技术数据（如型号、规格、额定电压、额定电流等）应完整并符合要求，外观无损伤，备件、附件齐全完好。

②电气元件的电磁机构动作是否灵活，有无衔铁卡阻等不正常现象。用万用表检查电磁线圈的通断情况以及各触点的分合情况。

③接触器线圈额定电压与电源电压是否一致。

④对电动机的质量进行常规检查。

（2）根据元器件布置图固定安装元器件。

在控制板（网孔板）上按布置图安装电气元件，并贴上醒目的文字符号。

（3）按照布线工艺要求进行布线。

①画出安装接线图。根据所设计的锅炉上煤机电气原理图画出其安装接线图。

②在控制板（网孔板）上完成配线。先进行主电路配线，再进行控制电路配线。

（4）根据电气原理图及安装接线图，检验网孔板（控制板）内部布线的正确性。

（5）安装电动机，连接电源、电动机、按钮等控制板（网孔板）外部的导线。要可靠连接电动机和各电气元件金属外壳的保护接地线。

（6）自检。安装完毕的控制电路板必须经过认真检查后，才允许通电试车，以防止接错、漏接造成不能正常运转和短路事故。

①按电气原理图或接线图从电源端开始，逐段核对连线是否正确，连接点是否符合要求。

②用万用表进行检查时，应选用电阻挡的适当倍率并进行校零，以防错漏短路故障。

③检查主电路时，可以用手动来代替接触器受电线圈励磁吸合时的情况。

④用兆欧表检查电路的绝缘电阻应不得小于 1 MΩ。

（7）通电试车。检查无误后方可通电试车。

①试车前应检查与通电试车有关的电气设备是否有不安全的因素存在，若检查出应立即整改，然后方能试车。试车时，要认真执行安全操作规程的有关规定，一人监护，一人操作。

②通电试车前，必须经过指导老师的许可，并由指导老师接通三相电源 L1、L2、L3，同时在现场监护。

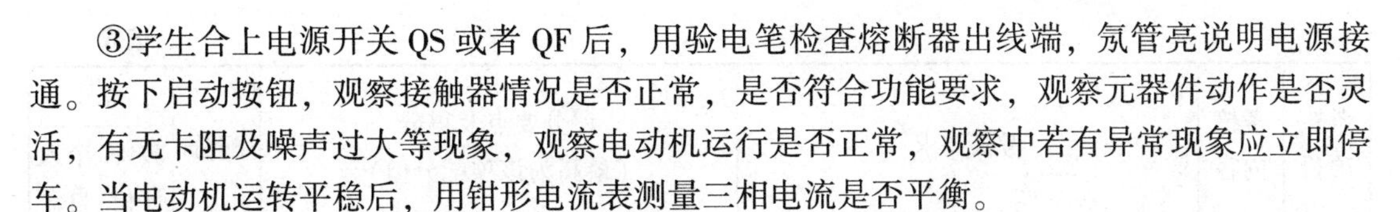

③学生合上电源开关 QS 或者 QF 后，用验电笔检查熔断器出线端，氖管亮说明电源接通。按下启动按钮，观察接触器情况是否正常，是否符合功能要求，观察元器件动作是否灵活，有无卡阻及噪声过大等现象，观察电动机运行是否正常，观察中若有异常现象应立即停车。当电动机运转平稳后，用钳形电流表测量三相电流是否平衡。

④试车成功率以第一次按下按钮时计算。

⑤出现故障后，学生应独立进行检查。若需带电检查时，教师必须在现场进行监护。检修完毕后，若需再次通车，也应有指导教师在现场进行监护，并做好本项目课题的事件及时间记录。

⑥通电试车完毕，停转，切断电源。先拆除三相电源线，再拆除电动机线。

◆ 任务评价

教师（个人）评价表如表 1－20 所示。

表 1－20　教师（个人）评价表

考核项目	考核内容	考核要求	评分要点及得分（最高为该项配分值）	配分	得分	
					教师评价	个人自评
职业能力	电路设计	1. 理解电气控制系统的控制特点与实现方法，能够根据提出的电气控制要求，正确绘出继电器－接触器电气控制系统原理图。 2. 各电气元件的图形符号及文字符号要求按照国标符号绘制。 3. 能够根据电气原理图列出主要元器件明细表	1. 主电路设计 1 处错误扣 5 分。 2. 控制电路设计 1 处错误扣 5 分。 3. 图形符号画法有误，每处扣 1 分。 4. 元器件明细表有误每处扣 2 分	30		
	元件安装	1. 按图纸的要求，正确使用工具和仪表，熟练安装电气元件。 2. 元件在配电板上布置要合理，安装要准确、紧固。 3. 按钮盒不固定在控制板上	1. 元件布置不整齐、不匀称、不合理，每个扣 1 分。 2. 元件安装不牢固、安装元件时漏装螺钉，每只扣 1 分。 3. 损坏元件，每只扣 2 分。 4. 走线槽板布置不美观、不符合要求，每处扣 2 分	10		
	线路安装	1. 线路安装要求美观、紧固、无毛刺，导线要进线槽。 2. 电源和电动机配线、按钮接线要接到端子排上，进出线槽的导线要有端子标号	1. 接线要符合安全性、规范性、正确性、美观性，接线不进线槽，不美观，有交叉线，每处扣1 分；接点松动、露铜过长、反圈、压绝缘层，标记线号不清楚、遗漏或误标，每处扣 1 分。 2. 损伤导线绝缘或线芯，每根扣 1 分。 3. 导线颜色、按钮颜色使用错误，每处扣 2 分	30		

续表

考核项目	考核内容	考核要求	评分要点及得分（最高为该项配分值）	配分	得分	
					教师评价	个人自评
职业能力	通电模拟调试	1. 根据所给电动机容量，正确选择熔断器熔体；正确整定热继电器的整定电流值。 2. 在保证人身和设备安全的前提下，通电模拟调试成功，电气控制线路符合控制要求。 3. 观察线路工作现象并判断正确与否	1. 主、控电路配错熔体，每个扣1分；热继电器整定电流值错误，各扣2分。 2. 熟悉调试过程，调试步骤每处错误扣3分。 3. 能在调试过程中正确使用万用表，根据所测数据判断电路是否出现故障，否则每处扣2分。 4. 一次试车不成功扣5分； 二次试车不成功扣10分； 三次试车不成功扣15分	15		
职业素质	安全文明操作	1. 劳动保护用品穿戴整齐，电工工具佩带齐全。 2. 安全、正确、合理使用电气元件。 3. 遵守安全操作规程	1. 未做相应的职业保护措施，扣2分。 2. 损坏元件一次扣2分。 3. 引发安全事故扣5分	5		
	团队协作精神	1. 尊重指导教师与同学，讲文明礼貌。 2. 分工合理、能够与他人合作、交流	1. 分工不合理，承担任务少扣5分。 2. 小组成员不与他人合作扣3分。 3. 不与他人交流扣2分	5		
	劳动纪律	1. 遵守各项规章制度及劳动纪律。 2. 训练结束要养成清理现场的习惯	1. 违反规章制度一次扣2分。 2. 不做清洁整理工作扣5分。 3. 清洁整理效果差，酌情扣2～5分	5		
备注	合计			100		

互检组评价表如表1－21所示。

表1－21　互检组评价表

序号	操作步骤	客观评估 功能_详细	配分(55)	得分	
1	线槽盖	线槽盖安装在线槽上，槽盖装上后应平整、无翘角（允许偏差±2 mm）	5	□是	□否
		白色线槽两两对接处间隙不超过1 mm	5	□是	□否
2	按钮盒	所有孔位螺栓全部安装紧固，不得缺少	5	□是	□否
		所有接线正确	5	□是	□否
3	交流接触器	安装紧固	5	□是	□否
		接线正确并套有号码管	5	□是	□否
4	继电器	安装紧固	5	□是	□否
		接线正确并套有号码管	5	□是	□否
5	电动机	接线正确，接线无松动，并套有号码管	5	□是	□否
6	熔断器	安装紧固	5	□是	□否
		接线正确并套有号码管	5	□是	□否
序号	功能	客观评估 功能_详细	配分(45)	得分	
1	电源	按下启动按钮，系统可以正常上电	5	□是	□否
2	系统功能	按下M1启动按钮，控制电动机M1运行	5	□是	□否
3		按下M2启动按钮或定时时间到，控制电动机M2运行	10	□是	□否
4		按下M2停止按钮，控制电动机M2停止运行	10	□是	□否
5		按下M1停止按钮，控制电动机M1停止运行	5	□是	□否
6	保护	系统具有短路保护	5	□是	□否
7		系统过载时，接触器断开	5	□是	□否
合计					

岗位能力评价表如表 1－22 所示。

表 1－22　岗位能力评价表

岗位	姓名	评价标准（每个岗位标准配分 100 分）	配分	得分	备注
安全员		1. 安全工作预案设计能力	25		
		2. 设备安全检查方式方法	25		
		3. 成员标准化安全检查（绝缘鞋、工作服、物品摆放、违章操作等方面监督检查与评价）	25		
		4. 当发生故障时，组织小组进行事故调查的能力	25		
工艺员		1. 任务描述的能力	25		
		2. 控制需求转化能力	25		
		3. 系统设计思路构建能力	25		
		4. 清楚表达设计思路能力	25		
电控组长		1. 电气安装工艺方案设计能力	25		
		2. 电气图纸的识别能力与图纸转化能力	25		
		3. 系统的整体调试能力	25		
		4. 项目验收标准的设定能力	25		
接线员		1. 硬件系统布局操作能力	25		
		2. 电气部分的接线操作能力	25		
		3. 硬件系统调试操作能力	25		
		4. 电气部分的故障检修能力	25		
图纸绘制员		1. 电气图纸的识别能力	25		
		2. 电气原理图绘制能力	25		
		3. 电气布置图绘制能力	25		
		4. 电气安装接线图绘制能力	25		

小组内投表如表 1－23 所示。

表 1－23　小组内投表

指标点	个人：	成员：	成员：	成员：	成员：	总分
小组会议参与的积极度						100
项目的贡献度						100
能够准时完成项目						100
项目工作的准备情况						100
合作沟通的态度						100
能够根据反馈意见改进自己的工作						100

九、说明书撰写

要求：每个设计小组完成设计说明书的撰写，说明书的内容包括设计背景介绍、设计要求分析、方案可行性分析、设计内容、仿真结果等内容。具体要求如下：

摘要（摘要200～300字）
目录
第1章　介绍、设计目标、问题描述、时间表。
第2章　方案对比及可行性分析。
第3章　解决方案。
第4章　设计图纸、硬件选型、使用的测试设备、规格、照片等。
第5章　最终解决方测试、结果分析、解决问题途径等。
第6章　结论。总结遇到的问题、解决方法，以及学到的知识点、技能点，并根据实际情况、建议进一步工作和研究方向。
参考资料来源注明。

十、订单验收

说明书（小组设计报告）评价表如表1－24所示。

表1－24　说明书（小组设计报告）评价表

评价内容	指标点	配分	得分
整体介绍	目标明确	20	
	任务分析清楚		
	设计背景描述清楚		
	设计意义明确		
可行性	工艺可行性分析	20	
	方法和技术的合理性		
	方案对比		
	设备选择标准及论证		
设计内容	设计逻辑清楚	30	
	图纸绘制标准		
	技术标准明确		
	设计方法和工具恰当		
	硬件选择合理		
	安全事项明确		

续表

评价内容	指标点	配分	得分
仿真结果	测试方法熟练	20	
	仿真结果正确		
	仿真结果分析		
总结	技术结论正确	10	
	目标完成度讨论		
	下一步学习计划		

模块2　轧钢机电气控制系统设计

一、学习情境描述

现代轧机发展的趋向是连续化、自动化、专业化、产品质量高、消耗低。轧钢机，是实现金属轧制过程的机械设备，坯通过轧口就变成一定形状的钢材，由轧辊、轧辊轴承、机架、轨座、轧辊调整装置、上轧辊平衡装置和换辊装置等组成，如图2－1和图2－2所示。

图2－1　二辊轧钢机

图2－2　轧钢机和轧钢生产线

某钢厂新上一条轧钢生产线，其中初轧机为二辊可逆轧钢机（图2－3），区域设备如图2－4所示，由前工作辊道电动机、后工作辊道电动机、轧钢机以及热金属检测器等装置组成，设计PLC控制系统实现初轧机三道次往复轧制，要求系统稳定可靠。

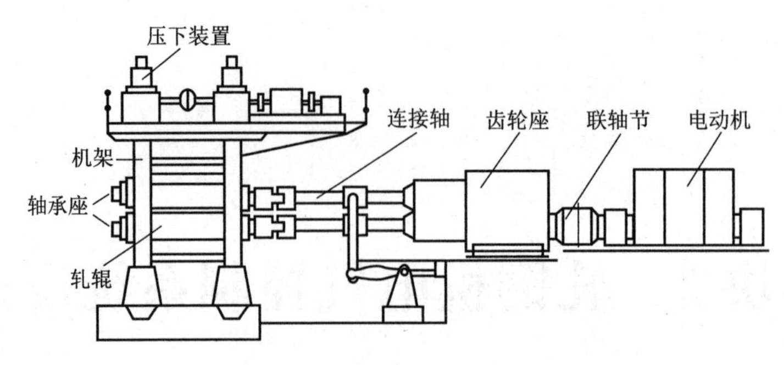

图 2－3　二辊可逆式轧钢机示意图

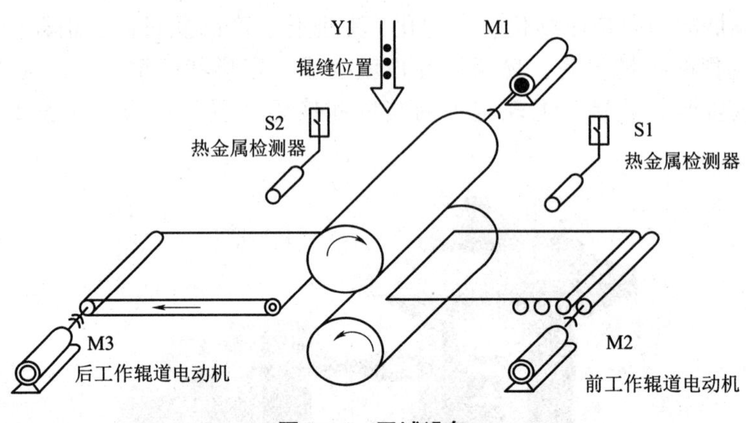

图 2－4　区域设备

二、学习目标

（1）能够分析轧钢机 PLC 控制系统的控制要求。

（2）能够进行系统需求分析，进行硬件设计和硬件选型。

（3）能够应用 PLC 的基本指令和编程方法设计轧钢机程序。

（4）能够完成 PLC 系统的软、硬件调试，进行故障诊断。

（5）能够撰写相关技术文档，熟练表达设计思路。

三、订单描述

某钢厂控制要求如下：

系统处于自动运行状态，当热金属检测器 S1 检测到有轧件，压下装置将辊缝置于最高位，之后前工作辊道电动机、后工作辊道电动机、轧机正转运行；当热金属检测器 S2 有下降沿信号后，前工作辊道电动机、后工作辊道电动机、轧机停止转动，压下装置将辊缝置于中间位，之后前工作辊道电动机、后工作辊道电动机、轧机反转运行；当热金属检测器 S1 有下降沿信号后，前工作辊道电动机、后工作辊道电动机、轧机停止转动，压下装置将辊缝置于最低位，之后前工作辊道电动机、后工作辊道电动机、轧机正转运行。如此轧制三次后，初轧完成，由辊道输送至下一轧机。系统为一键启动，按停止按钮，系统完成轧制后停止，要求设置急停按钮。

设备参数：

(1) 轧钢机：电动机额定功率 20 kW，额定电压 380 V，要求采用降压启动；压下装置为液压驱动，由电磁阀 YV1 控制，三个行程开关进行位置检测。

(2) 前后工作辊道分别由两台电动机控制，电动机功率 8 kW。

四、需求与调研

(1) 明确企业委托订单的需求。

(2) 撰写项目的需求调研计划并修改完善。

(3) 按照需求调研计划分组扮演不同角色，模拟进行需求调研。

(4) 分析得到需求调研中获取到的轧钢机的主要技术指标。

(5) 确定要完成的项目用户需求目标。

需求与调研报告模板参考请扫描二维码

五、生产计划

生产计划表如表 2-1 所示。

表 2-1 生产计划表

<table>
<tr><td>班级</td><td></td><td>组号</td><td></td><td>指导老师</td><td></td></tr>
<tr><td>订单负责人</td><td></td><td>学号</td><td colspan="3"></td></tr>
<tr><td rowspan="6">项目组成员</td><td colspan="2">姓名</td><td colspan="3">学号</td></tr>
<tr><td colspan="2"></td><td colspan="3"></td></tr>
<tr><td colspan="2"></td><td colspan="3"></td></tr>
<tr><td colspan="2"></td><td colspan="3"></td></tr>
<tr><td colspan="2"></td><td colspan="3"></td></tr>
<tr><td colspan="2"></td><td colspan="3"></td></tr>
<tr><td rowspan="8">工作计划</td><td colspan="2">工作内容</td><td colspan="2">时间节点</td><td>负责人</td></tr>
<tr><td colspan="2"></td><td colspan="2"></td><td></td></tr>
<tr><td colspan="2"></td><td colspan="2"></td><td></td></tr>
<tr><td colspan="2"></td><td colspan="2"></td><td></td></tr>
<tr><td colspan="2"></td><td colspan="2"></td><td></td></tr>
<tr><td colspan="2"></td><td colspan="2"></td><td></td></tr>
<tr><td colspan="2"></td><td colspan="2"></td><td></td></tr>
<tr><td colspan="2"></td><td colspan="2"></td><td></td></tr>
</table>

六、方案设计

要求：请项目组充分讨论，确定整个系统的输入、输出，并画出系统控制框图，如表 2－2 所示。

表 2－2　控制系统分析

输入	
输出	
控制核心	
控制系统框图	

七、技术协议撰写与签订

具体模板请扫描二维码

八、任务实施

轧钢机电气控制系统设计根据控制要求可拆分为以下三个任务：正反转控制、降压启动控制及顺序控制。为了逐步完成订单内容，分任务进行工作实施。

任务 2.1　轧钢机辊道正反转控制系统设计与实施

◆ 学习目标

（1）了解 PLC 的发展历程和工作原理。

（2）熟悉 PLC 的内、外部结构及分类。

（3）掌握 I/O 分配的原则及方法。

（4）掌握控制系统主电路和 PLC 外部接线图的绘制方法。

（5）掌握 PLC 输出继电器、输入继电器及线圈的基本知识。

（6）掌握 PLC 位逻辑指令的用法。

（7）掌握经验设计法的编程方法。

◆ 任务书

本任务中轧钢机辊道为三相异步电动机直接驱动，要求实现辊道手动点动正反转控制和手动连续正反转控制。

◆ 任务分工

任务分工如表 2－3 所示。

表2-3　任务分工

组别		互检组	
岗位	姓名	主要职责	
电控组长（组长）		负责组织工艺方案、工艺流程的设计与制定、审查；负责系统的整体调试；负责互检工作	
工艺员		负责功能分析，将控制要求转化为设计思路	
图纸绘制员		根据需求绘制标准的电气原理图（包括I/O分配、I/O接线图、主电路图）	
硬件工程师		负责硬件系统的安装、接线；负责硬件调试	
软件工程师		负责PLC程序的编写与调试	
安全员		负责制定本组的安全工作预案；负责对本组设备进行安全检查；负责对本组成员进行安全检查；负责组织调试期间发生的事故调查	

◆ 获取信息

引导问题1：PLC定义。

____

引导问题2：PLC特点。

____

引导问题3：PLC的功能与工作原理。

____

引导问题4：如图2-5所示，哪些元件可以作为PLC的输入；哪些元件可以作为PLC的输出。

PLC的输入______________________________

____

PLC的输出______________________________

____

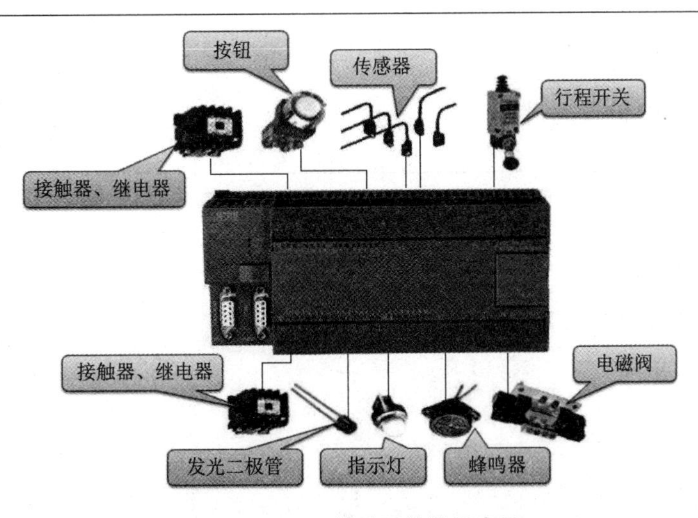

图2-5　PLC的端子接线示意图

小提示：输入和输出是外部现场设备和CPU的桥梁，可根据元器件的功能进行划分：输入相当于系统的眼睛和耳朵，用于接收信息（如按钮、温度传感器、接近开关等）；输出相当于系统的手和脚，用于执行动作（如接触器、电磁阀等）。

引导问题5：梯形图和继电器－接触器控制系统的区别。

____

____

____

____

继电器控制电路图与梯形图的比较如图2－6所示。

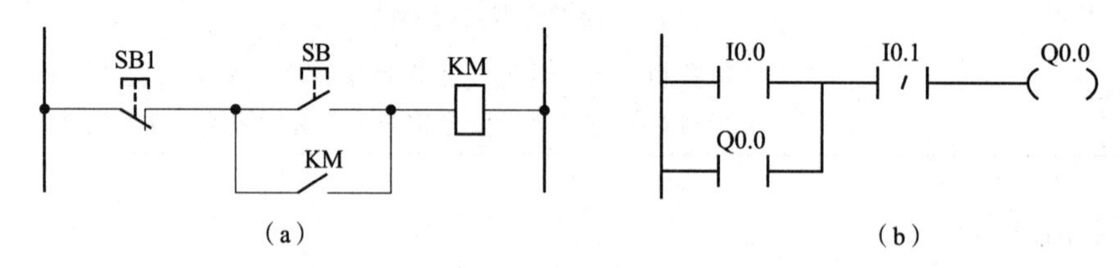

图2－6　继电器控制电路图与梯形图的比较

(a) 继电器控制电路图；(b) 梯形图

小提示：梯形图（LD）是一种以图形符号及其在图中的相互关系来表示控制关系的编程语言，是从继电控制电路图演变过来的，是使用最多的PLC图形编程语言。梯形图由触点、线圈或功能指令等组成，触点代表逻辑输入条件，如外部的开关、逻辑输出结果，用来控制外部的负载（如指示灯、按钮和内部条件等；线圈和功能指令通常代表交流接触器、电磁阀等）或内部的中间结果。

引导问题6：PLC的软元件有哪些？

____

____

____

____

引导问题7：PLC的位逻辑指令。

____

____

请用位逻辑指令，编写“启保停”程序。

◆ 工作计划

1. 制定工作方案（表2－4）

表2－4　工作方案

步骤	具体工作内容记录	负责人

2. I/O分配表（表2－5）

表2－5　I/O分配表

输入			输出		
I点	输入元件	作用	Q点	输出元件	作用

3. 绘制控制系统的原理图（I/O接线图）

4. 列出仪表、工具、耗材和器材清单（表 2－6）

表 2－6　器具清单

序号	名称	型号与规格	单位	数量	备注

5. PLC 程序设计

利用“启保停”实现控制要求。

◆ 进行决策

（1）各组派代表阐述设计方案，互检组重点检查。

（2）各组对设计方案提出自己不同的看法（互检组意见重点参考）。

（3）教师结合大家完成的情况进行点评，并帮助完善。

◆ 工作实施

1. 训练器材

（1）可编程控制器实训装置 1 台。

（2）PLC 主机模块 1 个。

（3）计算机 1 台。

（4）导线若干。

2. 训练内容与步骤

（1）程序录入训练：正确使用编程软件，完成程序录入。

（2）硬件接线训练：按照 PLC 外部接线图，完成 PLC 的 I、O 口与电源的接线。

（3）模拟调试训练：将 PLC 置于 RUN 运行模式，分别将输入信号 I 按照给定的控制要求置于 ON 或 OFF，观察 PLC 的输出结果并做好记录。

（4）整理实训操作结果，分析 Q 点在什么情况下得电，在什么情况下失电，并分析其原因。

◆ 任务评价

教师评价表如表 2－7 所示。

表 2－7　教师评价表

考核项目	考核内容	考核要求	评分要点及得分（最高为该项配分值）	配分	得分
职业能力	程序设计（共 10 分）	根据电气控制系统的控制要求设计梯形图程序	1. 各指令应用是否恰当	2.5	
			2. 是否双线圈输出错误	2.5	
			3. 自动循环安排是否正确	2.5	
			4. 是否有语法错误	2.5	
	布线（共 25 分）	按 I/O 图布线，布线符合布线工艺要求	1. 输入端接线是否正确	3	
			2. 输入端电源接线是否正确	3	
			3. 输出端接线是否正确	3	
			4. 输出端电源接线是否正确	3	
			5. 接线要符合安全性、规范性、正确性、美观性，接线不进线槽，不美观，有交叉线，每处扣 1 分；接点松动、露铜过长、反圈、压绝缘层，标记线号不清楚、遗漏或误标，每处扣 1 分	7	
			6. 损伤导线绝缘或线芯，每根扣 0.5 分	3	
			7. 导线颜色、按钮颜色使用错误，每处扣 0.5 分	3	
	程序录入与仿真（共 10 分）	使用 PLC 编程软件完成程序录入并进行程序仿真	1. 熟练使用编程软件	2.5	
			2. 程序可以通过编译	2.5	
			3. 熟练仿真过程，可以下载程序	2.5	
			4. 程序调试时可以监控程序并仿真	2.5	
	系统调试（共 15 分）	下载程序，检查系统运行并解决问题	1. 不会进行程序下载，扣 5 分。 2. 无法检测 PLC 输入问题，最多扣 5 分。 3. 无法检测 PLC 输出问题，最多扣 5 分 4. 演示每错一次扣 1 分，最多扣 5 分	5	

续表

考核项目	考核内容	考核要求	评分要点及得分（最高为该项配分值）	配分	得分
职业素质	安全文明操作（共10分）	1. 劳动保护用品穿戴整齐。 2. 遵守安全操作规程	1. 未做相应的职业保护措施，扣10分。 2. 引发安全事故，扣10分	10	
	团队协作精神（共20分）	1. 尊重指导教师与同学，讲文明礼貌。 2. 分工合理、能够与他人合作、交流	1. 分工不合理，承担任务少扣5～10分。 2. 不参与模拟需求调研活动，扣10分。 3. 不能够与他人很好地进行交流沟通，扣5～10分。 4. 在交流讨论过程中没有表现，扣5～10分	20	
	劳动纪律（共10分）	1. 遵守各项规章制度及劳动纪律。 2. 训练结束要养成清理现场的习惯	1. 违反规章制度一次扣5分。 2. 不做清洁整理工作扣10分。 3. 清洁整理效果差，酌情扣5～10分	10	
备注	合计			100	

小组自评表如表2－8所示。

表2－8　小组自评表

考核项目	考核内容	考核要求	评分要点及得分（最高为该项配分值）	配分	得分
职业能力	程序设计（共10分）	根据电气控制系统的控制要求设计梯形图程序	1. 各指令应用是否恰当	2.5	
			2. 是否双线圈输出错误	2.5	
			3. 自动循环安排是否正确	2.5	
			4. 是否有语法错误	2.5	
	布线（共25分）	按I/O图布线，布线符合布线工艺要求	1. 输入端接线是否正确	3	
			2. 输入端电源接线是否正确	3	
			3. 输出端接线是否正确	3	
			4. 输出端电源接线是否正确	3	
			5. 接线要符合安全性、规范性、正确性、美观性，接线不进线槽、不美观、有交叉线，每处扣1分；接点松动、露铜过长、反圈、压绝缘层，标记线号不清楚、遗漏或误标，每处扣1分	7	
			6. 损伤导线绝缘或线芯，每根扣0.5分	3	
			7. 导线颜色、按钮颜色使用错误，每处扣0.5分	3	

续表

考核项目	考核内容	考核要求	评分要点及得分（最高为该项配分值）	配分	得分
职业能力	程序录入与仿真（共10分）	使用PLC编程软件完成程序录入并进行程序仿真	1. 熟练使用编程软件	2.5	
			2. 程序可以通过编译	2.5	
			3. 熟练仿真过程，可以下载程序	2.5	
			4. 程序调试时可以监控程序并仿真	2.5	
	系统调试（共15分）	下载程序，检查系统运行并解决问题	1. 不会进行程序下载，扣5分。 2. 无法检测PLC输入问题，最多扣5分。 3. 无法检测PLC输出问题，最多扣5分。 4. 演示每错一次扣1分，最多扣5分	15	
职业素质	安全文明操作（共10分）	1. 劳动保护用品穿戴整齐。 2. 遵守安全操作规程	1. 未做相应的职业保护措施，扣10分。 2. 引发安全事故，扣10分	10	
	团队协作精神（共20分）	1. 尊重指导教师与同学，讲文明礼貌。 2. 分工合理、能够与他人合作、交流	1. 分工不合理，承担任务少扣5~10分。 2. 不参与模拟需求调研活动，扣10分。 3. 不能够与他人很好地进行交流沟通，扣5~10分。 4. 在交流讨论过程中没有表现，扣5~10分	20	
	劳动纪律（共10分）	1. 遵守各项规章制度及劳动纪律。 2. 训练结束要养成清理现场的习惯	1. 违反规章制度一次扣5分。 2. 不做清洁整理工作扣10分。 3. 清洁整理效果差，酌情扣5~10分	10	
备注	合计			100	

互检组评价表如表2-9所示。

表2-9　互检组评价表

序号	操作步骤	客观评估	配分（55）	得分	
		功能_详细			
1	按钮盒	所有孔位螺栓全部安装紧固，不得缺少	5	□是	□否
		所有接线正确	5	□是	□否
2	交流接触器	安装紧固	5	□是	□否
		接线正确并套有号码管	5	□是	□否
3	继电器	安装紧固	5	□是	□否
		接线正确并套有号码管	5	□是	□否

续表

序号	操作步骤	客观评估 功能_详细	配分（55）	得分	
4	熔断器	安装紧固	5	□是	□否
		接线正确并套有号码管	5	□是	□否
5	PLC	PLC 安装紧固	5	□是	□否
		PLC 电源、输入、输出接线正确，并套有号码管	5	□是	□否
6	电动机	接线正确并套有号码管	5	□是	□否
序号	功能	客观评估 功能_详细	配分（45）	得分	
1	电源	按下启动按钮，系统可以正常上电	5	□是	□否
2	控制电路	按下正转启动按钮，PLC 对应输出点有信号	5	□是	□否
3		按下反转启动按钮，PLC 对应输出点有信号	5	□是	□否
4		正反转可以直接切换	5	□是	□否
5	主电路	按下正转启动按钮，电动机正转运行	5	□是	□否
6		按下反转启动按钮，电动机反转运行	5	□是	□否
7		按下停止按钮，电动机停止运行	5	□是	□否
8	保护	系统具有短路保护	5	□是	□否
9		系统过载时，接触器断开	5	□是	□否
合计					

岗位能力评价表如表 2-10 所示。

表 2-10　岗位能力评价表

岗位	姓名	评价标准（每个岗位标准配分 100 分）	配分	得分
安全员		1. 安全工作预案的设计能力	25	
		2. 设备安全检查方式方法	25	
		3. 成员标准化安全检查。 （绝缘鞋、工作服、物品摆放、违章操作等方面监督检查与评价）	25	
		4. 当发生故障时，组织小组进行事故调查的能力	25	
工艺员		1. 任务需求调研与功能分析的能力	25	
		2. 用户在电控需求的文字排版能力	25	
		3. 电气图纸的设计能力（纸质版或者电气 CAD 版）	25	
		4. 任务设计工艺的验收标准设定能力	25	

续表

岗位	姓名	评价标准（每个岗位标准配分100分）	配分	得分
电控组长		1. 电气安装工艺方案、工作控制流程图的设计能力	25	
		2. 电气图纸的识别能力与图纸转化能力	25	
		3. 系统的整体调试能力	25	
		4. 任务验收标准设定能力	25	
硬件工程师		1. 硬件系统布局操作能力	25	
		2. 电气部分的接线操作能力	25	
		3. 电气部分调试操作能力	25	
		4. 电气部分的故障检修能力	25	
软件工程师		1. 系统I/O分配设计能力	25	
		2. PLC程序的设计与编写能力	25	
		3. 软件熟练使用度	25	
		4. PLC程序调试能力	25	

小组内投表如表2－11所示。

表2－11　小组内投表

指标点	个人：	成员：	成员：	成员：	成员：	总分
小组会议参与的积极度						100
项目的贡献度						100
能够准时完成项目						100
项目工作的准备情况						100
合作沟通的态度						100
能够根据反馈意见改进自己的工作						100

任务2.2　轧钢机主轧辊降压启动控制系统设计与实施

◆ 学习目标

(1) 掌握PLC定时器指令的用法。

(2) 能够根据控制要求，进行合理的I/O分配。

(3) 能够绘制PLC系统的接线图。

(4) 能够运用PLC基本指令编写程序。

(5) 能够运用经验设计法设计梯形图。

◆ 任务书

本任务中轧钢机主轧辊为三相异步电动机降压启动的正反转控制，要求实现按正转启动按钮SB1，主轧辊降压正转启动运行；按停止按钮SB3，主轧辊停止；按反转启动按钮SB2，主轧辊降压反转启动运行；按停止按钮SB3，主轧辊停止；正反转不可直接切换。

◆ 任务分工

任务分工如表 2－12 所示。

表 2－12　任务分工

组别		互检组	
岗位	姓名	主要职责	
电控组长（组长）		负责组织工艺方案、工艺流程的设计与制定、审查；负责系统的整体调试；负责互检工作	
工艺员		负责功能分析，将控制要求转化为设计思路	
图纸绘制员		根据需求绘制标准的电气原理图（包括 I/O 分配、I/O 接线图、主电路图）	
硬件工程师		负责硬件系统的安装、接线；负责硬件调试	
软件工程师		负责 PLC 程序的编写与调试	
安全员		负责制订本组的安全工作预案；负责对本组设备进行安全检查；负责对本组成员进行安全检查；负责组织调试期间发生的事故调查	

◆ 获取信息

引导问题 1：S7－1200 PLC 定时器的种类。

____

____

____

小提示：S7－1200 PLC 有多个定时器指令，可打开 TIA 开发环境，在定时器指令中查看。

引导问题 2：通电延时定时器（TON）指令工作原理。

____

____

____

引导问题 3：分析如图 2－7 所示程序，绘制时序图。

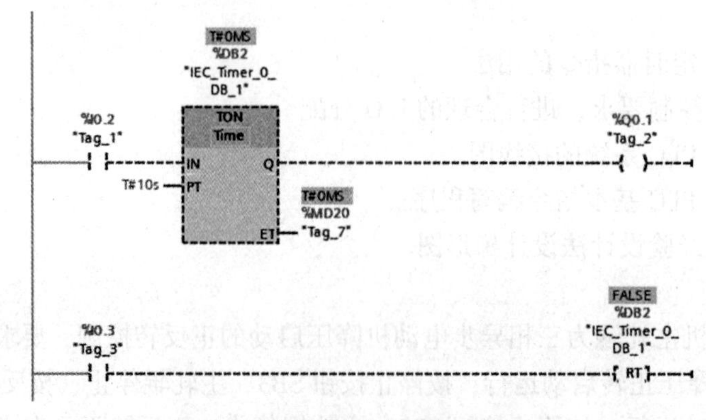

图 2－7　接通延时定时器应用举例

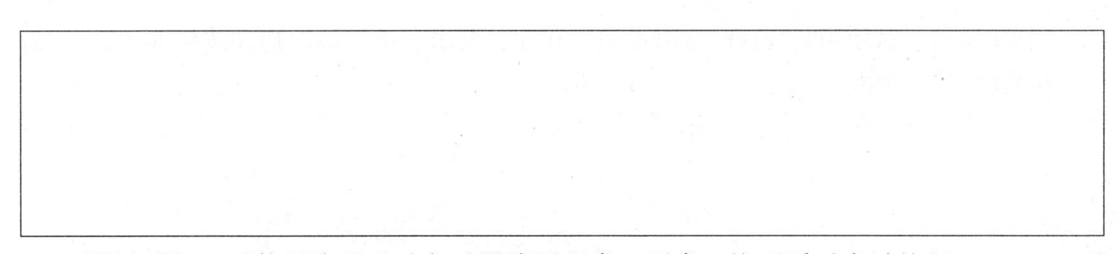

引导问题4：试使用接通延时定时器编写程序，要求：按下瞬时启动按钮 I0.0，5 s 后电动机启动，按下瞬时停止按钮 I0.1，电动机停止。

小提示：瞬时按钮，按下触点闭合，松开触点断开，在操作时，按下和松开为瞬时动作，因此，如需让此信号保持，可使用“启保停”或者置位指令。

引导问题5：断电开延时定时器（TOF）指令工作原理。

____

____

____

引导问题6：分析如图2-8所示程序，绘制时序图。

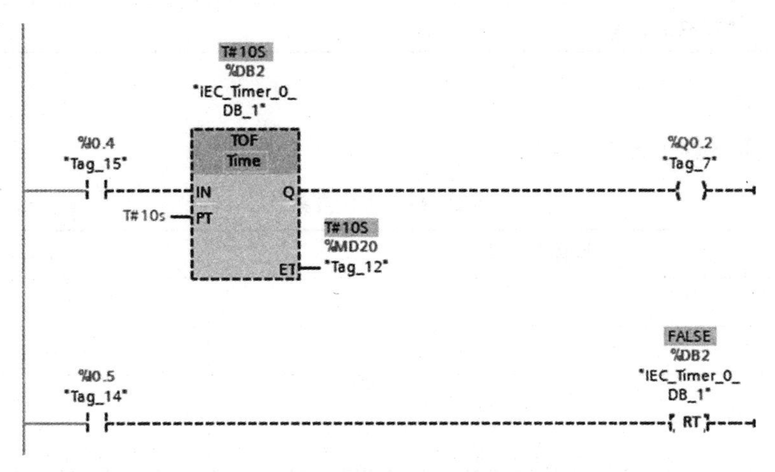

图2-8 断开延时定时器应用举例

引导问题7：试使用断开延时定时器编写程序，要求：按下瞬时启动按钮 I0.0，5 s 后电动机启动，按下瞬时停止按钮 I0.1，电动机停止。

引导问题8：数据存储类型请写出各类型的位数和范围，如表2－13所示。

表2－13 数据存储类型

<table>
<tr><td colspan="2">基本数据类型</td><td>位数</td><td>范围</td></tr>
<tr><td colspan="2">布尔型 Bool</td><td></td><td></td></tr>
<tr><td rowspan="3">无符号数</td><td>字节型 Byte</td><td></td><td></td></tr>
<tr><td>字型 Word</td><td></td><td></td></tr>
<tr><td>双字节型 Double Word</td><td></td><td></td></tr>
<tr><td rowspan="3">有符号数</td><td>字节型 Byte</td><td></td><td></td></tr>
<tr><td>整数 Int</td><td></td><td></td></tr>
<tr><td>双整数 DInt</td><td></td><td></td></tr>
<tr><td colspan="2">实数型 Real</td><td></td><td></td></tr>
</table>

◆ 工作计划

1. 制定工作方案（表2－14）

表2－14 工作方案

步骤	具体工作内容记录	负责人

2. I/O 分配表（表 2－15）

表 2－15　I/O 分配表

输入			输出		
I 点	输入元件	作用	Q 点	输出元件	作用

3. 绘制控制系统的原理图（I/O 接线图）

4. 列出仪表、工具、耗材和器材清单（表 2－16）

表 2－16　器具清单

序号	名称	型号与规格	单位	数量	备注

5. PLC 程序设计

利用“启保停”实现控制要求。

◆ 进行决策

（1）各组派代表阐述设计方案，互检组重点检查。

（2）各组对设计方案提出自己不同的看法（互检组意见重点参考）。

（3）教师结合大家完成的情况进行点评，并帮助完善。

◆ 工作实施

1. 训练器材

（1）可编程控制器实训装置1台。

（2）PLC主机模块1个。

（3）计算机1台。

（4）导线若干。

2. 训练内容与步骤

（1）程序录入训练：正确使用编程软件，完成程序录入。

（2）硬件接线训练：按照PLC外部接线图，完成PLC的I、O口与电源的接线。

（3）模拟调试训练：将PLC置于RUN运行模式，分别将输入信号I按照给定的控制要求置于ON或OFF，观察PLC的输出结果，并做好记录。

（4）整理实训操作结果，分析Q点在什么情况下得电，在什么情况下失电，并分析其原因。

◆ 任务评价

教师评价表如表2－17所示。

表2－17　教师评价表

考核项目	考核内容	考核要求	评分要点及得分（最高为该项配分值）	配分	得分
职业能力	程序设计（共10分）	根据电气控制系统的控制要求设计梯形图程序	1. 各指令应用是否恰当	2.5	
			2. 是否双线圈输出错误	2.5	
			3. 自动循环安排是否正确	2.5	
			4. 是否有语法错误	2.5	
	布线（共25分）	按I/O图布线，布线符合布线工艺要求	1. 输入端接线是否正确	3	
			2. 输入端电源接线是否正确	3	
			3. 输出端接线是否正确	3	
			4. 输出端电源接线是否正确	3	
			5. 接线要符合安全性、规范性、正确性、美观性，接线不进线槽，不美观，有交叉线，每处扣1分；接点松动、露铜过长、反圈、压绝缘层，标记线号不清楚、遗漏或误标，每处扣1分	7	
			6. 损伤导线绝缘或线芯，每根扣0.5分	3	
			7. 导线颜色、按钮颜色使用错误，每处扣0.5分	3	

续表

考核项目	考核内容	考核要求	评分要点及得分（最高为该项配分值）	配分	得分
职业能力	程序录入与仿真（共10分）	使用PLC编程软件完成程序录入并进行程序仿真	1. 熟练使用编程软件	2.5	
			2. 程序可以通过编译	2.5	
			3. 熟练仿真过程，可以下载程序	2.5	
			4. 程序调试时可以监控程序并仿真	2.5	
	系统调试（共15分）	下载程序，检查系统运行并解决问题	1. 不会进行程序下载，扣5分。 2. 无法检测PLC输入问题，最多扣5分。 3. 无法检测PLC输出问题，最多扣5分。 4. 演示每错一次扣1分，最多扣5分	15	
职业素质	安全文明操作（共10分）	1. 劳动保护用品穿戴整齐。 2. 遵守安全操作规程	1. 未做相应的职业保护措施，扣10分。 2. 引发安全事故，扣10分	10	
	团队协作精神（共20分）	1. 尊重指导教师与同学，讲文明礼貌。 2. 分工合理、能够与他人合作、交流	1. 分工不合理，承担任务少扣5~10分。 2. 不参与模拟需求调研活动，扣10分。 3. 不能够与他人很好地进行交流沟通，扣5~10分。 4. 在交流讨论过程中没有表现，扣5~10分	20	
	劳动纪律（共10分）	1. 遵守各项规章制度及劳动纪律。 2. 训练结束要养成清理现场的习惯	1. 违反规章制度一次扣5分。 2. 不做清洁整理工作扣10分。 3. 清洁整理效果差，酌情扣5~10分	10	
备注	合计			100	

小组自评表如表2-18所示。

表2-18　小组自评表

考核项目	考核内容	考核要求	评分要点及得分（最高为该项配分值）	配分	得分
职业能力	程序设计（共10分）	根据电气控制系统的控制要求设计梯形图程序	1. 各指令应用是否恰当	2.5	
			2. 是否双线圈输出错误	2.5	
			3. 自动循环安排是否正确	2.5	
			4. 是否有语法错误	2.5	

续表

考核项目	考核内容	考核要求	评分要点及得分（最高为该项配分值）	配分	得分
职业能力	布线（共25分）	按I/O图布线，布线符合布线工艺要求	1. 输入端接线是否正确	3	
			2. 输入端电源接线是否正确	3	
			3. 输出端接线是否正确	3	
			4. 输出端电源接线是否正确	3	
			5. 接线要符合安全性、规范性、正确性、美观性，接线不进线槽、不美观、有交叉线，每处扣1分；接点松动、露铜过长、反圈、压绝缘层，标记线号不清楚、遗漏或误标，每处扣1分	7	
			6. 损伤导线绝缘或线芯，每根扣0.5分	3	
			7. 导线颜色、按钮颜色使用错误，每处扣0.5分	3	
	程序录入与仿真（共10分）	使用PLC编程软件完成程序录入并进行程序仿真	1. 熟练使用编程软件	2.5	
			2. 程序可以通过编译	2.5	
			3. 熟练仿真过程，可以下载程序	2.5	
			4. 程序调试时可以监控程序并仿真	2.5	
	系统调试（共15分）	下载程序，检查系统运行并解决问题	1. 不会进行程序下载，扣5分。 2. 无法检测PLC输入问题，最多扣5分。 3. 无法检测PLC输出问题，最多扣5分。 4. 演示每错一次扣1分，最多扣5分	15	
职业素质	安全文明操作（共10分）	1. 劳动保护用品穿戴整齐。 2. 遵守安全操作规程	1. 未做相应的职业保护措施，扣10分。 2. 引发安全事故，扣10分	10	
	团队协作精神（共20分）	1. 尊重指导教师与同学，讲文明礼貌。 2. 分工合理、能够与他人合作、交流	1. 分工不合理，承担任务少扣5～10分。 2. 不参与模拟需求调研活动，扣10分。 3. 不能够与他人很好地进行交流沟通，扣5～10分。 4. 在交流讨论过程中没有表现，扣5～10分	20	
	劳动纪律（共10分）	1. 遵守各项规章制度及劳动纪律。 2. 训练结束要养成清理现场的习惯	1. 违反规章制度一次扣5分。 2. 不做清洁整理工作扣10分。 3. 清洁整理效果差，酌情扣5～10分	10	
备注	合计			100	

互检组评价表如表2－19所示。

表2－19 互检组评价表

<table>
<tr><td rowspan="2">序号</td><td rowspan="2">操作步骤</td><td>客观评估</td><td rowspan="2">配分（55）</td><td colspan="2" rowspan="2">得分</td></tr>
<tr><td>功能_详细</td></tr>
<tr><td rowspan="2">1</td><td rowspan="2">按钮盒</td><td>所有孔位螺栓全部安装紧固，不得缺少</td><td>5</td><td>□是</td><td>□否</td></tr>
<tr><td>所有接线正确</td><td>5</td><td>□是</td><td>□否</td></tr>
<tr><td rowspan="2">2</td><td rowspan="2">交流接触器</td><td>安装紧固</td><td>5</td><td>□是</td><td>□否</td></tr>
<tr><td>接线正确并套有号码管</td><td>5</td><td>□是</td><td>□否</td></tr>
<tr><td rowspan="2">3</td><td rowspan="2">继电器</td><td>安装紧固</td><td>5</td><td>□是</td><td>□否</td></tr>
<tr><td>接线正确并套有号码管</td><td>5</td><td>□是</td><td>□否</td></tr>
<tr><td rowspan="2">4</td><td rowspan="2">熔断器</td><td>安装紧固</td><td>5</td><td>□是</td><td>□否</td></tr>
<tr><td>接线正确并套有号码管</td><td>5</td><td>□是</td><td>□否</td></tr>
<tr><td rowspan="2">5</td><td rowspan="2">PLC</td><td>PLC 安装紧固</td><td>5</td><td>□是</td><td>□否</td></tr>
<tr><td>PLC 电源、输入、输出接线正确，并套有号码管</td><td>5</td><td>□是</td><td>□否</td></tr>
<tr><td>6</td><td>电动机</td><td>接线正确，并套有号码管</td><td>5</td><td>□是</td><td>□否</td></tr>
<tr><td rowspan="2">序号</td><td rowspan="2">功能</td><td>客观评估</td><td rowspan="2">配分（45）</td><td colspan="2" rowspan="2">得分</td></tr>
<tr><td>功能_详细</td></tr>
<tr><td>1</td><td>电源</td><td>按下启动按钮，系统可以正常上电</td><td>5</td><td>□是</td><td>□否</td></tr>
<tr><td>2</td><td rowspan="3">控制电路</td><td>按下正转启动按钮，PLC 对应输出点有信号</td><td>5</td><td>□是</td><td>□否</td></tr>
<tr><td>3</td><td>按下反转启动按钮，PLC 对应输出点有信号</td><td>5</td><td>□是</td><td>□否</td></tr>
<tr><td>4</td><td>正反转不可直接切换</td><td>5</td><td>□是</td><td>□否</td></tr>
<tr><td>5</td><td rowspan="3">主电路</td><td>按下正转启动按钮，电动机正转降压启动运行</td><td>5</td><td>□是</td><td>□否</td></tr>
<tr><td>6</td><td>按下反转启动按钮，电动机反转降压启动运行</td><td>5</td><td>□是</td><td>□否</td></tr>
<tr><td>7</td><td>按下停止按钮，电动机停止运行</td><td>5</td><td>□是</td><td>□否</td></tr>
<tr><td>8</td><td rowspan="2">保护</td><td>系统具有短路保护</td><td>5</td><td>□是</td><td>□否</td></tr>
<tr><td>9</td><td>系统过载时，系统自动停止</td><td>5</td><td>□是</td><td>□否</td></tr>
<tr><td colspan="4">合计</td><td colspan="2"></td></tr>
</table>

岗位能力评价表如表 2-20 所示。

表 2-20 岗位能力评价表

岗位	姓名	评价标准（每个岗位标准配分 100 分）	配分	得分
安全员		1. 安全工作预案的设计能力	25	
		2. 设备安全检查方式方法	25	
		3. 成员标准化安全检查（绝缘鞋、工作服、物品摆放、违章操作等方面监督检查与评价）	25	
		4. 当发生故障时，组织小组进行事故调查的能力	25	
工艺员		1. 任务需求调研与功能分析的能力	25	
		2. 用户在电控需求的文字排版能力	25	
		3. 电气图纸的设计能力（纸质版或者电气 CAD 版）	25	
		4. 任务设计工艺的验收标准设定能力	25	
电控组长		1. 电气安装工艺方案、工作控制流程图的设计能力	25	
		2. 电气图纸的识别能力与图纸转化能力	25	
		3. 系统的整体调试能力	25	
		4. 任务验收标准设定能力	25	
硬件工程师		1. 硬件系统布局操作能力	25	
		2. 电气部分的接线操作能力	25	
		3. 电气部分调试操作能力	25	
		4. 电气部分的故障检修能力	25	
软件工程师		1. 系统 I/O 分配设计能力	25	
		2. PLC 程序的设计与编写能力	25	
		3. 软件熟练使用度	25	
		4. PLC 程序调试能力	25	

小组内投表如表 2-21 所示。

表 2-21 小组内投表

指标点	个人：	成员：	成员：	成员：	成员：	总分
小组会议参与的积极度						100
项目的贡献度						100
能够准时完成项目						100
项目工作的准备情况						100
合作沟通的态度						100
能够根据反馈意见改进自己的工作						100

任务2.3　轧钢机顺序控制系统设计与实施

◆ 学习目标

(1) 掌握顺序功能图的绘制方法。

(2) 掌握顺序功能图转梯形图的方法。

(3) 掌握 PLC 程序的调试步骤。

(4) 能够完成 PLC 系统的软、硬件调试，进行故障诊断。

(5) 能够熟练搜集资料，解决问题。

◆ 任务书

本任务中要求实现轧钢机三道次的顺序控制，控制流程如图 2-9 所示。

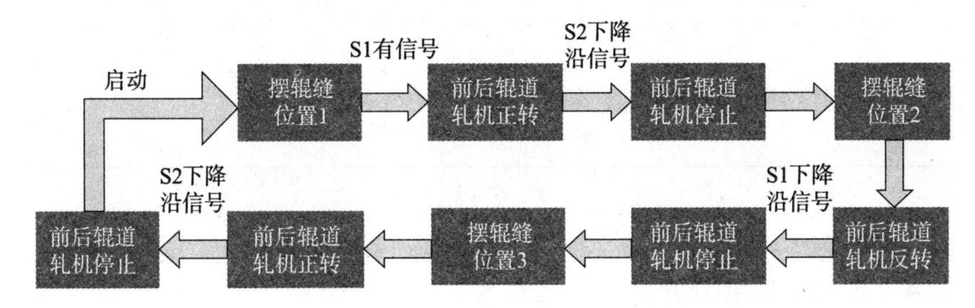

图2-9　轧钢机顺序控制流程

◆ 任务分工

任务分工如表 2-22 所示。

表2-22　任务分工

组别		互检组	
岗位	姓名	主要职责	
电控组长（组长）		负责组织工艺方案、工艺流程的设计与制定、审查；负责系统的整体调试；负责互检工作	
工艺员		负责功能分析，将控制要求转化为设计思路	
图纸绘制员		根据需求绘制标准的电气原理图（包括 I/O 分配、I/O 接线图、主电路图）	
硬件工程师		负责硬件系统的安装、接线；负责硬件调试	
软件工程师		负责 PLC 程序的编写与调试	
安全员		负责制定本组的安全工作预案；负责对本组设备进行安全检查；负责对本组成员进行安全检查；负责组织调试期间发生的事故调查	

◆ 获取信息

引导问题 1：S7-1200 PLC 计数器的种类。

____

____

____

____

引导问题 2：试分析如图 2 – 10 所示程序。

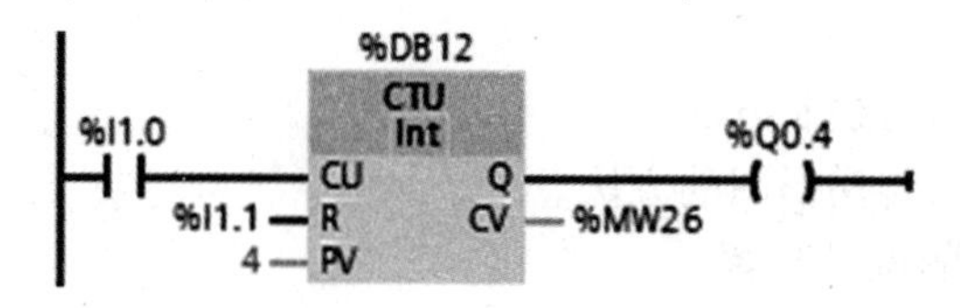

图 2 – 10　计数器指令

引导问题 3：写出顺序功能图四要素。

引导问题 4：步是如何划分的。

引导问题 5：举例说明，哪些信号可以作为转换条件。

引导问题 6：分析下述过程，并进行步的划分，列出每一步的动作和对应的转换条件。

例如：某机床的主轴电动机和油泵电动机的控制要求如下：

（1）按下启动按钮 SB1（I0.0）后，油泵电动机启动，延时 5 s 后主轴电动机启动。

（2）按下停止按钮 SB2（I0.1）后，主轴电动机停止，5 s 后油泵电动机停止。

（3）KM1（Q0.0）为油泵电动机交流接触器，KM2（Q0.1）为主轴电动机交流接触器。

引导问题7：单序列结构顺序功能图转梯形图。

将图2－11所示顺序功能图转成梯形图。

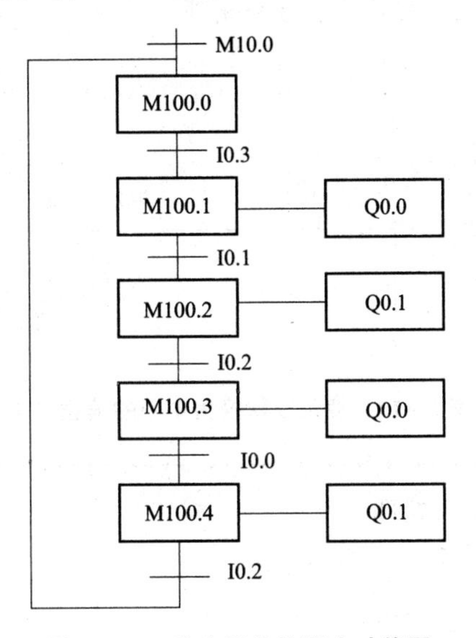

图2－11　单序列结构顺序功能图

小提示：顺序功能图转梯形图的两种方法：

（1）使用启保停电路的编程方法，如图2－12所示。

公式：当前步＝（前步×条件＋当前步）×后步非

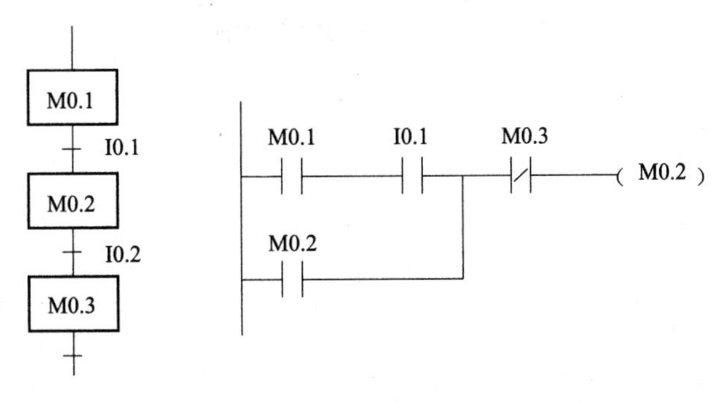

图2－12　使用启保停电路的编程方法

（2）使用以转换为中心的编程方法，如图2-13所示。

公式：前步×条件→置位当前步，复位前步

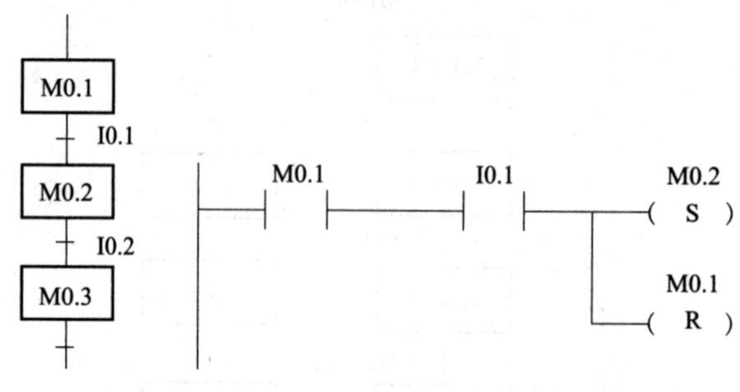

图2-13　使用以转换为中心的编程方法

引导问题8：选择分支如何处理。

选择分支顺序功能图如图2-14所示。

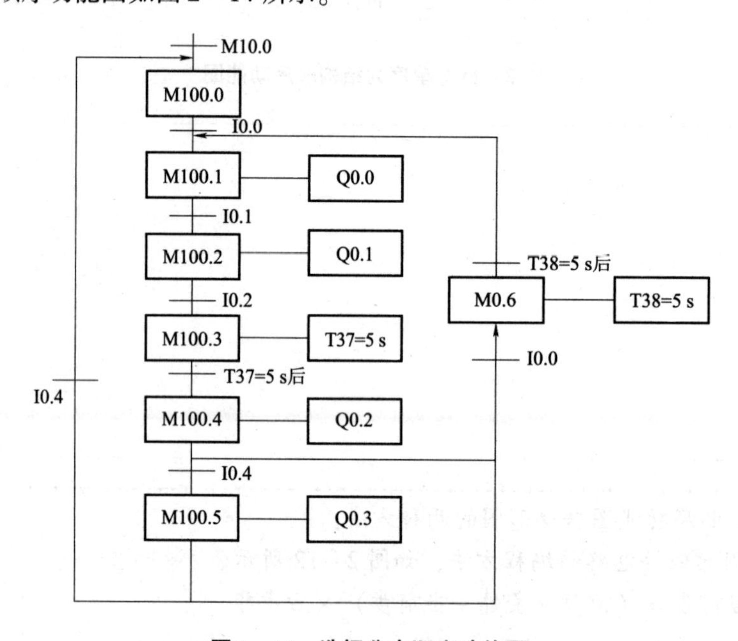

图2-14　选择分支顺序功能图

引导问题9：并行分支如何处理。

将图2－15所示顺序功能图转成梯形图。

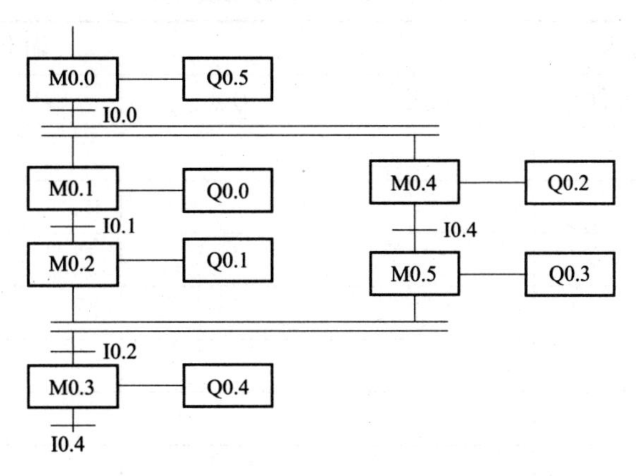

图2－15　并行分支顺序功能图

◆ 工作计划

1. 制定工作方案（表2－23）

表2－23　工作方案

步骤	具体工作内容记录	负责人

2. I/O 分配表（表 2－24）

表 2－24　I/O 分配表

输入			输出		
I 点	输入元件	作用	Q 点	输出元件	作用

3. 绘制控制系统的原理图（I/O 接线图）

4. 列出仪表、工具、耗材和器材清单（表 2－25）

表 2－25　器具清单

序号	名称	型号与规格	单位	数量	备注

5. PLC 程序设计

利用“启保停”实现控制要求。

◆ 进行决策

(1) 各组派代表阐述设计方案，互检组重点检查。

(2) 各组对设计方案提出自己不同的看法 (互检组意见重点参考)。

(3) 教师结合大家完成的情况进行点评，并帮助完善。

◆ 工作实施

1. 训练器材

(1) 可编程控制器实训装置 1 台。

(2) PLC 主机模块 1 个。

(3) 计算机 1 台。

(4) 导线若干。

2. 训练内容与步骤

(1) 程序录入训练：正确使用编程软件，完成程序录入。

(2) 硬件接线训练：按照 PLC 外部接线图，完成 PLC 的 I、O 口与电源的接线。

(3) 模拟调试训练：将 PLC 置于 RUN 运行模式，分别将输入信号 I 按照给定的控制要求置于 ON 或 OFF，观察 PLC 的输出结果，并做好记录。

(4) 整理实训操作结果，分析 Q 点在什么情况下得电，在什么情况下失电，并分析其原因。

◆ 任务评价

教师评价表如表 2 - 26 所示。

表 2 - 26　教师评价表

考核项目	考核内容	考核要求	评分要点及得分 (最高为该项配分值)	配分	得分
职业能力	程序设计(共 10 分)	根据电气控制系统的控制要求设计梯形图程序	1. 各指令应用是否恰当	2.5	
			2. 是否双线圈输出错误	2.5	
			3. 自动循环安排是否正确	2.5	
			4. 是否有语法错误	2.5	

续表

<table>
<tr><th>考核项目</th><th>考核内容</th><th>考核要求</th><th>评分要点及得分（最高为该项配分值）</th><th>配分</th><th>得分</th></tr>
<tr><td rowspan="12">职业能力</td><td rowspan="7">布线
（共25分）</td><td rowspan="7">按I/O图布线，布线符合布线工艺要求</td><td>1. 输入端接线是否正确</td><td>3</td><td></td></tr>
<tr><td>2. 输入端电源接线是否正确</td><td>3</td><td></td></tr>
<tr><td>3. 输出端接线是否正确</td><td>3</td><td></td></tr>
<tr><td>4. 输出端电源接线是否正确</td><td>3</td><td></td></tr>
<tr><td>5. 接线要符合安全性、规范性、正确性、美观性，接线不进线槽、不美观、有交叉线，每处扣1分；接点松动、露铜过长、反圈、压绝缘层，标记线号不清楚、遗漏或误标，每处扣1分</td><td>7</td><td></td></tr>
<tr><td>6. 损伤导线绝缘或线芯，每根扣0.5分</td><td>3</td><td></td></tr>
<tr><td>7. 导线颜色、按钮颜色使用错误，每处扣0.5分</td><td>3</td><td></td></tr>
<tr><td rowspan="4">程序录入与仿真
（共10分）</td><td rowspan="4">使用PLC编程软件完成程序录入并进行程序仿真</td><td>1. 熟练使用编程软件</td><td>2.5</td><td></td></tr>
<tr><td>2. 程序可以通过编译</td><td>2.5</td><td></td></tr>
<tr><td>3. 熟练仿真过程，可以下载程序</td><td>2.5</td><td></td></tr>
<tr><td>4. 程序调试时可以监控程序并仿真</td><td>2.5</td><td></td></tr>
<tr><td>系统调试
（共15分）</td><td>下载程序，检查系统运行并解决问题</td><td>1. 不会进行程序下载，扣5分。
2. 无法检测PLC输入问题，最多扣5分。
3. 无法检测PLC输出问题，最多扣5分。
4. 演示每错一次扣1分，最多扣5分</td><td>15</td><td></td></tr>
<tr><td rowspan="3">职业素质</td><td>安全文明操作
（共10分）</td><td>1. 劳动保护用品穿戴整齐。
2. 遵守安全操作规程</td><td>1. 未做相应的职业保护措施，扣10分。
2. 引发安全事故，扣10分</td><td>10</td><td></td></tr>
<tr><td>团队协作精神
（共20分）</td><td>1. 尊重指导教师与同学，讲文明礼貌。
2. 分工合理、能够与他人合作、交流</td><td>1. 分工不合理，承担任务少扣5~10分。
2. 不参与模拟需求调研活动，扣10分。
3. 不能够与他人很好地进行交流沟通，扣5~10分。
4. 在交流讨论过程中没有表现，扣5~10分</td><td>20</td><td></td></tr>
<tr><td>劳动纪律
（共10分）</td><td>1. 遵守各项规章制度及劳动纪律。
2. 训练结束要养成清理现场的习惯</td><td>1. 违反规章制度一次扣5分。
2. 不做清洁整理工作扣10分。
3. 清洁整理效果差，酌情扣5~10分</td><td>10</td><td></td></tr>
<tr><td>备注</td><td colspan="3">合计</td><td>100</td><td></td></tr>
</table>

小组自评表如表2-27所示。

表2-27　小组自评表

<table>
<tr><th>考核项目</th><th>考核内容</th><th>考核要求</th><th>评分要点及得分（最高为该项配分值）</th><th>配分</th><th>得分</th></tr>
<tr><td rowspan="19">职业能力</td><td rowspan="4">程序设计
（共10分）</td><td rowspan="4">根据电气控制系统的控制要求设计梯形图程序</td><td>1. 各指令应用是否恰当</td><td>2.5</td><td></td></tr>
<tr><td>2. 是否双线圈输出错误</td><td>2.5</td><td></td></tr>
<tr><td>3. 自动循环安排是否正确</td><td>2.5</td><td></td></tr>
<tr><td>4. 是否有语法错误</td><td>2.5</td><td></td></tr>
<tr><td rowspan="7">布线
（共25分）</td><td rowspan="7">按I/O图布线，布线符合布线工艺要求</td><td>1. 输入端接线是否正确</td><td>3</td><td></td></tr>
<tr><td>2. 输入端电源接线是否正确</td><td>3</td><td></td></tr>
<tr><td>3. 输出端接线是否正确</td><td>3</td><td></td></tr>
<tr><td>4. 输出端电源接线是否正确</td><td>3</td><td></td></tr>
<tr><td>5. 接线要符合安全性、规范性、正确性、美观性，接线不进线槽、不美观、有交叉线，每处扣1分；接点松动、露铜过长、反圈、压绝缘层，标记线号不清楚、遗漏或误标，每处扣1分</td><td>7</td><td></td></tr>
<tr><td>6. 损伤导线绝缘或线芯，每根扣0.5分</td><td>3</td><td></td></tr>
<tr><td>7. 导线颜色、按钮颜色使用错误，每处扣0.5分</td><td>3</td><td></td></tr>
<tr><td rowspan="4">程序录入与仿真
（共10分）</td><td rowspan="4">使用PLC编程软件完成程序录入并进行程序仿真</td><td>1. 熟练使用编程软件</td><td>2.5</td><td></td></tr>
<tr><td>2. 程序可以通过编译</td><td>2.5</td><td></td></tr>
<tr><td>3. 熟练仿真过程，可以下载程序</td><td>2.5</td><td></td></tr>
<tr><td>4. 程序调试时可以监控程序并仿真</td><td>2.5</td><td></td></tr>
<tr><td>系统调试
（共15分）</td><td>下载程序，检查系统运行并解决问题</td><td>1. 不会进行程序下载，扣5分。
2. 无法检测PLC输入问题，最多扣5分。
3. 无法检测PLC输出问题，最多扣5分。
4. 演示每错一次扣1分，最多扣5分</td><td>15</td><td></td></tr>
<tr><td rowspan="2">职业素质</td><td>安全文明操作
（共10分）</td><td>1. 劳动保护用品穿戴整齐。
2. 遵守安全操作规程</td><td>1. 未做相应的职业保护措施，扣10分。
2. 引发安全事故，扣10分</td><td>10</td><td></td></tr>
<tr><td>团队协作精神
（共20分）</td><td>1. 尊重指导教师与同学，讲文明礼貌。
2. 分工合理、能够与他人合作、交流</td><td>1. 分工不合理，承担任务少扣5~10分。
2. 不参与模拟需求调研活动，扣10分。
3. 不能够与他人很好地进行交流沟通，扣5~10分。
4. 在交流讨论过程中没有表现，扣5~10分</td><td>20</td><td></td></tr>
</table>

续表

考核项目	考核内容	考核要求	评分要点及得分（最高为该项配分值）	配分	得分
职业素质	劳动纪律（共10分）	1. 遵守各项规章制度及劳动纪律。 2. 训练结束要养成清理现场的习惯	1. 违反规章制度一次扣5分。 2. 不做清洁整理工作扣10分。 3. 清洁整理效果差，酌情扣5~10分	10	
备注	合计			100	

互检组评价表如表2-28所示。

表2-28 互检组评价表

序号	操作步骤	客观评估 功能_详细	配分（55）	得分	
1	按钮盒	所有孔位螺栓全部安装紧固，不得缺少	5	□是	□否
		所有接线正确	5	□是	□否
2	交流接触器	安装紧固	5	□是	□否
		接线正确并套有号码管	5	□是	□否
3	继电器	安装紧固	5	□是	□否
		接线正确并套有号码管	5	□是	□否
4	熔断器	安装紧固	5	□是	□否
		接线正确并套有号码管	5	□是	□否
5	PLC	PLC安装紧固	5	□是	□否
		PLC电源、输入、输出接线正确，并套有号码管	5	□是	□否
6	电动机	接线正确，并套有号码管	5	□是	□否
序号	功能	客观评估 功能_详细	配分（45）	得分	
1	电源	按下启动按钮，系统可以正常上电	5	□是	□否
2	控制电路	按下启动按钮，PLC对应输出点有信号	5	□是	□否
3		按下传感器（模拟开关），PLC对应输出点有信号	5	□是	□否
4		顺序控制流程正确	5	□是	□否
5	主电路	辊道电动机运行正确	5	□是	□否
6		主轧辊电动机运行正确	5	□是	□否
7		按下停止按钮，停止运行	5	□是	□否
8	保护	系统具有短路保护	5	□是	□否
9		系统过载时，系统自动停止	5	□是	□否
合计					

岗位能力评价表如表 2－29 所示。

表 2－29　岗位能力评价表

岗位	姓名	评价标准（每个岗位标准配分 100 分）	配分	得分
安全员		1. 安全工作预案的设计能力	25	
		2. 设备安全检查方式方法	25	
		3. 成员标准化安全检查。（绝缘鞋、工作服、物品摆放、违章操作等方面监督检查与评价）	25	
		4. 当发生故障时，组织小组进行事故调查的能力	25	
工艺员		1. 任务需求调研与功能分析的能力	25	
		2. 用户在电控需求的文字排版能力	25	
		3. 电气图纸的设计能力（纸质版或者电气 CAD 版）	25	
		4. 任务设计工艺的验收标准设定能力	25	
电控组长		1. 电气安装工艺方案、工作控制流程图的设计能力	25	
		2. 电气图纸的识别能力与图纸转化能力	25	
		3. 系统的整体调试能力	25	
		4. 任务验收标准设定能力	25	
硬件工程师		1. 硬件系统布局操作能力	25	
		2. 电气部分的接线操作能力	25	
		3. 电气部分调试操作能力	25	
		4. 电气部分的故障检修能力	25	
软件工程师		1. 系统 I/O 分配设计能力	25	
		2. PLC 程序的设计与编写能力	25	
		3. 软件熟练使用度	25	
		4. PLC 程序调试能力	25	

小组内投表如表 2－30 所示。

表 2－30　小组内投表

指标点	个人：	成员：	成员：	成员：	成员：	总分
小组会议参与的积极度						100
项目的贡献度						100
能够准时完成项目						100
项目工作的准备情况						100
合作沟通的态度						100
能够根据反馈意见改进自己的工作						100

九、说明书撰写

要求：每个设计小组完成设计说明书的撰写，说明书的内容包括设计背景介绍、设计要求分析、方案可行性分析、设计内容、仿真结果等内容。具体要求如下：

摘要（摘要 200～300 字）
目录
第 1 章　介绍、设计目标、问题描述、时间表。
第 2 章　方案对比及可行性分析。
第 3 章　解决方案。
第 4 章　设计图纸、硬件选型、使用的测试设备、规格、照片等。
第 5 章　最终解决方测试、结果分析、解决问题途径等。
第 6 章　结论。总结遇到的问题、解决方法，以及学到的知识点、技能点，并根据实际情况、建议、进一步工作和研究方向。
参考资料来源注明。

十、订单验收评价

说明书（小组设计报告）评价表如表 2－31 所示。

表 2－31　说明书（小组设计报告）评价表

评价内容	指标点	配分	得分
整体介绍	目标明确	20	
	任务分析清楚		
	设计背景描述清楚		
	设计意义明确		
可行性	工艺可行性分析	20	
	方法和技术的合理性		
	方案对比		
	设备选择标准及论证		
设计内容	设计逻辑清楚	30	
	图纸绘制标准		
	技术标准明确		
	设计方法和工具恰当		
	硬件选择合理		
	安全事项明确		

续表

评价内容	指标点	配分	得分
仿真结果	测试方法熟练	20	
	仿真结果正确		
	仿真结果分析		
总结	技术结论正确	10	
	目标完成度讨论		
	下一步学习计划		

模块3　开放性综合设计

任务3.1　物料分拣PLC控制系统设计

一、学习情境描述

我国自进入21世纪以来依靠自身强大的人力以及物力，渐渐成为世界制造业大国。在生产制造的过程中物料分拣是一道非常重要的环节，它影响着生产制造后续的工艺生产质量。目前国内的不少企业里物料分拣这一环节依然是通过人工，如图3-1所示。依靠工人的肉眼以及检测物料是否合格的专业工具对物料进行分拣，很显然这种检测方法效率很低、劳动强度大，对工人的身体健康产生不利影响。而且当今的人力成本不断上涨以及人口红利的减少，导致企业的成本上涨，我国制造业面临着巨大挑战。近几年来，“中国制造”朝着“中国智造”发展，在高端制造以及智能制造中，物料分拣这一环节逐渐由自动控制系统取代人工，如此一来，大大提升了物料分拣的质量、准确度以及速度，为后面的工艺节省了大量的时间，大大减轻了工人的劳动强度，降低了企业的生产成本，从而提高了企业的效益。

图3-1　人工分拣

二、学习目标

（1）能够自主调研所设计分拣系统的应用场合。
（2）能够根据调研结果分析提炼分拣系统控制要求。
（3）能够根据控制要求设计分拣系统的控制方案。
（4）能够根据设计方案进行硬件选型。
（5）能够编写所设计分拣系统的程序并仿真。
（6）能够调试、安装与维护所设计的系统。
（7）能够撰写相关技术文档，熟练表达设计思路。

三、订单描述

设计一套完整的物料分拣系统，至少有2种工作模式：连续和单周期，且可以切换。分拣对象自定，具体工艺过程小组自行设定。

（1）要求所设计系统分拣类别在2～3类，可进行模拟验证、合理可行，要求录制仿真模拟视频。

（2）设计完成请提交设计图纸、程序、调试视频、说明书等技术文档。

附加条件：十个组别系统相似度要求不超过20%，否则按0分处理。建议分拣类型：大小、颜色、材质、形状等。建议执行机构：气缸、电磁铁、吸盘等。

四、需求与调研

（1）明确企业委托订单的需求。

（2）撰写项目的需求调研计划并修改完善。

（3）按照需求调研计划分组扮演不同角色，模拟进行需求调研。

（4）分析得到需求调研中获取到的主要技术指标。

（5）确定要完成的项目用户需求目标。

需求与调研报告模板参考请扫描二维码

五、生产计划

生产计划表如表3-1所示。

表3-1　生产计划表

<table>
<tr><td>班级</td><td></td><td>组号</td><td></td><td>指导老师</td><td></td></tr>
<tr><td>订单负责人</td><td></td><td>学号</td><td colspan="3"></td></tr>
<tr><td rowspan="6">项目组成员</td><td colspan="2">姓名</td><td colspan="3">学号</td></tr>
<tr><td colspan="2"></td><td colspan="3"></td></tr>
<tr><td colspan="2"></td><td colspan="3"></td></tr>
<tr><td colspan="2"></td><td colspan="3"></td></tr>
<tr><td colspan="2"></td><td colspan="3"></td></tr>
<tr><td colspan="2"></td><td colspan="3"></td></tr>
<tr><td rowspan="8">工作计划</td><td colspan="2">工作内容</td><td colspan="2">时间节点</td><td>负责人</td></tr>
<tr><td colspan="2"></td><td colspan="2"></td><td></td></tr>
<tr><td colspan="2"></td><td colspan="2"></td><td></td></tr>
<tr><td colspan="2"></td><td colspan="2"></td><td></td></tr>
<tr><td colspan="2"></td><td colspan="2"></td><td></td></tr>
<tr><td colspan="2"></td><td colspan="2"></td><td></td></tr>
<tr><td colspan="2"></td><td colspan="2"></td><td></td></tr>
<tr><td colspan="2"></td><td colspan="2"></td><td></td></tr>
</table>

六、方案设计

要求：请项目组充分讨论，确定整个系统的输入、输出，并画出系统控制框图，如表3－2所示。

表3－2　控制系统分析

输入	
输出	
控制核心	
控制系统框图	

七、技术协议撰写与签订

具体模板请扫描二维码

八、任务实施

◆ 任务分工

任务分工如表3－3所示。

表3－3　任务分工

组别		互检组	
岗位	姓名	主要职责	
电控组长（组长）		负责组织工艺方案、工艺流程的设计与制定、审查；负责系统的整体调试；负责互检工作	
工艺员		负责功能分析，将控制要求转化为设计思路	
图纸绘制员		根据需求绘制标准的电气原理图（包括I/O分配、I/O接线图、主电路图）	
硬件工程师		负责硬件系统的安装、接线；负责硬件调试	
软件工程师		负责PLC程序的编写与调试	
安全员		负责制定本组的安全工作预案；负责对本组设备进行安全检查；负责对本组成员进行安全检查；负责组织调试期间发生的事故调查	

◆ 工作计划

1. 制定工作方案（表3－4）

表3－4 工作方案

步骤	具体工作内容记录	负责人

2. I/O分配表（表3－5）

表3－5 I/O分配表

输入			输出		
I点	输入元件	作用	Q点	输出元件	作用

3. 绘制控制系统的原理图（I/O接线图）

4. 列出仪表、工具、耗材和器材清单（表3-6）

表3-6　器具清单

序号	名称	型号与规格	单位	数量	备注

5. PLC 程序设计

利用“启保停”实现控制要求。

◆ 进行决策

(1) 各组派代表阐述设计方案，互检组重点检查。

(2) 各组对设计方案提出自己不同的看法（互检组意见重点参考）。

(3) 教师结合大家完成的情况进行点评，并帮助完善。

◆ 工作实施

1. 训练器材

(1) 可编程控制器实训装置1台。

(2) PLC 主机模块1个。

(3) 计算机1台。

(4) 导线若干。

2. 训练内容与步骤

(1) 程序录入训练：正确使用编程软件，完成程序录入。

(2) 硬件接线训练：按照 PLC 外部接线图，完成 PLC 的 I、O 口与电源的接线。

(3) 模拟调试训练：将 PLC 置于 RUN 运行模式，分别将输入信号 I 按照给定的控制要求置于 ON 或 OFF，观察 PLC 的输出结果，并做好记录。

(4) 整理实训操作结果，分析 Q 点在什么情况下得电，在什么情况下失电，并分析其原因。

◆ 任务评价

教师评价表如表3－7所示。

表3－7 教师评价表

<table>
<tr><th>考核项目</th><th>考核内容</th><th>考核要求</th><th>评分要点及得分（最高为该项配分值）</th><th>配分</th><th>得分</th></tr>
<tr><td rowspan="19">职业能力</td><td rowspan="4">程序设计
（共10分）</td><td rowspan="4">根据电气控制系统的控制要求设计梯形图程序</td><td>1. 各指令应用是否恰当</td><td>2.5</td><td></td></tr>
<tr><td>2. 是否双线圈输出错误</td><td>2.5</td><td></td></tr>
<tr><td>3. 自动循环安排是否正确</td><td>2.5</td><td></td></tr>
<tr><td>4. 是否有语法错误</td><td>2.5</td><td></td></tr>
<tr><td rowspan="7">布线
（共25分）</td><td rowspan="7">按I/O图布线，布线符合布线工艺要求</td><td>1. 输入端接线是否正确</td><td>3</td><td></td></tr>
<tr><td>2. 输入端电源接线是否正确</td><td>3</td><td></td></tr>
<tr><td>3. 输出端接线是否正确</td><td>3</td><td></td></tr>
<tr><td>4. 输出端电源接线是否正确</td><td>3</td><td></td></tr>
<tr><td>5. 接线要符合安全性、规范性、正确性、美观性，接线不进线槽、不美观、有交叉线，每处扣1分；接点松动、露铜过长、反圈、压绝缘层，标记线号不清楚、遗漏或误标，每处扣1分</td><td>7</td><td></td></tr>
<tr><td>6. 损伤导线绝缘或线芯，每根扣0.5分</td><td>3</td><td></td></tr>
<tr><td>7. 导线颜色、按钮颜色使用错误，每处扣0.5分</td><td>3</td><td></td></tr>
<tr><td rowspan="4">程序录入与仿真
（共10分）</td><td rowspan="4">使用PLC编程软件完成程序录入并进行程序仿真</td><td>1. 熟练使用编程软件</td><td>2.5</td><td></td></tr>
<tr><td>2. 程序可以通过编译</td><td>2.5</td><td></td></tr>
<tr><td>3. 熟练仿真过程，可以下载程序</td><td>2.5</td><td></td></tr>
<tr><td>4. 程序调试时可以监控程序并仿真</td><td>2.5</td><td></td></tr>
<tr><td>系统调试
（共15分）</td><td>下载程序，检查系统运行并解决问题</td><td>1. 不会进行程序下载，扣5分。
2. 无法检测PLC输入问题，最多扣5分。
3. 无法检测PLC输出问题，最多扣5分。
4. 演示每错一次扣1分，最多扣5分</td><td>15</td><td></td></tr>
<tr><td rowspan="2">职业素质</td><td>安全文明操作
（共10分）</td><td>1. 劳动保护用品穿戴整齐。
2. 遵守安全操作规程</td><td>1. 未做相应的职业保护措施，扣10分。
2. 引发安全事故，扣10分</td><td>10</td><td></td></tr>
<tr><td>团队协作精神
（共20分）</td><td>1. 尊重指导教师与同学，讲文明礼貌。
2. 分工合理、能够与他人合作、交流</td><td>1. 分工不合理，承担任务少扣5～10分。
2. 不参与模拟需求调研活动，扣10分。
3. 不能够与他人很好地进行交流沟通，扣5～10分。
4. 在交流讨论过程中没有表现，扣5～10分</td><td>20</td><td></td></tr>
</table>

续表

考核项目	考核内容	考核要求	评分要点及得分（最高为该项配分值）	配分	得分
职业素质	劳动纪律（共10分）	1. 遵守各项规章制度及劳动纪律。 2. 训练结束要养成清理现场的习惯	1. 违反规章制度一次扣5分。 2. 不做清洁整理工作扣10分。 3. 清洁整理效果差，酌情扣5~10分	10	
备注	合计			100	

小组自评表如表3-8所示。

表3-8　小组自评表

考核项目	考核内容	考核要求	评分要点及得分（最高为该项配分值）	配分	得分
职业能力	程序设计（共10分）	根据电气控制系统的控制要求设计梯形图程序	1. 各指令应用是否恰当	2.5	
			2. 是否双线圈输出错误	2.5	
			3. 自动循环安排是否正确	2.5	
			4. 是否有语法错误	2.5	
	布线（共25分）	按I/O图布线，布线符合布线工艺要求	1. 输入端接线是否正确	3	
			2. 输入端电源接线是否正确	3	
			3. 输出端接线是否正确	3	
			4. 输出端电源接线是否正确	3	
			5. 接线要符合安全性、规范性、正确性、美观性，接线不进线槽、不美观、有交叉线，每处扣1分；接点松动、露铜过长、反圈、压绝缘层，标记线号不清楚、遗漏或误标，每处扣1分	7	
			6. 损伤导线绝缘或线芯，每根扣0.5分	3	
			7. 导线颜色、按钮颜色使用错误，每处扣0.5分	3	
	程序录入与仿真（共10分）	使用PLC编程软件完成程序录入并进行程序仿真	1. 熟练使用编程软件	2.5	
			2. 程序可以通过编译	2.5	
			3. 熟练仿真过程，可以下载程序	2.5	
			4. 程序调试时可以监控程序并仿真	2.5	
	系统调试（共15分）	下载程序，检查系统运行并解决问题	1. 不会进行程序下载，扣5分。 2. 无法检测PLC输入问题，最多扣5分。 3. 无法检测PLC输出问题，最多扣5分。 4. 演示每错一次扣1分，最多扣5分	15	

续表

考核项目	考核内容	考核要求	评分要点及得分（最高为该项配分值）	配分	得分
职业素质	安全文明操作（共10分）	1. 劳动保护用品穿戴整齐。 2. 遵守安全操作规程	1. 未做相应的职业保护措施，扣10分。 2. 引发安全事故，扣10分	10	
	团队协作精神（共20分）	1. 尊重指导教师与同学，讲文明礼貌。 2. 分工合理、能够与他人合作、交流	1. 分工不合理，承担任务少扣5~10分。 2. 不参与模拟需求调研活动扣10分。 3. 不能够与他人很好地进行交流沟通，扣5~10分。 4. 在交流讨论过程中没有表现，扣5~10分	20	
	劳动纪律（共10分）	1. 遵守各项规章制度及劳动纪律。 2. 训练结束要养成清理现场的习惯	1. 违反规章制度一次扣5分。 2. 不做清洁整理工作扣10分。 3. 清洁整理效果差，酌情扣5~10分	10	
备注	合计			100	

互检组评价表如表3-9所示。

表3-9　互检组评价表

序号	操作步骤	客观评估	配分（55）	得分	
		功能_详细			
1	按钮盒	所有孔位螺栓全部安装紧固，不得缺少	5	□是	□否
		所有接线正确	5	□是	□否
2	交流接触器	安装紧固	5	□是	□否
		接线正确并套有号码管	5	□是	□否
3	继电器	安装紧固	5	□是	□否
		接线正确并套有号码管	5	□是	□否
4	熔断器	安装紧固	5	□是	□否
		接线正确并套有号码管	5	□是	□否
5	PLC	PLC安装紧固	5	□是	□否
		PLC电源、输入、输出接线正确，并套有号码管	5	□是	□否
6	电动机	接线正确，并套有号码管	5	□是	□否

续表

序号	功能	客观评估 功能_详细	配分（45）	得分	
1	电源	按下启动按钮，系统可以正常上电	5	□是	□否
2	控制功能	分拣时，可以判断不同物料	5	□是	□否
3		根据判断结果执行结构可接收到信号	5	□是	□否
4		执行结构进行动作完成 1 次分拣	5	□是	□否
5		可实现多个物料的不间断分拣	5	□是	□否
6		可实现多模式工作状态切换	5	□是	□否
7		按下急停或停止按钮，系统停止运行	5	□是	□否
8	保护	系统具有短路保护	5	□是	□否
9		系统过载时，接触器断开	5	□是	□否
合计					

岗位能力评价表如表 3 – 10 所示。

表 3 – 10　岗位能力评价表

岗位	姓名	评价标准（每个岗位标准配分 100 分）	配分	得分
安全员		1. 安全工作预案的设计能力	25	
		2. 设备安全检查方式方法	25	
		3. 成员标准化安全检查。 （绝缘鞋、工作服、物品摆放、违章操作等方面监督检查与评价）	25	
		4. 当发生故障时，组织小组进行事故调查的能力	25	
工艺员		1. 任务需求调研与功能分析的能力	25	
		2. 用户在电控需求的文字排版能力	25	
		3. 电气图纸的设计能力（纸质版或者电气 CAD 版）	25	
		4. 任务设计工艺的验收标准设定能力	25	
电控组长		1. 电气安装工艺方案、工作控制流程图的设计能力	25	
		2. 电气图纸的识别能力与图纸转化能力	25	
		3. 系统的整体调试能力	25	
		4. 任务验收标准设定能力	25	

续表

岗位	姓名	评价标准（每个岗位标准配分100分）	配分	得分
硬件工程师		1. 硬件系统布局操作能力	25	
		2. 电气部分的接线操作能力	25	
		3. 电气部分的调试操作能力	25	
		4. 电气部分的故障检修能力	25	
软件工程师		1. 系统I/O分配设计能力	25	
		2. PLC程序的设计与编写能力	25	
		3. 软件熟练使用度	25	
		4. PLC程序调试能力	25	

小组内投表如表3－11所示。

表3－11　小组内投表

指标点	个人：	成员：	成员：	成员：	成员：	总分
小组会议参与的积极度						100
项目的贡献度						100
能够准时完成项目						100
项目工作的准备情况						100
合作沟通的态度						100
能够根据反馈意见改进自己的工作						100

九、说明书撰写

要求：每个设计小组完成设计说明书的撰写，说明书的内容包括设计背景介绍、设计要求分析、方案可行性分析、设计内容、仿真结果等内容。具体要求如下：

摘要（摘要200～300字）

目录

第1章　介绍、设计目标、问题描述、时间表。

第2章　方案对比及可行性分析。

第3章　解决方案。

第4章　设计图纸、硬件选型、使用的测试设备、规格、照片等。

第5章　最终解决方测试、结果分析、解决问题途径等。

第6章　结论。总结遇到的问题、解决方法，以及学到的知识点、技能点，并根据实际情况建议进一步工作和研究方向。

参考资料来源注明。

十、订单验收评价

说明书（小组设计报告）评价表如表 3－12 所示。

表 3－12　说明书（小组设计报告）评价表

评价内容	指标点	配分	得分
整体介绍	目标明确	20	
	任务分析清楚		
	设计背景描述清楚		
	设计意义明确		
可行性	工艺可行性分析	20	
	方法和技术的合理性		
	方案对比		
	设备选择标准及论证		
设计内容	设计逻辑清楚	30	
	图纸绘制标准		
	技术标准明确		
	设计方法和工具恰当		
	硬件选择合理		
	安全事项明确		
仿真结果	测试方法熟练	20	
	仿真结果正确		
	仿真结果分析		
总结	技术结论正确	10	
	目标完成度讨论		
	下一步学习计划		

任务 3.2　立体仓库 PLC 控制系统设计

一、学习情境描述

立体仓库系统由称重区、货物传送带、托盘传送带、机械手装置、码料小车和一个立体仓库组成，其系统俯视图如图 3－2 所示。

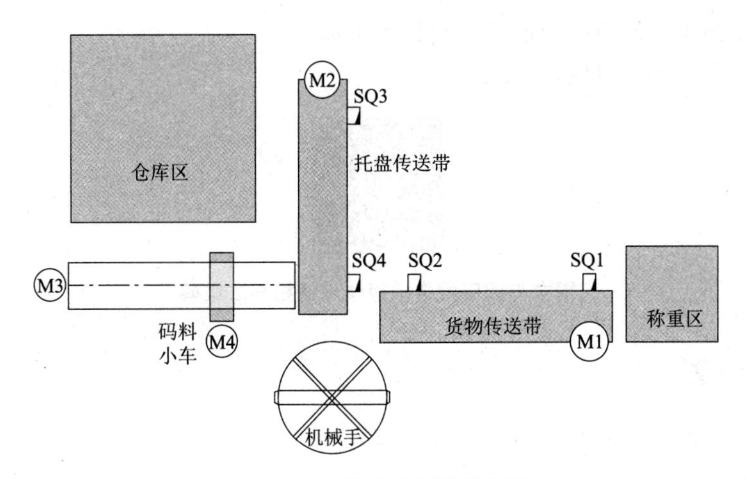

图3-2　立体仓库系统俯视图

二、学习目标

(1) 能够自主完成控制系统调研。
(2) 能够根据调研结果分析提炼系统控制要求。
(3) 能够根据控制要求设计系统的控制方案。
(4) 能够根据设计的方案进行硬件选型。
(5) 能够编写所设计分拣系统的程序并仿真。
(6) 能够调试、安装与维护所设计的系统。
(7) 能够撰写相关技术文档，熟练表达设计思路。

三、订单描述

系统由以下电气控制回路组成：

立体仓库系统由以下电气控制回路组成：货物传送带由电动机 M1 驱动（M1 为三相异步电动机，由变频器进行多段速控制，变频器参数设置第一段速为 15 Hz，第二段速为 30 Hz，第三段速为 45 Hz，加速时间 1.2 s，减速时间 0.5 s，三相异步电动机只进行单向正转运行）。

托盘传送带由电动机 M2 驱动（M2 为三相异步电动机，只进行单向正转运行）。

码料小车的左右运行由电动机 M3 驱动（M3 为伺服电动机；伺服电动机参数设置如下：伺服电动机旋转一周需要 1 600 个脉冲）。

码料小车的上下运行由电动机 M4 驱动（M4 为步进电动机；步进电动机参数设置如下：步进电动机旋转一周需要 1 000 个脉冲）。

要实现系统的手动功能和自动功能。

四、需求与调研

(1) 明确企业委托订单的需求。
(2) 撰写项目的需求调研计划并修改完善。
(3) 按照需求调研计划分组扮演不同角色，模拟进行需求调研。

（4）分析得到需求调研中获取的主要技术指标。

（5）确定要完成的项目用户需求目标。

需求与调研报告模板参考请扫描二维码

五、生产计划

生产计划表如表 3－13 所示。

表 3－13　生产计划表

<table>
<tr><td>班级</td><td></td><td>组号</td><td></td><td>指导老师</td><td></td></tr>
<tr><td>订单负责人</td><td></td><td>学号</td><td colspan="3"></td></tr>
<tr><td rowspan="6">项目组成员</td><td colspan="2">姓名</td><td colspan="3">学号</td></tr>
<tr><td colspan="2"></td><td colspan="3"></td></tr>
<tr><td colspan="2"></td><td colspan="3"></td></tr>
<tr><td colspan="2"></td><td colspan="3"></td></tr>
<tr><td colspan="2"></td><td colspan="3"></td></tr>
<tr><td colspan="2"></td><td colspan="3"></td></tr>
<tr><td rowspan="6">工作计划</td><td colspan="2">工作内容</td><td colspan="2">时间节点</td><td>负责人</td></tr>
<tr><td colspan="2"></td><td colspan="2"></td><td></td></tr>
<tr><td colspan="2"></td><td colspan="2"></td><td></td></tr>
<tr><td colspan="2"></td><td colspan="2"></td><td></td></tr>
<tr><td colspan="2"></td><td colspan="2"></td><td></td></tr>
<tr><td colspan="2"></td><td colspan="2"></td><td></td></tr>
</table>

六、方案设计

要求：请项目组充分讨论，确定整个系统的输入、输出，并画出系统控制框图，如表 3－14 所示。

表 3－14　控制系统分析

输入	
输出	
控制核心	
控制系统框图	

七、技术协议撰写与签订

具体模板请扫描二维码

八、任务实施

◆ 任务分工

任务分工如表 3 – 15 所示。

表 3 – 15 任务分工

组别		互检组	
岗位	姓名	主要职责	
电控组长（组长）		负责组织工艺方案、工艺流程的设计与制定、审查；负责系统的整体调试；负责互检工作	
工艺员		负责功能分析，将控制要求转化为设计思路	
图纸绘制员		根据需求绘制标准的电气原理图（包括 I/O 分配、I/O 接线图、主电路图）	
硬件工程师		负责硬件系统的安装、接线；负责硬件调试	
软件工程师		负责 PLC 程序的编写与调试	
安全员		负责制定本组的安全工作预案；负责对本组设备进行安全检查；负责对本组成员进行安全检查；负责组织调试期间发生的事故调查	

◆ 工作计划

1. 制定工作方案（表 3 – 16）

表 3 – 16 工作方案

步骤	具体工作内容记录	负责人

2. I/O 分配表（表 3 – 17）

表 3 – 17　I/O 分配表

输入			输出		
I 点	输入元件	作用	Q 点	输出元件	作用

3. 绘制控制系统的原理图（I/O 接线图）

4. 列出仪表、工具、耗材和器材清单（表 3 – 18）

表 3 – 18　器具清单

序号	名称	型号与规格	单位	数量	备注

5. PLC 程序设计

利用“启保停”实现控制要求。

◆ 进行决策

(1) 各组派代表阐述设计方案，互检组重点检查。

(2) 各组对设计方案提出自己不同的看法（互检组意见重点参考）。

(3) 教师结合大家完成的情况进行点评，并帮助完善。

◆ 工作实施

1. 训练器材

(1) 可编程控制器实训装置1台。

(2) PLC主机模块1个。

(3) 计算机1台。

(4) 导线若干。

2. 训练内容与步骤

(1) 程序录入训练：正确使用编程软件，完成程序录入。

(2) 硬件接线训练：按照PLC外部接线图，完成PLC的I、O口与电源的接线。

(3) 模拟调试训练：将PLC置于RUN运行模式，分别将输入信号I按照给定的控制要求置于ON或OFF，观察PLC的输出结果并做好记录。

(4) 整理实训操作结果，分析Q点在什么情况下得电，在什么情况下失电，并分析其原因。

◆ 任务评价

教师评价表如表3－19所示。

表3－19　教师评价表

考核项目	考核内容	考核要求	评分要点及得分（最高为该项配分值）	配分	得分
职业能力	程序设计（共10分）	根据电气控制系统的控制要求设计梯形图程序	1. 各指令应用是否恰当	2.5	
			2. 是否双线圈输出错误	2.5	
			3. 自动循环安排是否正确	2.5	
			4. 是否有语法错误	2.5	
	布线（共25分）	按I/O图布线，布线符合布线工艺要求	1. 输入端接线是否正确	3	
			2. 输入端电源接线是否正确	3	
			3. 输出端接线是否正确	3	
			4. 输出端电源接线是否正确	3	
			5. 接线要符合安全性、规范性、正确性、美观性，接线不进线槽、不美观、有交叉线，每处扣1分；接点松动、露铜过长、反圈、压绝缘层，标记线号不清楚、遗漏或误标，每处扣1分	7	
			6. 损伤导线绝缘或线芯，每根扣0.5分	3	
			7. 导线颜色、按钮颜色使用错误，每处扣0.5分	3	

续表

考核项目	考核内容	考核要求	评分要点及得分（最高为该项配分值）	配分	得分
职业能力	程序录入与仿真（共10分）	使用PLC编程软件完成程序录入并进行程序仿真	1. 熟练使用编程软件	2.5	
			2. 程序可以通过编译	2.5	
			3. 熟练仿真过程，可以下载程序	2.5	
			4. 程序调试时可以监控程序并仿真	2.5	
	系统调试（共15分）	下载程序，检查系统运行并解决问题	1. 不会进行程序下载，扣5分。 2. 无法检测PLC输入问题，最多扣5分。 3. 无法检测PLC输出问题，最多扣5分。 4. 演示每错一次扣1分，最多扣5分	15	
职业素质	安全文明操作（共10分）	1. 劳动保护用品穿戴整齐。 2. 遵守安全操作规程	1. 未做相应的职业保护措施，扣10分。 2. 引发安全事故，扣10分	10	
	团队协作精神（共20分）	1. 尊重指导教师与同学，讲文明礼貌。 2. 分工合理、能够与他人合作、交流	1. 分工不合理，承担任务少扣5~10分。 2. 不参与模拟需求调研活动，扣10分。 3. 不能够与他人很好地进行交流沟通，扣5~10分。 4. 在交流讨论过程中没有表现，扣5~10分	20	
	劳动纪律（共10分）	1. 遵守各项规章制度及劳动纪律。 2. 训练结束要养成清理现场的习惯	1. 违反规章制度一次扣5分。 2. 不做清洁整理工作，扣10分。 3. 清洁整理效果差，酌情扣5~10分	10	
备注	合计			100	

小组自评表如表3-20所示。

表3-20 小组自评表

考核项目	考核内容	考核要求	评分要点及得分（最高为该项配分值）	配分	得分
职业能力	程序设计（共10分）	根据电气控制系统的控制要求设计梯形图程序	1. 各指令应用是否恰当	2.5	
			2. 是否双线圈输出错误	2.5	
			3. 自动循环安排是否正确	2.5	
			4. 是否有语法错误	2.5	

续表

<table>
<tr><th>考核项目</th><th>考核内容</th><th>考核要求</th><th>评分要点及得分（最高为该项配分值）</th><th>配分</th><th>得分</th></tr>
<tr><td rowspan="13">职业能力</td><td rowspan="7">布线
（共25分）</td><td rowspan="7">按 I/O 图布线，布线符合布线工艺要求</td><td>1. 输入端接线是否正确</td><td>3</td><td></td></tr>
<tr><td>2. 输入端电源接线是否正确</td><td>3</td><td></td></tr>
<tr><td>3. 输出端接线是否正确</td><td>3</td><td></td></tr>
<tr><td>4. 输出端电源接线是否正确</td><td>3</td><td></td></tr>
<tr><td>5. 接线要符合安全性、规范性、正确性、美观性，接线不进线槽、不美观、有交叉线，每处扣 1 分；接点松动、露铜过长、反圈、压绝缘层，标记线号不清楚、遗漏或误标，每处扣1分</td><td>7</td><td></td></tr>
<tr><td>6. 损伤导线绝缘或线芯，每根扣0.5分</td><td>3</td><td></td></tr>
<tr><td>7. 导线颜色、按钮颜色使用错误，每处扣0.5分</td><td>3</td><td></td></tr>
<tr><td rowspan="4">程序录入与仿真
（共10分）</td><td rowspan="4">使用 PLC 编程软件完成程序录入并进行程序仿真</td><td>1. 熟练使用编程软件</td><td>2.5</td><td></td></tr>
<tr><td>2. 程序可以通过编译</td><td>2.5</td><td></td></tr>
<tr><td>3. 熟练仿真过程，可以下载程序</td><td>2.5</td><td></td></tr>
<tr><td>4. 程序调试时可以监控程序并仿真</td><td>2.5</td><td></td></tr>
<tr><td>系统调试
（共15分）</td><td>下载程序，检查系统运行并解决问题</td><td>1. 不会进行程序下载，扣5分。
2. 无法检测 PLC 输入问题，最多扣5分。
3. 无法检测 PLC 输出问题，最多扣5分。
4. 演示每错一次扣1分，最多扣5分</td><td>15</td><td></td></tr>
<tr><td colspan="5"></td></tr>
<tr><td rowspan="3">职业素质</td><td>安全文明操作
（共10分）</td><td>1. 劳动保护用品穿戴整齐。
2. 遵守安全操作规程</td><td>1. 未做相应的职业保护措施，扣10分。
2. 引发安全事故，扣10分</td><td>10</td><td></td></tr>
<tr><td>团队协作精神
（共20分）</td><td>1. 尊重指导教师与同学，讲文明礼貌。
2. 分工合理、能够与他人合作、交流</td><td>1. 分工不合理，承担任务少扣5~10分。
2. 不参与模拟需求调研活动，扣10分。
3. 不能够与他人很好地进行交流沟通，扣5~10分。
4. 在交流讨论过程中没有表现，扣5~10分</td><td>20</td><td></td></tr>
<tr><td>劳动纪律
（共10分）</td><td>1. 遵守各项规章制度及劳动纪律。
2. 训练结束要养成清理现场的习惯</td><td>1. 违反规章制度一次扣5分。
2. 不做清洁整理工作扣10分。
3. 清洁整理效果差，酌情扣5~10分</td><td>10</td><td></td></tr>
<tr><td>备注</td><td colspan="2">合计</td><td></td><td>100</td><td></td></tr>
</table>

互检组评价表如表 3－21 所示。

表 3－21　互检组评价表

序号	操作步骤	客观评估	配分	得分	
		功能_详细	(55)		
1	按钮盒	所有孔位螺栓全部安装紧固，不得缺少	5	□是	□否
		所有接线正确	5	□是	□否
2	交流接触器	安装紧固	5	□是	□否
		接线正确并套有号码管	5	□是	□否
3	继电器	安装紧固	5	□是	□否
		接线正确并套有号码管	5	□是	□否
4	熔断器	安装紧固	5	□是	□否
		接线正确并套有号码管	5	□是	□否
5	PLC	PLC 安装紧固	5	□是	□否
		PLC 电源、输入、输出接线正确，并套有号码管	5	□是	□否
6	电动机	接线正确并套有号码管	5	□是	□否
序号	功能	客观评估	配分	得分	
		功能_详细	(45)		
1	电源	按下启动按钮，系统可以正常上电	10	□是	□否
2	控制功能	M1 电动机多段速运行	5	□是	□否
3		M2 电动机手动运行	5	□是	□否
4		M3 电动机手动运行	5	□是	□否
5		M4 电动机手动运行	5	□是	□否
6		系统自动功能	5	□是	□否
7		按下急停或停止按钮，系统停止运行	5	□是	□否
8	保护	系统具有短路保护	5	□是	□否
9		系统过载时，接触器断开	5	□是	□否
合计					

岗位能力评价表如表3－22所示。

表3－22 岗位能力评价表

岗位	姓名	评价标准（每个岗位标准配分100分）	配分	得分
安全员		1. 安全工作预案的设计能力	25	
		2. 设备安全检查方式方法	25	
		3. 成员标准化安全检查。（绝缘鞋、工作服、物品摆放、违章操作等方面监督检查与评价）	25	
		4. 当发生故障时，组织小组进行事故调查的能力	25	
工艺员		1. 任务需求调研与功能分析能力	25	
		2. 用户在电控需求的文字排版能力	25	
		3. 电气图纸的设计能力（纸质版或者电气CAD版）	25	
		4. 任务设计工艺的验收标准设定能力	25	
电控组长		1. 电气安装工艺方案、工作控制流程图的设计能力	25	
		2. 电气图纸的识别能力与图纸转化能力	25	
		3. 系统的整体调试能力	25	
		4. 任务验收标准设定能力	25	
硬件工程师		1. 硬件系统布局操作能力	25	
		2. 电气部分的接线操作能力	25	
		3. 电气部分的调试操作能力	25	
		4. 电气部分的故障检修能力	25	
软件工程师		1. 系统I/O分配设计能力	25	
		2. PLC程序的设计与编写能力	25	
		3. 软件熟练使用度	25	
		4. PLC程序调试能力	25	

小组内投表如表3－23所示。

表3－23 小组内投表

指标点	个人：	成员：	成员：	成员：	成员：	总分
小组会议参与的积极度						100
项目的贡献度						100
能够准时完成项目						100
项目工作的准备情况						100
合作沟通的态度						100
能够根据反馈意见改进自己的工作						100

九、说明书撰写

要求：每个设计小组完成设计说明书的撰写，说明书的内容包括设计背景介绍、设计要求分析、方案可行性分析、设计内容、仿真结果等内容。具体要求如下：

摘要（摘要 200～300 字）

目录

第 1 章　介绍、设计目标、问题描述、时间表。

第 2 章　方案对比及可行性分析。

第 3 章　解决方案。

第 4 章　设计图纸、硬件选型、使用的测试设备、规格、照片等。

第 5 章　最终解决方测试、结果分析、解决问题途径等。

第 6 章　结论。总结遇到的问题、解决方法，以及学到的知识点、技能点，并根据实际情况、建议、进一步工作和研究方向。

参考资料来源注明。

十、订单验收评价

说明书（小组设计报告）评价表如表 3－24 所示。

表 3－24　说明书（小组设计报告）评价表

评价内容	指标点	配分	得分
整体介绍	目标明确	20	
	任务分析清楚		
	设计背景描述清楚		
	设计意义明确		
可行性	工艺可行性分析	20	
	方法和技术的合理性		
	方案对比		
	设备选择标准及论证		
设计内容	设计逻辑清楚	30	
	图纸绘制标准		
	技术标准明确		
	设计方法和工具恰当		
	硬件选择合理		
	安全事项明确		

续表

评价内容	指标点	配分	得分
仿真结果	测试方法熟练	20	
	仿真结果正确		
	仿真结果分析		
总结	技术结论正确	10	
	目标完成度讨论		
	下一步学习计划		